中国国家标准汇编

490

GB 25988～26034

（2010 年制定）

中国标准出版社　编

中国质检出版社
中国标准出版社
北　京

图书在版编目（CIP）数据

中国国家标准汇编：2010年制定．490：GB 25988～26034/中国标准出版社编．—北京：中国标准出版社，2012
ISBN 978-7-5066-6543-8

Ⅰ．①中…　Ⅱ．①中…　Ⅲ．①国家标准-汇编-中国-2010
Ⅳ．①T-652.1

中国版本图书馆CIP数据核字(2011)第187787号

中国质检出版社
中国标准出版社 出版发行
北京市朝阳区和平里西街甲2号(100013)
北京市西城区三里河北街16号(100045)
网址:www.spc.net.cn
总编室:(010)64275323　发行中心:(010)51780235
读者服务部:(010)68523946
中国标准出版社秦皇岛印刷厂印刷
各地新华书店经销
*
开本 880×1230 1/16　印张 33　字数 827 千字
2012年1月第一版　2012年1月第一次印刷
*
定价 220.00 元

出 版 说 明

1.《中国国家标准汇编》是一部大型综合性国家标准全集。自1983年起,按国家标准顺序号以精装本、平装本两种装帧形式陆续分册汇编出版。它在一定程度上反映了我国建国以来标准化事业发展的基本情况和主要成就,是各级标准化管理机构,工矿企事业单位,农林牧副渔系统,科研、设计、教学等部门必不可少的工具书。

2.《中国国家标准汇编》收入我国每年正式发布的全部国家标准,分为"制定"卷和"修订"卷两种编辑版本。

"制定"卷收入上一年度我国发布的、新制定的国家标准,顺延前年度标准编号分成若干分册,封面和书脊上注明"20××年制定"字样及分册号,分册号一直连续。各分册中的标准是按照标准编号顺序连续排列的,如有标准顺序号缺号的,除特殊情况注明外,暂为空号。

"修订"卷收入上一年度我国发布的、修订的国家标准,视篇幅分设若干分册,但与"制定"卷分册号无关联,仅在封面和书脊上注明"20××年修订-1,-2,-3,……"字样。"修订"卷各分册中的标准,仍按标准编号顺序排列(但不连续);如有遗漏的,均在当年最后一分册中补齐。需提请读者注意的是,个别非顺延前年度标准编号的新制定的国家标准没有收入在"制定"卷中,而是收入在"修订"卷中。

读者配套购买《中国国家标准汇编》"制定"卷和"修订"卷则可收齐上一年度我国制定和修订的全部国家标准。

3. 由于读者需求的变化,自1996年起,《中国国家标准汇编》仅出版精装本。

4. 2010年我国制修订国家标准共2846项。本分册为"2010年制定"卷第490分册,收入国家标准GB 25988～26034的最新版本。

中国标准出版社

2011年8月

目　　录

GB/T 25988—2010　道路车辆　牵引旅居挂车或轻型挂车的牵引连接装置　机械强度试验 ……… 1
GB 25989—2010　炉用燃料油 …… 9
GB 25990—2010　车辆尾部标志板 …… 15
GB 25991—2010　汽车用 LED 前照灯 …… 35
GB/T 25992—2010　整体硬质合金和陶瓷直柄球头立铣刀　尺寸 …… 49
GB/T 25993—2010　透水路面砖和透水路面板 …… 55
GB/T 25994—2010　蜂窝陶瓷 …… 77
GB/T 25995—2010　精细陶瓷密度和显气孔率试验方法 …… 91
GB/T 25996—2010　绝热材料对奥氏体不锈钢外部应力腐蚀开裂的试验方法 …… 99
GB/T 25997—2010　绝热用聚异氰脲酸酯制品 …… 109
GB/T 25998—2010　矿物棉装饰吸声板 …… 117
GB/T 25999—2010　泥浆泵用金属-陶瓷缸套 …… 135
GB/T 26000—2010　膨胀玻化微珠保温隔热砂浆 …… 145
GB/T 26001—2010　烧结路面砖 …… 155
GB/T 26002—2010　燃气输送用不锈钢波纹软管及管件 …… 167
GB/T 26003—2010　无负压管网增压稳流给水设备 …… 191
GB/T 26004—2010　表面喷涂用特种导电涂料 …… 211
GB/T 26005—2010　草酸钴 …… 219
GB/T 26006—2010　船用铝合金挤压管、棒、型材 …… 227
GB/T 26007—2010　弹性元件和接插件用铜带 …… 259
GB/T 26008—2010　电池级单水氢氧化锂 …… 269
GB/T 26009—2010　电光源用铌锆合金无缝管 …… 275
GB/T 26010—2010　电接触银镍稀土材料 …… 281
GB/T 26011—2010　电缆护套用铅合金锭 …… 289
GB/T 26012—2010　电容器用钽丝 …… 295
GB/T 26013—2010　二氧化锡 …… 309
GB/T 26014—2010　非建筑用铝合金装饰型材 …… 315
GB/T 26015—2010　覆合用铜带 …… 333
GB/T 26016—2010　高纯镍 …… 339
GB/T 26017—2010　高纯铜 …… 347
GB/T 26018—2010　高纯钴 …… 355
GB/T 26019—2010　高杂质钨矿化学分析方法　三氧化钨量的测定　二次分离灼烧重量法 …… 363
GB/T 26020—2010　金废料分类和技术条件 …… 371
GB/T 26021—2010　金条 …… 377
GB/T 26022—2010　精炼镍取样方法 …… 383
GB/T 26023—2010　抗射线用高精度钨板 …… 403
GB/T 26024—2010　空调与制冷系统阀件用铜及铜合金无缝管 …… 411
GB/T 26025—2010　连续铸钢结晶器用铜模板 …… 419

GB/T 26026—2010 硫醇甲基锡 …… 437
GB/T 26027—2010 铝及铝合金大规格拉制无缝管 …… 451
GB/T 26028—2010 铝蒸发料 …… 463
GB/T 26029—2010 镍、钴、锰三元素复合氧化物 …… 471
GB/T 26030—2010 镍及镍合金锻件 …… 477
GB/T 26031—2010 镍酸锂 …… 495
GB/T 26032—2010 镍蒸发料 …… 503
GB/T 26033—2010 偏钨酸铵 …… 511
GB/T 26034—2010 片状铜粉 …… 517

ICS 43.080.10
T 72

GB

中华人民共和国国家标准

GB/T 25988—2010/ISO 3853:1994

道路车辆 牵引旅居挂车或轻型挂车的牵引连接装置 机械强度试验

Road vehicles—Towing vehicle coupling device to tow caravans or light trailers—Mechanical strength test

(ISO 3853:1994,IDT)

2011-01-10 发布 2011-05-01 实施

中华人民共和国国家质量监督检验检疫总局
中国国家标准化管理委员会 发布

前　言

本标准使用翻译法等同采用 ISO 3853:1994《道路车辆　牵引旅居挂车或轻型挂车的牵引连接装置　机械强度试验》(英文版)。

为便于使用,本标准还做了下列编辑性修改:

——“本国际标准”一词改为“本标准”;

——增加了本标准的前言;

——删除 ISO 8718:2001 的前言。

本标准由中华人民共和国国家发展和改革委员会提出。

本标准由全国汽车标准化技术委员会(SAC/TC 114)归口。

本标准起草单位:中国公路车辆机械有限公司、江苏省公路学会、交通部公路科学研究院、北京航空航天大学、航天晨光股份有限公司。

本标准主要起草人:金明新、史书义、赵侃、孙军、刘建农、刘献栋。

道路车辆 牵引旅居挂车或轻型挂车的牵引连接装置 机械强度试验

1 范围

本标准规定了连接装置机械强度的试验方法。

本标准适用于安装在牵引车上用于牵引 O_1、O_2 类旅居挂车或轻型挂车(不包括半挂车)的连接装置。

2 规范性引用文件

下列文件中的条款通过本标准的引用而成为本标准的条款。凡是注日期的引用文件,其随后所有的修改单(不包括勘误的内容)或修订版均不适用于本标准,然而,鼓励根据本标准达成协议的各方研究是否可使用这些文件的最新版本。凡是不注日期的引用文件,其最新版本适用于本标准。

GB/T 3730.2 道路车辆 质量 词汇和代码(GB/T 3730.2—1996,idt ISO 1176:1990)

GB/T 22552 旅居挂车 质量和尺寸 术语及其定义(GB/T 22552—2008,ISO 7237:1993,IDT)

GB/T 25980 道路车辆 旅居挂车和轻型挂车连接球 尺寸(GB/T 25980—2010,ISO 1103:2007,IDT)

3 术语和定义

GB/T 22552 中确立的以及下列术语和定义适用于本标准。

3.1

连接装置 coupling device

具有牵引支架和连接球的装置。

注:其常用术语如图1所示。

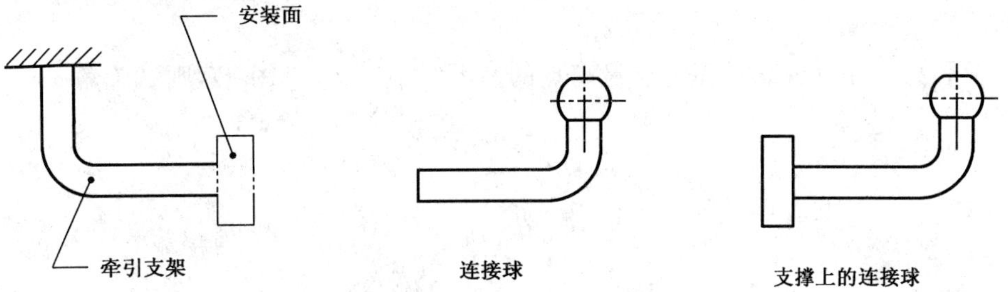

图1 连接装置术语

3.2

静载荷 static load

F_{stat}

作用在连接装置上,由连接球传递的允许载荷。

3.3

参考线 reference line

车辆满载且不超过规定载荷的条件下,由车辆制造厂提供的通过连接装置中心的水平线。

4 符号

以下符号应用于本标准。

m_M——牵引车最大设计总质量；

m_R——特定运行条件下被牵引车辆的厂定最大总质量；

D——牵引车和挂车之间的纵向力，单位为牛顿(N)。其值由公式(1)确定：

$$D = g \times \frac{m_M \times m_R}{m_M + m_R} \quad \cdots\cdots(1)$$

式中：

g——重力加速度，9.806 65 m/s²。

F_{res}——试验合力，单位为牛顿(N)；

α——试验角，由试验合力 F_{res} 与参考线构成，表示该角度的度数；

F_{stat}——牵引车连接点上的挂车最大允许静载荷，由牵引车制造厂决定；

h——连接球中心与支座中心之间的垂直距离；

l——连接球中心与球支撑件联接点或球附加件联接点之间的水平距离。

5 通用条件

5.1 连接装置的尺寸应符合 GB/T 25980 的规定。

应提供连接装置的详细设计资料，包括可能影响其组件或构件(如电连接器插座板、标记等)强度的资料。

5.2 试验范围从连接球到固定点或装配点为止，连接球的几何位置以及对应于参考线的连接装置的固定点都应由制造厂标明，并在试验报告中引用。

5.3 第 6 章中的强度试验是在试验台(如振动脉冲试验台)上进行的动态试验。

5.4 试验载荷不考虑由挂车前后轴及其支撑装置产生的横向载荷。

5.5 试验角由图 2 所示的力分布图确定，该图是多种车辆组合进行道路试验所得到的结果。

为了简化试验程序，针对垂直静载荷和动载荷可选择两种不同的试验角。

若连接球中心低于经过最靠近固定点最高点的参考线平行线(见图 3)，则试验角 $\alpha = +15° \pm 1°$[见图 4a)]。

若连接球中心高于经过最靠近固定点最高点的参考线平行线(见图 3)，则试验角 $\alpha = -15° \pm 1°$[见图 4b)]。

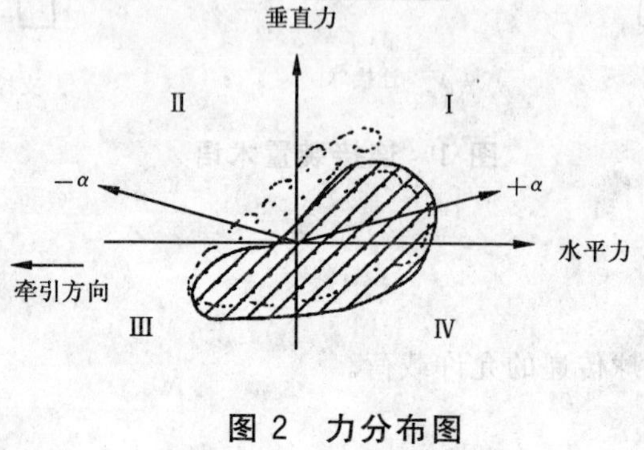

图 2 力分布图

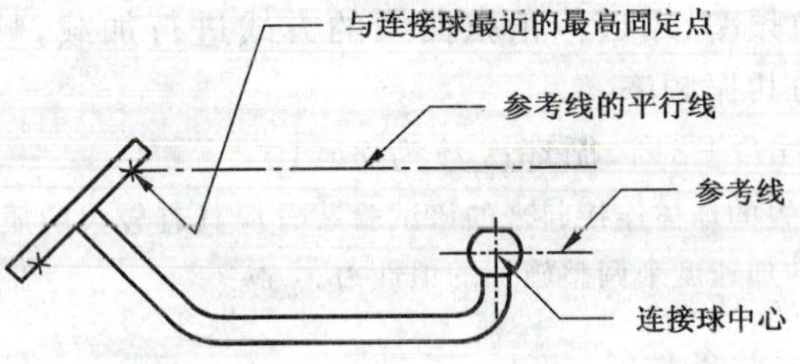

图 3　试验角的基准

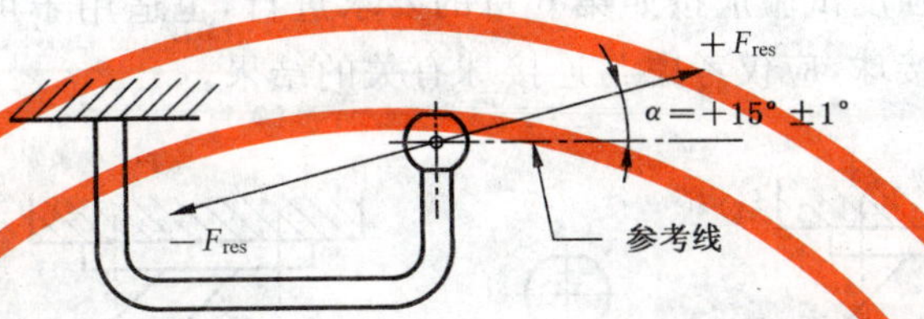

a) 连接球中心在通过最靠近于固定点最高点的参考线平行线的下方

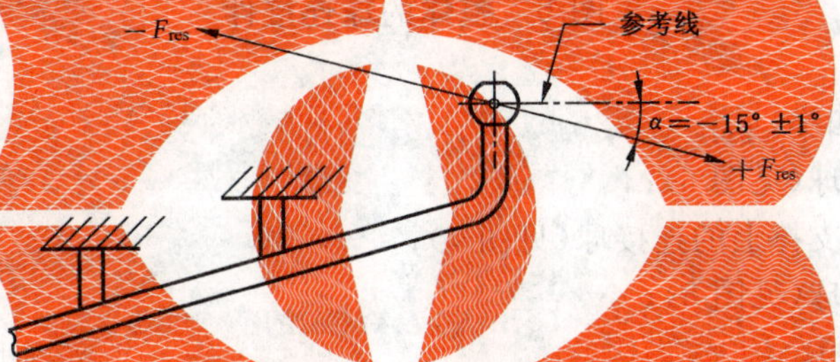

b) 连接球中心在通过最靠近于固定点的最高点的参考线平行线的上方

图 4　加载图

若允许静载荷大于 0.12D，则试验角为 20°。

5.6　强度试验仅适用于承载部分由钢或铸钢制造的连接装置，其他材料制造的连接装置应根据需要，确定试验是否合适或是否需要进行其他试验。

6　连接装置的强度试验

6.1　试验台上的安装

牵引支架应连接在刚性试验台上，其在试验台上的固定位置与牵引车上的安装位置相同，或具有相同的特性。

6.2　固定点与参考线

连接装置在试验台上的安装，应保持所有固定点相对于参考线的位置与牵引车制造厂提供给连接装置生产厂的固定点相对于参考线的位置一致。

如果牵引车制造厂没有提供固定点或参考线，连接装置生产厂可以选择适合自己的固定点和参考线，但应承担其选定的固定点和参考线所引起的后果，尤其要对最大允许牵引质量负责。为了使连接球的位置正确，牵引车制造厂一般应规定牵引车最大牵引质量(见 GB/T 3730.2 代码 M16)。

6.3　试验方法

在符合 6.1 和 6.2 的情况下，安装在试验台上的连接装置将使用交变载荷拉力试验机进行试验。

在试验台上固定部件和施加力时,应确保额外的移动[1]或其他的力[2]尽可能小。

试验载荷应以某一选定的频率、用近似正弦曲线的方式进行加载,频率不应超过 35 Hz,并避开包括牵引装置在内的试验装置的共振频率。

试验合力 F_{res} 的振幅为 $0.6D\pm3\%$,循环次数为 2×10^6。

注:作为将力传感器与牵引装置的球体连接起来的该试验装置应具有较大的质量,测量力包括加速该质量的惯性力,可以通过测量连接球的加速度来调整施加的惯性力。

7 不同型式连接装置的不同试验条件

7.1 整体的球连接件

图 5 所示连接装置的强度试验应按照第 6 章的要求进行,也适用于可拆卸更换的球连接件以及连接球本身。如果仅用于连接球,应仅考虑与连接球有关的结果。

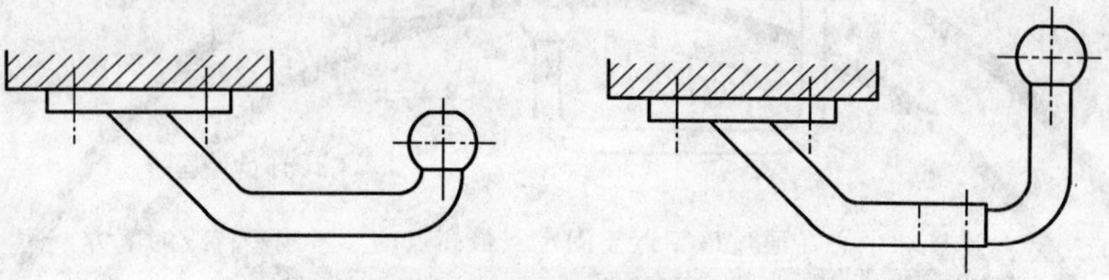

图 5 整体的球连接件

7.2 可拆装的球连接件

7.2.1 球连接件可分为四类:

——牵引支架+连接球(见图 6);

——牵引支架+整体支撑上的连接球(见图 7);

——牵引支架+连接球(见图 8);

——牵引支架(见图 9)。

7.2.2 可拆装式连接装置的强度试验应与第 6 章的要求相一致。

7.2.3 尺寸 h 和 l(制造允许的误差为±5 mm)应在试验报告中标明,并与 GB/T 25980 一致。

7.2.4 进行牵引支架(见图 9)试验时,可把连接球安装在支撑上进行。此时,仅考虑与固定点及连接球支撑面之间的牵引支架有关的试验结果。

7.2.5 若连接装置 h 和 l 的尺寸是不确定的,则连接球的位置应与 GB/T 25980 一致。

用简化的试验程序试验时,连接球的位置应被测量多次,其中连接球距离的变化值应在以下范围内,即:

$\Delta h=h_{max}-h_{min}=100$ mm

$\Delta l=l_{max}-l_{min}=130$ mm

对此类牵引支架(见图 10)进行的强度试验应与第 6 章的要求相一致。

为了能涵盖所有连接球可能处于的位置,应对以下两种牵引支架进行试验:

——球处于 h_{max} 和 l_{max} 时的牵引支架;

——球处于 h_{min} 和 l_{min} 时的牵引支架。

7.2.6 与试验台或牵引支架相连的连接球支撑安装表面的尺寸应符合 GB/T 25980 的规定。

8 强度评定标准

整个试验期间,连接装置及其构件(支架、球、支撑、固定件)均不应出现永久变形、裂纹或可见的外

1) 例如,可以借助于相互之间距离≥300 mm 的双连接点来实现。

2) 例如,大的加速度产生的力。

部品质降低。

9 连接装置焊接

连接装置焊接程序(包括焊接机械、焊接条件、焊接材料、焊接消耗)应与批准的制造工艺相一致。

10 标记

标记应符合 GB/T 25980 的规定,同时应标记有以下内容:

a) 连接装置生产厂或车辆制造厂(如果连接装置为车辆制造厂生产)的厂名和地址;

b) 批准号,若没有批准号则标记试验号;

c) 对可拆换式连接球的 h 和 l 值,则是确定的 h 和 l 值;

d) 不同 h 和 l 的 h_{max}、l_{max} 及 h_{min}、l_{min} 值。

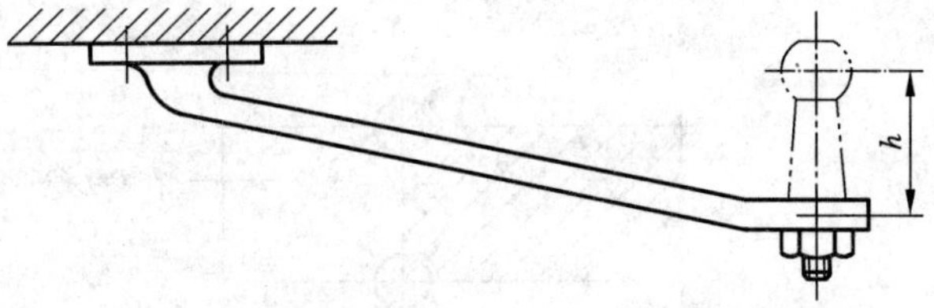

图 6 牵引支架+连接球

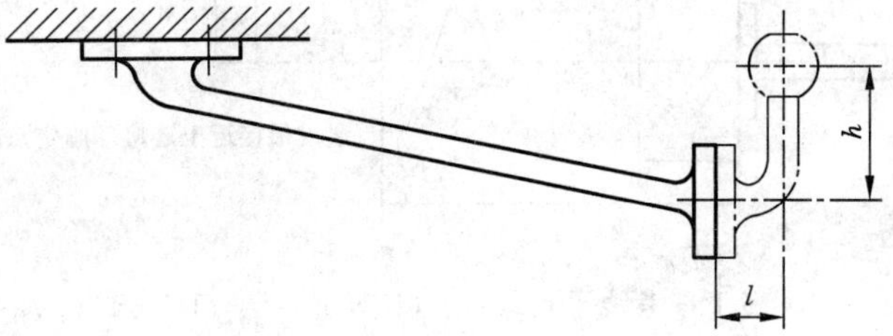

图 7 牵引支架+整体支撑上的连接球

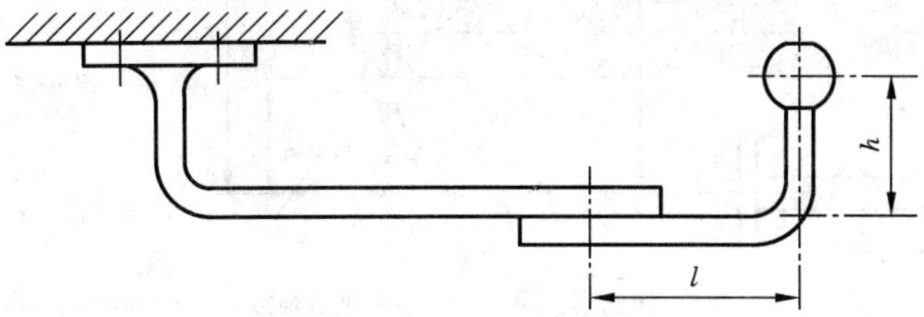

图 8 牵引支架+连接球

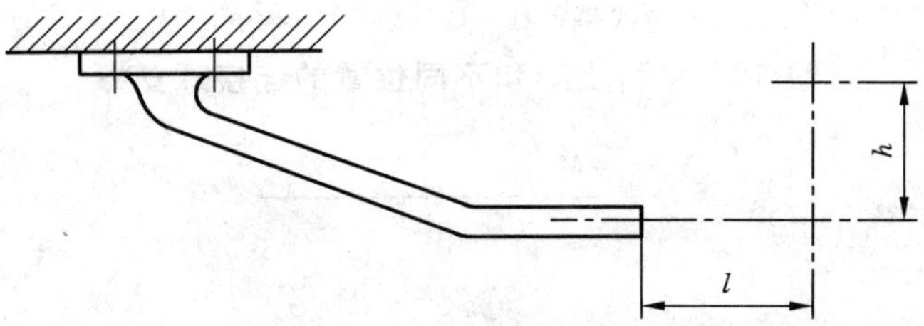

图 9 牵引支架

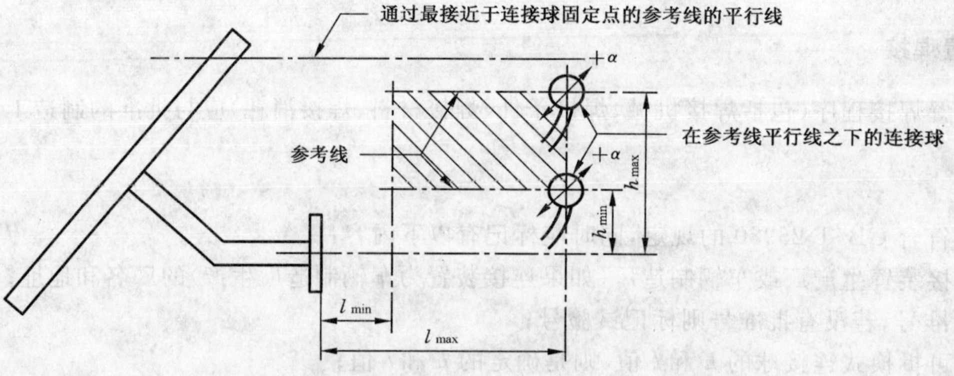

a) 低于参考线平行线 h_{max}（试验角 $\alpha=+15°\pm1°$）

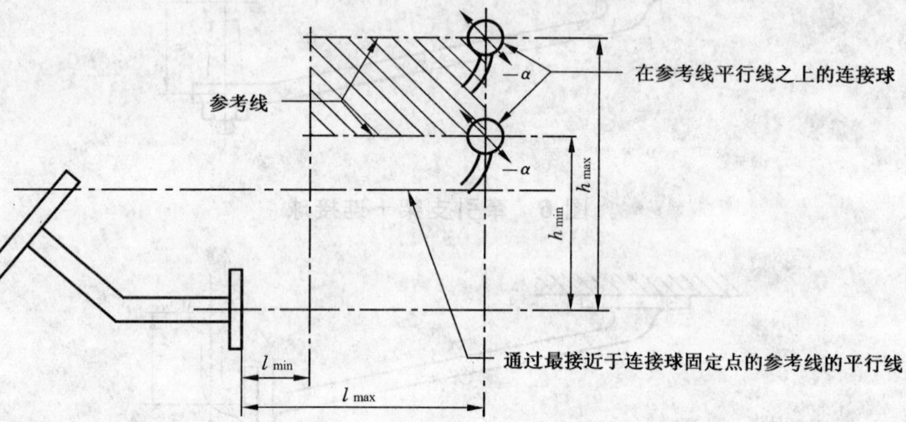

b) 高于参考线平行线 h_{min}（试验角 $\alpha=-15°\pm1°$）

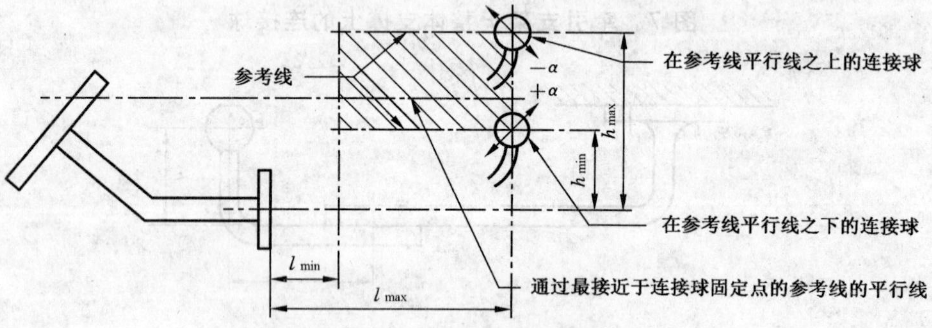

c) 低于参考线平行线 h_{max}（试验角 $\alpha=+15°\pm1°$）

高于参考线平行线 h_{min}（试验角 $\alpha=-15°\pm1°$）

图 10　牵引支架和不同位置的连接球支撑

ICS 75.160.20
E 31

中华人民共和国国家标准

GB 25989—2010

炉用燃料油

Fuel oils for burners

2011-01-10 发布　　　　2011-07-01 实施

中华人民共和国国家质量监督检验检疫总局
中国国家标准化管理委员会　发布

前　言

本标准第4章表1中馏分型炉用燃料油的第1项、第2项、第3项、第4项和第5项技术要求为强制性的，残渣型炉用燃料油的第1项、第2项、第3项和第6项技术要求为强制性的，其余为推荐性的。

本标准与美国试验与材料协会 ASTM D396-05《燃料油》规格标准(英文版)的一致性程度为非等效。

本标准由全国石油产品和润滑剂标准化技术委员会(SAC/TC 280)提出。

本标准由全国石油产品和润滑剂标准化技术委员会石油燃料和润滑剂分技术委员会(SAC/TC 280/SC 1)归口。

本标准起草单位：中国石油化工股份有限公司石油化工科学研究院、中国石油天然气股份有限公司炼油与销售分公司。

本标准主要起草人：龙化骊、李文乐。

炉 用 燃 料 油

1 范围

本标准规定了以石油为原料制得的两类6个牌号炉用燃料油产品的分类及标记、要求和试验方法、检验规则、标志、包装、运输和贮存及安全。

本标准所属产品适用于各种商业或工业燃油燃烧器。

2 规范性引用文件

下列文件中的条款通过本标准的引用而成为本标准的条款。凡是注日期的引用文件,其随后所有的修改单(不包括勘误的内容)或修订版均不适用于本标准,然而,鼓励根据本标准达成协议的各方研究是否可使用这些文件的最新版本。凡是不注日期的引用文件,其最新版本适用于本标准。

GB 190 危险货物包装标志

GB/T 259 石油产品水溶性酸及碱测定法

GB/T 261 闪点的测定 宾斯基-马丁闭口杯法(GB/T 261—2008,ISO 2719:2002,MOD)

GB/T 265 石油产品运动粘度测定法和动力粘度计算法

GB/T 267 石油产品闪点与燃点测定法(开口杯法)

GB/T 387 深色石油产品硫含量测定法(管式炉法)

GB/T 508 石油产品灰分测定法(GB/T 508—1985,neq ISO 6245:1982)

GB/T 1884 原油和液体石油产品密度实验室测定法(密度计法)(GB/T 1884—2000,eqv ISO 3675:1998)

GB/T 1885 石油计量表(GB/T 1885—1998,eqv ISO 91-2:1991)

GB/T 3535 石油产品倾点测定法(GB/T 3535—2006,ISO 3016-1994,MOD)

GB/T 4756 石油液体手工取样法(GB/T 4756—1998,eqv ISO 3170:1988)

GB/T 6533 原油中水和沉淀物测定法(离心法)

GB/T 6536 石油产品蒸馏测定法

GB/T 7304 石油产品和润滑剂酸值测定方法(电位滴定法)

GB/T 11137 深色石油产品运动粘度测定法(逆流法)和动力粘度计算法

GB/T 12692.1 石油产品 燃料(F类)分类 第1部分 总则

GB 13690 常用危险化学品的分类及标志

GB/T 17040 石油和石油产品硫含量的测定 能量色散X射线荧光光谱法

SH 0164 石油产品包装、贮运及交货验收规则

SH/T 0172 石油产品硫含量测定法(高温法)

3 产品分类及标记

3.1 产品分类

本标准按照GB/T 12692.1将炉用燃料油分为馏分型和残渣型两类,各类根据产品运动黏度细分,馏分型分为2个牌号,残渣型分为4个牌号。

3.2 产品代号

本标准的炉用燃料油采用如下产品代号：

F—□ □
- 第二个□：数字1、2、3、4产品性能区分的标志
- 第一个□：D代表馏分型，R代表残渣型
- F—代表燃料类

示例：F—R3代表黏度为25.0 mm^2/s～50 mm^2/s的残渣型燃料油

3.3 产品标记

炉用燃料油产品可标记为：[产品代号][产品名称][标准号]

示例：F—R3 炉用燃料油 GB 25989

4 要求和试验方法

4.1 一般要求

本标准规定的燃料油是均质烃类油，不含无机酸、无过量固体物质或外来纤维物。

在正常储存条件下，含有残渣组分的燃料油应保持均质，不因重力作用而分成超出各牌号黏度范围的轻重两种组分。

4.2 技术要求和试验方法

炉用燃料油的技术要求和试验方法见表1。

表1 炉用燃料油技术要求

序号	项目	馏分型		残渣型				试验方法
		F—D1	F—D2	F—R1	F—R2	F—R3	F—R4	
1	运动黏度/(mm^2/s)							
	40 ℃	≯5.5	>5.5～24.0	—	—	—	—	GB/T 265
	100 ℃	—	—	5.0～15.0	>15.0～25.0	>25.0～50	>50～185	GB/T 11137
2	闪点/℃ 不低于							
	闭口	55	60	80	80	80	—	GB/T 261
	开口	—	—	—	—	—	120	GB/T 267
3	硫含量(质量分数)[a]/% 不大于	1.0	1.5	1.5	2.5	2.5	2.5	GB/T 17040[b] GB/T 387 SH/T 0172
4	水和沉淀物(体积分数)/% 不大于	0.50	0.50	1.00[c]	1.00[c]	2.00[c]	3.0[c]	GB/T 6533
5	灰分(质量分数)/% 不大于	0.05	0.10	报告	报告	报告	报告	GB/T 508
6	酸值(以KOH计)/(mg/g) 不大于	报告		2.0				GB/T 7304
7	馏程(250 ℃回收体积分数)/%	—		报告				GB/T 6536
8	倾点/℃	报告						GB/T 3535
9	密度(20 ℃)/(kg/m^3)	报告						GB/T 1884 GB/T 1885

表 1（续）

序号	项目	馏分型		残渣型				试验方法
		F—D1	F—D2	F—R1	F—R2	F—R3	F—R4	
10	水溶性酸或碱	报告						GB/T 259

注 1：表中馏分型炉用燃料油的第 1 项、第 2 项、第 3 项、第 4 项和第 5 项技术要求为强制性的，残渣型炉用燃料油的第 1 项、第 2 项、第 3 项和第 6 项技术要求为强制性的，其余为推荐性的。

注 2：对炉用燃料油中钒、铝、硅、钙、锌和磷等元素的要求由供需双方协商确定。

a 为了符合国家或地方环保法规要求，或为满足热处理、有色金属、玻璃和陶瓷等生产特殊使用需求，由买卖双方协商提供低硫燃料油。

b 有争议时，以 GB/T 17040 为仲裁方法。

c 对于水分和沉淀物总量超过 1.0%的应在总量中扣除。

5 检验规则

5.1 检验分类和检验项目

5.1.1 出厂检验

出厂批次检验项目包括运动黏度、闪点、水和沉淀物、灰分、密度、硫含量、倾点和水溶性酸或碱。

在原材料和生产工艺无变化时，出厂周期检验项目包括酸值和馏程，每季度检测一次。

5.1.2 型式检验

型式检验项目为表 1 规定的所有项目。在下列情况下进行型式检验：

a) 产品定型鉴定和新产品投产；

b) 原材料和生产工艺发生较大变化；

c) 出厂检验与上次型式检验结果有较大差异。

5.2 组批

在原材料和生产工艺不变的条件下，产品每生产一罐为一批。

5.3 取样

按 GB/T 4756 的规定进行。取 3 L 样品作为检验和留样用。

5.4 判定规则

出厂检验和型式检验结果全部符合 4.2 技术要求时，则判定该批产品为合格。

5.5 复验规则

如果检验结果中有不符合 4.2 技术要求时，按 GB/T 4756 的规定自同批产品中重新抽取双倍量样品，对不合格项目进行复验。复检结果如仍不符合要求，则判定该批产品为不合格。

6 标志、包装、运输和贮存

产品标志、包装、运输和贮存及交货验收按 SH 0164 进行。

根据 GB 13690，闪点低于 61 ℃的馏分型燃料油属于危险化学品的第 3 类易燃液体，此类产品的标志、包装按照 GB 13690 和 GB 190 进行。

7 安全

属于易燃液体的馏分型燃料油的安全问题应符合相关法律、法规和标准的规定。

8 使用说明

F—R1、F—R2、F—R3 和 F—R4 是黏度和沸程递增的残渣型燃料油，通常需要预热到装卸、运输和正常雾化所需要的温度下使用。本标准没有指出使用中所涉及的所有安全问题。用户在使用本标准之前有责任建立适当的安全防护措施，并制定有适用性的管理制度。

ICS 43.040.20
T 38

GB

中华人民共和国国家标准

GB 25990—2010

车辆尾部标志板

Rear-marking plates for vehicles and their trailers

2011-01-10 发布　　2012-01-01 实施

中华人民共和国国家质量监督检验检疫总局
中国国家标准化管理委员会　发布

前　言

本标准的第3章、附录E的E.1以及附录F的F.1为推荐性的，其余为强制性的。

本标准对应于联合国欧洲经济委员会(ECE)ECE R69—2007《关于低速车辆(结构上)及其挂车尾部标志板认证的统一规定》和ECE R70—2007《关于重型和长型车辆尾部标志板认证的统一规定》，本标准与ECE R69—2007和ECE R70—2007一致性程度为非等效，与上述两个法规的主要差异如下：

——在范围中删除了T类车以及可移动部件，明确不适用于三轮摩托车和低速载货车；

——删除了管理条款；

——删除了“检验员抽样的最低要求”附件；

——由于上述两个法规在红色回复反射器的色度要求并不一致，本标准采用了69号法规中的数值要求；

——耐候性试验采用GB/T 8427—1998《纺织品　色牢度试验　耐人造光色牢度：氙弧》(eqv ISO 105-B02:1994)；

——明确耐候性试验后的淋雨试验，采用GB/T 10485—2007中第12章规定的方法A和方法B；

——上述两个法规对于标志板的定义不同，本标准中对定义进行了更改。

本标准的附录B、附录C、附录D、附录E、附录F是规范性附录，附录A是资料性附录。

本标准由中华人民共和国国家发展和改革委员会提出。

本标准由全国汽车标准化技术委员会(SAC/TC 114)归口。

本标准起草单位：上海汽车灯具研究所、国家道路交通安全产品质量监督检验中心、中国汽车技术研究中心。

本标准主要起草人：费音、王华、王军华、赵斌、高尚。

车辆尾部标志板

1 范围

本标准规定了为增加重型和长型车辆、低速车辆及其挂车后部可见度而使用的标志板的技术要求、试验方法和检验规则等。

本标准适用于：

a) 重型和长型车辆包括：

1) 铰接式的Ⅱ级和Ⅲ级 M 类车辆；

2) 除半挂牵引车外的 N_3 类车辆；

3) 长度超过 8.0 m 的 O_1、O_2 和 O_3 类车辆；

4) 以及 O_4 类车辆；

b) 低速车辆：由于结构原因，其最高设计车速不大于 40 km/h 的 M、N、O 类车。

2 规范性引用文件

下列文件中的条款，通过本标准的引用而成为本标准的条款。凡是注日期的引用文件，其随后所有的修改单(不包括勘误的内容)或修订版均不适用于本标准，然而，鼓励根据本标准达成协议的各方研究是否可使用这些文件的最新版本。凡是不注日期的引用文件，其最新版本适用于本标准。

GB/T 3978 标准照明体和几何条件

GB 4785 汽车及挂车外部照明和光信号装置的安装规定

GB/T 8427—1998 纺织品 色牢度试验 耐人造光色牢度：氙弧(eqv ISO 105-B02:1994)

GB/T 10485—2007 道路车辆 外部照明和光信号装置 环境耐久性

GB 11564 机动车回复反射器

3 术语和定义

GB 4785 和 GB 11564 确立的以及下列术语和定义适用于本标准。

3.1 基础术语

3.1.1

样品 sample unit

现行生产的一种完整的可供车辆安装的标志板成品。

3.1.2

标志板 rear marking plate

具有特定形状和图样，且表面具有回复反射和/或荧光材料或装置，为了增加相应车辆的可见度以易于被识别的平板。

3.1.3

回复反射材料 retroreflective material

当受到方向性照射时，大部分入射光被回复反射的一种表面或装置。

3.1.4

回复反射装置 retroreflecting device

由一个或多个回复反射光学单元组成的，可供使用的组合件。

3.1.5

荧光　fluorescence

当某些材料靠近紫外或蓝色光源时，经常会发出比激发光波长更长的光的现象。由于这些材料可反射部分入射光，并且还能发射荧光，所以在昼间和微光条件下，荧光色比正常色更为明亮；而在夜间，荧光色不比正常色明亮。

3.2　标志板的类别

3.2.1

1类低速车辆标志板　SMV rear marking plate（class 1）

具有回复反射和荧光材料或装置，形状为截去顶角的三角形，低速车辆用的标志板。

3.2.2

2类低速车辆标志板　SMV rear marking plate（class 2）

只具有回复反射材料或装置，形状为截去顶角的三角形，低速车辆用的标志板。

3.2.3

1类重型车辆标志板　rear marking plate for heavy vehicles（class 1）

由红色荧光材料和黄色回复反射材料带交替构成，形状为矩形的标志板。

3.2.4

2类长型车辆标志板　rear marking plate for long vehicles（class 2）

边框由红色荧光材料构成，中心由黄色回复反射材料构成的，形状为矩形的标志板。

3.2.5

3类重型车辆标志板　rear marking plate for heavy vehicles（class 3）

由红色和黄色回复反射材料带交替构成，形状为矩形的标志板。

3.2.6

4类长型车辆标志板　rear marking plate for long vehicles（class 4）

边框由红色回复反射材料构成，中心由黄色回复反射材料构成的，形状为矩形的标志板。

3.3　几何定义

注：参见附录A图A.1。

3.3.1

基准中心　reference centre

回复反射表面上或其邻近的一点，作为规定装置性能的中心。

3.3.2

照射轴线　illumination axis

基准中心与光源之间的连接线。

3.3.3

观察轴线　observation axis

基准中心与光度探头之间的连接线。

3.3.4

观察角　observation angle（symbol α）

α

照射轴线与观察轴线间的夹角，通常为正的。对于回复反射情况，观察角限于小角度。最大范围为$0\leqslant\alpha\leqslant 80°$。

3.3.5

观察半平面　observation half-plane

始于照射轴线，并包含观察轴线的半平面。

3.3.6

基准轴线　reference axis

始于基准中心，用来描述回复反射器角度位置的轴线。

3.3.7

照射角　entrance angle（symbol $\boldsymbol{\beta}$）

β

照射轴线与基准轴线间的夹角，通常不大于 90°，但为了完整性，定义其整个范围为 $0 \leqslant \beta \leqslant 180°$。$\beta$ 角的取向由 β_1 和 β_2 两个分量确定。

3.3.8

第一轴线　first axis

通过基准中心，且垂直于观察半平面的轴线。

3.3.9

照射角的第一分量　first component of the entrance angle（symbol $\boldsymbol{\beta}_1$）

β_1

照射轴线与包含有基准轴线和第一轴线平面间的夹角，其范围为 $-180° < \beta_1 \leqslant 180°$。

3.3.10

照射角的第二分量　second component of the entrance angle（symbol $\boldsymbol{\beta}_2$）

β_2

包含观察半平面的平面与基准轴线间的夹角，其范围为 $-90° \leqslant \beta_2 \leqslant 90°$。

3.3.11

第二轴线　second axis

通过基准中心，且垂直于第一轴线和基准轴线两者的轴线。如附录 A 图 A.1 所示，当 $-90° < \beta_1 < 90°$ 时，第二轴线的正方向位于观察半平面内。

3.3.12

转动角　angle of rotation $\boldsymbol{\varepsilon}$

ε

样品环绕其垂直轴线，从任何任意位置起转动的角度。当从照射方向观察时，逆时针方向为正（$+\varepsilon$），顺时针方向为负（$-\varepsilon$）。若回复反射材料或装置上具有 TOP 标志，则该标志即为起始位置。转动角 ε 的范围为 $-180° < \varepsilon \leqslant 180°$。

3.4　光度

3.4.1

回复反射系数　coefficient of retroreflection（$\boldsymbol{R'}$）

R'

由观察方向上回复反射区域的发光强度 I、在回复反射面位置上垂直于入射光方向的照度 $E_{\perp}$ 以及样品被照面积 A 给出，即 $R' = I/(E_{\perp} \cdot A)$，系数 R' 的单位为 $cd / (lx \cdot m^2)$。

3.4.2

回复反射器样品的角直径　angular diameter of the retroreflector sample（symbol $\boldsymbol{\eta}$）

η

回复反射样品的最大尺寸对照明光源中心，或对接收器中心的张角。

3.4.3

亮度系数　luminance factor

在相同的照明和观察条件下，被研究物体的亮度与理想漫射体的亮度之比。

4 标志板的不同型式

在以下主要方面有差异的标志板：

a) 商标名称或商标；

b) 回复反射材料的特性；

c) 荧光材料的特性；

d) 影响回复反射材料或装置性能的部件。

但是，对于重型和长型车辆使用的标志板，形状和尺寸不同，不构成不同的型式。

5 要求

5.1 一般要求

5.1.1 标志板在正常使用条件下，应保持其应有的功能，并连续工作。此外，应无任何影响其功能发挥的设计或制造方面的缺陷。

5.1.2 标志板的部件应不易拆卸。

5.1.3 标志板固定在车辆后部的方式应稳定、持久，例如使用螺钉或铆合。

5.1.4 标志板的外表面应易于清洁，表面应不粗糙，其任何突出物应无碍于清洁。

5.2 形状、尺寸和结构的规定

5.2.1 低速车辆的标志板形状和尺寸见附录B。

5.2.1.1 低速车辆的标志板的形状为一个截去顶角的等边三角形，其中一个顶角端朝上。

5.2.1.2 低速车辆的标志板(1类)的边缘为红色回复反射材料，中央为红色荧光材料；低速车辆的标志板(2类)中央为回复反射材料。回复反射材料允许是回复反射膜、回复反射层或塑料三直角锥反射器。

5.2.1.3 低速车辆的标志板中央的红色荧光材料或回复反射材料三角形的底边长度应为：最小350 mm，最大365 mm。边缘的红色回复反射材料发光面的宽度应为：最小45 mm，最大48 mm。

5.2.2 重型和长型车辆的标志板形状和尺寸见附录B。

5.2.2.1 重型和长型车辆的标志板形状为矩形。

5.2.2.2 安装在挂车和半挂车上的标志板，为黄色回复反射标志板，具有红色荧光或回复反射边框；安装在非铰接车辆(牵引车或载货车)上的标志板，由黄色回复反射和红色荧光或回复反射材料或装置的交替斜条纹组成。

5.2.2.3 一组标志板由一块、两块或四块具有回复反射和荧光材料的标志板组成，其总长度应不小于1 130 mm，不大于2 300 mm。

5.2.2.3.1 成组的标志板的形状应是成对的。

5.2.2.3.2 安装在挂车和半挂车上的标志板高度为200^{+30}_{-5} mm，红色边框的宽度应为40 mm±1 mm；安装在牵引车或载货车上的标志板高度为140 mm±10 mm，斜条纹带的斜度应为45°±5°，带宽应为100 mm±2.5 mm。

5.2.2.3.3 如附录B图B.2和图B.3中的示例2和示例3所示，如果增加矩形标志板的高度，每块标志板的面积不小于735 cm^2，不大于1 725 cm^2，则两块一组的每块标志板的最小长度允许减小至130 mm。

5.3 标志板的色度性能

5.3.1 回复反射材料或装置

5.3.1.1 使用相当于GB/T 3978规定的D_{65}光源照射，以照射角为45°，法线方向测量(45/0照明和观测条件)，反射光的色坐标应位于表1中4点所围成的四边形区域内：

表 1　色坐标 x 和 y

颜色	坐标	1	2	3	4
黄色	x	0.545	0.487	0.427	0.465
	y	0.454	0.423	0.483	0.534
红色	x	0.690	0.595	0.560	0.650
	y	0.310	0.315	0.350	0.350

5.3.1.2　使用符合 GB/T 3978 规定的 A 光源照射，以 $\beta_1=\beta_2=0°$ 照射和法线方向测量，如果有镜面反射效应，则以 $\beta_1=\pm5°$，$\beta_2=0°$ 照射，以 20′ 观察角测量，反射光的色坐标应位于表 2 中 4 点所围成的四边形区域内：

表 2　色坐标 x 和 y

颜色	坐标	1	2	3	4
黄色	x	0.585	0.610	0.520	0.505
	y	0.385	0.390	0.480	0.465
红色	x	0.720	0.735	0.665	0.643
	y	0.258	0.265	0.335	0.335

5.3.2　红色的荧光材料

5.3.2.1　使用相当于 GB/T 3978 规定的 D_{65} 光源照射，以照射角为 45°，法线方向测量(45/0 照明和观测条件)，反射光的色坐标应位于表 3 中 4 点所围成的区域内：

表 3　色坐标 x 和 y

颜色	坐标	1	2	3	4
红色	x	0.690	0.595	0.569	0.655
	y	0.310	0.315	0.341	0.345

5.4　标志板的光度性能

5.4.1　回复反射材料或装置的回复反射系数 R'(单位：cd/lx・m²)，应至少如表 4 所示。

表 4　回复反射系数 R'　　单位为坎德拉每勒克斯平方米

照射角 β	β_1	0°	0°	0°	0°	0°
	β_2	5°	20°	30°	40°	60°
观察角 α 20′	黄色回复反射材料	300	—	180	75	10
	红色回复反射材料[a]	120	60	30	10	—
	红色回复反射材料[b]	10	7	4	—	—

[a] 仅应用于低速车辆的标志板边缘使用的回复反射材料。

[b] 除低速车辆的标志板边缘使用的回复反射材料外。

5.4.2　回复反射材料和荧光材料的亮度系数应至少如表 5 所示。

表 5　亮度系数

颜色和材料	亮度系数
红色荧光材料	≥0.30
红色回复反射材料	≥0.03
黄色回复反射材料	≥0.16

5.5 标志板的环境试验

标志板应经受下列环境试验：

——耐候性试验(色牢度试验)；

——耐腐蚀性试验；

——耐燃油性试验；

——粘接强度试验(适用于粘贴材料)；

——防水性试验；

——耐碰撞性试验(塑料三直角锥反射器除外)；

——耐清洗性试验；

——耐温性试验；

——坚固性试验。

6 试验方法

6.1 一般要求及形状、尺寸和结构试验

对 5.1 和 5.2 的规定以目视法进行判定。

6.2 标志板色度试验

6.2.1 以标准色度样板和被测样品或样块，在相当于 GB/T 3978 规定的标准光源的照射下进行目视比较，定性地判断是否符合光色规定。

6.2.2 如对目视比较的定性判断有异议，则取最有异议的样品，按 5.3 要求，使用定量方法测定色度坐标，确定其是否符合规定。

6.3 标志板光度试验

6.3.1 标志板的光度测试实验条件如附录 A 图 A.2 所示。

6.3.2 光源对样品的张角应不大于 80′。

6.4 反射器的环境试验

6.4.1 耐温性试验

样品长度不小于 300 mm。

6.4.1.1 低速车辆的标志板样品应在 65 ℃±2 ℃的干燥大气环境中连续放置 48 h；重型和长型车辆的标志板样品应在 65 ℃±2 ℃的干燥大气环境中连续放置 12 h(对于模制塑料回复反射器为 48 h)。

6.4.1.2 之后，在温度 23 ℃±2 ℃的环境条件下冷却 1 h。

6.4.1.3 之后，在温度－20 ℃±2 ℃的环境条件下放置 12 h。

6.4.1.4 试验后，在正常实验室条件下放置 4 h，对样品表面进行目视检验，特别是光学单元表面应无裂痕或明显变形。

6.4.2 耐候性试验(色牢度试验)

6.4.2.1 每次试验取 2 只样品，其中 1 只样品作为基准样品存放在暗处的干燥容器内。

6.4.2.1.1 按 GB/T 8427—1998 中 4.2.1 和 6.2 规定，应经受照射源照射。对于第 2 只样品为回复反射器材料，应曝露至经受相同条件照射的 7 号蓝色标准羊毛的照射部分和未照射部分的色差达到灰色样卡 4 级为止。

6.4.2.1.2 按 GB/T 8427—1998 中 4.2.1 和 6.2 规定，应经受照射源照射。对于第 2 只样品为荧光材料，应曝露至经受相同条件照射的 5 号蓝色标准羊毛的照射部分和未照射部分的色差达到灰色样卡 4 级为止。

6.4.2.2 用稀释的中性洗涤液清洗样品，干燥后符合 6.4.2.3～6.4.2.5 规定要求。

6.4.2.3 外观检验：目视检验样品受照射区应无任何裂痕，封缝，凹痕，起泡，分层，变形，粉化，发暗或侵蚀。在任何直线方向上的收缩量应不超过0.5%,应无粘贴失效的迹象,例如边缘从衬底上翘起。

6.4.2.4 不褪色性:受照样品的色度仍应满足表1,表2和表3的要求。

6.4.2.5 对回复反射材料的影响

6.4.2.5.1 按6.3规定,在照射角为5°和观察角为20′时,测量样品的回复反射系数,测量值应不小于表4规定值的80%。

6.4.2.5.2 样品按GB/T 10485—2007中第12章规定方法A和方法B进行淋雨试验。试验后,复测样品的回复反射系数应至少达到6.4.2.5.1中测量值的90%。

6.4.3 耐腐蚀性试验

6.4.3.1 样品应经受50 h盐雾试验,其中喷雾24 h,间隔2 h,再喷雾24 h(2 h间隔期间允许样品在试验箱内自然干燥)。其试验温度为35 ℃±2 ℃,盐雾浓度重量百分比:盐∶水(杂质不超过0.02%)为5∶95。

6.4.3.2 试验后,样品应无有损装置效率的腐蚀。样品放置48 h后,去除样品表面的盐沉积,按6.3规定,在照射角为5°和观察角为20′时,测量回复反射系数,测量值应不小于表4的规定值。

6.4.4 耐燃油性试验

长度不小于300 mm的样品,浸入到体积百分比为70%*n*-庚烷和30%甲苯混合液中,1 min试验后,表面用软布擦干,目视检验应无影响性能的变化。

6.4.5 粘接强度试验(适用于粘贴材料)

6.4.5.1 应确定回复反射和荧光材料是分层还是涂层粘贴的。

6.4.5.2 对于涂层材料,不使用工具,或不损坏材料,应无法去除。

6.4.5.3 对于分层材料,将粘贴膜从其衬底上去除,应至少在每25 mm的宽度上施加10 N的力,且撕去速度为300 mm/min。

6.4.6 防水性试验

长度不小于300 mm的样品,浸入温度23 ℃±5 ℃的蒸馏水中18 h;之后取出,在正常实验室条件下干燥24 h。目视检验,离样品边缘10 mm内的部分,应无影响其有效性的变化。

6.4.7 耐碰撞性试验(塑料三直角锥反射器除外)

在环境温度23 ℃±5 ℃条件下,从高度2 m,以一直径为25 mm的光滑实心钢球垂直自由落到带有支撑板的样品上,样品材料应无裂痕,并且距离碰撞区大于5 mm处的材料不与其衬底分离。

6.4.8 耐清洗性试验

对于被清洗润滑油和石墨混合物污染的样品,如果使用一种温和的脂类溶剂(例如:*n*-庚烷)擦拭,并用中性洗涤剂清洗后,污染物应被清除,且不损坏样品回复反射面或荧光面。

6.4.9 坚固性试验

6.4.9.1 对于低速车辆的标志板

6.4.9.1.1 用夹具固定三角牌的一边,夹具对样品的支撑长度不超过20 mm。垂直于样品平面,在与固定边相反的顶角位置施加10 N的力,顶角位移不应超过40 mm。

6.4.9.1.2 试验后顶角的位置与初始位置距离不应大于5 mm。

6.4.9.2 对于重型和长型车辆的标志板

6.4.9.2.1 样品安放在两个支撑架上,支撑架与标志板的短边平行,且与样品边缘的距离应不大于$L/10$(L是牌的长边尺寸)。然后利用细粒或干沙子袋进行加载,直至均匀分布的压强为1.5 kN/m^2。测量位于两个支撑点中间位置处的偏移距离。

6.4.9.2.2 在加载情况下,标志板的最大位置偏移应不大于6.4.9.2.1两支撑间距离的1/20。将重量卸载后,残留的位置偏移应不大于加载情况下偏移值的1/5。

7 检验规则

7.1 型式判定

标志板的不同型式按第4章规定判定。

7.2 标志板检验

标志板应进行型式检验和生产一致性检验。

7.3 型式检验

7.3.1 制造商应提供以下材料。

7.3.1.1 足以识别该标志板型式的图纸一式三份，图上应标明标志板相对车辆的安装位置。

7.3.1.2 有关回复反射材料和荧光材料的一份简明的技术说明书。

7.3.1.3 低速车辆的标志板，应提交5只标志板样品，试验顺序见附录C；载重车和牵引车应提交两块大的人字纹型标志板，对于挂车和半挂车应提交两块大的标志板或者等面积的较小的标志板，试验顺序见附录D。

7.3.2 按照6.1目视法检验样品，均应符合5.1和5.2的规定。

7.3.3 取1只完整的样品，按照6.4.9试验方法进行坚固性试验，应符合相应规定。

7.3.4 对所有样品进行6.4.1的耐温性试验，样品长度应不小于300 mm，试验结果应符合其规定，对于低速车辆的标志板，应保留第5只样品作为试验期间的基准。

7.3.5 按照6.2色度试验方法对其他所有样品进行检验，均应符合5.3的规定。

7.3.6 按照6.3光度试验方法对其他所有样品进行检验，均应符合5.4的规定。

7.3.7 按照6.4.1～6.4.8规定的环境试验方法对样品进行检验，均应符合相应规定。

7.4 生产一致性检验

7.4.1 对型式检验合格的产品，用从批量产品中随机抽取的样品来判定其生产的一致性。

7.4.2 随机抽取的样品，应符合7.3.1规定。

7.4.3 随机抽取的样品数量规定为1只，回复反射系数R'的值应至少等于5.4规定值的80%，否则再随机抽取样品5只，测得的回复反射系数R'的平均值应至少等于5.4规定值，但任何一个测量值不应低于规定值的50%。

附 录 A
（资料性附录）
光学坐标系统图示

光学坐标系统图示见图 A.1。

1——第一轴线，是固定的，且垂直于包含观察轴线和照射轴线的平面；
2——第二轴线，垂直于第一轴线和基准轴线两者。
I——照射轴线，是主要的固定轴线；
R——基准轴线，基准轴线固定在回复反射器中，且允许随 β_1 和 β_2 移动；
O——观察轴线；
α——观察角；
β_1、β_2——照射角；
ε——转动角。

注：图中标出所有轴线、角度和转动的正方向。

图 A.1 说明和测量回复反射器的光学系统

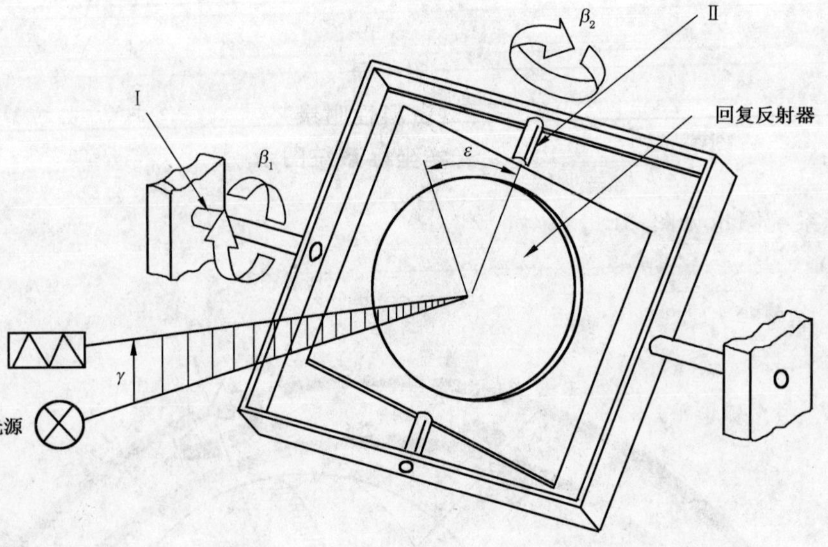

Ⅰ——固定轴线，提供环绕第一轴线的运动；

Ⅱ——可移动的轴线，提供环绕第二轴线的运动。

注：图 A.2 中标注了所有角度和转动的正方向。图 A.2 是一种依据 CIE 几何结构进行回复反射测量的测角计的图示。图 A.2 中光度探头位于入射光源正上方，只是一种示例。第一轴线是固定的，呈水平方向，且垂直于观察半平面。也允许使用与之等效的任何布局。

图 A.2 规定和测量回复反射器用的一种测角计结构示意图

附　录　B
（规范性附录）
后标志板布置示例

单位为毫米

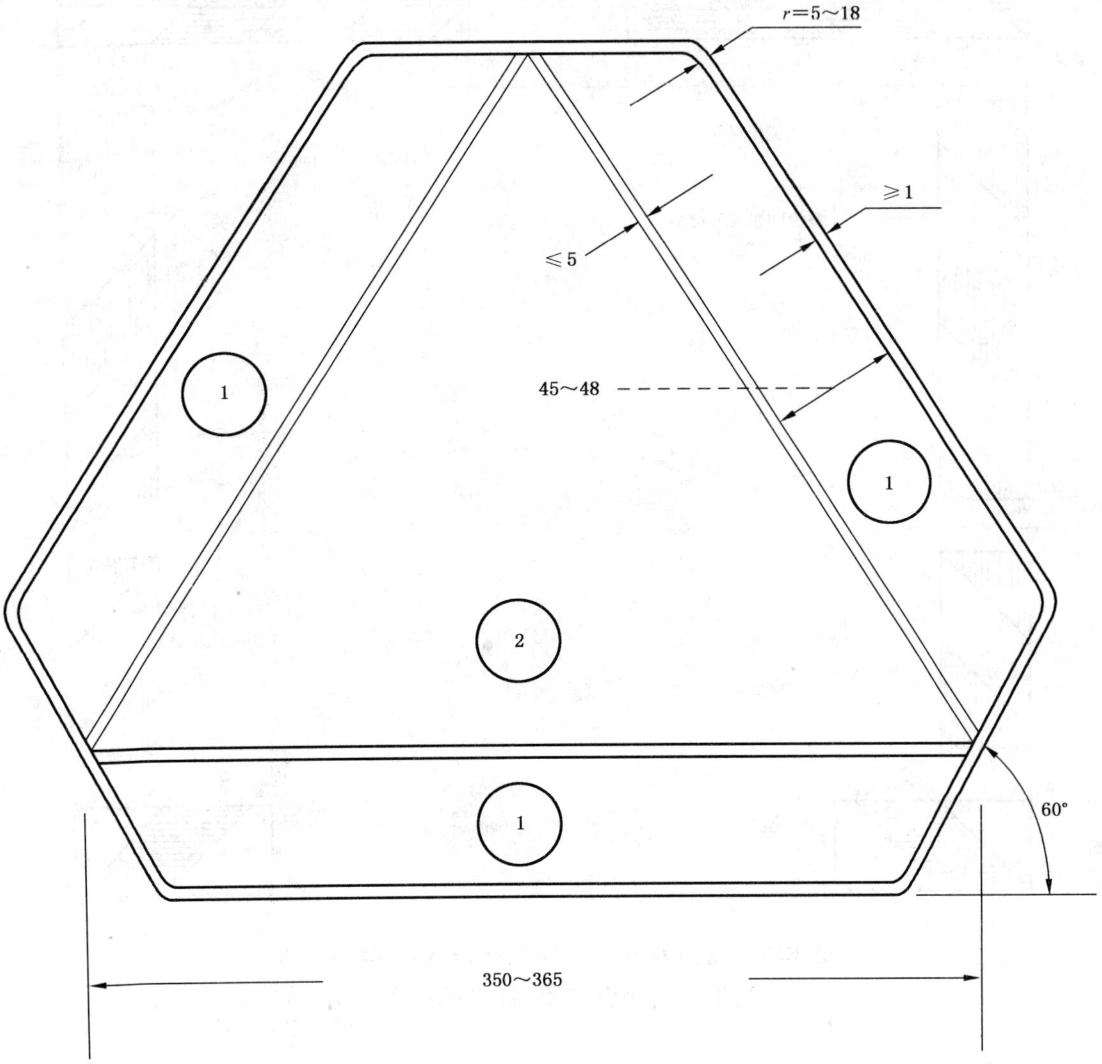

1——红色回复反射材料或直角型回复反射器(1类或2类)；
2——红色荧光材料(1类)或回复反射材料(2类)。

图 B.1　低速车辆的标志板布置示例

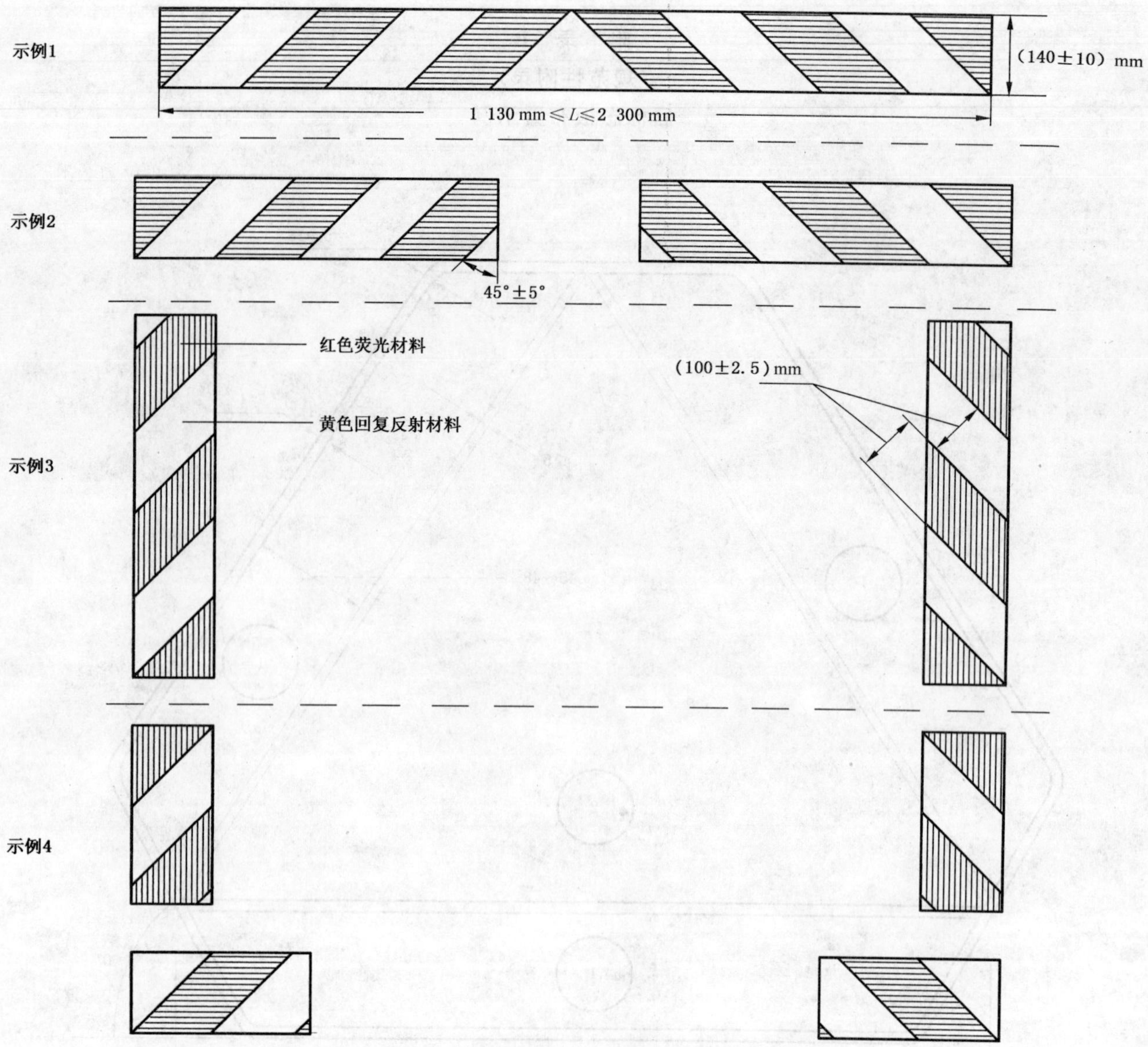

图 B.2 重型和长型车辆的标志板(1类和3类)(载货车和牵引车用)标志板布置示例

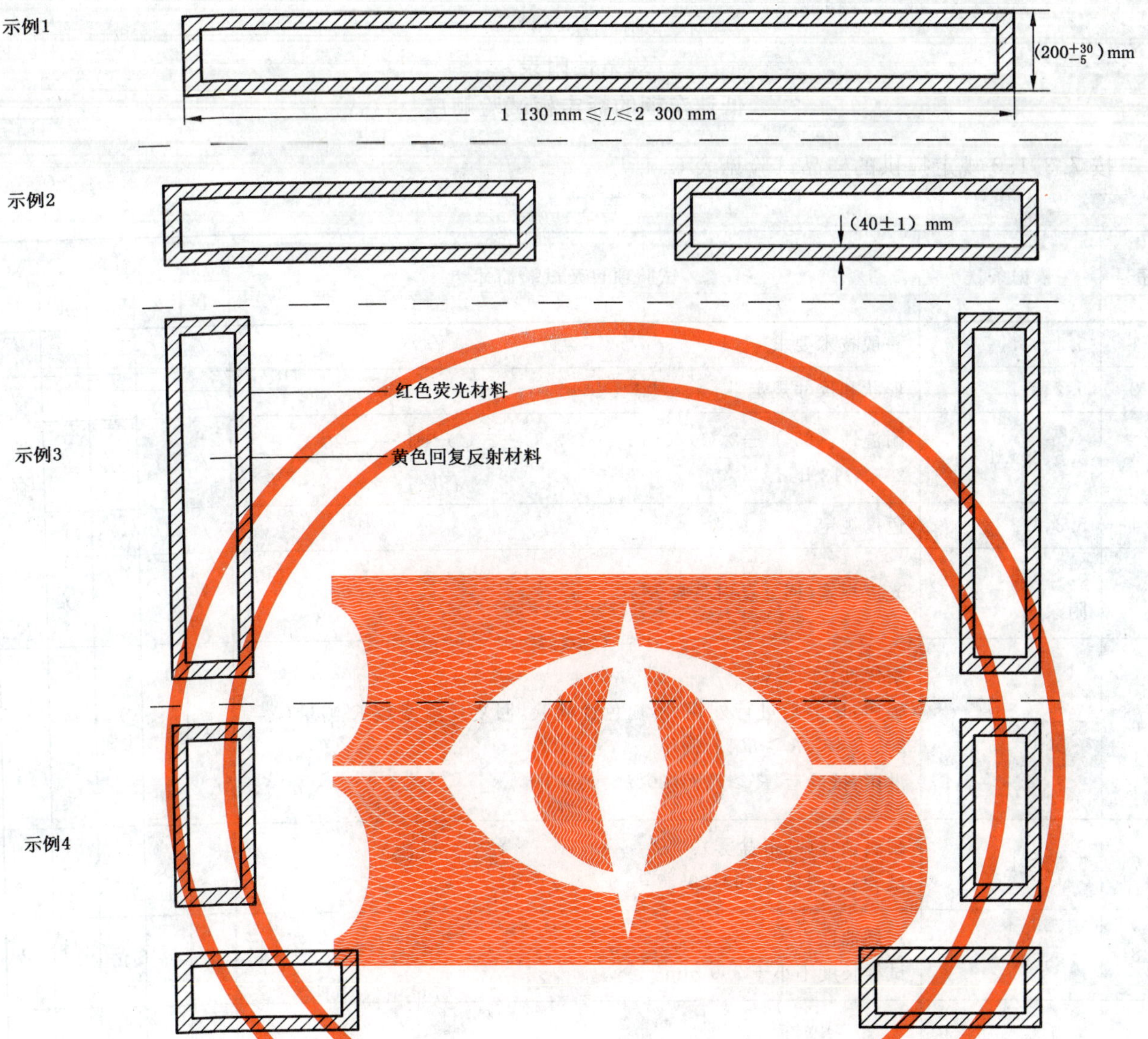

图 B.3 重型和长型车辆的标志板(2 类和 4 类)
(挂车和半挂车用)标志板布置示例

附 录 C
（规范性附录）
低速车辆的标志板试验顺序

按 7.3.1.3 规定提供的样品试验见表 C.1

表 C.1

序号	依据条款	试验项目及试验简述	样品				
			1	2	3	4	5
1	5.1、6.1	一般技术要求	√	√	√	√	√
2	5.2、6.1	形状和尺寸规定	√	√	√	√	√
3	5.5、6.4.1	耐温性：(65 ℃±2 ℃)/(48 h)→(23 ℃±2 ℃)/1 h→(−20 ℃±2 ℃)/12 h	√	√	√	√	留存
4	5.3、6.2	色度规定	√	√	√	√	
5	5.4、6.3、附录 A	光度规定（回复反射系数 R'）	√	√	√	√	
6	5.5、6.4.2	耐候性： 辐照：试验后进行外观、不褪色性检验，回复反射系数 R' 测量（$\alpha=20'$，$\beta=5°$；$R'\geqslant80\%$）。 淋雨：试验后，$R'\geqslant72\%(80\%\times90\%)$	√				
7	5.5、6.4.3	耐腐蚀性（48 h 盐雾）： 试验后，测量 $R'(\alpha=20',\beta=5°)$		√			
8	5.5、6.4.4	耐燃油性： 试样长度不小于 300 mm		√			
9	5.5、6.4.5	粘接强度（适用于粘贴材料）：应至少是加 10 N/25 mm（宽度）的力，且速度（撕去）为 300 mm/min，才应除去分层材料			√		
10	5.5、6.4.6	防水性：试件长度不小于 300 mm。试验后，目视检验离切边 10 mm 内的部分应无影响有效性的变化			√		
11	5.5、6.4.7	耐碰撞性（直角型塑料回复反射器除外）：直径 25 mm 的钢球，跌落高度 2 m				√	
12	5.5、6.4.8	耐清洗性：使用软性脂族溶液擦拭以及中性洗涤剂，清洗润滑油和石墨混合物污染的试样				√	
13	5.5、6.4.9.1	坚固性：用夹具固定三角牌的一边，垂直于样品平面，在与固定边相反的顶角位置施加 10 N 的力，顶角位移不应超过 40 mm。试验后顶角的位置与初始位置距离不应大于 5 mm					

附 录 D
（规范性附录）
重型和长型车辆的标志板试验顺序

按 7.3.1.3 规定提供的样品试验见表 D.1

表 D.1

序号	依据条款	试验项目及试验简述	样品	
			1	2
1	5.1、6.1	一般技术要求	√	√
2	5.2、6.1	形状和尺寸规定	√	√
3	5.5、6.4.1	耐温性：(65 ℃±2 ℃)/(12 h,48 h)→(23 ℃±2 ℃)/1 h→(−20 ℃±2 ℃)/12 h	√	√
4	5.3、6.2	色度规定	√	√
5	5.4、6.3、附录 A	光度规定(回复反射系数 R')	√	√
6	5.5、6.4.2	耐候性： 辐照：试验后进行外观、不褪色性检验，回复反射系数 R' 测量($\alpha=20'$,$\beta=5°$;$R'\geqslant80\%$)。 淋雨：试验后，$R'\geqslant72\%(80\%\times90\%)$	√	√
7	5.5、6.4.3	耐腐蚀性(48 h 盐雾)： 试验后，测量 R' ($\alpha=20'$,$\beta=5°$)	√	√
8	5.5、6.4.4	耐燃油性： 试样长度不小于 300 mm	√	√
9	5.5、6.4.5	粘接强度(适用于粘贴材料)：应至少是加 10 N/25 mm(宽度)的力，且速度(撕去)为 300 mm/min，才应除去分层材料	√	√
10	5.5、6.4.6	防水性：试件长度不小于 300 mm。试验后，目视检验离切边 10 mm 内的部分应无影响有效性的变化	√	√
11	5.5、6.4.7	耐碰撞性(直角型塑料回复反射器除外)：直径 25 mm 的钢球，跌落高度 2 m	√	√
12	5.5、6.4.8	耐清洗性：使用软性脂族溶液擦拭以及中性洗涤剂，清洗润滑油和石墨混合物污染的试样	√	√
13	5.5、6.4.9.2	坚固性：施加 15 kN/m² 的压强后，最大位置偏移不大于两支撑间距的 1/20。卸载后，残留偏移不大于加载条件下测量值的 1/5		

附 录 E
（规范性附录）
低速车辆尾部标志板安装规定

E.1 配备

速度不大于 40 km/h 的 M、N、O 类车选装。

E.2 数量

至少 1 块。

E.3 布局

尾部标志板的顶端应朝上，每个部件应在 5°内，位于一横向垂直平面内，后者垂直于车辆纵向轴线，尾部标志板的每一个部件应朝后。

E.4 安装位置

横向：若只有 1 块尾部标志板，则应位于车辆纵向对称平面与行驶方向相反的一侧。

高度：离地高度不小于 250 mm（下边缘），不大于 2 100 mm（上边缘）。

纵向：位于车后。

E.5 几何可见度

水平方向角：向内，向外各 30°。尾部标志板表面允许被车辆必不可少的结构部件覆盖 10%。

垂直方向角：水平面上、下各 15°。

方向：朝后。

附 录 F
(规范性附录)
重型和长型车辆尾部标志板安装规定

F.1 配备

Ⅱ级和Ⅲ级 M 类车辆,除半挂牵引车外的 N_3 类车辆,长度超过 8.0 m 的 O_1、O_2 和 O_3 类车辆,O_4 类车辆选装。

F.2 数量

1 块、2 块或 4 块。

F.3 布局

每块尾部标志板固定时,其较低的边缘应呈水平。尾部标志板的每个部件应在 5°内,位于一横向垂直平面内,后者垂直于车辆纵向轴线,并且朝后。一组尾部标志板应相对于车辆纵向中平面对称布置。

F.4 安装位置

F.4.1 横向:无单独规定。

F.4.2 高度:离地高度不小于 250 mm(下边缘),不大于 2 100 mm(上边缘)。

F.5 几何可见度

水平方向角:向内,向外各 30°。

垂直方向角:水平面上、下各 15°。

方向:朝后。

ICS 43.040.20
T 38

中华人民共和国国家标准

GB 25991—2010

汽车用LED前照灯

Automotive headlamps with LED light sources and/or LED modules

2011-01-10 发布 2012-01-01 实施

中华人民共和国国家质量监督检验检疫总局
中国国家标准化管理委员会 发布

前言

本标准的第5章(5.10除外)、第6章(6.8除外)为强制性的,其余为推荐性的。

本标准的附录A、附录B、附录C为规范性附录。

本标准由中华人民共和国国家发展和改革委员会提出。

本标准由全国汽车标准化技术委员会(SAC/TC 114)归口。

本标准起草单位:中国汽车技术研究中心、上海汽车灯具研究所、天津市汽车灯厂、飞利浦(中国)投资有限公司、长春海拉车灯有限公司、欧司朗(中国)照明有限公司、天津工大海宇半导体照明有限公司、上海小糸车灯有限公司、常州星宇车灯股份有限公司。

本标准主要起草人:何云堂、许谋和、欧阳涛、黄春维、黄翀雯、赵斌、徐志强、于雅丽、刘熙娟、叶林、牛萍娟、朱明华、金宇清、孟庆恩。

汽车用 LED 前照灯

1 范围

本标准规定了汽车用 LED 光源/模块或含有 LED 光源/模块的前照灯配光性能、光色、温度循环等试验方法和检验规则等。

本标准适用于 M、N 类汽车使用的 LED 前照灯、或主要由 LED 光源或 LED 模块形成远光或近光的 LED 前照灯。

2 规范性引用文件

下列文件中的条款，通过本标准的引用而成为本标准的条款。凡是注日期的引用文件，其随后所有的修改单(不包括勘误的内容)或修订版均不适用于本标准，然而，鼓励根据本标准达成协议的各方研究是否可使用这些文件的最新版本。凡是不注日期的引用文件，其最新版本适用于本标准。

GB 4599—2007 汽车用灯丝灯泡前照灯

GB 4785 汽车及挂车外部照明和光信号装置的安装规定

GB/T 7922 照明光源颜色的测量方法

GB 15766.1 道路机动车辆灯丝灯泡 尺寸、光电性能要求

3 术语和定义

GB 4599—2007 和 GB 4785 中确立的，以及下列术语和定义适用于本标准。

3.1

目标光通量 objective luminous flux

可更换光源或光源模块光通量的设计值。

3.2

光源失效 failure of light source

LED 或 LED 模块在正常使用条件下，一个或多个 LED 失去发光功能、变暗、色度超标、或出现闪烁的现象。

3.3

LED 模块 LED module

仅含有 LED 的光源模块。

4 前照灯的不同型式

在以下主要方面有差异的前照灯：

——商品名称或商标；

——光学系统的特性；

——通过反射、折射、吸收和/或工作时的变形，改变光学效果的部件；

——提供的光束种类(近光，远光或远、近光)；

——配光镜及其涂层的材料；

——LED 光源/模块类型和参数(电压、功率、光通量、色度、显色性)。

5 要求

5.1 一般要求

5.1.1 LED 前照灯应设计和制造成在正常使用条件下,即使受到振动,仍能保证满足使用要求和符合本标准规定。

5.1.2 LED 前照灯应具有良好的散热性,防止 LED 光源热堆积。LED 前照灯即使在低温凝冻的环境下仍能正常工作。

5.1.3 LED 前照灯应具有良好的电磁兼容性能。

5.1.4 当前照灯装有 LED 光源或 LED 模块时其性能均应满足本标准要求;当 LED 前照灯中装有灯丝灯泡或 HID 光源实现远光或近光功能时,其配光性能和检测应分别满足其相应标准的要求。

5.1.5 前照灯应具有光束调整装置。当近光灯和远光灯形成一组合体,并各自装有 LED 光源/模块、灯丝灯泡(或灯光组)时,调整装置应能对它们分别进行调整,这些要求不适用于远光灯和近光灯不能单独调节的前照灯。

5.1.6 LED 前照灯应包含有如下内容的标识:

——LED 前照灯;

——电压;

——基准中心。

5.2 LED 模块和电子光源控制器的一般要求

5.2.1 LED 模块应使用发出可见光的 LED 光源,其他形式的光源不允许使用。

5.2.2 LED 模块在正常使用条件下,应保持良好的工作状态,无设计和制造缺陷,当有一个 LED 光源损坏视为整个模块失效。

5.2.3 LED 模块上的 LED 应装在适当的固定基板上,固定基板应具有很好的强度和稳定性,以保护 LED 和 LED 模块。

5.2.4 LED 模块(在灯体内)应定位准确,固定良好,防止窜动。

5.2.5 对于可更换的 LED 模块,更换时,应使用符合设计要求的 LED 模块;同一灯体内不同规格的 LED 模块不能互换。

5.2.6 无论电子光源控制器置于灯体内或外置,均视为 LED 前照灯的一部分。

5.2.7 如果制造商没有特别说明,LED 模块应在制造商递交的前照灯内进行试验。

5.3 配光性能

5.3.1 前照灯近光应具有足够的照明并不产生眩目,远光应具有良好的照明。弯道照明可以通过附加光源来实现,该附加光源是近光灯的一部分,如附加光源失效,则配光性能仍应满足近光要求。

5.3.2 配光性能应在距离前照灯基准中心前 25 m 的垂直平面配光屏幕上测量,各测试点、区的位置如图 1 所示。

单位为毫米

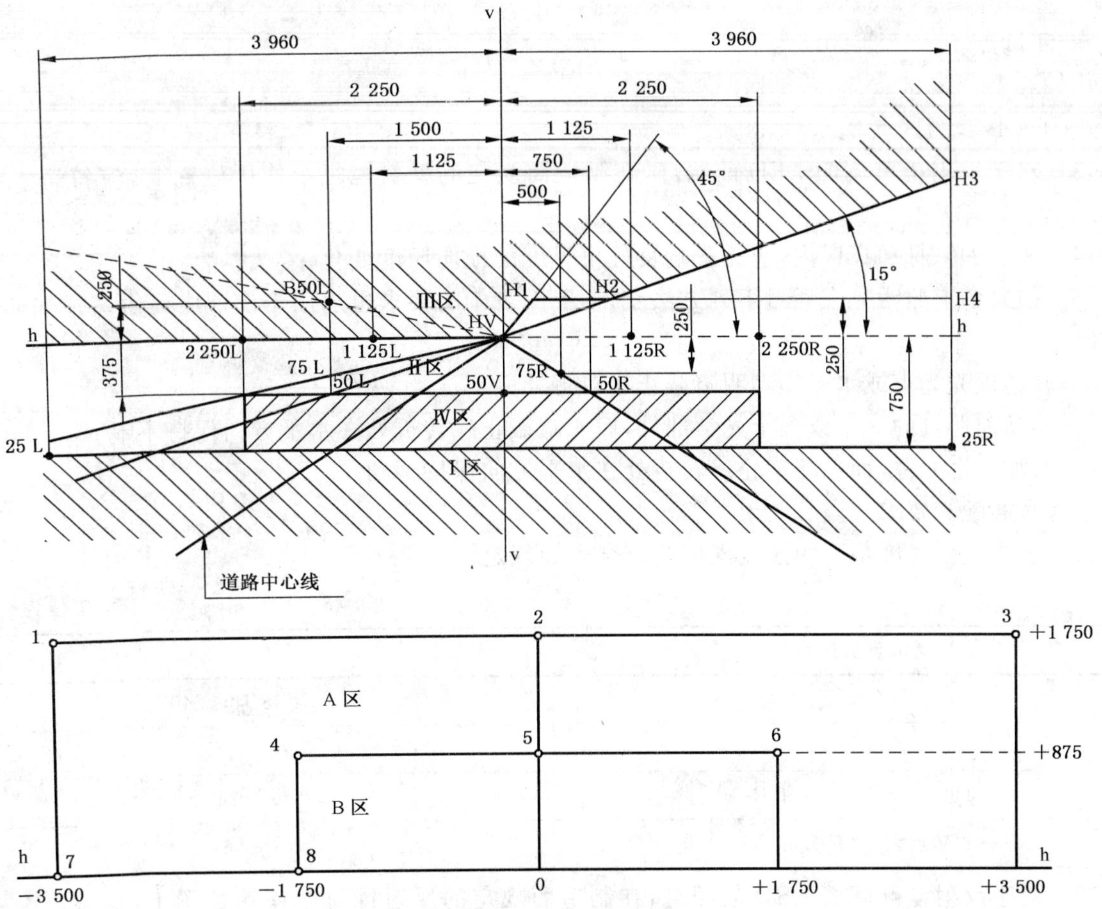

图 1 配光屏幕

5.3.3 近光的配光要求

5.3.3.1 在配光屏幕上，近光应产生明显的明暗截止线，其水平部分位于 v-v 线左侧，右侧为 HV-H2-H3 线或 HV-H1-H2-H4 线。不允许有多条明暗截止线目视可见。

在配光屏幕上的照度限值，应符合表 1 规定。

表 1

点、线段、区域	水平距离 mm	垂直距离 mm	照度 lx
HV	0	0	≤0.7
B50L	L 1 500	U 250	≤0.4
75R	R 500	D 250	≥12
75L	L 1 500	D 250	≤12
50L	L 1 500	D 375	≤15
25L	L 3 960	D 750	≥2
50V	0	D 375	≥6
50R	R 750	D 375	≥12
25R	R 3 960	D 750	≥2
Ⅰ区任何点			≤2 · E_{50R}[a]
Ⅲ区任何点			≤0.7
Ⅳ区任何点			≥3

[a] E_{50R}为 50R 的实测照度值。

5.3.3.2 对于LED前照灯，在配光屏幕上，测试点1至8的照度限值应符合如下规定：

——测试点1+2+3≥0.3 lx；

——测试点4+5+6≥0.6 lx；

——0.7 lx≥测试点7≥0.1 lx；

——0.7 lx≥测试点8≥0.2 lx。

5.3.3.3 对于反射镜可调的LED前照灯，在制造商规定的反射镜每个使用位置上，应符合5.3.3.1、5.3.3.2规定。

5.3.3.4 在Ⅰ、Ⅱ、Ⅲ和Ⅳ区内，应无影响良好可见度的横向照度变化。

5.3.3.5 如果弯道照明光束通过下列方法获得，上面表1的要求也适用于设计成提供弯道照明光束的前照灯：

——旋转近光光束或水平移动明暗截止线转折处；

——移动前照灯的一个或多个光学部件，而明暗截止线转折处在水平方向保持不动；

——增加一个光源，而明暗截止线转折处在水平方向保持不动。

5.3.4 远光的配光要求

5.3.4.1 远光在配光屏幕上的照度限值应符合表2规定。

表2

单位为勒克斯

测试点或区域	照　度
E_{max}	≥48且≤240
HV点	≥0.80E_{max}
HV点至1 125L和R	≥24
HV点至2 250L和R	≥6

5.3.4.2 对于反射镜可调的LED前照灯，在制造商规定的反射镜每个使用位置上，应符合5.3.4.1规定。

5.3.4.3 对于远、近光LED前照灯，其远光最大照度值应不大于近光75R测量照度值的16倍。

5.3.5 配光屏幕上照度测量的有效面积，应包含在边长65 mm的正方形内。

5.4 光色

LED前照灯的光色应为白色，以CIE色度坐标表示，其色度特性应符合GB 4785的规定。

5.5 光源

LED前照灯应使用符合本标准规定的LED光源或LED模块；前照灯中含有的其他光源应使用符合GB 15766.1或ECE R37规定的光源。

前照灯近光用LED光源或LED模块目标光通量应不小于1 000 lm。

5.6 显色性

LED前照灯或LED模块的显色性应满足光谱最低红光成分要求：

$$k_{red}=\frac{\int_{\lambda=610\ nm}^{780\ nm}E_e(\lambda)V(\lambda)d\lambda}{\int_{\lambda=380\ nm}^{780\ nm}E_e(\lambda)V(\lambda)d\lambda}\geqslant 0.05$$

式中：

$E_e(\lambda)$——发光光谱能量，单位为瓦(W)；

$V(\lambda)$——光谱发光效率，单位为1；

(λ)——波长，单位为纳米(nm)。

该值应用不大于 5 nm 间距进行计算。

5.7 LED 前照灯的配光性能稳定性

LED 前照灯在按本标准规定测量了配光性能之后，其整灯应符合附录 A 的要求。

5.8 LED 前照灯照度和色度温度稳定性

5.8.1 LED 前照灯在点亮 1 min 后和光度稳定后，其测试点、区的照度值均应满足最大值和最小值要求。在所有试验过程中，光度输出不应小于初始光通量 70%。

5.8.2 LED 前照灯或 LED 模块在点亮 1 min 和光度稳定后，其光色均应在所要求的范围之内。

5.8.3 试验方法见附录 B。

5.9 LED 前照灯塑料配光镜和塑料光学组件

5.9.1 前照灯的塑料配光镜按 6.7.1 试验后，应符合 GB 4599—2007 附录 B 的要求。

5.9.2 LED 前照灯抗 UV 辐射

5.9.2.1 LED 前照灯内部装有塑料材料制造的光学组件(含透射、反射等部件)时，按 6.7.2 进行试验，试验后，前照灯的色度应符合 5.4 的要求，样品的表面不应出现裂纹、变形、(涂层)剥离等缺陷。

5.9.2.2 LED 前照灯使用低 UV 辐射型式的 LED 模块，或者有关光学组件已使用了抗 UV 辐射的防护，如使用滤光镜，则不需要进行试验。

低 UV 辐射型式的 LED 前照灯或 LED 模块应满足：

$$k_{UV}=\frac{\int_{\lambda=250\ \mathrm{nm}}^{400\ \mathrm{nm}} E_e(\lambda)S(\lambda)\mathrm{d}\lambda}{k_m\int_{\lambda=380\ \mathrm{nm}}^{780\ \mathrm{nm}} E_e(\lambda)V(\lambda)\mathrm{d}\lambda}\leqslant 10^{-5}\ \mathrm{W/lm}$$

式中：

$S(\lambda)$——光谱(效应)权重函数，单位为 1；

k_m——发光体最大发光功效极限值，$k_m=683$ lm/W；

其他符号含义见 5.6。

该值应用不大于 5 nm 间距进行计算。

UV 辐射光谱权重表依据 270 nm 波长为典型值[即 $S(\lambda)=1$]，其他波长 UV 辐射光谱权重值，依据表 3 以内插值替代：

表 3 UV 辐射光谱权重值

λ/nm	$S(\lambda)$	λ/nm	$S(\lambda)$	λ/nm	$S(\lambda)$
250	0.430	305	0.060	355	0.000 16
255	0.520	310	0.015	360	0.000 13
260	0.650	315	0.003	365	0.000 11
265	0.810	320	0.001	370	0.000 09
275	0.960	325	0.000 50	375	0.000 077
280	0.880	330	0.000 41	380	0.000 064
285	0.770	335	0.000 34	385	0.000 530
290	0.640	340	0.000 28	390	0.000 044
295	0.540	345	0.000 24	395	0.000 036
300	0.300	350	0.000 20	400	0.000 030

5.10 LED 前照灯耐温度循环试验

按附录 C 进行试验，在最后一个循环的点灯期间，检查 LED 模块有无长久或间歇失效。如果有失效，则不符合要求；如果没有失效，则检查其配光性能，应符合 5.3 相应要求。

5.11 LED 前照灯电源的极性反接和过电压

试验后，试件的 LED 光源和电子光源控制器无任何部分或全部失效。

6 试验方法

6.1 试验暗室、装置及设备

6.1.1 试验暗室应无漏光，其环境条件应不影响光束的透射性能和仪器精确度。

6.1.2 配光屏幕应足够宽，以便于检查和调整近光明暗截止线；配光屏幕颜色应便于光束照准，配光测试时应消除杂散光影响。

6.1.3 配光测试应采用直流稳压电源，电气仪表准确度不低于 0.2 级，照度计应为国家检定规程中规定的一级照度计（其示值误差不超过±4%）。

6.2 测试环境

光电性能测试的环境温度 23 ℃±5 ℃，相对湿度 20%～80%。

6.3 配光试验

6.3.1 测试前，前照灯的 LED 模块应进行 15 h 的老炼，然后冷却至室温。

6.3.2 如无另行说明，配光测试时的电压：13.2 V±0.1 V（标称电压 24 V 为 28.0 V±0.1 V）。当使用电子光源控制器应按照生产商的规定的参数进行测试。

6.3.3 灯具应按照附录 B 连续点亮直到出现光度稳定状态后进行测试。

6.3.4 近光照准

6.3.4.1 在垂直方向，明暗截止线的水平部分应位于 h-h 线以下 25 cm 处；

6.3.4.2 在水平方向，明暗截止线的转折处应位于 v-v 线上，若转折处不清晰，则以满足 75R 和 50R 的照度值为准。

6.3.4.3 照准时为使明暗截止线清晰易见，允许遮蔽部分配光镜。

6.3.4.4 照准与否，以目视检验 v-v 线两侧各 5°(219 cm)范围内的明暗截止线为准。

6.3.4.5 按上述照准后，若近光不满足要求，则允许明暗截止线在水平方向左、右各 1°(44 cm)，垂直方向不超过 h-h 线的范围内进行调整。

6.3.4.6 当弯道照明光束通过旋转近光光束或水平移动明暗截止线转折处的方法获得时，测量应在前照灯总成完成水平重新照准后进行（如采用测角仪）。

6.3.4.7 当弯道照明光束通过移动前照灯的一个或多个光学部件，而明暗截止线转折处在水平方向保持不动的方法获得时，测量应在这些光学部件位于极端操作位置时进行。

6.3.4.8 当弯道照明光束通过增加一个光源，而明暗截止线转折处在水平方向保持不动的方法获得时，测量应在该光源接通时进行。

6.3.5 远光照准

光束最大照度区域中心位于 HV 点。

对可以单独调节的远光，需要进行远光的照准，否则，以近光作为照准基准，即在近光照准后，测量远光时不允许再作调整。

6.3.6 对于反射镜可调的 LED 前照灯

6.3.6.1 相对于光源的中心与配光屏幕上 HV 点的连接线，在试验测角计上实现与可调反射镜的每个使用位置相对应的位置。之后，移动反射镜位置按 6.3.4 和 6.3.5 规定照准。

6.3.6.2 在按 6.3.4 规定初始定位反射镜后，近光应符合 5.3.3 规定，远光应符合 5.3.4 规定。

6.3.6.3 按下述规定进行附加试验：

垂直方向移动反射镜±2°（或者，若反射镜从其初始位置起，调整范围小于 2°，则移动至最大调整位置），之后，利用试验测角计反方向进行重新照准。此时，近光Ⅲ区（HV 点）和 75R 以及远光 E_{max} 和 E_{HV} 点照度值应符合本标准规定。

6.3.6.4 若制造商规定反射镜有几个使用位置，则在每个使用位置上均按 6.3.6.1 至 6.3.6.3 规定试验。

6.3.6.5 若制造商未规定反射镜使用位置，则应在反射镜平均调整位置上按 6.3.6.1 至 6.3.6.2 规定试验。之后，在反射镜移动至最大调整位置上，按 6.3.6.3 规定进行附加试验。

6.3.7 LED 前照灯配光性能的实际测量值乘以 0.7 为各测试点/区域的照度值。

6.3.8 如果 LED 前照灯某一功能配光（远光或近光）由 LED 模块和灯丝灯泡共同获得，分别测量后相加。

6.4 光色检验

按照 GB/T 7922 照明光源颜色的测量方法，照准后（1 min 或稳定后），近光直接测量 50 V；远光测量 HV 点。测量时的电压按照配光性能试验电压值。

6.5 LED 前照灯的配光性能稳定性

试验方法见附录 A。

6.6 LED 前照灯照度和色度温度稳定性

试验方法见附录 B。

6.7 LED 前照灯塑料配光镜和塑料光学组件

6.7.1 塑料配光镜前照灯的配光镜或材料试样和整灯试验

塑料配光镜前照灯的配光镜或材料试样和整灯试验见 GB 4599—2007 附录 B。但是，试验中点亮光源的场合，均用前照灯内置光源，按试验电压点亮。

6.7.2 LED 前照灯塑料材料组件抗 UV 辐射

前照灯的每种相关塑料件样品或含有塑料光学组件的前照灯样品各一件用 LED 模块发出的光进行 1 500 h 的连续照射。如果使用光学组件试验，每种相关塑料件样品与 LED 模块相对位置应与在其前照灯中的角度、距离等相同。

6.8 LED 前照灯耐温度循环试验

试验方法见附录 C。

6.9 显色性测量

用光谱分析仪测量最低红光成分。

在近光 50 V 点或（和）远光的 HV 点测量，测量结果应符合 5.6 规定。

6.10 LED 前照灯电源的极性反接、过电压试验

6.10.1 极性反接试验

对 12 V 电压系统，给产品电源控制器输入端施加 14±0.1 V 的反向电压 1 min；对 24 V 电压系统，给产品电源控制器输入端施加 28±0.2 V 的反向电压 1 min。

6.10.2 电源的过电压试验

对 12 V 电压系统，给产品电源控制器输入端施加 18±0.2 V 的电压 60 min；对 24 V 电压系统，给产品电源控制器输入端施加 36±0.2 V 的电压 60 min。

7 检验规则

7.1 不同型式判定

前照灯的不同型式按第 4 章规定判定。

7.2 型式检验和生产一致性检验

前照灯检验分为型式检验和生产一致性检验。符合 7.3 或 7.4 规定的，则认为该产品通过型式检验或生产一致性检验。

7.3 型式检验

7.3.1 制造商应提供的文件和样品数量

7.3.1.1 足以识别该型式前照灯的图纸一式三份，图上应表明配光镜或反射镜的特性结构，并标明基准轴线，基准中心和安装在车辆上的几何位置，反射镜的使用位置和调整范围。对于按5.3.3.5提供弯道照明的前照灯，应提供调整范围。

7.3.1.2 一份简明的技术说明书。包括LED模块的规格、尺寸、光电参数和目标光通量以及电子光源控制器通电连接端子等信息；前照灯中若含有灯丝灯泡，应规定所使用的灯丝灯泡类型。

7.3.1.3 样灯两只，对于塑料配光镜和塑料光学组件的塑料材料试验。

7.3.1.4 利用批量生产方法制造的配光镜14块[1]。其中13块配光镜按GB 4599—2007附录C中表C.1进行试验，另外1块配光镜进行抗UV辐射试验(如果需要)。

LED前照灯光学组件中的每种相关塑料件样品或含有塑料光学组件的前照灯样品各一件。每种样品应具有与受检灯具相同的外观、颜色和表面处理特性。

7.3.1.5 不带配光镜的整灯一只(包括反射镜)。

7.3.2 型式检验项目

应符合5.1、5.2、5.3、5.4、5.5、5.6、5.7、5.8、5.9(对于使用塑料配光镜和塑料光学部件的前照灯)、5.10和5.11规定。其中，有关配光镜和涂层材料的特性说明，若已进行过试验，则附上有关试验报告。

7.4 生产一致性检验

7.4.1 对型式检验合格的产品，用随机抽取的样灯来判定其生产的一致性。

7.4.2 随机抽取的样灯，应符合5.1、5.2和5.5的规定。

7.4.3 按第6章规定进行试验，随机抽取的样灯的配光性能应符合下列规定：

7.4.3.1 近光两种要求中任选一种：

a) 近光照度限值按5.3.3.1规定放宽20%，但其中B50L放宽0.2 lx，Ⅲ区放宽0.3 lx；

b) 把近光B50L、75R、50V、25R和25L的有效测试区域扩大为以各测试点为圆心，半径为15 cm的圆。Ⅳ区高度从37.5 cm降至22.5 cm，宽度不变。其照度限值除B50L放宽0.1 lx，Ⅲ区(HV点)放宽0.2 lx外，其余照度限值仍按原规定。

7.4.3.2 远光照度限值按5.3.4.1放宽20%，其中HV点放宽为$0.75E_{max}$。

7.4.4 样灯应符合附录A的A.2.3规定。

7.4.5 对于使用塑料配光镜的前照灯，还应符合5.9.1规定。

1) 其中6块配光镜，可以用最小尺寸为60 mm×80 mm的6块材料试样替代，其外表面的曲率半径不小于300 mm，中间有一个供测量用的尺寸至少为15 mm×15 mm的足够平的区域。

附 录 A
（规范性附录）
LED 前照灯的配光性能稳定性试验

A.1 配光性能的稳定性试验

试验应在温度为 23 ℃±5 ℃的干燥、静止的空气中进行，整灯应安装在能正确表示其装车位置的支架上。

A.1.1 清洁的前照灯

前照灯应按 A.1.1.1 规定点亮 12 h，并按 A.1.1.2 规定检验。

A.1.1.1 试验方法

前照灯应按下述规定的方式点亮：

A.1.1.1.1 功能组合情况如下：

a) 对于远光灯或近光灯，相应的灯丝/LED 模块点亮 12 h[2)]；

b) 当近光和远光混合时（双灯丝灯泡或两只灯丝灯泡/LED 模块）：

1) 若制造商规定，前照灯每次使用时点亮一根灯丝/LED 模块[3)]，则依次点亮近光灯丝/LED 模块和远光灯丝/LED 模块各 6 h；

2) 在所有其他情况下[2),3)]，近光灯丝/LED 模块点亮 15 min，全部灯丝/LED 模块点亮 5 min；并以此方式点亮共 12 h；

c) 对于组合照明功能的情况：

按 a）规定，同时点亮所有的单独功能至规定的时间；按制造商规定，也可以考虑使用混合照明功能 b）的点亮方式。

A.1.1.1.2 试验电压如下：

——对于 LED 模块按照 6.3 的规定；

——对于装有灯丝灯泡 LED 组合前照灯，应按 GB 15766.1 或 ECE R37 所规定的 90%最大功率调节灯丝灯泡电压；

——除非制造商另有规定，否则在所有情况下是使用标称电压 12 V 的灯丝灯泡功率。在前一种情况下，应以功率最大的灯丝灯泡进行试验。

A.1.1.2 试验结果

A.1.1.2.1 目视检验

前照灯一旦冷却至环境温度，应以干净的湿棉布清洁其配光镜，目视检验配光镜应无明显变形，扭曲，裂纹或变色。

A.1.1.2.2 配光试验

为符合本标准要求，应检验近光 50R、B50L、HV 和远光 E_{max} 的配光值。包括配光方法公差在内，试验前、后，照度值允许偏差 10%。

由于支架可能受热变形，允许进行照准调节（明暗截止线的垂直位置变化按 A.2 规定）。

A.1.2 污染的前照灯

A.1.2.1 前照灯准备

前照灯按 A.1.1 规定试验后，应按 A.1.2.2 规定试验混合物准备样灯，然后按 A.1.1.1 规定点亮 1 h，之后按 A.1.1.2 规定检验。

---

2) 当被试验的前照灯与信号灯组合，和/或混合时，信号灯应在试验期间点亮。对于转向信号灯，应以闪烁方式点亮，点亮和熄灭的时间比近于为 1∶1。

3) 当前照灯以闪烁方式工作时，两个或者两个以上灯的灯丝同时点亮，但这不是灯丝正常使用情况。

A.1.2.2 试验混合物

A.1.2.2.1 对于玻璃配光镜前照灯

涂在前照灯配光镜上的试验混合物组成(重量比)如下：

——9份颗粒度介于0～100 μm硅沙；

——1份颗粒度介于0～100 μm植物性炭粉；

——0.2份NaCMC[4]和适量的蒸馏水(其电导率小于1 mS/m)。

试验混合物的有效期不超过14天。

A.1.2.2.2 对于塑料配光镜前照灯

涂在前照灯配光镜上的试验混合物组成(重量比)如下：

——9份颗粒度介于0～100 μm硅沙；

——1份颗粒度介于0～100 μm植物性炭粉；

——0.2份NaCMC；

——13份蒸馏水(电导率小于1 mS/m)；

——(2±1)份表面活性剂。

表面活性剂的用量公差使试验混合物能散布在整个配光镜上。试验混合物的有效期不超过14天。

A.1.2.3 试验混合物敷涂

试验混合物应均匀地涂在前照灯整个透光面上，待干燥后重复敷涂，直至远光 E_{max}，近光50R和50V照度值下降至初始值的15%～20%。

A.1.2.4 测量设备

应使用与型式检验相类似的测量设备。对于半封闭式前照灯，配光性能测量应使用标准灯丝灯泡。

A.2 在受热影响下，明暗截止线垂直位置的变化试验

本试验用来检验在受热影响下，近光明暗截止线的垂直位置偏移是否超过规定值。

按A.1规定试验后的前照灯，在不从试验支架上卸下或不作重新调整的情况下，应按A.2.1规定试验。

A.2.1 试验

试验应在温度为23 ℃±5 ℃的干燥、静止空气中进行。

使用至少已老炼1 h的批量生产LED模块/灯丝灯泡，按A.1.1.1.2规定调节试验电压点亮前照灯。

对于介于v-v线和通过B50L点垂直线之间的明暗截止线，分别测量前照灯工作3 min(r_3)和60 min(r_{60})时的垂直位置。

在保证准确度和复现性情况下，可使用任何方法测量明暗截止线的垂直位置变化。

A.2.2 试验结果

当 $\Delta r_{\mathrm{I}}=|r_3-r_{60}|\leqslant 1$ mrad时，应予以接收。

若1 mrad<$\Delta r_{\mathrm{I}}\leqslant$1.5 mrad时，则第二只前照灯应按A.2.1规定试验。此时，前照灯近光应先经历1 h点亮，1 h熄灭三个时间循环。点亮电压应按A.1.1.1.2规定调节。

试验后，若 $(\Delta r_{\mathrm{I}}+\Delta r_{\mathrm{II}})/2\leqslant 1$ mrad，则应予以接收。

A.2.3 生产一致性

先经受A.2.2规定的三个连续时间循环，再按A.2.1规定试验，若 $\Delta r_{\mathrm{I}}\leqslant$1.5 mrad，则应予以接收。

若1.5 mrad<$\Delta r_{\mathrm{I}}\leqslant$2.0 mrad，则第二只前照灯应按规定试验。当 $(\Delta r_{\mathrm{I}}+\Delta r_{\mathrm{II}})/2\leqslant$1.5 mrad，则应予以接收。

---

4) NaCMC表示羧化甲基纤维素钠盐，通常以CMC表示。试验混合物使用的NaCMC，在20 ℃时，其2%溶液的置换度(DS)为0.6～0.7，黏度为200 cp～300 cp。

附 录 B
（规范性附录）
LED前照灯照度和色度温度稳定性试验

B.1 照度

B.1.1 前照灯的光度应在某种功能点亮1 min后测量以下测试点。测试时，可以大致进行照准，但应在完成比例测量时一直保持这种照准位置。

测试点：　近光50 V

　　　　　远光HV

B.1.2 灯具应连续点亮直到出现光度稳定状态：B.1.1要求的测试点的光度变化值在15 min内小于3%。

达到稳定状态时，记录B.1.1要求的测试点的光度，按照6.3.4或6.3.5的要求照准，进行所有测试点的光度测量。

B.1.3 按B.1.1和B.1.2测试点的光度值进行计算比例。

B.1.4 此计算比例应用到所有测试点，计算出1 min点亮时的所有测试点的光度。

B.1.5 1 min时和光度稳定后测量的照度值均应满足最大值和最小值要求。

B.2 光色

在点亮1 min和按照B.1.2所描述光度稳定后进行光色测量，其光色均应在所要求的范围之内。

B.3 近光的LED模块的目标光通量的测量

B.3.1 LED模块的外形应符合7.3规定的技术说明书的描述。应拆除二次光学元件。这个过程和按以下描述的测试条件，应记录于试验报告。

B.3.2 应递交每种型式的LED模块3只及详细的说明书，如果应用光源控制器则一并提交。

B.3.3 测试时模块的热量散发情况应模拟其在相应的前照灯中的情况。

测试前，模块应在与前照灯正常使用相同条件下老炼72 h。

使用光通积分球时，积分球最小尺寸为1 m，并且至少为LED模块最大尺寸的10倍。光通测量也可以用测角光度计求积（室温下）测量。

LED模块应在密闭的积分球内或测角光度计内点亮大约1 h。

光通量应按照B.1.2所描述的LED模块稳定后进行测试。

每种形式3个LED模块的测量平均值被认为该LED模块目标光通量，每种形式的LED模块目标光通量应取3个LED模块的测量平均值。

附 录 C
(规范性附录)
LED前照灯耐温度循环试验

C.1 试验条件

C.1.1 试验前、后应检验配光性能。

C.1.2 放置试样前,箱内气流为 1 m/s～2 m/s。

C.1.3 试样与箱壁间距离应大于 200 mm。

C.2 试验方法

C.2.1 两只试样应安装在试验支架上,放置在试验箱内时,其基准轴线平行于冷却气流的主方向。

C.2.2 试样应经历图 C.1 所示的 5 个高低温循环试验,每个循环历时 8 h。

循环开始温度:20 ℃;

低温:−30 ℃/至少 2 h;

高温:50 ℃/至少 2 h;

温度转换速率:0.6 ℃/min～5.0 ℃/min;

点灯方式:在图 C.1“A”点开始点灯至“B”点关闭;

试验电压:13.2 V±0.1 V(对于 24 V 标称电压 LED 前照灯则试验电压为 28.0±0.1 V)。

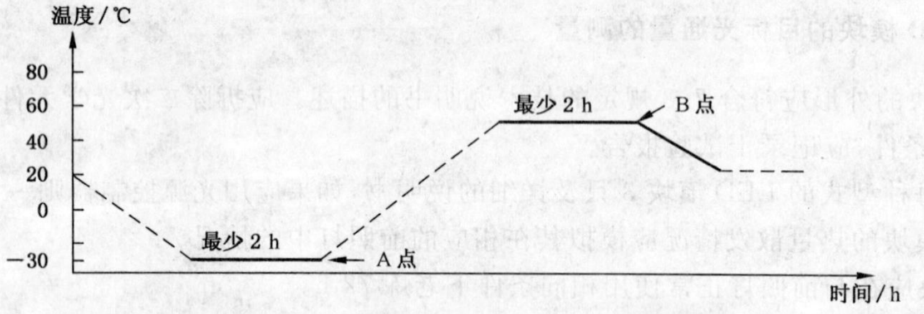

图 C.1 热循环试验的温度-时间曲线

C.2.3 试验结束后,从箱内取出试样,在室温 23 ℃±5 ℃和相对湿度 30%～60%的环境条件下存放 1 h。

ICS 25.100.20
J 41

中华人民共和国国家标准

GB/T 25992—2010/ISO 15917:2007

整体硬质合金和陶瓷直柄球头立铣刀 尺寸

Solid ball-nosed end mills with cylindrical shanks made of carbide and ceramic materials—Dimensions

(ISO 15917:2007,IDT)

2011-01-10 发布 2011-07-01 实施

中华人民共和国国家质量监督检验检疫总局
中国国家标准化管理委员会 发布

前 言

本标准等同采用 ISO 15917:2007《整体硬质合金和陶瓷直柄球头立铣刀 尺寸》(英文版)。

本标准等同翻译 ISO 15917:2007。

为便于使用,本标准作了下列编辑性修改:

——删除了国际标准前言;

——用“.”代替用作小数点的逗号“,”。

本标准由中国机械工业联合会提出。

本标准由全国刀具标准化技术委员会(SAC/TC 91)归口。

本标准起草单位:成都工具研究所。

本标准主要起草人:沈士昌、曾宇环、孙小燕。

整体硬质合金和陶瓷直柄球头立铣刀 尺寸

1 范围

本标准规定了整体硬质合金和陶瓷直柄球头立铣刀的型式和尺寸，硬质合金和陶瓷材料按GB/T 2075的规定。

2 规范性引用文件

下列文件中的条款通过本标准的引用而成为本标准的条款。凡是注日期的引用文件，其随后所有的修改单(不包括勘误的内容)或修订版均不适用于本标准，然而，鼓励根据本标准达成协议的各方研究是否可使用这些文件的最新版本。凡是不注日期的引用文件，其最新版本适用于本标准。

GB/T 1800.2 产品几何技术规范(GPS) 极限与配合 第2部分：标准公差等级和孔、轴极限偏差表(GB/T 1800.2—2009，ISO 286-2:1988，ISO System of limits and fits—Part 2:Tables of standard tolerance grades and limit deviations for holes and shafts，MOD)

GB/T 2075 切削加工用硬切削材料的分类和用途 大组和用途小组的分类代号(GB/T 2075—2007，ISO 513:2004，IDT)

3 整体球头立铣刀的型式

整体硬质合金和陶瓷球头立铣刀有以下两种型式：

——型式1，短型整体球头立铣刀，按图1和表1；

——型式2，长型整体球头立铣刀，按图2和表2。

注：两种型式的立铣刀都可以加工成带颈或不带颈的，颈部直径 d_3 见图1和图2。

4 尺寸

短型整体球头立铣刀见图1和表1；长型整体球头立铣刀见图2和表2。

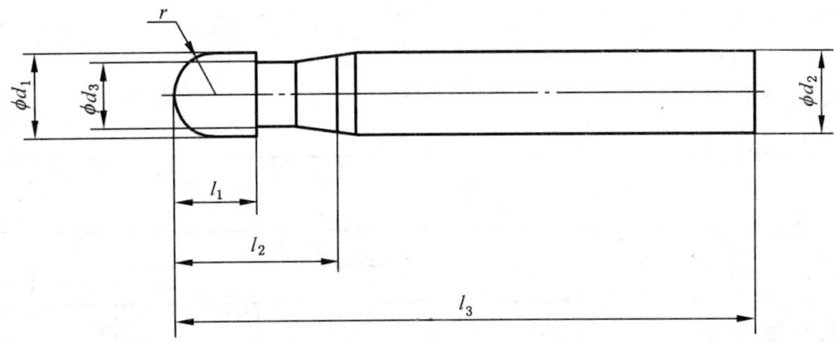

图1 型式1——短型整体球头立铣刀

表 1 型式 1——短型整体球头立铣刀

单位为毫米

切削直径 d_1^b	圆弧半径 $r=d_1/2^b$	切削刃长度 l_1 最小值	悬伸长度 l_2^a 最小值	颈部直径 d_3^d	总长度 l_3 $^{+2}_{0}$	柄部直径 d_2^c h6
0.2	空列	0.2	0.4	空列	38.0	3.0
0.3		0.3	0.6			
0.4		0.4	0.8			
0.5		0.5	1.0			
0.6		0.6	1.2			
0.8		0.8	1.6			
1.0		1.0	2.0		43.0	4.0
1.2		1.2	2.4			
1.4		1.4	2.8			
1.5		1.5	3.0			
1.6		1.6	3.2			
1.8		1.8	3.6			
2.0		2.0	4.0		57.0	6.0
2.5		2.5	5.0			
3.0		3.0	6.0			
3.5		3.5	7.0			
4.0		4.0	8.0			
4.5		4.5	9.0			
5.0		5.0	10.0			
5.5		5.5	11.0			
6.0		6.0	12.0			
7.0		7.0	14.0		63.0	8.0
8.0		8.0	16.0			
9.0		9.0	18.0		72.0	10.0
10.0		10.0	20.0			
11.0		11.0	22.0		83.0	12.0
12.0		12.0	24.0			
13.0		13.0	26.0			14.0
14.0		14.0	28.0			
16.0		16.0	32.0		92.0	16.0
18.0		18.0	36.0			18.0
20.0		20.0	40.0		104.0	20.0

a l_2 是平行于轴线测量的悬伸长度，大小为从立铣刀端部到颈部锥面上直径等于切削直径 d_1 处的距离。

b 公差由生产商自定。

c d_2 的公差按 GB/T 1800.2。

d 尺寸由生产商自定。

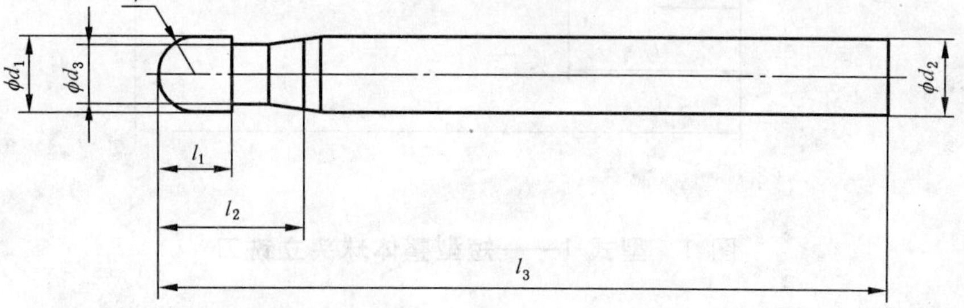

图 2 型式 2——长型整体球头立铣刀

表 2　型式 2——长型整体球头立铣刀

单位为毫米

切削直径 d_1[b]	圆弧半径 $r=d_1/2$[b]	切削刃长度 l_1 最小值	悬伸长度 l_2[a] 最小值	颈部直径 d_3[d]	总长度 l_3 $^{+2}_{0}$	柄部直径 d_2[c] h6
0.2	空列	0.2	0.4	空列	50.0	3.0
0.3		0.3	0.6			
0.4		0.4	0.8			
0.5		0.5	1.0			
0.6		0.6	1.2			
0.8		0.8	1.6			
1.0		1.0	2.0		60.0	4.0
1.2		1.2	2.4			
1.4		1.4	2.8			
1.5		1.5	3.0			
1.6		1.6	3.2			
1.8		1.8	3.6			
2.0		2.0	4.0		80.0	6.0
2.5		2.5	5.0			
3.0		3.0	6.0			
3.5		3.5	7.0			
4.0		4.0	8.0			
4.5		4.5	9.0			
5.0		5.0	10.0			
5.5		5.5	11.0			
6.0		6.0	12.0			
6.0		6.0	12.0		100.0	8.0
7.0		7.0	14.0			
8.0		8.0	16.0			
8.0		8.0	16.0			10.0
9.0		9.0	18.0			
10.0		10.0	20.0			
10.0		10.0	20.0		120.0	12.0
11.0		11.0	22.0			
12.0		12.0	24.0			
13.0		13.0	26.0			14.0
14.0		14.0	28.0			
13.0		13.0	26.0		140.0	16.0
14.0		14.0	28.0			
16.0		16.0	32.0			
18.0		18.0	36.0		160.0	18.0
18.0		18.0	36.0			20.0
20.0		20.0	40.0			

[a] l_2 是平行于轴线测量的悬伸长度，大小为从立铣刀端部到径部锥面上直径等于切削直径 d_1 处的距离。

[b] 公差由生产商自定。

[c] d_2 的公差按 GB/T 1800.2。

[d] 尺寸由生产商自定。

ICS 91.100.30
Q 14

中华人民共和国国家标准

GB/T 25993—2010

透水路面砖和透水路面板

Permeable paving bricks & permeable paving flags

2011-01-10 发布　　　　2011-10-01 实施

中华人民共和国国家质量监督检验检疫总局
中国国家标准化管理委员会　发布

前 言

本标准按照 GB/T 1.1—2009 给出的规则编写。

本标准与 EN 1338:2003《混凝土路面砖》和 EN 1339:2003《混凝土路面板》一致性程度为非等效。

本标准由中国建筑材料联合会提出。

本标准由全国墙体屋面及道路用建筑材料标准化技术委员会(SAC/TC 285)归口。

本标准负责起草单位:中国建材西安墙体材料研究设计院、路桥集团国际建设股份有限公司、中国建筑砌块协会、中国建材咸阳陶瓷研究设计院。

本标准参加起草单位:昆山通海建材科技有限公司、浙江工业大学建筑工程学院、江苏优凝舒布洛克建材有限公司、瑞尔斯达(天津)现代建材有限公司、安徽宁国华普建材有限公司、福建省石狮市永前建材有限公司、浙江长三角建材有限公司、天津市塘沽区裕川建筑建材制品有限公司、天津市新实丰液压机械有限公司、泉州市鸿益机械制造有限公司、包头新创瑞图环保建材有限公司。

本标准主要起草人:路晓斌、杜建东、鲜正洪、姜仙莉、刘幼红、姚峰元、王乃利、程卫国、马成畅、汤俊怀、董再发、杨杨、秦卫强、刘晶、杨振峰、李仰水、郭文智。

透水路面砖和透水路面板

1 范围

本标准规定了透水路面砖和透水路面板的术语和定义、规格、等级和标记、一般规定、技术要求、试验方法、检验规则及产品合格证、堆放和运输等。

本标准适用铺设于市政人行道、园林景观小径、非重载路面广场等场合，透水性能满足要求的透水路面砖和透水路面板(以下简称：透水块材)。

透水块材可以是无钢筋的水泥混凝土经振动加压或其他成型工艺制成；也可以是以煤矸石、废瓷片、废陶片和粘土等无机非金属材料为主要原料，经烧结工艺制成。

2 规范性引用文件

下列文件对于本文件的应用是必不可少的。凡是注日期的引用文件，仅注日期的版本适用于本文件。凡是不注日期的引用文件，其最新版本(包括所有的修改单)适用于本文件。

GB 175 通用硅酸盐水泥
GB/T 1596 用于水泥和混凝土中的粉煤灰
GB/T 2015 白色硅酸盐水泥
GB/T 4111 混凝土小型空心砌块试验方法
GB 6566 建筑材料放射性核素限量
GB 8076 混凝土外加剂
GB/T 12988 无机地面材料耐磨性能试验方法
GB/T 14684 建筑用砂
GB/T 14685 建筑用卵石、碎石
GB/T 17431.1 轻集料及其试验方法 第1部分:轻集料
GB/T 18046 用于水泥和混凝土中的粒化高炉矿渣粉
JC 474 砂浆、混凝土防水剂
JC/T 539 混凝土和砂浆用颜料及其试验方法
JGJ 63 混凝土用水标准
JTG E60—2008 公路路基路面现场测试规程
JC 933 快硬硫铝酸盐水泥、快硬铁铝酸盐水泥
YB/T 4178 混凝土用高炉重矿渣碎石

3 术语和定义

下列术语和定义适用于本文件。

3.1

透水性能 permeable

指水经过透水块材的顶面，通过透水块材自身的孔隙直接渗透到底面的能力。透水块材的透水性能用透水系数表征，与其所采用的具体检测方法相对应。

3.2

透水系数　permeability coefficient

水通过制品本身存在孔隙向下渗透能力的指标，表征方式与数值单位和测试方法有直接的关系。

3.3

透水路面砖　permeable paving bricks

用作路面铺设的、具有透水性能的表面材料，需同时满足以下条件：

——块材厚度不小于 50 mm；

——块材的长与厚的比值不得大于 4；

——透水系数大于规定值。

3.3.1

透水混凝土路面砖　permeable concrete paving bricks

满足透水路面砖的定义，用水泥混凝土经振动、加压成型和养护而成的砖块，其顶面可以是进行过二次深加工的。

3.3.2

透水烧结路面砖　permeable fired paving bricks

满足透水路面砖的定义，采用烧结生产工艺制成的砖块，其顶面可以是进行过二次深加工的。

3.4

透水路面板　permeable paving flag

用作路面铺设的、具有透水性能的表面材料，需同时满足以下条件：

——块材的长度不超过 1 m；

——块材的长与厚的比值大于 4；

——透水系数大于规定值。

3.4.1

透水混凝土路面板　permeable concrete paving flag

满足透水路面板的定义，用水泥混凝土经振动、加压成型和养护而成的板材，其顶面可以是进行过二次深加工的。

3.4.2

透水烧结路面板　permeable fired paving flag

满足透水路面板的定义，采用烧结生产工艺制成的板材，其顶面可以是进行过二次深加工的。

3.5

透水块材的长度　length

透水块材铺设时顶面上所具有最小面积的矩形（不包括间隔端）中，较长边的长度。

3.6

透水块材的宽度　width

透水块材铺设时顶面具有最小面积的矩形（不包括间隔端）中，较短边的长度。

3.7

透水块材的厚度　thickness

透水块材铺设时顶面与底面之间的距离。

3.8

透水块材侧面的肋　spacer nibs

透水块材铺设时侧面（块之间接触面）较小的突出部分。

3.9

顶面　upper face

设计为在铺设使用中可以看到的块材铺设面。

3.10

底面　bed face

通常与顶面平行的另一个表面。透水块材底面在铺设使用时与路面基础垫层相接触。

3.11

饰面层　facing layer

在透水块材成型时，顶面所使用的面层材料，其材料配合比和特性可能与块材主体材料有差异。

3.12

棱边　arris

透水块材任意两个面相交处。允许进行斜切、磨圆、倒棱、成弧及八字斜削等处理。

3.13

引角　draw

透水块材的侧面与其厚度方向所在平面所成的设计角度，如图 1 所示。

3.14

倒棱　chamfer

经斜切处理后的棱边，如图 1 所示。

3.15

公称尺寸　work dimension

在制造透水块材时，其实际外形尺寸在满足指定允许偏差要求的情况下，所应遵照的尺寸要求。

3.16

深加工　secondary processing

在透水块材成型完成的基础上，对其饰面层或其他任意表面进行的纹理加工和处理过程。

3.17

实际尺寸　actual dimension

实际测量所得到某块透水块材的尺寸。

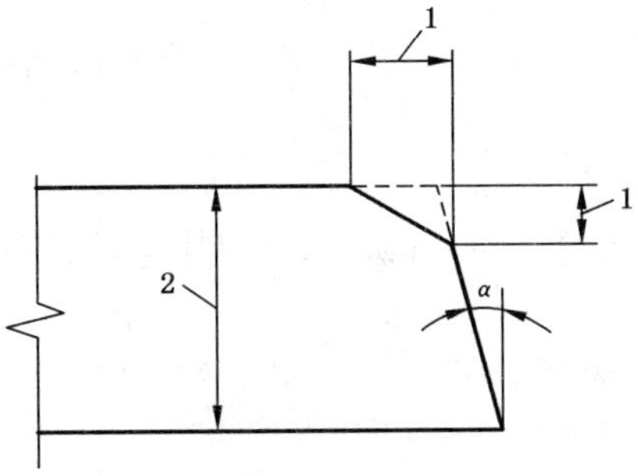

1——倒棱；

2——厚度；

α——引角。

图 1

3.18

粘皮和缺损　sticky skin and surface defect

在透水块材生产过程中，非主观因素在块材表面形成的缺失部位（缺损）、多出的部分（粘皮）。

3.19

凹凸槽形侧面　chased side face

透水块材侧面具有凹凸的外形。侧面的肋不属于此。

3.20

防滑性　slip resistance

抵抗行人鞋底与透水块材表面相对位移的能力。

3.21

规格　format

透水块材的公称尺寸，规定了其长度、宽度、厚度和形状。

4　分类

4.1　分类

4.1.1　按照透水块材生产过程中所用原料、制备工艺和产品规格的不同，分为透水混凝土路面砖（代号：PCB）、透水混凝土路面板（代号：PCF）、透水烧结路面砖（代号：PFB）和透水烧结路面板（代号：PFF）四类。

4.1.2　按透水路面砖的形状，分为联锁型透水路面砖（代号：S）和普通型透水路面砖（代号：N）。

4.2　强度等级

4.2.1　透水混凝土路面砖、透水烧结路面砖，按其劈裂抗拉强度值分为 $f_{ts}3.0$、$f_{ts}3.5$、$f_{ts}4.0$ 和 $f_{ts}4.5$ 四个等级。

4.2.2　透水混凝土路面板、透水烧结路面板，按其抗折强度值分为 $R_f3.0$、$R_f3.5$、$R_f4.0$ 和 $R_f4.5$ 四个等级。

4.3　透水等级

按照透水块材的透水系数大小分为A级和B级。

4.4　规格

用透水块材的公称尺寸（长度、宽度、厚度）和形状，来划分其规格。

4.5　标记

产品按下列顺序进行标记：按分类、透水等级、规格、强度等级和本标准编号。

示例：

规格 200 mm×100 mm×60 mm、劈裂抗拉强度 $f_{ts}3.5$、透水系数达到A级的矩形联锁透水混凝土路面砖，标记为：

PCB-A 200 mm×100 mm×60 mm 矩形 S $f_{ts}3.5$ GB/T 25993—2010

注：在产品标记中，允许用2位～3位的字母或阿拉伯数字，来替代标记中用来表述产品几何形状和面层外观装饰效果的汉字。生产企业或供应商可依据自身产品特点，编制企业的产品编码，并在当地技术质监管理机构备案。

5　一般规定

5.1　透水混凝土路面砖、透水混凝土路面板用原材料

5.1.1　水泥

应符合 GB 175、GB/T 2015、JC 933 中的相应规定。

5.1.2　细集料

应符合 GB/T 14684 的规定。

5.1.3　粗集料

5.1.3.1　碎石、卵石应符合 GB/T 14685 的规定。

5.1.3.2　重矿渣应符合 YB/T 4178 的规定。

5.1.4　色质集料

采用的天然或人工的色质集料，使用前应经过试验检测证明，产品性能符合本标准的规定。所掺加的色质集料不会对产品耐久性造成不良影响。

5.1.5　掺合料

粉煤灰应符合 GB/T 1596 的规定，磨细矿渣粉应符合 GB/T 18046 的规定。轻集料应符合GB/T 17431.1 的规定。

5.1.6　颜料

应符合 JC/T 539 的规定。

5.1.7　外加剂

应符合 GB 8076 或 JC 474 的规定。

5.1.8　集料、色质集料、掺合料，其放射性应符合 GB 6566 的规定。

5.1.9　水应符合 JGJ 63 的要求。

5.1.10　其他材料

其质量应符合相关标准的要求。无标准的原材料使用前应做检验，产品性能符合本标准要求方可使用。

5.2　透水块材用原材料的放射性均应符合 GB 6566 的规定。

5.3　透水块材的规格，由供应商确定，或客户与供应商预先商定。

5.4　采用分层布料其他工艺生产时，透水块材面层（饰面层）的最小厚度不宜小于 8 mm。

5.5　透水块材的饰面层进行过物理或化学原理深加工，则加工后饰面层最小厚度不宜小于 5 mm。

5.6　透水块材面层四周的棱边宜进行倒棱（斜切或圆弧）处理。

6　技术要求

6.1　尺寸偏差

6.1.1　透水块材的实际尺寸与公称尺寸之间的偏差值，每个测量读数值均应符合表 1 的规定。

表 1　尺寸偏差　　单位为毫米

分类标记	名称	公称尺寸	长度	宽度	厚度	对角线	厚度方向垂直度	直角度
PCB	透水混凝土路面砖	所有	±2	±2	±2	—	≤1.5	≤1.0
PCF	透水混凝土路面板	长度≤500	±2	±2	±3	±3	≤1.0	—
		长度＞500	±3	±3	±3	±4		
PFB	透水烧结路面砖	所有	±2	±2	±2	—	≤2.0	≤2.0
PFF	透水烧结路面板	长度≤500	±3	±3	±3	±4	≤2.0	—
		长度＞500	±3	±3	±3	±6		
注 1：矩形透水块材对角线的公称尺寸，用公称长度和宽度，用几何学计算得到。计算精确至 0.5 mm。 注 2：对角线、直角度的指标值，仅适用于矩形透水块材。								

6.1.2 单块透水块材的厚度差≤2 mm。

6.1.3 透水块材饰面层的平整度应符合表 2 的规定。

表 2 平整度

单位为毫米

产品名称及分类标识	最大凸面	最大凹面
透水混凝土路面砖 PCB	≤1.5	≤1.0
透水混凝土面板 PCF	≤2.0	≤1.5
透水烧结路面砖 PFB	≤1.5	≤1.5
透水烧结路面板 PFF	≤3.0	≤2.5

6.1.4 非矩形和经二次加工的透水块材的尺寸偏差限值，应由产品生产供应商与客户商定。

6.2 外观质量

6.2.1 透水块材的外观质量应符合表 3 的规定。

表 3 外观质量

<table>
<tr><th colspan="4">项 目</th><th>顶 面</th><th>其他面</th></tr>
<tr><td rowspan="3">裂纹</td><td colspan="3">贯穿裂纹</td><td>不允许</td><td>不允许</td></tr>
<tr><td rowspan="2">非贯穿裂纹</td><td colspan="2">最大投影尺寸长度/mm</td><td>≤10</td><td>≤15</td></tr>
<tr><td colspan="2">累计条数(投影尺寸长度≤2 mm 不计)/条</td><td>≤1</td><td>≤2</td></tr>
<tr><td rowspan="3">缺棱掉角</td><td colspan="3">沿所在棱边垂直方向投影尺寸的最大值/mm</td><td>≤3</td><td>10</td></tr>
<tr><td colspan="3">沿所在棱边方向投影尺寸的最大值/mm</td><td>≤10</td><td>20</td></tr>
<tr><td colspan="3">累计个数(三个方向投影尺寸最大值≤2 mm 不计)/个</td><td>≤1</td><td>≤2</td></tr>
<tr><td rowspan="4">粘皮与缺损</td><td colspan="2" rowspan="2">深度≥1 mm 的最大投影尺寸/mm</td><td>透水路面砖</td><td>≤8</td><td>≤10</td></tr>
<tr><td>透水路面板</td><td>≤15</td><td>≤20</td></tr>
<tr><td colspan="2" rowspan="2">累计个数(投影尺寸长度≤2 mm 不计)/个</td><td>深度≥1 mm、≤2.5 mm</td><td>≤1</td><td>≤2</td></tr>
<tr><td>深度>2.5 mm</td><td>不允许</td><td>不允许</td></tr>
<tr><td colspan="6">注 1：经两次加工和有特殊装饰要求的透水块材，不受此规定限制。
注 2：生产制造过程中，设计尺寸的倒棱不属于“缺棱掉角”。
注 3：透水块材侧面的肋，不属于“粘皮”。</td></tr>
</table>

6.2.2 透水块材侧向(厚度方面)有起连锁作用的肋条时，肋条上不宜有影响铺装的粘皮现象存在。

6.3 饰面层的颜色、花纹

6.3.1 铺装后顶面为单色的透水块材，其顶面应无明显的色差。

6.3.2 铺装后顶面为双色或多色，或者表面经深加工处理的透水块材，应满足供需双方预先约定的要求。色质饱和度、混色程度、花纹和条纹等，应基本一致。

6.4 强度等级

6.4.1 透水混凝土路面板和透水烧结路面板的抗折强度应符合表 4 的规定。

表 4 抗折强度

单位为兆帕

抗折强度等级	平均值	单块最小值
R_f3.0	≥3.0	≥2.4
R_f3.5	≥3.5	≥2.8
R_f4.0	≥4.0	≥3.2
R_f4.5	≥4.5	≥3.4

6.4.2 透水混凝土路面砖和透水烧结路面砖的劈裂抗拉强度应符合表 5 的规定，单块的线性破坏荷载应不小于 200 N/mm。

表 5 劈裂抗拉强度

单位为兆帕

劈裂抗拉强度等级	平均值	单块最小值
f_{ts}3.0	≥3.0	≥2.4
f_{ts}3.5	≥3.5	≥2.8
f_{ts}4.0	≥4.0	≥3.2
f_{ts}4.5	≥4.5	≥3.4

6.5 透水系数

透水块材的透水系数应符合表 6 的规定。

表 6 透水系数

单位为厘米每秒

透水等级	透水系数
A 级	$\geq 2.0\times10^{-2}$
B 级	$\geq 1.0\times10^{-2}$

6.6 抗冻性

透水块材的抗冻性应符合表 7 的规定。

表 7 抗冻性

使用条件	抗冻指标	单块质量损失率	强度损失率/%
夏热冬暖地区	D15	≤5% 冻后顶面缺损深度≤5 mm	≤20
夏热冬冷地区	D25		
寒冷地区	D35		
严寒地区	D50		

6.7 耐磨性和防滑性

6.7.1 透水块材顶面的耐磨性，应满足磨坑长度不大于 35 mm 的要求。

6.7.2 透水块材顶面的防滑性应满足检测 BPN 值不小于 60。透水块材顶面具有凸起纹路、凹槽饰面等其他阻碍进行防滑性检测时，则认为产品防滑性能符合要求。

7 试验方法

7.1 尺寸偏差和外观质量

7.1.1 量具

砖用卡尺(如图 2)或同等功能的测量工具，读数精度不低于 0.5 mm；钢直尺、直角靠尺，分度值 1 mm。

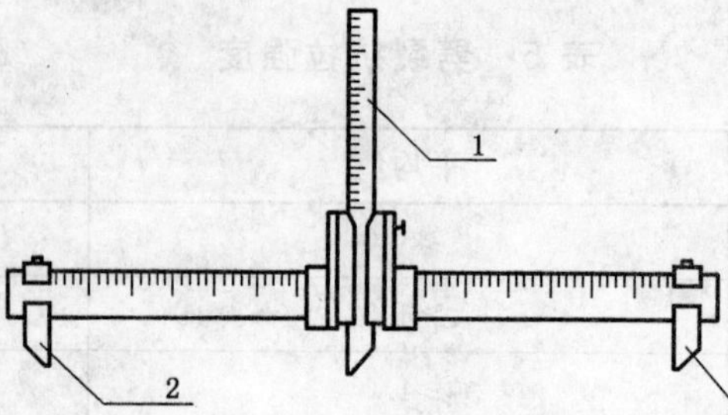

1——垂直尺；
2——支脚。

图 2

7.1.2 测量方法

7.1.2.1 长度、宽度、厚度和厚度差

1) 测量矩形透水块材的长度、宽度、厚度的实际尺寸，分别测量顶面离角部 10 mm 处平行侧面(如图 3)的 2 个长度实际尺寸值、2 个宽度实际尺寸值和 4 个厚度实际尺寸值，厚度测量最大值与最小值之差为厚度差。测量读数值精确至 0.5 mm。
2) 测量非矩形透水块材的实际尺寸，可由供需双方具体约定测量部位、公称尺寸值、尺寸偏差限值、判定依据。但测量过程中，同一测量方向的读数值不得少于 2 个。

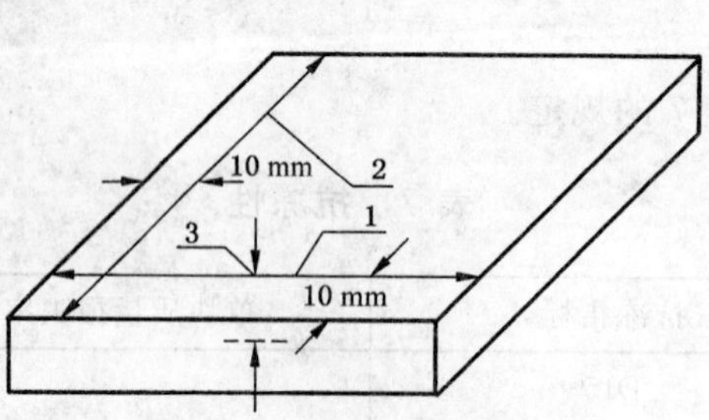

1——长度；
2——宽度；
3——厚度。

图 3

7.1.2.2 对角线

用钢直尺分别测量矩形透水块材的两条对角线。

7.1.2.3　平整度、粘皮和缺损

用砖用卡尺任意放置在透水块材的饰面层（顶面）和其他面上（如图 4），滑动砖用卡尺中间的测量尺，测量正面上的弯曲度、深度超过 1 mm 的缺损或粘皮处的最大投影尺寸，读数精确至 0.5 mm。平整度检测砖用卡尺至少需选择不少于 2 条的测量线，两条测量线的平面夹角不小于 30°。用砖用卡尺测量透水侧面的肋（或其他所设计的侧面几何形状），若产品侧面设计有简单、直线型的肋条，检测时允许采用目测直接判断肋条的尺寸是否满足设计值。

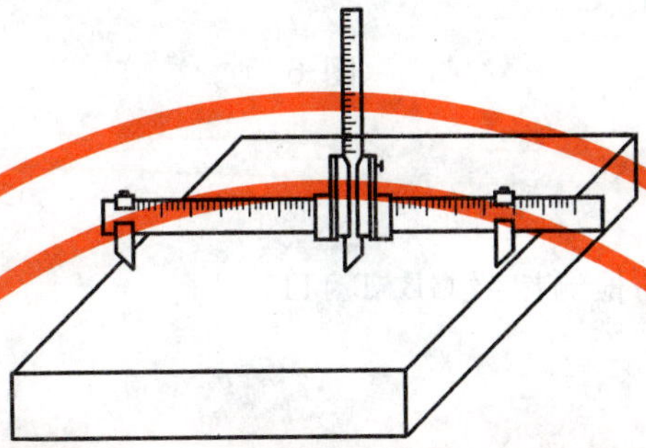

图 4

7.1.2.4　厚度方向垂直度

1)　根据被测棱角大于或小于 90°的不同情况，用直角靠尺进行测量（如图 5）。每条棱边至少测量 2 处，两次测量点之间的间距不小于所测棱边长的 1/3。记录最大间距处所测的读数，精确至 0.5 mm。

2)　当透水块材某一条弧形棱边长超出其周长 1/2，该条棱边至少测量 3 处，两次测量点之间的间距不小于所测棱边长的 1/4。

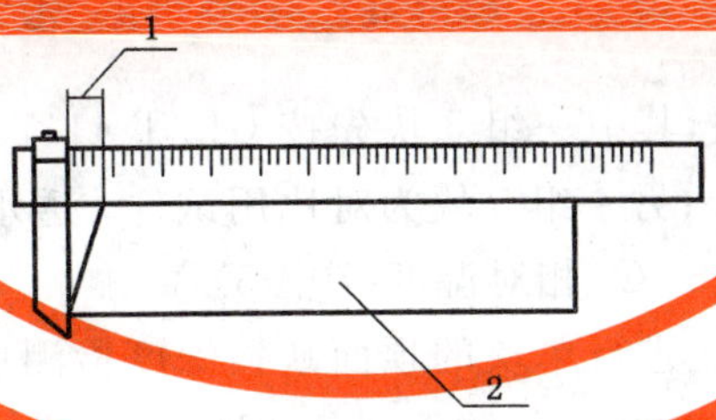

1——垂直度；
2——透水块材。

图 5

7.1.2.5　直角度

用直角靠尺测量矩形透水块材四个角的直角度，读取所测到的最大间隙值（如图 6），读数精确至 0.5 mm。至少对三个角进行测量。

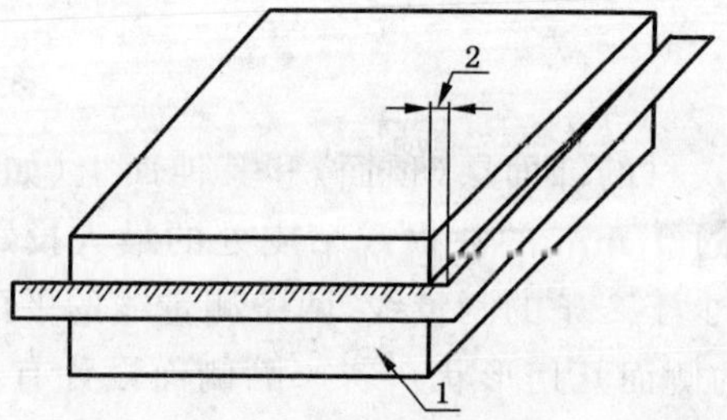

1——透水块材；

2——直角度。

图 6

7.1.2.6 裂纹、缺棱掉角

透水块材的裂纹、缺棱掉角的检测按照 GB/T 4111 进行。

7.2 颜色、花纹

从批量中随机抽取透水块材，顶面朝上在地上组成约 1 m^2 的近似正方形铺装面，与订货时商定样品并列放置，在自然光照条件下，检测人员就近取站立式向下目测，观察颜色和花纹有无明显差异。

7.3 强度

7.3.1 透水混凝土路面板、透水烧结路面板的抗折强度试验按附录 A 规定进行。

7.3.2 透水混凝土路面砖、透水烧结路面砖的劈裂抗拉强度试验按附录 B 规定进行。

7.4 透水系数

透水块材的透水系数试验按附录 C 规定进行。

7.5 抗冻性

7.5.1 透水块材数量为两组 10 块，其中一组 5 块先按 GB/T 4111 规定进行冻融循环试验，但试验开始和结束时试件泡水时间均为 24 h；另一组 5 块为对比用试件，透水混凝土路面砖和透水混凝土路面板试件的放置环境条件：温度(20±5)℃，相对湿度(70±5)%。

7.5.2 冻融循环后的试件按 7.1.3 进行单块的顶面缺损深度检测后，再和对比试件同时按附录 A 进行抗折强度或按附录 B 进行劈裂抗拉强度的试件制备和试验。

7.5.3 抗冻性试验结果的单块质量损失率和强度损失率计算按 GB/T 4111 进行。

7.6 耐磨性和防滑性

7.6.1 透水块材的耐磨性试验按 GB/T 12988 规定进行。

7.6.2 透水块材的防滑性试验，按 JTG E60—2008 标准中“T0964—2008 摆式仪测定路面摩擦系数试验方法”，在试验室对单块试件进行检测。

——将试件需测试的顶面朝上，用胶凝材料固定在试验室地面；应防止室外阳光直射，远离“热源”；试件进入试验室到开始测试的时间应超过 12 h。

——调整 JTG E60—2008 标准 T0964—2008 中的“图 T0964-1”中升降把手，使摆长度满足要求；

——测试三个试件，取三个试件的测试平均值。

——考虑温度修正值时，以试验室的室温读数为试件表面的温度。

8 检验规则

8.1 检验分类

透水块材的检验分出厂检验和型式检验。

8.1.1 出厂检验项目为：尺寸偏差、外观质量、强度等级、透水系数。

8.1.2 型式检验

8.1.2.1 检验项目

第6章要求中的全部项目。

8.1.2.2 产品出现第6章"颜色、花纹"有变化的除外，有下列情况之一者，必须进行型式检验：

a) 新产品的试制定型鉴定；

b) 正常生产后，原材料、配比及生产工艺改变时；

c) 正常生产时，每年至少进行一次；

d) 产品停产6个月以上恢复生产时；

e) 出厂检验结果与上次型式检验有较大差异时。

8.2 组批规则

以用同一批原材料、同一生产工艺生产、同标记的1 000 m^2 透水块材为一批，不足1 000 m^2 者亦按一批计。

8.3 抽样规则

8.3.1 每批随机抽取32块试件，进行外观质量、尺寸偏差检验。

8.3.2 每批随机抽取能组成约1 m^2 铺装面数量的透水块材进行颜色、花纹检验。

8.3.3 从外观质量和尺寸偏差检验合格的透水块材中抽取如下数量进行其他项目检验：

a) 强度等级：5块；

b) 透水系数：3块；

c) 抗冻性：10块；

d) 耐磨性：5块；

e) 防滑性：3块。

强度等级试验后的试件，若能满足再次制样的尺寸大小要求，可以用于透水系数、耐磨性和防滑性项目的检验。

8.4 判定规则

8.4.1 32块受检的透水块材试件中，外观质量和尺寸偏差不符合本标准6.1、6.2的试件数量，应不超过3块，则判该批产品的尺寸偏差和外观质量合格，否则为不合格。

8.4.2 型式检验项目的检验结果均符合本标准第6章各项要求时，则判定该批产品合格，否则为不合格；出厂检验项目的检验结果结合时效范围内其余检验项目综合判定，符合本标准第6章各项要求时，则判定该批产品合格，有一项不合格，则判定该批产品不合格。

9 产品合格证、堆放和运输

9.1 透水块材在出厂时应提供产品质量合格证书，内容包括：

a） 厂名和商标；

b） 合格证编号、生产和出厂日期；

c） 产品标记；

d） 性能检验结果；

e） 批量编号与透水块材数量；

f） 检验部门与检验人员签字盖章。

9.2 透水块材应按产品标记分批堆放，不得混杂。堆放期间，不得弄脏其饰面层。

9.3 透水路面砖的贮存、堆放时垛的高度不宜超过 2 m。透水路面板堆放时，其饰面层应有适当的防护措施，立式堆垛时垛的高度不宜超过 1 m。

9.4 透水块材运输装卸时应捆扎牢固，宜用托盘和吊装工具；散装时应轻码轻放，禁止用翻斗车倾卸。

9.5 为方便正确应用，供方应提供透水块材的使用说明书，说明现场施工方法和要求及参考使用数量。

附 录 A
（规范性附录）
透水路面板的抗折强度试验方法

A.1 设备

A.1.1 试验机

抗折试验机或万能试验机。可采用带有抗折试验架的压力试验机。试验机的示值相对误差应不大于1%，其量程选择应能使试件的抗折预期破坏荷载在满量程的20%～80%。

A.1.2 支座及加压棒

支座的两个支承棒和加压棒的直径为(38±2)mm，材料为钢质，长度210 mm。支承棒和加压棒在每次使用前，必须在工作台上，将其平放、用水平尺沿水平方向同向靠在上面校正，说明其满足要求后，方可使用。

A.1.3 三块垫片

每片垫片的宽(15±1)mm，厚(4±1)mm，垫片长度应至少比试件宽度(H)长10 mm。垫板的材质为五合板。

A.1.4 钢直尺

分度值1 mm。

A.1.5 游标卡尺

(0～125)mm，精度0.02 mm。

A.1.6 切割机、磨光机、水平尺

A.1.7 工作台

面积合适、表面为硬质材料的平滑平面。应使用水平尺校验合格后方可投入使用。

A.2 试件

试件数量为五块完整的透水路面板。透水混凝土路面板成型后的养护龄期应大于28 d。

A.3 试验步骤

A.3.1 试件处理

1) 路面板宽度大于200 mm时，先用切割机切割，使抗折试件满足宽H=200 mm±5 mm。如图A.1所示。
2) 对于具有凹凸不平面层的路面板试件，须在高度方向加荷的中间处切磨出一条宽度大于30 mm的平面。

3) 在工作台上,用水平尺检查试件做抗折强度的两个支承线、一个加荷线的接触处,是否平整。凸起处要用磨光机磨去;凹面处宜用R型硅酸盐水泥(或硫铝酸盐、铁铝酸盐类水泥)净浆找平,水泥标号42.5#。

4) 抗折强度试验中,试件厚度B的取值测量:磨光处在磨光后测,有找平材料处在抹面前测;取图A.1中支承线和加荷线两端的共计六个测量值的最小值。若透水路面板公称尺寸的厚度值与抗折强度试件的厚度B值之差,超出5 mm,则表面试件制作失败,需重新制作抗折强度试件。

5) 在工作台上,用试件、两根支承棒、水平仪,组成一个模拟抗折强度试验形状,水平仪代替加荷棒。以检查试件的两个支承面和一个加荷面是否水平。若有误差,可用磨光机或找平材料继续加工,直至满足要求。对使用水泥找平材料的试件,需先在标准养护室(温度20 ℃±5 ℃、湿度70%±5%)养护24 h后方可进行抗折强度试验。

6) 磨光或找平材料的深度,应不大于2 mm。有凹凸不平面层透水砖面层的磨削深度可大于2 mm。

单位为毫米

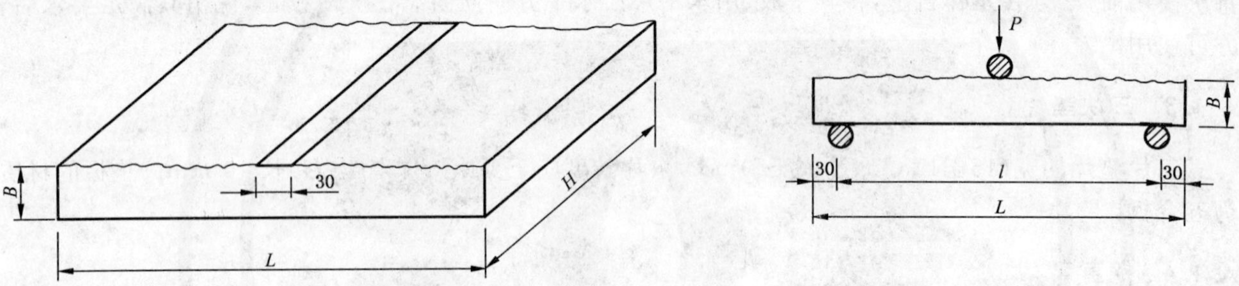

图 A.1

A.3.2 试验步骤

将制样完成后的试件浸入(20±5)℃的水中,(24±3)h后取出,抹去表面水分,立即进行试验。

将试件放置在试验机的支承座上,支承点距端部的距离为30 mm,均匀地加荷至试件折断(见图A.1),记录破坏荷载。加荷速度大小,宜满足使断裂荷载出现在(45±15)s范围内。

注:可以在试验前,根据试件可能的抗折强度值(生产企业设计值),除以45 s后,再用公式(A.1)、试件的宽度和厚度、两支承点间距,推算出加荷速度N/s。

A.4 结果计算

A.4.1 单块试件的抗折强度按式(A.1)计算,精确至0.1 MPa。

$$R_f = \frac{3Pl}{2HB^2} \qquad \cdots\cdots(A.1)$$

式中:

R_f ——抗折强度,单位为兆帕(MPa);

P ——破坏荷载,单位为牛顿(N);

l ——两支承点间的距离,单位为毫米(mm);

H ——试件宽度,单位为毫米(mm);

B ——试件厚度,单位为毫米(mm)。

A.4.2 试验结果以五个试件抗折强度的算术平均值和单块最小值表示。

附 录 B
（规范性附录）
透水路面砖的劈裂抗拉强度试验方法

B.1 设备

B.1.1 材料试验机

试验机的示值相对误差应不大于1%，上、下加压板至少有一端为球绞支座，可随意转动；其量程选择应能使试件预期破坏荷载在满量程的20%～80%。

B.1.2 两块垫片

每片的宽(15±1)mm(图B.1中为b)、厚(4±1)mm(图B.1中为a)，垫片长度应至少比试件预期的断裂面长10 mm。垫板的材质为五合板。

B.1.3 钢直尺

分度值1 mm。

B.1.4 游标卡尺

(0～125)mm，精度0.02 mm。

B.1.5 切割机、磨光机、水平尺

B.1.6 工作台

面积合适、表面为硬质材料的平滑平面，使用水平尺校验合格后方可投入使用。

B.2 试件

试件数量为五块完整的透水路面砖。透水混凝土路面砖成型后的养护龄期应大于28 d。

B.3 试验步骤

B.3.1 试件处理

1) 整块路面砖作为试件，当其侧面存在肋或其他不规则凹凸时，需对其进行切割或磨光加工，使试件侧面为平直面。
2) 透水路面砖劈裂抗拉试验的受力截面应满足下列条件：
   a. 对于矩形透水路面砖，且受力截面平行或垂直于试件各侧面。
   b. 受力截面穿过透水路面砖顶面的形心。
   c. 受力截面的破坏长度l应尽可能地长。
3) 用蜡笔、钢直尺在路面砖的顶面和底面上划出受力截面的位置线。
4) 以试件受力截面的位置线为中线，磨削出一条宽度大于20 mm平面，要求磨削出来的上下两个面是平行的。在工作台上用水平尺和一块钢垫片进行校验。磨削深度尽量小。对于顶面平

整的路面砖，单向磨削深度应不大于 2 mm。有凹凸不平面层透水砖面层的磨削深度可大于 2 mm。

5） 用游标卡尺在两个加荷处测出试件的厚度 t。用钢直尺测量加荷处的宽度。

6） 将试件浸没在(20±5)℃的水中，(24±3)h 后取出，擦干表面水分，立即开始试验。

B.3.2 试验步骤

将试件和两块垫片，如图 B.1 所示固定放置在试验机上。以 0.04 MPa/s～0.06 MPa/s 的加荷速度均匀地加荷至试件折断，记录破坏荷载 P。

注：可以在试验前，将 f_{ts}=0.05 MPa 和试件破坏面的面积 S，一并代入公式(B.2)计算 P 值，作为加荷速度(N/s)。

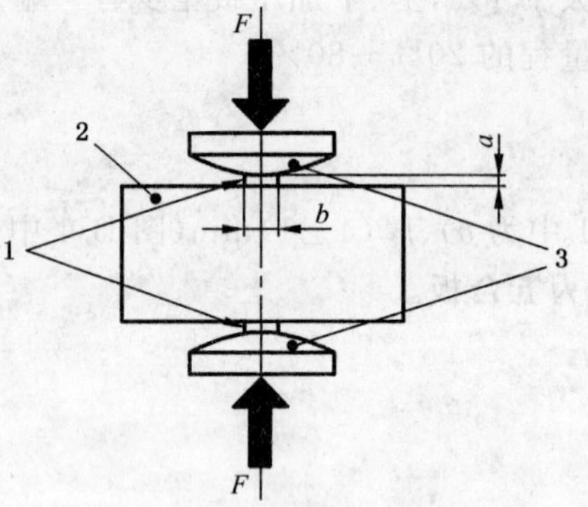

1——垫片；
2——透水块材；
3——刚性支座：接触面半径为(75±5)mm；
a——垫片厚(4±1)mm；
b——垫片宽(15±1)mm。

图 B.1

B.4 试验结果计算

B.4.1 按式(B.1)计算试件破坏面的面积，精确至 0.1 mm^2：

$$S=l\times t \quad\cdots\cdots(B.1)$$

式中：

S ——破坏面的面积，单位为平方毫米(mm^2)；

l ——试件上表面和下表面的两段破坏长度的平均值，单位为毫米(mm)；

t ——试件破坏截面处两端所测得二个厚度值的平均值，单位为毫米(mm)。

B.4.2 按式(B.2)计算试件的劈裂抗拉强度 f_{ts}，单位为 MPa，精确至 0.1 MPa：

$$f_{ts}=0.637\times k\times\frac{P}{S} \quad\cdots\cdots(B.2)$$

式中：

f_{ts}——劈裂抗拉强度，单位为兆帕(MPa)；

P ——破坏荷载，单位为牛顿(N)；

k ——试件厚度的校正系数，根据表 B.1 取值。

表 B.1 校正系数 k

t/mm	40	50	60	70	80	90	100	110	120	130	140
k	0.82	0.91	1.00	1.08	1.15	1.22	1.28	1.32	1.37	1.41	1.44

B.4.3 试件劈裂抗拉强度试验结果以五个试件的算术平均值和单块最小值表示。

B.4.4 按式(B.3)计算试件的线性破坏荷载 F，精确至 0.1 N/mm：

$$F=\frac{P}{l} \qquad \cdots\cdots\cdots\cdots(\text{B.3})$$

式中：

F——线性破坏荷载，指试件在劈裂抗拉强度试验过程中，受力部位在单位线长上所承受的荷载(力)的大小，单位为牛顿每毫米(N/mm)。

附 录 C
（规范性附录）
透水系数测试方法

C.1 试验用仪器及材料

C.1.1 透水系数试验装置

透水系数试验装置如图1所示。

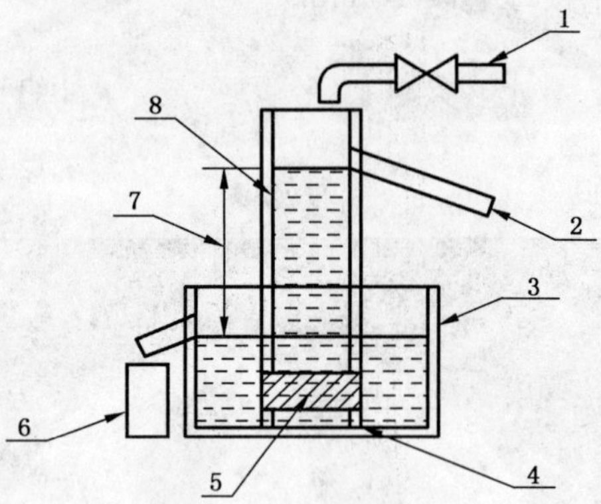

1——供水系统；
2——溢流口；
3——溢流水槽：具有排水口并保持一定水位的水槽；
4——支架；
5——试样；
6——量筒；
7——水位差；
8——透水圆筒：具有溢流口并能保持一定的水位的圆筒。

图C.1 透水系数试验装置示意图

C.1.2 抽真空装置

能装下试样并保持90 kPa以上真空度的试验装置。

C.1.3 测量器具

量具：分度值为0.1 cm的钢直尺及类似量具。
秒表：精度为1 s。
量筒：容量为2 L，最小刻度为1 mL。
温度计：最小刻度为0.5 ℃。

C.1.4 试验用水

本试验应使用无气水。可采用新制备的蒸馏水，否则应在试验前对所用蒸馏水进行排气处理（将水装入盛水容器中，使其置于抽真空装置中，慢慢抽真空至90 kPa的真空度，直至吸气瓶中无气泡冒出为

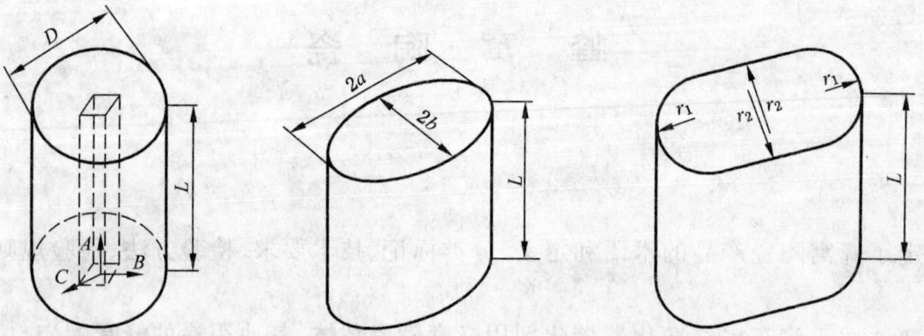

图 1 产品形状图：Y——圆柱形；T——椭圆柱形；P——跑道形

4.2 产品标记

产品标记为：FW-X-S

其中：FW——蜂窝陶瓷“蜂窝”的两个汉语拼音首写字母；

X——蜂窝陶瓷的系列顺序号；

S——横截面形状。

孔密度为 62 的顺序号为“1”。孔密度为 93 的顺序号为“2”，孔密度为 140 的顺序号为“3”，孔密度为 186 的顺序号为“4”。

产品标记实例见表 1。

表 1 标记实例

产品标记	孔密度 孔/cm^2	横截面形状	横截面最大尺寸 D/mm	最大高度 L/mm
FW-1-Y，ϕ118×152.4	62	圆形	ϕ118	152.4
FW-1-T，81×145×152.4	62	椭圆形	81×145	
FW-1-P，118×79×152.4	62	跑道形	118×79	

4.3 特殊规格和形状的产品

特殊规格和形状的产品可由供需双方协商制造。

5 技术要求

5.1 蜂窝陶瓷的外观质量

蜂窝陶瓷的外观质量要求见表 2，表 2 中符号见图 2。

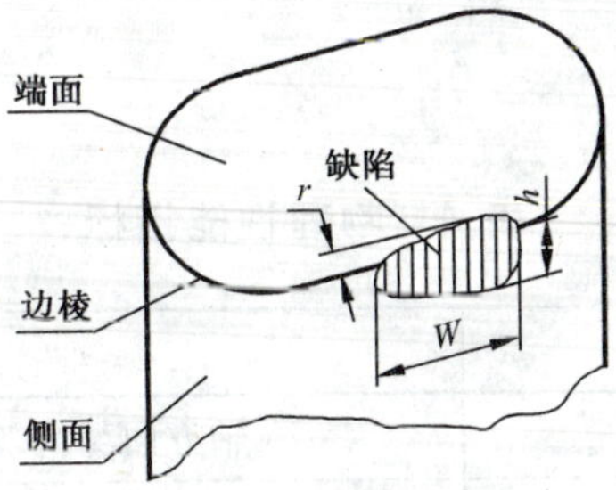

图 2 产品缺陷及尺寸示意图

表 2 外观质量

项目名称	缺陷允许范围
表面裂纹	不允许存在包括端面长度≥8 个孔以上的端面裂纹；允许有 1 条宽(W)≥0.03 mm，长(h)≥3.0 mm，深(r)≥2 个孔的为侧面裂纹
孔道缺陷	生产过程中引起的产品端面孔道的堵塞、并孔及坍塌等的缺陷不超过端面总孔数的 1%
边棱缺损	不允许最大不超过 W (50 mm)×r (4 mm)×h (1.5 mm)，每端面不超过 3 处>1.5 mm 的缺损
侧面缺损	最大不超过 W (50 mm)×r (4 mm)×h (1.5 mm)， 缺损面积总和不超过侧面总面积的 5%(长度≤1.5 mm 的不计)
注：W 表示宽度，r 表示径向深度，h 为长度。	

5.2 蜂窝陶瓷尺寸偏差

蜂窝陶瓷尺寸偏差见表 3。

表 3 尺寸偏差

项目		允许偏差
孔密度 ≥62 孔/cm²		±3 孔/cm²
壁厚 ≤0.16 mm		+0.02 mm
外径范围	D≤50 mm	±1.0 mm
	50 mm<D≤100 mm	±1.5 mm
	100 mm<D≤150 mm	±2.0 mm
高度范围	10 mm<L≤50 mm	±1.0 mm
	50 mm<L≤100 mm	±1.5 mm
	100 mm<L≤150 mm	±2.0 mm
端面不平度		≤1.5 mm
产品直度		≤产品高度的 2%
轴向垂直度		≤产品高度的 2%
注：其他尺寸的偏差由供需双方协商。		

5.3 物理性能

5.3.1 物理性能指标见表4。

表4 物理性能指标

项目	指标
抗压强度/MPa	A轴方向≥10.0，B轴方向≥1.4，C轴方向≥0.2
容重/(g/cm^3)	≤0.5
总孔容/(cm^3/g)	0.18～0.30
吸水率/%	≥17,同组偏差<4
热膨胀系数 室温～800 ℃	$\leqslant 1.2\times10^{-6}$
等静压强度/MPa	≥1
抗热震性 室温～650 ℃	三次循环后不开裂

5.3.2 材料孔径分布见表5。

表5 材料孔径分布

孔径/μm	孔容/(cm^3/g)
2～5	0.09～0.21
5～10	0.02～0.13
10～20	0.00～0.08
20～40	0.00～0.05
≥40	0.00～0.02

6 检验方法

6.1 外观质量及尺寸偏差

按照附录A进行检测。

6.2 抗压强度试验

在产品距边大于5 mm的内部沿A轴方向、B轴方向和C轴方向割取边长为25 mm正方体试样至少3块，其尺寸允许偏差为±1 mm。试样两受压面应加工研磨至平整且互相平行，试样上应无裂纹、边棱缺损等影响强度的缺陷。按照GB/T 1964规定的方法进行检测。

6.3 吸水率和容重试验

6.3.1 吸水率试验

在距边大于5 mm的内部沿A轴和B轴方向割取，制作25 mm正方体试样至少3块。试样的尺寸允许偏差为±1 mm，其表面应该平整、无裂纹。按照GB/T 3810.3—2006规定的方法进行检测。

附 录 B
（规范性附录）
等静压强度测试方法

B.1 装置

试验装置为冷等静压成型试验机，其压力测量精度不低于 1 %。

B.2 试样

选取外观质量符合要求的产品为试样，数量不少于 3 个。

B.3 测量步骤

测量过程如下：

a） 将试样放入厚约 0.02 mm 的高密度聚氨酯透明自封袋中真空封装。

b） 将封装好的试样置于等静压机的高压容器中，并浸没于液体介质中，关闭高压容器。

c） 以 0.1 MPa/min 的速度加压至 1 MPa，保持 3 min 后卸压，取出试样。

B.4 试验结果

打开包装，观察样品是否损坏，如果损坏则为不合格，如果产品完好则为合格。

B.5 试验报告

试验报告包含以下内容：

a） 试样来源及说明；

b） 产品名称和标记；

c） 试验项目；

d） 试验数据；

e） 试验结果；

f） 试验单位；

g） 试验日期；

h） 试验人员。

附 录 C
（规范性附录）
抗热震性试验方法

C.1 装置

加热炉炉温应能控制升温速度，炉膛温度分布均匀，温差±5 ℃。

C.2 试样

选取外观质量符合要求的产品为试样，数量至少 3 个。

C.3 测量步骤

测量过程如下：

a) 以不大于 6 ℃/min 的升温速度将炉温升至预定温度。

b) 将试样放入炉膛内，不得相互接触。待炉温回归至预定温度后保温 30 min，打开炉门，将试样取出，在空气中自然冷却至室温。对试样如此进行 3 次循环操作。

C.4 试验结果

每一次热循环后观察样品是否有开裂，记录样品的开裂情况。

C.5 试验报告

试验报告包含以下内容：

a) 试样来源及说明；

b) 产品名称和标记；

c) 试验项目；

d) 试验数据；

e) 试验结果；

f) 试验单位；

g) 试验日期；

h) 试验人员。

6.6 质量测量的精度

试样质量不大于 10 g 时精度为 0.1 mg，试样质量大于 10 g 时，精度为试样质量的 0.001%。

6.7 测量重复性

每一个试样至少测量两次以上，以确保测量结果的重现性。

7 结果计算

7.1 表观密度

表观密度按公式(1)计算，密度计算结果精确到小数点后两位。

$$\rho_a = \frac{m_1}{m_1 - m_2} \times \rho_l \qquad \cdots\cdots(1)$$

式中：

ρ_a——试样表观密度，单位为千克每立方厘米(kg/cm³)；

m_1——干燥试样质量，单位为千克(kg)；

m_2——浮重，单位为千克(kg)；

ρ_l——浸入液体在试验温度下的密度，单位为千克每立方厘米(g/cm³)。

7.2 体积密度

体积密度按公式(2)计算，密度计算结果精确到小数点后两位。

$$\rho_b = \frac{m_1}{m_3 - m_2} \times \rho_l \qquad \cdots\cdots(2)$$

式中：

ρ_b——体积密度，单位为千克每立方厘米(kg/cm³)；

m_3——湿试样质量，单位为千克(kg)。

7.3 显气孔率

显气孔率按公式(3)计算，气孔率计算结果精确到小数点后两位。

$$\pi_a = \frac{m_3 - m_1}{m_3 - m_2} \times 100 \qquad \cdots\cdots(3)$$

式中：

π_a——开气孔率，%。

8 试验报告

试验报告应包括以下内容：

a) 本标准编号；

b) 浸入方法(煮沸法或真空法)；

c) 浸入液体的密度和试验温度；

d) 表观密度，体积密度和显气孔率的单个试验值；

e) 表观密度，体积密度和显气孔率的平均值。

6.3.1.2 松填材料的制备是先制造一个不锈钢丝网的笼子，如图2a)所示，把松填材料填入笼中，达到所需的密度。

6.3.1.3 薄层式绝热材料是先堆积成38 mm高，再按6.3.1.1的方法制备试样。试样用橡皮筋或金属丝固定。

6.3.2 外表面不同于内表面的材料的制备

6.3.2.1 对外表面不同于内表面的材料，如可溶离子在干燥过程中会迁移到外表面的湿法成形的硅酸钙和水泥、用芯轴卷绕并使用脱芯制成的玻璃棉管壳、经过V-开槽又被胶合形成的矿棉管壳等。绝热管壳制备如图2b)所示，长度为38 mm。如有夹套，制样时还应包括夹套。

6.3.2.2 绝热水泥试样的制备是先制作一个模具，如图2a)所示，然后浇铸，待凝固后去掉模具，将浇铸体切成两个19 mm厚的部分，再用橡皮筋或金属丝固定，中间的接触面用水润湿。整个制备过程应带上干净的聚乙烯手套，避免裸手直接接触绝热材料，防止氯化物污染。

7 试验

7.1 滴注法

7.1.1 试剂、材料和设备

试剂、材料和设备如下：

a) 所有试验用水：蒸馏水或去离子水，$c(Cl^-)<0.1$ mg/L；
b) 氯化钠溶液：$c(Cl^-)=1\,500$ mg/L，2.473 g NaCl溶于1 L水中；
c) 导热油膏：不含氯化物；
d) 染色剂；
e) 低尘擦拭纸：(38×100)mm，$w(Cl^-)\leqslant 1$ mg/kg；
f) 加热装置：加热管外径38 mm，外壁温度为当地水的沸点温度±6 ℃，并可将温度控制在水的沸点温度以下；
g) 多途径的蠕动泵或其他给水装置；
h) 玻璃下口瓶：500 mL；
i) 放大镜；
j) 显微镜：10倍～30倍。

7.1.2 试验步骤

7.1.2.1 把每个不锈钢试件放在加热管上，开口向下，并且将导热油膏搽在试件和加热管之间，使其相互紧密接触。安装螺栓，使其达到所需的应力。

7.1.2.2 将待测的绝热材料试样块用水润湿，放在不锈钢试件上，使两者紧密接触，并固定。

7.1.2.3 将与每个玻璃下口瓶连接的经蠕动泵的滴水管插在试样的中心部位，开动蠕动泵，调节滴水速度，保证每个绝热材料试样每天均匀滴入(250±25)mL水。在测试过程中每天对每个试样对应的下口瓶中加入(250±25)mL水。

7.1.2.4 打开加热装置，管外壁温度控制在当地水的沸点温度±6 ℃，温度达到后开始计时。试验时间为28 d±6 h。在28 d的测试过程中如遇停电，应补偿停电的时间。

7.1.2.5 试验结束后，关闭电源使试件冷却，然后小心地取下不锈钢试件。

7.1.3 不锈钢的合格验证

7.1.3.1 用中性芯吸的低尘擦拭纸代替绝热材料，放置在不锈钢试件上，通过蠕动泵每天均匀滴入

250 mL 的氯化钠溶液到低尘擦拭纸的中心。每天对每个试样对应的下口瓶中加入(250±25)mL 的氯化钠溶液。

7.1.3.2 打开加热装置,管外壁温度控制在当地水的沸点温度±6 ℃,温度达到后开始计时。试验时间为 72 h±30 min。

7.1.3.3 按同样的方法用去离子水对 4 个 U 型弯曲的试件进行 28 d 的空白试验。

7.1.3.4 滴氯化钠溶液的一组不锈钢试件都应开裂,空白试验的一组不锈钢试件无一开裂,则证明此批不锈钢合格,可用于应力腐蚀试验。

7.2 达纳法

7.2.1 试剂、材料和设备

试剂、材料和设备如下:

a) 所有试验用水:蒸馏水或去离子水,$c(Cl^-)<0.1$ mg/L;

b) 氯化钠溶液:$c(Cl^-)=1\ 500$ mg/L,2.473 g NaCl 溶于 1 L 水中;

c) 环氧胶粘剂:铝粉填充;

d) 染色剂;

e) 硼硅酸盐玻璃棉(圆柱形):(ϕ35×51)mm;

f) 结晶皿:由硼硅酸盐玻璃制成,(ϕ190×100)mm;

g) 隔离型电子变压器:150 mV/150 A,并配有温度调压器;

h) 电导线:铜芯截面积 50 mm^2;

i) 热电偶温度表;

j) 放大镜;

k) 显微镜:10 倍~30 倍。

7.2.2 试验步骤

7.2.2.1 将每块润湿的绝热材料试样放在结晶皿中,使其 U 形槽向上。

7.2.2.2 将用铜接线片串联好的不锈钢试件依次放置在绝热材料的 U 形槽内,使其紧密接触。试件组与电子变压器之间用铜导线连接。

7.2.2.3 将热电偶温度表的接触头粘在不锈钢试件凹面底部中间的位置。先在接触头的上面盖上铝粉,再在铝粉上滴几滴胶粘剂,使热电偶温度表的接触头牢牢地粘在不锈钢上。

7.2.2.4 结晶皿中注水直至约低于试样凹槽底部 13 mm 的水平。打开电源加热,试验中通过调节水位,控制温度在当地水的沸点温度±6 ℃。当温度达到当地水的沸点温度时开始计时,试验时间为 28 d±6 h。在 28 d 的测试过程中如遇停电,应补偿停电的时间。

7.2.2.5 根据温度,适时调整各试件水位,水位增高会使温度降低。一般每个试件所需的水量为(200~600)mL/d。

7.2.2.6 试验结束后,关闭电源使试件冷却,断开电导线,小心地把不锈钢试件从试样上移开。

7.2.3 不锈钢的合格验证

7.2.3.1 用中性芯吸的硼硅酸盐玻璃棉代替绝热材料,不锈钢试件应接触玻璃棉小块的顶部。

7.2.3.2 在结晶皿中注入氯化钠溶液,并控制液位处于离试件底部 6.4 mm~19 mm 范围内,保持温度在当地水的沸点温度±6 ℃的范围内。蒸发的水量在(250~1 000)mL/d。当温度达到当地水的沸点温度时开始计时,试验时间为 72 h±30 min。

7.2.3.3 按同样的方法用去离子水对 4 个 U 型弯曲的试件进行 28 d 的空白试验。

7.2.3.4 加氯化钠溶液的一组不锈钢试件都应开裂,空白试验的一组不锈钢试件无一开裂,则证明此批不锈钢合格,可用于应力腐蚀试验。

8 裂纹的检查

8.1 初步检查

在良好的照明条件下,先用肉眼检查所有的不锈钢试件,如果发现有裂纹则不用继续检查。裂纹的形状如树枝状,如图3所示。

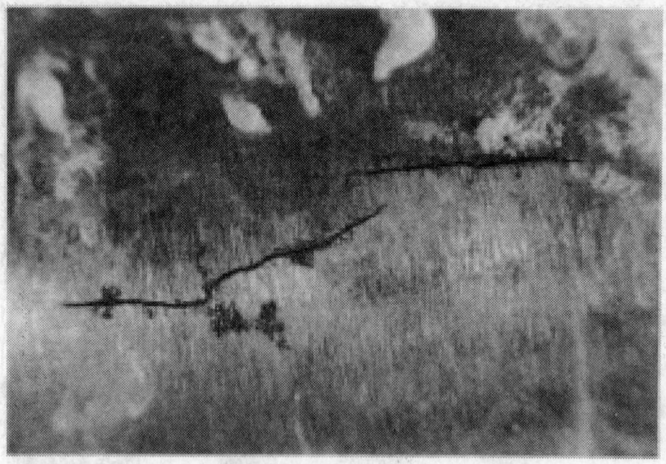

图3 应力腐蚀开裂裂纹的形状

8.2 进一步检查

手工铺平所有初步检查未发现裂纹的试件,清除表面的固体颗粒,用一根外径51 mm的管子将不锈钢试件再弯为原来的U型,用放大镜和显微镜仔细检查试件表面是否有裂纹。

8.3 深入检查

对可能有裂纹的区域涂上液体染色剂,在显微镜下继续检查。如果有裂纹,染色剂能将其显示出来。至此仍没有检查出裂纹,则认为试件没有开裂。

9 结果判定

如果不锈钢合格验证中的4个试件经过72 h的氯化钠溶液试验后,任意一块未出现裂纹,则试验无效。

如果空白试验的试件未出现裂纹,而试样试件出现裂纹,则判定该绝热材料不合格;如果试样试件也未出现裂纹,则判定该绝热材料合格。

如果试样试件未出现裂纹,而空白试件出现裂纹,则判定该绝热材料合格。

注:此时尽管不锈钢试件处于“激化”状态,但绝热材料中的抑制剂能有效保护不锈钢材料免受试验腐蚀条件的影响。

如果空白试验中的4个试件中任何一块出现裂纹,而试样试验中也产生裂纹,则不能判定绝热材料不合格。

止)，待用。试验时水温宜高于环境温度 3 ℃～4 ℃。

C.2 试样

分别在三块产品上制取三个直径为 $\phi75_{-2}^{0}$ mm、厚度同产品厚度的圆柱体作为试样。

C.3 试验步骤

用钢直尺测量圆柱体试样的直径(D)和厚度(L)，分别测量两次，取平均值，精确至 0.1 cm。计算试样的上表面面积(A)。

将试样的四周用密封材料或其他方式密封好，使其不漏水，水仅从试样的上下表面进行渗透。

待密封材料固化后，将试样放入真空装置，抽真空至 90 kPa±1 kPa，并保持 30 min。在保持真空的同时，加入足够的水将试样覆盖并使水位高出试样 10 cm，停止抽真空，浸泡 20 min，将其取出，装入透水系数试验装置，将试样与透水圆筒连接密封好。放入溢流水槽，打开供水阀门，使无气水进入容器中，等溢流水槽的溢流孔有水流出时，调整进水量，使透水圆筒保持一定的水位(约 150 mm)，待溢流水槽的溢流口和透水圆筒的溢流口流出水量稳定后，用量筒从出水口接水，记录五分钟流出的水量(Q)，测量三次，取平均值。

用钢直尺测量透水圆筒的水位与溢流水槽水位之差(H)，精确至 0.1 cm。

用温度计测量试验中溢流水槽中水的温度(T)，精确至 0.5 ℃。

C.4 结果计算

透水系数按式(C.1)计算：

$$k_{\mathrm{T}}=\frac{QL}{AHt} \qquad \cdots\cdots(\mathrm{C.1})$$

式中：

k_{T} ——水温为 T℃时试样的透水系数，单位为厘米每秒(cm/s)；

Q ——时间 t 秒内的渗出水量，单位为毫升(mL)；

L ——试样的厚度，单位为厘米(cm)；

A ——试样的上表面面积，单位为平方厘米(cm^2)；

H ——水位差，单位为厘米(cm)；

t ——时间，单位为秒(s)。

结果以三块试样的平均值表示，计算结果精确至 1.0×10^{-3} cm/s。

本试验以 15 ℃水温为标准温度，标准温度下的透水系数应按式(C.2)计算：

$$k_{15}=k_{\mathrm{T}}\frac{\eta_{\mathrm{T}}}{\eta_{15}} \qquad \cdots\cdots(\mathrm{C.2})$$

式中：

k_{15}——标准温度时试样的透水系数，单位为厘米每秒(cm/s)；

η_{T} ——T℃时水的动力粘滞系数，单位为千帕·秒(kPa·s)；

η_{15}——15 ℃时水的动力粘滞系数，单位为千帕·秒(kPa·s)。

水的动力粘滞系数比 $\eta_{\mathrm{T}}/\eta_{15}$，见表 C.1。

表 C.1　水的动力粘滞系数比 η_T/η_{15}

温度/℃	0	1	2	3	4	5	6	7	8	9
0	1.575	1.521	1.470	1.424	1.378	1.336	1.295	1.255	1.217	1.181
10	1.149	1.116	1.085	1.055	1.027	1.000	0.975	0.950	0.925	0.925
20	0.880	0.859	0.839	0.819	0.800	0.782	0.764	0.748	0.731	0.715
30	0.700	0.685	0.671	0.657	0.645	0.632	0.620	0.607	0.596	0.584
40	0.574	0.564	0.554	0.554	0.535	0.525	0.517	0.507	0.498	0.490

ICS 81.060.30
Q 32

中华人民共和国国家标准

GB/T 25994—2010

蜂窝陶瓷

Honeycomb ceramics

2011-01-10 发布　　　　2011-10-01 实施

中华人民共和国国家质量监督检验检疫总局
中国国家标准化管理委员会　发布

前　言

本标准按照 GB/T 1.1—2009 给出的规则起草。

本标准由中国建筑材料联合会提出。

本标准由全国工业陶瓷标准化技术委员会(SAC/TC 194)归口。

本标准主要起草单位:中国科学院上海硅酸盐研究所、江苏高淳陶瓷股份有限公司、江西省三元环保陶瓷有限公司、景德镇佳奕新材料有限公司、广州红日燃具有限公司。

本标准主要起草人:王若钉、李勤、周丽玮、陈调娣、陈大博、谷昌军、王建忠、刘艳春、席红安、张继周、陈雷、吴国强。

蜂 窝 陶 瓷

1 范围

本标准规定了蜂窝陶瓷产品的术语和定义、分类标记、技术要求、检验方法、检验规则、标志、包装和贮运等。

本标准主要适用于汽车尾气净化器催化剂用蜂窝陶瓷载体，其他用途的蜂窝陶瓷也可参照执行。

2 规范性引用文件

下列文件对于本文件的应用是必不可少的。凡是注日期的引用文件，仅注日期的版本适用于本文件。凡是不注日期的引用文件，其最新版本(包括所有的修改单)适用于本文件。

GB/T 1964 多孔陶瓷压缩强度试验方法

GB/T 3810.3—2006 陶瓷砖试验方法 第3部分：吸水率、显气孔率、表观相对密度和容重的测定

GB/T 16535 精细陶瓷线热膨胀系数试验方法 顶杆法

GB/T 21650.1 压汞法和气体吸附法测定固体材料孔径分布和孔隙度 第1部分：压汞法

3 术语和定义

下列术语和定义适用于本文件。

3.1

孔密度 cell number

蜂窝陶瓷每单位横截面积上分布的孔个数，其单位为孔数/cm^2。

3.2

软化温度 softening temperature

蜂窝陶瓷在均衡升温过程中其方孔初始变形时的温度。

3.3

A 轴方向 A axis

蜂窝陶瓷平行孔道的方向。

3.4

B 轴方向 B axis

蜂窝陶瓷垂直于孔道且平行于孔壁方向。

3.5

C 轴方向 C axis

蜂窝陶瓷垂直于孔道且与孔壁成45°角的方向。

4 分类、标记

4.1 产品分类

产品按横截面形状分为三类，其形状见图1。

6.3.2 容重试验

直接选取完整产品或与吸水率试验相同的试样,数量至少3块。按照GB/T 3810.3—2006规定的方法进行检测。

6.4 热膨胀系数试验

制作尺寸约为5 mm×5 mm×25 mm的长方体试样不少于2个。从产品截取2个试样(一个为距产品边缘约5 mm处,另一个为产品中心位置)。两端面平整、互相平行并垂直于孔道,试样需烘干,表面无裂纹,尺寸允许偏差±1 mm。采用石英玻璃作为标准试样,按照GB/T 16535规定检测。

6.5 材料的总孔容及孔径分布

按照GB/T 21650.1进行检测。

6.6 等静压强度

等静压强度试验按照规范性附录B进行检测。

6.7 抗热震性试验

抗热震性试验按照规范性附录C进行检测。

7 检验规则

7.1 检验分类

检验分出厂检验和型式检验两种。

7.1.1 出厂检验项目

出厂检验项目中外观质量全检,尺寸偏差、吸水率和容重抽检。

7.1.2 型式检验项目

产品的型式检验项目为本标准规定的全部技术要求项目。检测项目中外观质量全检,其余项目均抽检。

有下列情况之一时,也应进行型式检验:

a) 新产品试制定型鉴定;

b) 正式生产后,如结构、原料、工艺有较大改变,可能影响产品性能时;

c) 产品长期停产后,恢复生产时;

d) 出厂检验结果与上次型式检验结果有较大差异时。

7.2 检验批量

以同一原料、配方、同一生产工艺稳定连续生产的同一品种产品为一批。以500只为一批,不足500只也应作为一批计。

7.3 抽样方案

7.3.1 外观质量和尺寸偏差检验

抽样方案及合格判定标准见表6。

7.3.2 物理性能检验

从外观质量检验合格的样本中随机抽取足够的试样，制作各项目所需数量的样品。

7.4 判定规则

7.4.1 外观质量和尺寸偏差的判定

按表6规定的合格判定标准，根据对样本的检验结果进行判定。若在样本中检查的不合格数小于或等于合格判定数Ac，则判该批为合格；若在样本中检查的不合格数大于或等于不合格判定数Re，则判该批为不合格。

表6 抽样方案及合格判定标准

批量范围 *N*	样本大小 *n*	合格判定数 Ac	不合格判定数 Re
≤150	8	2	3
150～280	13	3	4
280～500	20	5	6

7.4.2 物理性能判定规则

7.4.2.1 产品的物理性能实验结果应符合技术要求中表4或表5的要求，如有一项不合格，应按7.4.2.2、7.4.2.3进行复验一次，如果有两项以上不合格，则判该批产品不合格。

7.4.2.2 抗压强度、等静压强度、容重、抗热震性及吸水率如有一项不合格，应加倍抽样复验，复验结果若符合技术要求中表4或表5的要求，则判该项性能合格。

7.4.2.3 热膨胀系数、总孔容及孔径分布如有一项不合格，应重新抽样复验，复验结果若符合技术要求中表4或表5的要求，则判该项性能合格。

7.4.3 产品的各试验项目，若有一项不合格，则判该批产品为不合格。

7.4.4 凡因外观缺陷或尺寸偏差超差被判为不合格的该批产品，由供方逐件检验后重新组批交付验收。

8 标志、包装、运输和贮存

8.1 标志

包装上应有产品名称、类别、地址、生产日期、规格、数量、标准号等标志。

8.2 包装

产品应有专门包装箱包装，内附产品合格证，每块之间用避震填充物填充避震，防止松动、互相碰撞破损，外包装箱应标明易碎字样或标记。

8.3 运输

在运输过程中应防污染、防潮、禁摔、禁扔。

8.4 贮存

产品堆放在室内，场地应平整、坚实。存放在通风、干燥、无污染处。

附 录 A
（规范性附录）
产品外观质量及尺寸偏差的测量方法

A.1 试样

按7.4中表6的规定随机抽取试样。

A.2 基本测量工具

A.2.1 精度为0.01 mm的千分尺；
A.2.2 精度为0.02 mm的游标卡尺；
A.2.3 精度0.02 mm的长爪游标卡尺；
A.2.4 精度为0.02 mm的高度卡尺；
A.2.5 厚度为0.05 mm～1.00 mm的塞尺；
A.2.6 精度为0.5 mm的钢直尺；
A.2.7 直角平尺。

A.3 尺寸测量方法

A.3.1 孔密度偏差

在产品端面中心部位的x、y轴上各取20个孔，并用为0.02 mm的游标卡尺测量其所占长度尺寸，如此测量5个不同区域，计算平均孔密度及其与标准值的偏差。

A.3.2 孔壁厚偏差

在产品端面中心部位的x、y轴上各取等距的5个点，用投影放大仪或显微镜测量；或将样品在各点沿孔道方向割开，用千分尺进行测量；取10点测量值的算术平均值，并计算其与标准值的偏差。

A.3.3 外径偏差

A.3.3.1 圆柱形的外径偏差

在产品距端面10 mm处每隔45°角，用长爪游标卡尺测量外径，共测量4次，分别计算平均值及其与标称值间的偏差，最后取绝对值大的为外径偏差。

A.3.3.2 椭圆形的外径偏差

按照图A.1，在产品端面先沿椭圆长轴方向将长轴$2a$等分成4份，过等分点A_1，A_2做平行于短轴方向直线与椭圆周分别相交于点A_{11}，A_{12}，A_{21}及A_{22}，用长爪游标卡尺测量点A_{11}与A_{12}，A_{21}与A_{22}之间的距离，计算两距离的差；然后再沿椭圆短轴方向将短轴$2b$等分成4份，过等分点B_1，B_2做平行于长轴方向直线与椭圆周相交于点B_{11}，B_{12}，B_{21}及B_{22}，用长爪游标卡尺测量点B_{11}与B_{12}，B_{21}与B_{22}之间的距离，计算两距离的差。最后取绝对值大的为外径偏差。

A.3.3.3 跑道形的外径偏差

按照图 A.1,在产品端面先沿跑道形长轴方向将长轴 $2a$ 等分成 4 份,过等分点 A_1,A_2 做平行于短轴方向直线与跑道外周分别相交于点 A_{11},A_{12},A_{21} 及 A_{22},用长爪游标卡尺测量点 A_{11} 与 A_{12},A_{21} 与 A_{22} 之间的距离,计算两距离的差;然后再沿跑道形短轴方向将短轴 $2b$ 等分成 4 份,过等分点 B_1,B_2 做平行于长轴方向直线与跑道外周相交于点 B_{11},B_{12},B_{21} 及 B_{22},用长爪游标卡尺测量点 B_{11} 与 B_{12},B_{21} 与 B_{22} 之间的距离,计算两距离的差。最后取绝对值大的为外径偏差。

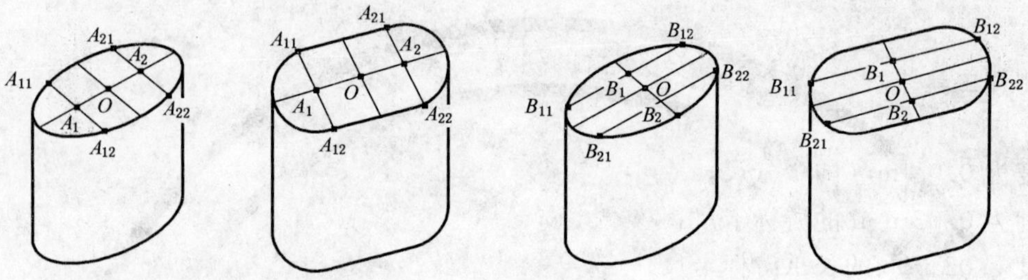

图 A.1 椭圆形及跑道形外径偏差测量示意图

A.3.4 高度偏差

将产品两端面周边进行四等分划分,用高度卡尺直接测量这相对应 4 个不同测量点及中心的高度值,计算其与标称值的偏差,最后取绝对值大的为高度偏差。

A.3.5 端面不平度

将产品一端面置于一平板上,用塞尺测量该端面与平板之间间隙的尺寸,再将该产品的另一端面置于该平板上,再用塞尺测量该端面与平板之间间隙的尺寸,取其最大间隙值即为端面不平度。

A.3.6 产品直度偏差

将产品横卧于一平板上,用塞尺测量该侧面与平板之间间隙的尺寸,再将该产品另一侧面横卧于该平板上,再用塞尺测量该侧面与平板之间间隙的尺寸。测量点不少于 5 个,其最大间隙与该产品标称高度的比率即为产品直度。

A.3.7 轴向垂直度偏差

将产品一端面置于一平板上,移动直角尺至产品外壁,用塞尺测量该侧面与直角尺之间间隙的尺寸,再将产品另一端面置于玻璃平板上,重复前面的测量过程,测量点应不少于 5 个,其最大间隙值与该产品标称高度的比率即为该产品的轴向垂直度偏差。

A.4 外观质量

A.4.1 表面裂纹可用目测检查判断。

A.4.2 边棱缺损、侧面缺损可用直尺或游标卡尺,按照 5.1 中示意图 2 进行测量。

A.4.3 孔道缺陷=(孔道缺陷数总和/总孔数)×100%

A.5 检测报告

检测报告包含以下内容：

a) 试样来源及说明；

b) 产品名称和标记；

c) 试验项目；

d) 试验数据；

e) 试验结果；

f) 试验单位；

g) 试验日期；

h) 试验人员。

ICS 81.060.30
Q 32

中华人民共和国国家标准

GB/T 25995—2010

精细陶瓷密度和显气孔率试验方法

Test methods for density and apparent porosity of fine ceramics

[ISO 18754:2003 Fine ceramics (advanced ceramics, advanced technical ceramics)—Determination of density and apparent porosity, MOD]

2011-01-10 发布　　2011-10-01 实施

中华人民共和国国家质量监督检验检疫总局
中国国家标准化管理委员会　发布

前 言

本标准按照 GB/T 1.1—2009 给出的规则起草。

本标准使用重新起草法修改采用 ISO 18754:2003《精细陶瓷(高级陶瓷,高级工业陶瓷) 密度和表观孔隙率的测定》。

本标准与 ISO 18754:2003 的技术性差异及其原因如下:

——扩大了标准的使用范围,允许“其他无机非金属材料也可参考使用”(见第 1 章);

——关于规范性引用文件,本标准做了具有技术性差异的调整,以适应我国的技术条件,调整的情况集中反映在第 2 章“规范性引用文件”中,具体调整如下:

- 用非等效采用国际标准的 GB/T 8747 代替了 ISO 367(见 4.4);
- 用等同采用国际标准的 GB/T 22230 代替了 ISO 758(见 6.5)。

——为了更明确和简洁,简化了 4.7 的陈述;

——增加了第五章的层次标题,并简化了陈述;

——增加了 6.2.2 的层次标题;

——增加了 6.5 的层次标题。

本标准还做了下列编辑性修改:

——用小数点‘. ’代替作为小数点的逗号‘,’;

——删除了国际标准的前言。

本标准由中国建筑材料联合会提出。

本标准由全国工业陶瓷标准化技术委员会(SAC/TC 194)归口。

本标准起草单位:中国科学院上海硅酸盐研究所、中国建筑材料联合会、中国建筑材料科学研究总院、山东工业陶瓷研究院、清华大学。

本标准主要起草人:蒋丹宇、李蕾、周丽玮、高建华、冯涛、包亦望、吴萍、龚江宏、徐海芳、徐兵、黄德信、李雨林。

精细陶瓷密度和显气孔率试验方法

1 范围

本标准规定了精细陶瓷表观密度、体积密度和显气孔率试验方法的仪器设备、试样、试验步骤、结果计算和试验报告。

本标准适用于块体精细陶瓷，其他无机非金属材料也可参考使用。

注：本方法不适用于显气孔率大于10%的材料。此外，显气孔率低于0.5%时的显气孔率测量数值可能不准确。

2 规范性引用文件

下列文件对于本文件的应用是必不可少的。凡是注日期的引用文件，仅注日期的版本适用于本文件。凡是不注日期的引用文件，其最新版本(包括所有的修改单)适用于本文件。

GB/T 8747　气象用玻璃液体温度表(GB/T 8747—1988,neq ISO 386:1977)

GB/T 22230　工业用液态化学品 20 ℃时的密度测定(GB/T 22230—2008,ISO 758:1976,IDT)

3 术语和定义

下列术语和定义适用于本文件。

3.1

开气孔　open pores

可以和空气相连的孔洞或能够被浸入液体渗透的孔洞。

3.2

闭气孔　closed pores

不能和空气相连或不能被浸入液体渗透的孔洞。

3.3

块体体积　bulk volume

固体材料、开气孔和闭气孔体积之和。

3.4

表观体积　apparent solid volume

固体材料和闭气孔体积之和。

3.5

表观密度　apparent solid density

干燥材料的质量与其表观体积之比。

3.6

体积密度　bulk density

干燥材料的质量与其块体体积之比。

3.7

显气孔率　apparent porosity

开气孔体积与块体体积之比。

4 仪器设备

4.1 烘箱

控温范围为 110 ℃±5 ℃的烘箱。

4.2 天平

试样质量不大于 10 g 时精度为 0.1 mg，试样质量大于 10 g 时，精度为试样质量的 0.001%。

4.3 加热装置

可以煮沸样品的装置。

4.4 温度计

按照 GB/T 8747 规定精度达到±1 ℃。

4.5 浸入液体

对于不和水反应的试样使用蒸馏水或离子交换水。对于和水反应的试样使用合适的有机液体。

4.6 吊篮

可以在浸入液体中放置试样，用于测定浮重。

4.7 吊线

直径不大于 0.25 mm，线应清洁。

4.8 蒸发装置

采用真空法时压力值不大于 2.5 kPa。

5 试样

5.1 体积

每一次测试试样体积不能小于 0.4 cm^3。

当单个样品体积小于 0.4 cm^3，应将多个样品组成总体积大于 0.4 cm^3 的试样进行测试，但每一个样品的体积不小于 0.04 cm^3。

注：如果试样体积小于 0.04 cm^3 时，只有采用加工试样进行几何测量来得到体积密度。如果要测量这类试样的显气孔率，可采用压汞法。

5.2 表面

试样表面应无污染，测试过程中无崩落。

6 试验步骤

6.1 测量干燥试样的质量

将试样在 100 ℃±5 ℃烘箱中干燥，并在干燥器中冷却至室温再称重，重复这一步骤，直到恒重，即

得到干燥试样质量 m_1。如果试样在煮沸过程中裂开，则应在称完浮重 m_2 和湿样品质量 m_3 后再称干燥试样质量 m_1。

6.2 将试样浸入液体

6.2.1 煮沸法

煮沸法适用于不和水反应的材料。

将试样浸入水中，确保试样始终在水中，至少煮沸 3 h。冷却至室温。也可用室温水来冷却试样。

6.2.2 真空法

6.2.2.1 将试样放在压力低于 2.5 kPa 的真空干燥箱中保持 15 min 确保所有开气孔中的空气排出。引入液体直至覆盖试样。逐步恢复气压到常压，并继续浸渍试样 30 min 以上。在引入浸入液体时应保持真空泵开启。

6.2.2.2 如果试样和水反应，可使用非挥发性和无毒的有机液体当浸入液体。有机液体的蒸气压在试验温度下应不大于 2.5 kPa。

注：可使用蒸馏石蜡和邻苯二甲酸二丁酯作为浸入液体。

6.3 测量试样的浮重

将试样放入吊篮中并浸入到液体里，用天平称量其质量，即 m_{21}；再取出试样，用天平称吊篮在同样深度的质量，即 m_{22}。则用 m_{21} 减去 m_{22}，得到试样的浮重 m_2。

用温度计测量液体的温度。

6.4 测量湿试样的质量

将试样从液体中取出，用吸潮的布，如纱布和软皮革，将湿试样外表面液体擦干，然后迅速称量试样质量，得到湿试样质量 m_3。

吸潮的布应先用浸入液体完全浸湿并轻轻拧干，以避免吸出试样气孔中的水。

6.5 测量浸入液体的密度

6.5.1 对于水采用表 1 确定密度。

6.5.2 对于有机液体，用 GB/T 22230 规定的方法确定密度。

表 1 在 10 ℃至 30 ℃之间水密度随温度的变化

温度/ ℃	密度/ (g/cm³)	温度/ ℃	密度/ (g/cm³)	温度/ ℃	密度/ (g/cm³)
10	0.999 7	17	0.998 8	24	0.997 3
11	0.999 6	18	0.998 6	25	0.997 0
12	0.999 5	19	0.998 4	26	0.996 8
13	0.999 4	20	0.998 2	27	0.996 5
14	0.999 2	21	0.998 0	28	0.996 2
15	0.999 1	22	0.997 8	29	0.995 9
16	0.998 9	23	0.997 5	30	0.995 6

ICS 91.100.60
Q 25

中华人民共和国国家标准

GB/T 25996—2010

绝热材料对奥氏体不锈钢外部应力腐蚀开裂的试验方法

Test method for thermal insulations on external stress corrosion cracking of austenitic stainless steel

2011-01-10 发布　　2011-10-01 实施

中华人民共和国国家质量监督检验检疫总局
中国国家标准化管理委员会　发布

前　言

本标准按照 GB/T 1.1—2009 给出的规则起草。

本标准根据美国材料与试验协会 ASTM C692-2008《评估绝热材料对奥氏体不锈钢外部应力腐蚀开裂影响的试验方法》制定，在技术内容上与该标准非等效。

本标准由中国建筑材料联合会提出。

本标准由全国绝热材料标准化技术委员会（SAC/TC 191）归口。

本标准负责起草单位：南京玻璃纤维研究设计院。

本标准主要起草人：杨春颖、沙德仁。

绝热材料对奥氏体不锈钢外部应力腐蚀开裂的试验方法

1 范围

本标准规定了绝热材料对奥氏体不锈钢外部应力腐蚀开裂的试验方法。

本标准适用于覆盖奥氏体不锈钢用纤维型绝热材料包括岩棉、矿渣棉、玻璃棉、硅酸铝棉等及其制品，也适用于此用途的其他类型绝热材料如硅酸钙、水泥、复合硅酸盐、泡沫石棉、泡沫塑料、泡沫橡塑等。

2 规范性引用文件

下列文件对于本文件的应用是必不可少的。凡是注日期的引用文件，仅所注日期的版本适用于本文件。凡是不注日期的引用文件，其最新版本(包括所有的修改单)适用于本文件。

GB/T 228 金属材料 室温拉伸试验方法

GB/T 4132 绝热材料及相关术语

GB/T 15970.3 金属和合金的腐蚀 应力腐蚀试验 第3部分：U型弯曲试样的制备和应用

GB/T 20878 不锈钢和耐热钢 牌号及化学成分

3 术语和定义

GB/T 4132 确立的以及下列术语和定义适用于本文件。

3.1

应力腐蚀开裂 stress corrosion cracking

金属在某些腐蚀环境和所受应力或残余应力的综合影响下可能发生的以裂纹形式出现的破坏。

3.2

芯吸型绝热材料 wicking-type insulation

芯吸型绝热材料是一种当其50%～75%部分浸入在水中10 min或更少的时间就会全部润湿的绝热材料。

4 要求

对于岩棉、矿渣棉、玻璃棉、硅酸铝棉等及其制品和硅酸钙、水泥、复合硅酸盐、泡沫石棉等最高使用温度高的绝热材料在当地水的沸点温度±6 ℃进行试验，试样所用的不锈钢试件应无一裂纹出现；对于某些泡沫塑料、泡沫橡塑等其最高使用温度小于100 ℃的产品，在其最高使用温度的上限进行试验，试样所用的不锈钢试件应无一裂纹出现。

5 方法说明

本标准给出两种试验方法——滴注法和达纳(Dana)法。其原理是持续使去离子水通过绝热材料试样到达有应力存在的304型奥氏体不锈钢的热表面28 d。如果材料中有可溶出的氯离子存在，将与水一起通过蒸发积聚在不锈钢的热表面上。滴注法是使去离子水从绝热材料的内部上端通过材料到达下端的不锈钢热表面，适用于所有的绝热材料；达纳法是由材料自身的芯吸能力使水由材料下端通过材料的毛细管作用到达不锈钢热表面，只适用于芯吸型绝热材料。

6 试验准备

6.1 材料和设备

试验材料和设备如下：

a) 奥氏体不锈钢板：代号为 S30408、牌号为 06Cr19Ni10，化学成分符合 GB/T 20878，碳含量为 0.05%～0.06%，尺寸为(1 000×2 000×1.5)mm；
b) 电动锯；
c) 箱式电阻炉：控温精度±20 ℃；
d) 耐水磨砂纸：NO.80；
e) 钻头：ϕ7 mm；
f) 精密折弯机；
g) 低尘擦拭纸：$w(Cl^-)\leqslant 1$ mg/kg；
h) (ϕ5×65)mm 不锈钢螺栓、不锈钢螺母和绝缘垫圈；
i) 铜接线片：(272×13×3.2)mm 和(51×13×3.2)mm；
j) 带锯；
k) 取样器：外径 51 mm。

6.2 不锈钢试件的制备

6.2.1 从同一块奥氏体不锈钢板上用电动锯裁取(51×178)mm 的试件 12 块，使试件的长尺寸平行于板的长尺寸。每 4 块一组，其中两组用作不锈钢板材的合格验证，一组用于试样试验。

6.2.2 先用清洁剂和自来水清洗试件，再用蒸馏水或去离子水反复清洗，以除去表面的油脂和污染物。然后，将不锈钢试件吹干放在干净的盘子中，备用。操作过程中注意避免氯化物污染。

6.2.3 将 12 块不锈钢板试件放入箱式电阻炉中，升温至 650 ℃，恒温加热 3 h，然后关闭电源，自然冷却至室温，取出。

6.2.4 用 NO.80 耐水磨砂纸顺着试件长尺寸方向向同一方向打磨不锈钢试件以除去黑色金属氧化物，使金属变亮。打磨一面即可。同时，把剪切的边角用砂纸打磨光滑以免伤人。

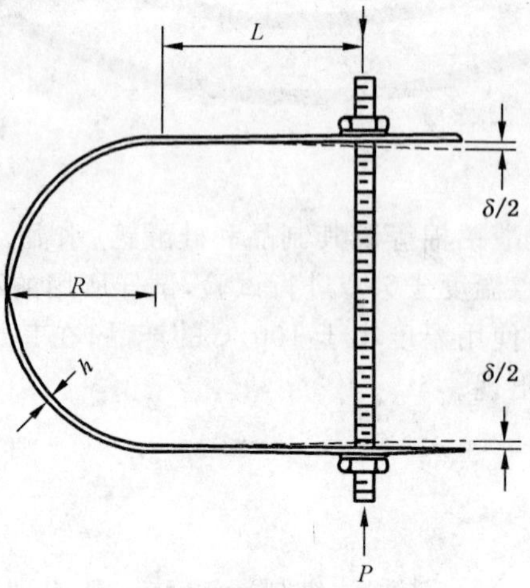

图 1 U 型试件示意图

$$\delta=\left(\frac{12S(2R+h)}{(L+R)(8R+h)(h)(E)}\right)\left(\frac{L^3}{3}+R\left(\frac{\pi}{2}L^2+\frac{\pi}{4}R^2+2LR\right)\right) \cdots\cdots\cdots\cdots\cdots\cdots (1)$$

式中：

δ——挠度，单位为毫米(mm)；

S——弹性应力，单位为兆帕(MPa)；

R——弯曲半径，单位为毫米(mm)；

h——厚度，单位为毫米(mm)；

L——平直部位的长度，单位为毫米(mm)；

E——弹性模量，单位为兆帕(MPa)。

6.2.5 用钻头在每个不锈钢试件两端的中心距边缘 10 mm 处各钻一个 7 mm 的孔。

6.2.6 以半径为 25.4 mm 的金属棒为芯，按 GB/T 15970.3 规定的要求，在精密折弯机上将每个平板弯成外半径为(25.4±0.25)mm 的 U 型试件，U 型试件经打磨的一面朝外，且两平面要平行，偏差≤1.6 mm。

6.2.7 在达纳法中，使用电来加热不锈钢试件，4 个不锈钢试件为一组，因此将长铜接线片弯成"┌─┐"形，两端的长度为 51 mm，其中一半伸出，一半用银焊连接相邻的不锈钢试件的外部拐角，每个不锈钢试件都呈对角线连接。短铜接线片焊接在每组不锈钢试件最外部两端，一半伸出，用以连接电导线。

6.2.8 用经去离子水润湿的低尘擦拭纸擦洗试件的凸表面，漂洗，吹干。以后不可用裸手去接触试件的凸表面。

6.2.9 在每个试件上安装螺栓和螺母，平稳地转动螺母，保持 U 型的两平面平行，如图 1 所示。转动螺母达到所需的转数，或者用游标卡尺测量两平面的挠度，确保每个试件的应力相同。图 1 中挠度 δ 按公式(1)计算，公式(1)中的数值，可从不锈钢板材料力学性能的测试报告中获得，也可以按照 GB/T 228 进行拉伸试验和对试件做必要的测量来获得。本试验方法所需的弹性应力为 207 MPa。

6.3 绝热材料试样的制备

6.3.1 表面和内部性质完全一致的绝热材料的制备

6.3.1.1 对于表面和内部性质完全一致的绝热材料，如玻璃棉、岩棉、矿渣棉、硅酸铝棉板等材料，用带锯将材料切割成(102×178×38)mm 的试样块，用取样器在每个试样块的中心钻一个孔，然后切成两部分，制成(102×89×38)mm 的试样。

单位为毫米

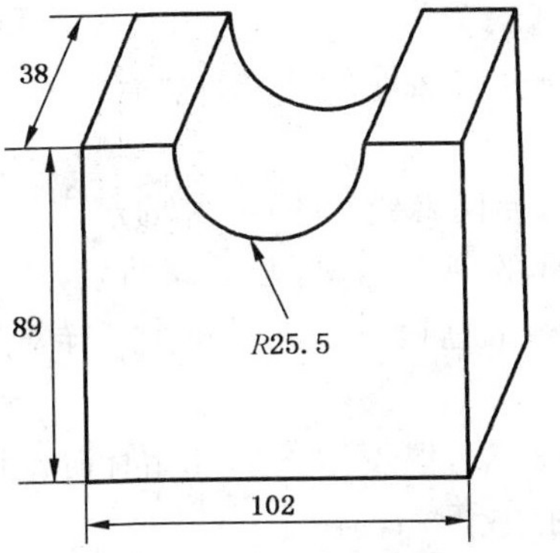

a)

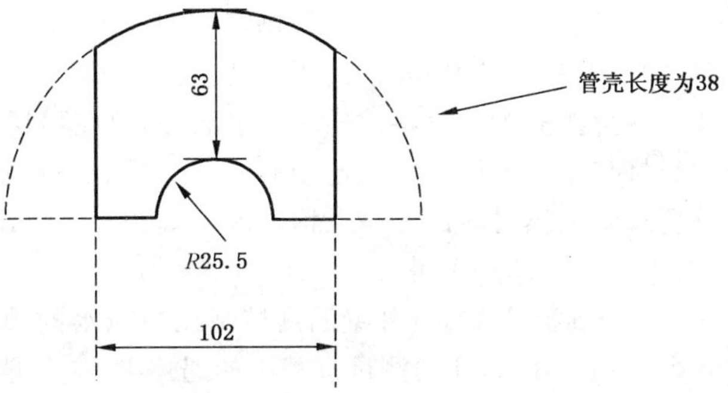

b)

图 2 试样形状

10 试验报告

试验报告至少应包括以下信息：

——样品的名称、规格型号及形状；

——样品的数量；

——试验方法；

——每个不锈钢试件出现裂纹的数目和严重程度，以及发现的方法；

——支持试件中的应力腐蚀裂纹存在的图片或其他证据(可选项)。

ICS 91.100.60
Q 25

中华人民共和国国家标准

GB/T 25997—2010

绝热用聚异氰脲酸酯制品

Polyisocyanurate products for thermal insulation

2011-01-10 发布 2011-10-01 实施

中华人民共和国国家质量监督检验检疫总局
中国国家标准化管理委员会 发布

前 言

本标准按照 GB/T 1.1—2009 给出的规则起草。

本标准与 ASTM C591—2008《预制无覆面硬质泡沫聚异氰脲酸酯绝热材料规范》的一致性程度为非等效。

本标准由中国建材联合会提出。

本标准由全国绝热材料标准化技术委员会(SAC/TC 191)归口。

本标准负责起草单位:南京玻璃纤维研究设计院。

本标准参与起草单位:茂名华达新型建材厂有限公司。

本标准主要起草人:崔军、王佳庆、王玉梅、张游、方允伟、张剑红、陈丽华。

绝热用聚异氰脲酸酯制品

1 范围

本标准规定了绝热用聚异氰脲酸酯制品的术语和定义、分类与标记、要求、试验方法、检验规则和标志、包装、运输和贮存。

本标准适用于使用温度在－183 ℃～150 ℃的以多元醇/多异氰酸酯为主要原料生产的板、管壳、管座制品。

2 规范性引用文件

下列文件对于本文件的应用是必不可少的。凡是注日期的引用文件，仅所注日期的版本适用于本文件。凡是不注日期的引用文件，其最新版本(包括所有的修改单)适用于本文件。

GB/T 4132 绝热材料及相关术语

GB/T 6342 泡沫塑料和橡胶 线性尺寸的测定

GB/T 8624 建筑材料及制品燃烧性能分级

GB/T 8626 建筑材料可燃性试验方法

GB/T 8810 硬质泡沫塑料吸水率的测定

GB/T 8811 硬质泡沫塑料 尺寸稳定性试验方法

GB/T 8813 硬质泡沫塑料 压缩性能的测定

GB/T 10294 绝热材料稳态热阻及有关特性的测定 防护热板法

GB/T 10295 绝热材料稳态热阻及有关特性的测定 热流计法

GB/T 11835—2007 绝热用岩棉、矿渣棉及其制品

GB/T 17146 建筑材料水蒸气透过性能试验方法

GB/T 17393 覆盖奥氏体不锈钢用绝热材料规范

GB/T 17430 绝热材料最高使用温度的评估方法

GB/T 17794—2008 柔性泡沫橡塑绝热制品

3 术语和定义

GB/T 4132 中确立的术语和定义适用于本标准。

4 分类与标记

4.1 分类

按压缩强度分为 A 类和 B 类：

表 1 产品的分类

种类	分类	压缩强度/MPa
普通型	A类	≥0.15
承重型	BⅠ类	≥1.6
	BⅡ类	≥2.5
	BⅢ类	≥5.0
	BⅣ类	≥10

4.2 产品标记

产品标记由三部分组成：产品名称、产品分类、本标准编号。

a) 用 PIR 表示普通型制品，用 HDPIR 表示承重型制品。

b) 用字母 A、B 表示制品种类，其中 B 类后用Ⅰ、Ⅱ、Ⅲ、Ⅳ表示承重能力；

c) 制造商标记，包括贴面等，彼此用逗号分开，放于圆括号内。

示例：压缩强度大于 1.6 MPa，外覆铝箔的承重型绝热用聚异氰脲酸酯板，标记为：HDPIR BⅠ（铝箔）GB/T 25997—2010

5 要求

5.1 外观质量

表面无伤痕、污迹、破损。

5.2 规格尺寸和允许偏差

5.2.1 板的规格尺寸和允许偏差见表 2。

表 2 板的规格尺寸和允许偏差

单位为毫米

长、宽		对角线差	厚	
尺寸	允许偏差		尺寸	允许偏差
≤1 000	±3	≤3	≤50	$^{+2}_{0}$
1 001～2 000	±5	≤5		
2 001～4 000	±10	≤13	51～100	$^{+3}_{0}$

5.2.2 管壳的规格尺寸和允许偏差见表 3。管壳的偏心度应不大于 10%。

表 3 管壳的规格尺寸和允许偏差

单位为毫米

长		内径		壁厚	
尺寸	允许偏差	尺寸	允许偏差	尺寸	允许偏差
≤1 000 1 001～2 000	±3 ±5	≤89	$^{+3}_{-1}$	≤50	$^{+3}_{0}$
		90～194	$^{+4}_{-1}$		
		≥195	$^{+6}_{-1}$	>50	$^{+5}_{0}$

5.3 物理性能

应符合表4规定。

表4 物理性能技术指标

项目		技术指标				
		A	BⅠ	BⅡ	BⅢ	BⅣ
导热系数/[W/(m·K)]	平均温度−20 ℃	≤0.029	≤0.035	≤0.042	≤0.047	≤0.070
	平均温度25 ℃	≤0.029	≤0.038	≤0.045	≤0.050	≤0.080
	平均温度70 ℃	≤0.035	≤0.044	≤0.052	≤0.056	≤0.090
体积吸水率/%		≤2.0	≤1.5	≤1.5	≤1.0	≤1.0
压缩强度/MPa		≥0.15	≥1.6	≥2.5	≥5.0	≥10
尺寸稳定性/%	105 ℃,7 d	≤5.0				
	−20 ℃,7 d	≤1.0				
透湿系数/[ng/(Pa·m·s)]		≤5.8				

5.4 燃烧性能

满足GB/T 8624中E级要求。按GB/T 8626进行检验,火焰尖端不得到达距点火点150 mm处,且不应有滴落物引燃滤纸现象。

5.5 腐蚀性

5.5.1 用于覆盖铝、铜、钢材时,采用90%置信度的秩和检验法,对照样的秩和应不小于21。

5.5.2 用于覆盖奥氏体不锈钢时,应符合GB/T 17393的要求。

5.6 最高使用温度

在热面温度为150 ℃的情况下,任何时刻试样内部温度不应超过热面温度,且不得出现翘曲、开裂、火焰、发光、阴燃和冒烟现象。试验后,质量、厚度的变化应不大于5.0%,除颜色外外观应无显著变化。

6 试验方法

6.1 状态调节

试样应在温度23 ℃±2 ℃,相对湿度45%~55%的环境中进行至少48 h状态调节。

6.2 试件制备

当产品带有面层时,应除去其面层。

6.3 外观和规格尺寸

外观、管壳偏心度按GB/T 11835—2007附录A规定进行。试样的尺寸按GB/T 6342规定进行。

6.4 压缩强度

按GB/T 8813规定进行,试样厚度取(50±1)mm,使用基面边长(100±1)mm的正四棱柱试样,取屈服点时或形变 10%时的压缩应力，视哪个先发生而决定。使用其他尺寸的应在报告中注明。

6.5 导热系数

按 GB/T 10294 或 GB/T 10295 规定进行。GB/T 10294 为仲裁试验方法。

6.6 尺寸稳定性

按 GB/T 8811 规定进行，板状制品测量结果分别取长、宽、厚三个方向。管状制品在长度方向取三块(100±1)mm 的试样进行测试。管状制品测量结果分别取长度及壁厚。

6.7 透湿系数

板的透湿系数测定按 GB/T 17146 中的干燥剂法进行，管的透湿系数测定按 GB/T 17794—2008 附录 B 进行。试验工作室(或恒温恒湿箱)的温度应为 23 ℃±2 ℃，相对湿度应为 50%±2%。

6.8 吸水率

按 GB/T 8810 规定进行，浸泡时间 24 h。

6.9 燃烧性能

按 GB/T 8626 规定进行，采用 15 s 点火方式。

6.10 腐蚀性

按 GB/T 11835—2007 附录 E 及 GB/T 17393 规定进行。

6.11 最高使用温度

按 GB/T 17430 规定进行。

7 检验规则

7.1 出厂检验和型式检验

7.1.1 出厂检验

产品出厂时，应进行出厂检验。出厂检验的检验项目为外观、尺寸和允许偏差、压缩强度、105 ℃尺寸稳定性。

7.1.2 型式检验

有下列情况之一时，应进行型式检验：

a) 新产品定型鉴定；

b) 正式生产后，原材料、工艺有较大的改变，可能影响产品性能时；

c) 正常生产时，每年至少进行一次；

d) 出厂检验结果与上次型式检验有较大差异时；

e) 国家质量监督机构提出进行型式检验要求时。

型式检验项目为外观、尺寸和允许偏差、平均温度 25 ℃导热系数、体积吸水率、压缩强度、105 ℃尺寸稳定性、透湿系数、燃烧性能。有特定要求时，可对平均温度−20 ℃导热系数、平均温度 70 ℃导热系数、−20 ℃尺寸稳定性、腐蚀性、最高使用温度进行选择性测试。

7.2 组批与抽样

7.2.1 组批

以同一原料、同一生产工艺、同一品种、稳定连续生产、不大于一周产量的产品为一个检查批。

7.2.2 抽样

7.2.2.1 样本抽取

单位产品应从检查批中随机抽取，样本可以由一个或几个单位产品构成。所有的单位产品被认为是质量相同的，必需的试样可随机地从单位产品上切取。

7.2.2.2 抽样方案

型式检验和出厂检验批量大小及样本大小的二次抽样方案按表5的规定。若批量小于最小批量则按最小批量进行抽样。

表5 二次抽样方案

型式检验			出厂检验		
批量大小/件	样本大小		批量大小/件	样本大小	
	第一样本	总样本		第一样本	总样本
≤1 500	2	4	≤3 000	2	4
2 500	3	6	5 000	3	6
5 000	5	10	10 000	5	10
9 000	8	16	≥18 000	8	16
15 000	13	26			
28 000	20	40			
>28 000	32	64			

7.3 判定规则

7.3.1 外观、长度、宽度、内径、厚度、管壳偏心度采用计数检验二次抽样方案，判定规则按表6的规定，其合格质量水平(AQL)为15。不合格数小于或等于表6中给出的接收数 Ac，则判定该批产品合格；若不合格数大于或等于表6中给出的拒收数 Re，则判定该批产品不合格。

表6 计数检验的判定规则

样本大小		第一样本		总样本	
第一样本	总样本	接收数，Ac	拒收数，Re	接收数，Ac	拒收数，Re
Ⅰ	Ⅱ	Ⅲ	Ⅳ	Ⅴ	Ⅵ
2	4	0	2	1	2
3	6	0	3	3	4
5	10	1	4	4	5
8	16	2	5	6	7
13	26	3	7	8	9
20	40	5	9	12	13
32	64	7	11	18	19

7.3.2 压缩强度、导热系数、尺寸稳定性、透湿系数、吸水性、燃烧性能、腐蚀性、最高使用温度等性能，应在经计数检查合格的批中随机抽取满足试验方法要求的样本量进行检验，上述各项均应符合第5章的相关要求，若有任一项不符合，则判为不合格。

7.3.3 同时符合7.3.1及7.3.2规定的为合格批，否则判该批产品不合格。

8 标志、标签、包装、运输及贮存

8.1 标志、标签

在包装箱、标签或使用说明书上应标明：

1) 产品标记、商标；
2) 生产企业名称、详细地址；
3) 包装箱中产品的净重或数量；
4) 生产日期或批号；
5) 注明指导安全使用的警语。
6) 包装上应标示该产品为可燃材料。

8.2 包装

包装材料应具有防潮性能。特殊包装由供需双方商定。

8.3 运输

运输过程应防晒防雨，搬运时应轻拿轻放。

8.4 贮存

应在干燥通风的库房内贮存，并按品种、规格分别堆放，避免重压。

ICS 91.060.30
Q 25

中华人民共和国国家标准

GB/T 25998—2010

矿物棉装饰吸声板

Mineral wool decorating and acoustic ceilings

2011-01-10 发布

2011-10-01 实施

中华人民共和国国家质量监督检验检疫总局
中国国家标准化管理委员会
发布

前　言

本标准按照 GB/T 1.1—2009 给出的规则起草。

本标准与 JIS A 6301—2007《吸声材料》中有关岩棉装饰吸声板内容的一致性程度为非等效采用。

请注意本标准的某些内容可能涉及专利，本标准发布机构不应承担识别这些专利的责任。

本标准由中国建筑材料联合会提出。

本标准由全国绝热材料标准化技术委员会(SAC/TC 191)归口。

本标准负责起草单位：南京玻璃纤维研究设计院、北新集团建材股份有限公司、常州市北洋建材有限公司、星牌优时吉建筑材料有限公司、上海阿姆斯壮建筑制品有限公司。

本标准参加起草单位：山东环绿康新材料科技有限公司。

本标准主要起草人：王佳庆、陈尚、武发德、滕伟广、张涵青、张连绪、张健、朱恒斌、张游、陈丽华。

矿物棉装饰吸声板

1 范围

本标准规定了矿物棉装饰吸声板(以下简称吸声板)的分类和标记、要求、试验方法、检验规则、标志和标签、包装、运输及贮存。

本标准适用于以湿法或干法生产的矿物棉装饰吸声板。

2 规范性引用文件

下列文件对于本文件的应用是必不可少的。凡是注日期的引用文件,仅注日期的版本适用于本文件。凡是不注日期的引用文件,其最新版本(包括所有的修改单)适用于本文件。

GB/T 191 包装储运图示标志

GB/T 3947 声学名词术语

GB/T 4132 绝热材料及相关术语

GB/T 5480 矿物棉及其制品试验方法

GB 6566 建筑材料放射性核素限量

GB 8624—1997 建筑材料燃烧性能分级方法

GB/T 10294 绝热材料稳态热阻及有关特性的测定 防护热板法

GB/T 10295 绝热材料稳态热阻及有关特性的测定 热流计板法

GB/T 17657—1999 人造板及饰面人造板理化性能试验方法

GB 18580 室内装饰装修材料 人造板及其制品中甲醛释放限量

GB/T 18696.1 声学 阻抗管中吸声系数和声阻抗的测量 第1部分:驻波比法

GB/T 18696.2 声学 阻抗管中吸声系数和声阻抗的测量 第2部分:传递函数法

GB/T 20247 声学 混响室吸声测量

GB/T 20313 建筑材料及制品的湿热性能 含湿率的测定 烘干法

HJ/T 206 环境产品的技术要求 无石棉建筑制品

3 术语和定义

GB/T 3947 和 GB/T 4132 界定的以及下列术语和定义适用于本文件。

3.1

矿物棉装饰吸声板 mineral wool decorating and acoustic ceilings

以矿渣棉、岩棉和玻璃棉等为主要原料,经湿法或干法工艺加工而成的装饰吸声板材。常用于改善建筑物的声学性能。

3.2

湿法板 wet-process ceilings

由制浆、成型、干燥、后处理等湿法工艺加工而成的矿物棉装饰吸声板。

3.3

干法板 dry-process ceilings

由矿(岩)棉板或玻璃棉板为基材加工而成的矿物棉装饰吸声板。

3.4

公称尺寸　nominal size

用来统称产品规格的尺寸。

3.5

实际尺寸　actual size

工厂实际控制的尺寸。

3.6

直角偏离度　right angle deviation

相邻两边偏离直角的程度。用直角尺与板之间的最大间隙和边长之比表示。

4　分类和标记

4.1　分类

4.1.1　根据产品生产工艺的不同,分为干法板和湿法板。

4.1.2　根据产品安装方式的不同,分为复合粘贴板、明暗架板、暗架板、明架板(平板、跌级板)。

4.2　规格

常用规格的公称尺寸见表1。

表 1　　单位为毫米

长　度	宽　度	厚　度
600,1 200,1 800	300,400,600	9,12,15,18,20

4.3　产品标记

当产品的公称尺寸和实际尺寸不同时,应同时标注公称尺寸和实际尺寸。

采用 RH 后加相对湿度值表示其产品适用的环境相对湿度。对于未标记的均视为 RH70。

注:RH 是指导产品使用的参考指标,生产商有责任对用户明示该指标;其含义是指产品适用的环境相对湿度的上限值,例如:标记为 RH80 的产品,只能在相对湿度 80%及以下的环境中使用。

标记顺序为:产品名称、标准号、类别、规格尺寸,商业代号也可列于其后。

示例 1:公称长度为 600 mm,实际长度为 593 mm,公称宽度为 600 mm,实际宽度为 593 mm,公称厚度为 15 mm,适用的环境相对湿度为 70%及以下的矿物棉装饰吸声板:

矿物棉装饰吸声板　GB/T 25998 RH70 600(593)×600(593)×15(商业代号)

示例 2:公称长度为 600 mm,实际长度为 600 mm,公称宽度为 600 mm,实际宽度为 600 mm,公称厚度为 12 mm,适用的环境相对湿度为 90%及以下的矿物棉装饰吸声板:

矿物棉装饰吸声板　GB/T 25998 RH90 600×600×12(商业代号)

5　要求

5.1　外观质量

吸声板的正面不应有影响装饰效果的污迹、划痕、色彩不匀、图案不完整等缺陷。产品不得有裂纹、破损、扭曲,不得有影响使用及装饰效果的缺角缺棱。

5.2 尺寸允许偏差

尺寸允许偏差应符合表 2 规定。

表 2

项　目	复合粘贴板及暗架板	明架跌级板	明架平板	明暗架板
长度[a]/mm	±0.5	±1.5	±2.0	±2.0
宽度[a]/mm				±0.5
厚度/mm	±0.5	±1.0	±1.0	
直角偏离度	≤1/1 000	≤2/1 000	≤3/1 000	

[a] 系指实际尺寸。

5.3 体积密度

应不大于 500 kg/m³。

5.4 质量含湿率

应不大于 3.0%。

5.5 弯曲破坏载荷和热阻

5.5.1 湿法吸声板的弯曲破坏载荷和热阻应符合表 3 的规定。有凹凸花纹的吸声板，其弯曲破坏载荷和热阻应符合表 3 中去除凹凸花纹后吸声板厚度对应的值。其他厚度的湿法吸声板的弯曲破坏载荷和热阻要求，不得低于表 3 中按厚度由线性内插法确定的值。

表 3

公称厚度/mm	弯曲破坏载荷/N	热阻/[(m²·K)/W] (平均温度为 25 ℃±1 ℃)
≤9	≥40	≥0.14
12	≥60	≥0.19
15	≥90	≥0.23
≥18	≥130	≥0.28

5.5.2 干法吸声板的弯曲破坏载荷和热阻应符合表 4 的规定。

表 4

类　别	弯曲破坏载荷/N	热阻/[(m²·K)/W] (平均温度为 25 ℃±1 ℃)
玻璃棉干法板	≥40	≥0.40
岩棉、矿渣棉干法板	≥60	≥0.40

5.6 燃烧性能

应达到 GB 8624—1997 中 B1 级的要求，燃烧性能要求达 A 级的产品，由供需双方商定。

5.7 降噪系数

应符合表 5 的规定，并不得低于公称值。

注：吸声板在声称降噪系数时，应注明试验方法。

表 5

类别		降噪系数(NRC)	
		混响室法(刚性壁)	阻抗管法(后空腔 50 mm)
湿法板	滚花	≥0.50	≥0.25
	其他	≥0.30	≥0.15
干法板		≥0.60	≥0.30

5.8 受潮挠度

湿法吸声板的受潮挠度应不大于 3.5 mm，干法吸声板的受潮挠度应不大于 1.0 mm。

5.9 放射性核素限量

应达到 GB 6566 中所规定的 A 类装修材料的要求，即内照射指数 I_{Ra} 应不大于 1.0，外照射指数 I_r 应不大于 1.3。

5.10 甲醛释放量

应达到 GB 18580 中所规定的 E_1 级的要求，即甲醛释放量应不大于 1.5 mg/L。

5.11 石棉物相

吸声板中不得含有石棉纤维。

6 试验方法

6.1 外观、尺寸和体积密度

按附录 A 进行。

6.2 直角偏离度

按附录 B 进行。

6.3 质量含湿率

按 GB/T 20313 进行。试样按 GB 5480 的规定裁取，尺寸为 150 mm×150 mm，厚度为产品厚度，数量为 3 块，干燥温度(105±5)℃。

6.4 弯曲破坏载荷

按附录 C 进行。

6.5 热阻

按 GB/T 10294 或 GB/T 10295 进行，GB/T 10294 为仲裁试验方法。热阻的试验厚度为试样的实测厚度。

6.6 燃烧性能

按 GB 8624—1997 的规定进行。

6.7 降噪系数

按 GB/T 18696.1、GB/T 18696.2 或 GB/T 20247 进行。

6.8 受潮挠度

按附录 D 进行。试验温度为(40±2)℃，试验相对湿度为产品标记的 RH 值，且不得低于 RH70，精度为±3%；未标记 RH 值的产品，试验条件为温度(40±2)℃，相对湿度(70±3)%。

6.9 放射性核素限量

按 GB 6566 进行。

6.10 甲醛释放量

按 GB/T 17657—1999 中的 4.12 中 9～11 L 干燥器法进行。

6.11 石棉物相

按 HJ/T 206 进行。

7 检验规则

7.1 出厂检验

出厂检验是指产品交付时必须进行的各项试验。检验项目包括：外观、尺寸、体积密度、直角偏离度、质量含湿率、弯曲破坏载荷。

7.2 型式检验

型式检验是指为考核产品质量而对标准中规定的技术要求进行的全项检验。

7.2.1 有下列情况之一时，应进行型式检验：

a) 新产品或老产品转厂生产的试制定型鉴定；

b) 正式生产后，原材料，工艺有较大的改变，可能影响产品性能时；

c) 正常生产时，每一年至少进行一次；

d) 产品停产 6 个月后，恢复生产时；

e) 出厂检验结果与上次型式检验有较大差异时；

f) 国家质量监督机构提出进行型式检验要求时。

7.2.2 型式检验的检查项目为第 5 章规定的全部内容。

7.3 组批

以同一原料，同一生产工艺，同一品种，稳定连续生产的产品为一个检查批。

一个检查批由一个或多个均匀的交付批组成。检查批不大于一周的生产量。

7.4 抽样

7.4.1 样本的抽取

单位产品应从检查批中随机抽取，样本可以由一个或多个单位产品构成。所有的单位产品被认为是质量相同的，必需的试样可从单位产品中抽取。

7.4.2 抽样方案

型式检验和常规检验的批量大小和样本大小的二次抽样方案见表6。

表6 二次抽样方案

型式检验			常规检验			
批量大小/m^2	样本大小		批量大小		样本大小	
	第一样本	总样本	板/m^2	生产期/d	第一样本	总样本
≤1 500	2	4	≤3 000	≤1	2	4
1 501～2 500	3	6	3 001～5 000	2	3	6
2 501～5 000	5	10	5 001～10 000	3	5	10
5 001～9 000	8	16	10 001～18 000	7	8	16
9 001～15 000	13	26	>18 000	>7	13	26
15 001～28 000	20	40				
>28 000	32	64				
注：批量大小可根据产品的平方米数或生产的时间决定，从中选用较大的样本。						

7.5 判定规则

7.5.1 所有的性能应看作独立的。品质要求以测定结果的修约值进行判定。

7.5.2 外观、尺寸允差、体积密度、直角偏离度采用计数判定，一项性能不符合要求，计一个缺陷。其判定规则见表7。

表7 计数检查的判定规则

样本大小		第一样本		总样本	
第一样本	总样本	*Ac*	*Re*	*Ac*	*Re*
Ⅰ	Ⅱ	Ⅲ	Ⅳ	Ⅴ	Ⅵ
2	4	0	2	1	2
3	6	0	3	3	4
5	10	1	4	4	5
8	16	2	5	6	7
13	26	3	7	8	9
20	40	5	9	12	13
32	64	7	11	18	19
注：*Ac*——接收数，*Re*——拒收数。					

根据样本检查结果，若第一样本中相关性能的缺陷数小于或等于第一接收数 *Ac*(表 7 中第Ⅲ栏)，则该批的计数检查可接收。若第一样本中的缺陷数大于或等于第一拒收数 *Re*(表 7 中第Ⅳ栏)，则判该批不合格。

若第一样本中相关性能的缺陷数在第一样本接收数 *Ac* 和拒收数 *Re* 之间，则样本数应增至总样本数，并以总样本检查结果去判定。

若总样本中的缺陷数小于或等于总样本接收数 *Ac*(表 7 中第Ⅴ栏)，则判该批计数检查可接收。若总样本中的缺陷数大于或等于总样本拒收数 *Re*(表 7 中第Ⅵ栏)，则判该批不合格。

7.5.3　燃烧性能、放射性核素限量、甲醛释放量、石棉物相等性能按测定值判定，若第一样本的测定值合格，则判该批产品上述性能单项合格。否则判为不合格。

7.5.4　质量含湿率、弯曲破坏载荷，热阻、降噪系数、受潮挠度等性能按测定的平均值判定，若第一样本的测定值合格，则判该批产品上述性能单项合格。若不合格，应再测量第二样本，并以两个样本测定结果的平均值作为批质量各单项合格与否的判定。

7.5.5　批质量的综合判定规则是：合格批的所有品质指标，应同时符合 7.5.2、7.5.3 和 7.5.4 规定的可接收的合格要求，否则该批产品不合格。

8　标志、标签

8.1　标志

应在包装箱的显著位置标明：制造厂名、商标、产品标记、生产日期、数量或面积等，按 GB/T 191 的规定，标注“禁止翻滚”、“怕雨”的字样或图标。

8.2　标签

标签应标明：制造厂名、商标、产品标记、生产日期、检验员签章。

9　包装、运输及贮存

9.1　包装

应采用防潮材料包装。

9.2　运输和贮存

应采用干燥防雨的运输工具运输，搬运时应轻拿轻放，避免受潮和撞击破损。

应在干燥通风的库房内贮存，并按品种、规格分别堆放，避免重压。

附　录　A
（规范性附录）
外观、尺寸和体积密度试验方法

A.1　装置

A.1.1　量具：精度不低于0.1 mm。
A.1.2　台称：分度值不大于被称质量的1%。

A.2　程序

A.2.1　外观质量的检查

在光照明亮的条件下，距试样1 m处对样品逐个进行目测检查，记录观察到的缺陷。

A.2.2　尺寸的测定

A.2.2.1　长度及宽度

长度和宽度各测3个值，其中两个值在离边20 mm处测定，一个值在中心线测定。测量位置如图A.1虚线所示。试样长度及宽度用3个测量值的算术平均值表示。

A.2.2.2　厚度

厚度的测量点应避开有显著凹凸的地方。共测4点，位置如图A.1圆点所示。试样厚度用4个测量值的平均值表示。有贴面的制品应包括贴面的厚度。

注：不同类型吸声板的长度、宽度和厚度的测量基准，可参考附录E中产品尺寸的标注方法来确定。

单位为毫米

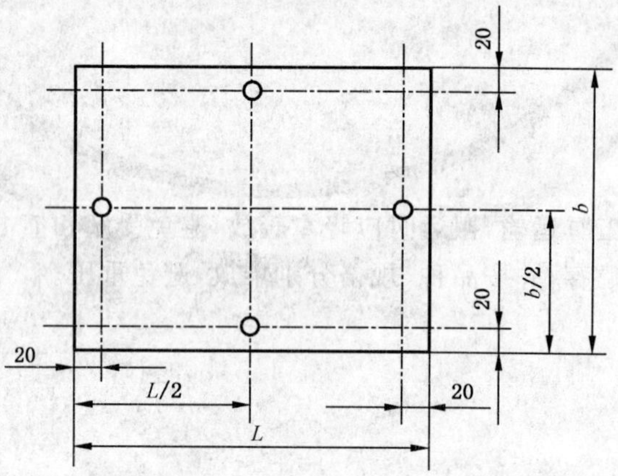

图A.1　尺寸测量位置示意图

A.2.3　体积密度的测定

称量吸声板的质量，有贴面的制品，应包括贴面的质量，算出吸声板的体积，体积密度按式(A.1)计算：

$$\rho = \frac{M}{V} \qquad \cdots\cdots (A.1)$$

式中：

ρ ——吸声板的体积密度，单位为千克每立方米（kg/m^3）；

M ——吸声板的质量，单位为千克（kg）；

V ——吸声板的体积，单位为立方米（m^3）。

附　录　B
（规范性附录）
直角偏离度试验方法

B.1　装置

B.1.1　钢制量尺：精度 1 mm。

B.1.2　直角尺：一级精度。

B.1.3　塞尺：精度 0.01 mm。

B.2　程序

用直角尺测量试样四个角的直角偏离度，测量时将试样的一边紧贴角尺的一直角边，用塞尺测量试样邻边和角尺之间的最大间隙 δ，δ 与边长 L 的比值为直角偏离度（见图 B.1，当试样边长大于直角尺臂长时，L 为直角尺的臂长）。用千分比表示，精确到小数点后 1 位。

取 4 个测量值中的最大值，作为试样的直角偏离度。

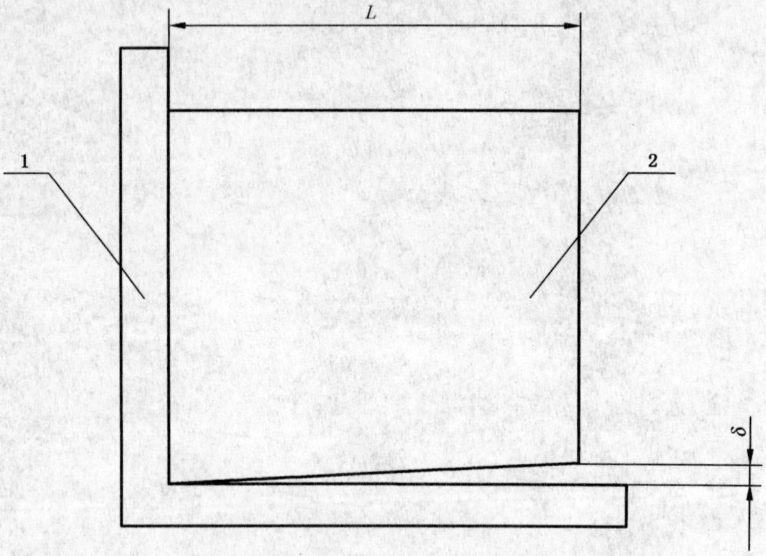

说明：

1——直角尺；

2——吸声板。

图 B.1　直角偏离度测定示意图

附 录 C
（规范性附录）
弯曲破坏载荷试验方法

C.1 原理

将规定尺寸的试样平放在两支撑台上，在跨距中点，对试样施加载荷，记录试样所承受的最大载荷和挠度。

C.2 仪器

C.2.1 强力试验机

强力试验机应包括：

a） 弯曲破坏载荷试验装置，见图C.1。

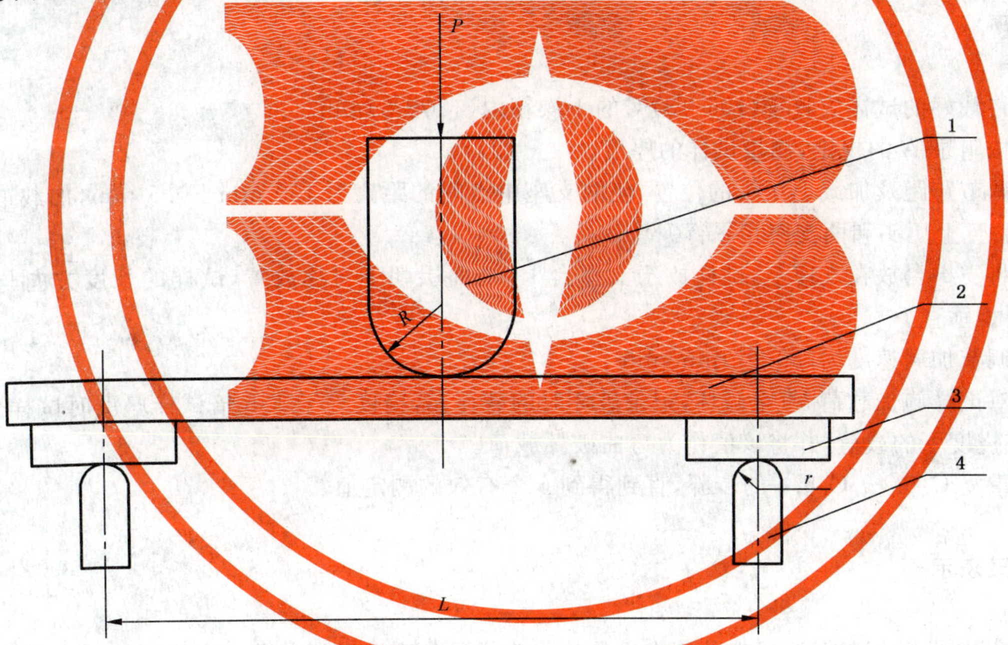

说明：

1——加载上压头；

2——试样；

3——支撑板；

4——支座；

P——载荷；

R——加载上压头半径；

r——支座圆面半径；

L——跨距。

图C.1 弯曲破坏载荷试验装置

加载上压头半径 R=25 mm±0.5 mm 的圆柱面，两支座为半径 r=5 mm±0.1 mm 的圆柱面，支撑板用硬质材料制成，其尺寸为：宽 40 mm，厚 10 mm，跨距 L＝150 mm，加载装置应保证试样在整个宽度上受到均匀一致的载荷。

b） 对试样施加压力的机构。

c） 记录或指示试样载荷值的装置。该装置在规定的试验速度下，应无惯性，载荷值的误差不超过 1％。

C.2.2 合适的切裁工具如刀、锯等。

C.3 试样

用切裁工具裁取 6 个尺寸为 150 mm×200 mm，允许偏差±1 mm 的试样，沿样品的纵横两个方向各取 3 个试样。

C.4 试验条件

如果没有特别制定其他条件，试验应在温度（23±5）℃，相对湿度（50±10）％的实验室条件下进行。

C.5 程序

C.5.1 将裁好的试样放置于（105±5）℃的干燥箱内（120±5）min。

C.5.2 按附录 A 的规定，测量试样的厚度。

C.5.3 调节跨距及加载上压头的位置，使两支座中点间的距离为 150 mm±0.5 mm，加载上压头位于支座中间，且上压头和两支座相平行。

C.5.4 将支撑台放在支座上，试样放于支撑台上，饰面层朝下对称放置，试样的长度方向与支座和加载上压头相垂直。

C.5.5 调节加载速度为（50±2）mm/min。

C.5.6 对试样施加载荷，直至破坏，记录破坏时的载荷，若挠度等于 1.5 倍试样厚度时试样仍未破坏，则记录该挠度下的载荷，并将该值作为弯曲破坏载荷。

C.5.7 重复 C.5.4～C.5.6 的步骤，直到得到 6 个有效的测定值。

C.6 结果表示

以试样弯曲破坏载荷测试值的算术平均值作为样品的弯曲破坏载荷。

附 录 D
（规范性附录）
受潮挠度试验方法

D.1 装置

D.1.1 受潮挠度测定仪：精度不低于 0.1 mm。

D.1.2 调温调湿箱：温度波动±2 ℃，湿度波动±3%。

D.2 试样

试样尺寸为 500 mm×250 mm，厚度为产品厚度，试样数量三块。产品的花纹走向为试样的长度方向。

D.3 程序

试样放置在平面上，在温度(20±15)℃、相对湿度不超过 70%的试验室环境中调节 4 h。然后将试样饰面向下，悬放在受潮挠度测定仪试验架的支座上，支座中心距为 480 mm。用专用测量头测量试样中心位置的读数，记下初始值 H_1。根据不同的产品类型，在相应的试验条件下进行试验，试验时间 24 h。然后在温度为(23±5)℃，相对湿度为(50±10)%的试验室环境中调节 24 h 后，用专用测量头测量受潮后试样中心位置的读数，记为试验后数值 H_2。受潮挠度 δ 按式(D.1)计算。

$$\delta = H_1 - H_2 \qquad \text{(D.1)}$$

式中：

δ ——受潮挠度，单位为毫米(mm)；

H_1 ——试验前试样中心初始高度，单位为毫米(mm)；

H_2 ——试验后试样中心位置高度，单位为毫米(mm)。

结果取三块试样的平均值。

仲裁试验时，试验条件的温度波动不得超过±1 ℃，湿度波动不得超过±2%。

附　录　E
（资料性附录）
产品尺寸标记方法的范例

E.1　概述

本附录给出了可能出现的产品外形结构的尺寸标记范例。

E.2　长度和宽度的标记

E.2.1　平板

一般包括明架平板和复合平贴板，一些产品的面板上可能还带有装饰效果的凹凸花纹。平板类吸声板长度和宽度的尺寸按背板尺寸标记，见图E.1。

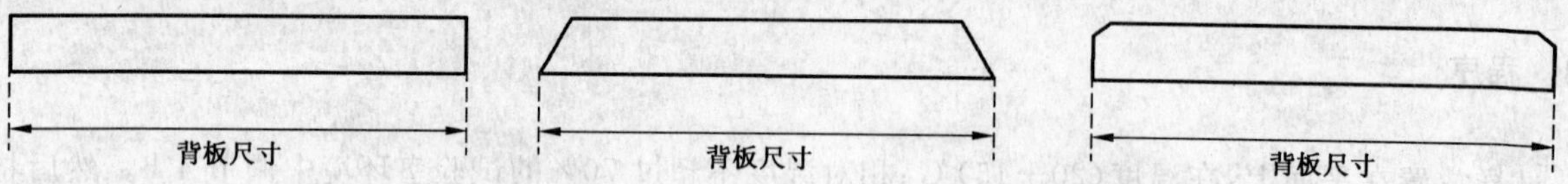

图 E.1　平板

E.2.2　跌阶板

一般包括平边型、斜边型和倒角型，其长度和宽度的尺寸按背板尺寸标记，见图E.2。

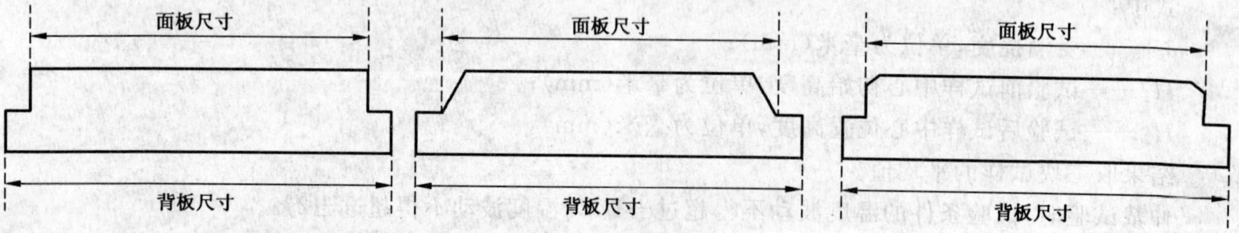

图 E.2　跌阶板

E.2.3　暗插板

暗插板长度和宽度的尺寸按产品最大外形尺寸标记，见图E.3。

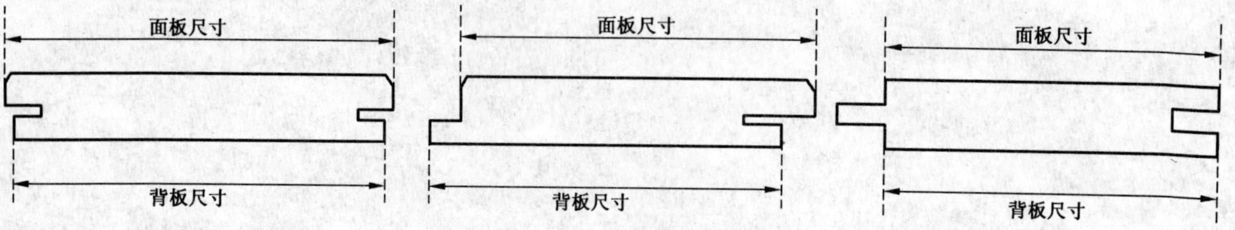

图 E.3　暗插板

E.3 厚度的标记

面板没有凹凸花纹的吸声板，其厚度按吸声板最大厚度标记，见图E.4。

图E.4 面板没有凹凸花纹的吸声板

面板有凹凸花纹的吸声板，其厚度按吸声板最大厚度标记，见图E.5。

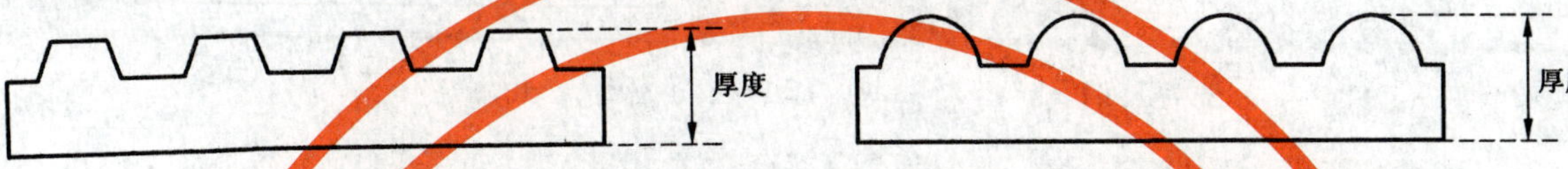

图E.5 面板有凹凸花纹的吸声板

ICS 81.060.30
Q 32

中华人民共和国国家标准

GB/T 25999—2010

泥浆泵用金属-陶瓷缸套

Ceramic liner with steel sleeve for mud pump

2011-01-10 发布 2011-10-01 实施

中华人民共和国国家质量监督检验检疫总局
中国国家标准化管理委员会 发布

前言

本标准按照 GB/T 1.1—2009 给出的规则起草。

本标准由中国建筑材料联合会提出。

本标准由全国工业陶瓷标准化技术委员会(SAC/TC 194)归口。

本标准起草单位:淄博华创精细陶瓷有限公司。

本标准主要起草人:张昂、吴伶俐。

泥浆泵用金属-陶瓷缸套

1 范围

本标准规定了泥浆泵用金属-陶瓷缸套的术语和定义、分类及标记、要求、试验方法、检验规则及标志、包装、运输和贮存。

本标准适用于各种活塞式泥浆泵以陶瓷材料作内衬的缸套类产品。

2 规范性引用文件

下列文件对于本文件的应用是必不可少的。凡是注日期的引用文件，仅注日期的版本适用于本文件。凡是不注日期的引用文件，其最新版本(包括所有的修改单)适用于本文件。

GB/T 191 包装储运图示标志

GB/T 2413 压电陶瓷材料体积密度测量方法

GB/T 6569 精细陶瓷弯曲强度试验方法

GB/T 16534 精细陶瓷室温硬度试验方法

GB/T 18301 耐火材料常温耐磨性试验方法

GB/T 23806 精细陶瓷断裂韧性试验方法 单边预裂纹梁(SEPB)法

SY/T 5676 石油钻采机械产品用高压锻件通用技术条件

SY/T 5715 石油钻采机械产品用承压铸钢件通用技术条件

3 术语和定义

下列术语和定义适用于本文件。

3.1

金属-陶瓷缸套 ceramic liner with steel sleeve

指由承压金属外套和高耐磨性的陶瓷内衬组成，经机械加工和装配合成为一体的缸套(见图1)。

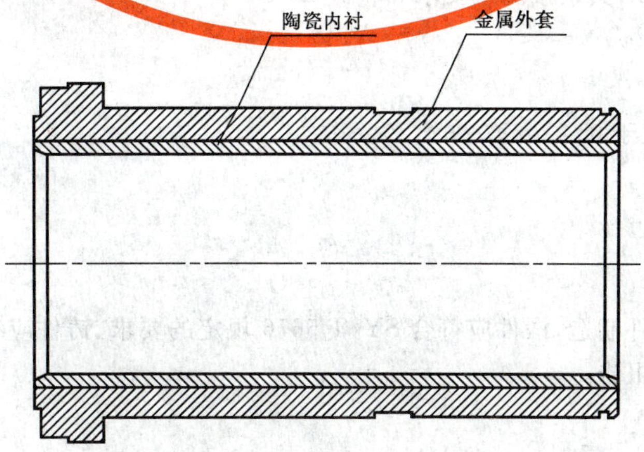

图1 产品剖面示意图

3.2

锆铝复合材料 zirconium aluminum composite

指氧化锆增韧氧化铝陶瓷材料。

4 分类及标记

分类及标记见图 2。

×-×-×…×-×××

——孔径去掉单位“mm”;

——泥浆泵型号,由字母和数字组成,由泥浆泵的型号确定;

——陶瓷内衬材质代码:“Z”表示氧化锆;“A”表示锆铝复合材料;

——金属外套材质代码:“Z”表示铸钢;“D”表示锻钢。

示例:D-Z-F1300/1600-150 表示金属外套为锻钢、陶瓷内衬为氧化锆、泥浆泵型号为 F1300/1600、孔径为 150 mm 的金属-陶瓷缸套。

图 2 分类及标记

5 要求

5.1 外观

外观应符合表 1 的规定。

表 1 外观

类别	项目	要求
金属外套	磕碰、缺损、毛刺、砂眼	不允许
陶瓷内衬	宏观缺陷(如缺损、针孔、斑点等)	非明显可见
注:其余按客户要求。		

5.2 尺寸与公差

孔径公差为 $^{+0.25}_{0}$ mm,其余按图纸要求。

5.3 内表面粗糙度

内表面粗糙度不应大于 0.4 μm。

5.4 性能

5.4.1 金属外套

外套应使用锻件、铸件制造,锻件应符合 SY/T 5676 规定的要求、铸件应符合 SY/T 5715 规定的要求,并由生产方提供检验报告。

5.4.2 陶瓷内衬

陶瓷内衬的性能应符合表 2 的规定。

表 2 陶瓷内衬的性能

性能		氧化锆	锆铝复合材料
体积密度/(g/cm^3)	≥	5.90	—
弯曲强度/MPa	≥	800	350
断裂韧性/($MPa \cdot m^{1/2}$)	≥	8	5
维氏硬度 HV5/GPa	≥	11	12
耐磨性/cm^3	≤	0.3	

5.5 结合性能

挤出试验后，陶瓷内衬的移动量不应超过 0.5 mm。

6 试验方法

6.1 外观

在正常光照条件下用肉眼在距离 30 cm 处目测并结合手感检验。

6.2 尺寸与公差

根据图纸标注尺寸与公差要求的精度，可采用钢板直尺、游标卡尺(精度 0.02 mm)、外径千分尺(精度 0.01 mm)、内径量表(精度 0.01 mm)等进行测量。

6.3 内表面粗糙度

用粗糙度仪(精度 0.01 mm)进行检测，检测时取内孔两头和中间三个位置分别取三个点测其表面粗糙度值，其平均值为该样品的表面粗糙度值。

6.4 陶瓷内衬的性能

6.4.1 样品制备

采用金属-陶瓷缸套内衬所用粉体，按照相同生产工艺分别制成相应标准规定尺寸的样品。

6.4.2 体积密度

体积密度按 GB/T 2413 进行检测。

6.4.3 弯曲强度

弯曲强度按 GB/T 6569 进行检测。

6.4.4 断裂韧性

断裂韧性按 GB/T 23806 进行检测。

6.4.5 维氏硬度

维氏硬度按 GB/T 16534 进行检测。

6.4.6 耐磨性

耐磨性按 GB/T 18301 进行检测。

6.5 结合性能

结合性能按附录 A 进行检测。

7 检验规则

7.1 检验分类

分为出厂检验和型式检验。

7.2 出厂检验

出厂检验项目中外观全检,尺寸与公差、内表面粗糙度抽检。

7.3 型式检验

7.3.1 型式检验频次

有下列情况之一时,应进行型式检验:

a) 新产品定型鉴定;
b) 正式投产后,原材料、工艺有较大改变,可能影响产品性能时;
c) 正常生产时,每年进行一次;
d) 停产六个月以上,恢复生产时;
e) 出厂检验结果与上次型式检验结果有较大差异时。

7.3.2 型式检验项目

型式检验的项目为第 5 章规定的全部项目。

7.4 组批和抽样

7.4.1 组批

一批产品应在同一生产线上经相同工艺连续生产并被同时提交验收的一组产品构成,以 100 件为一批次,不足 100 件时仍应作为一批。

7.4.2 抽样

从每批中随机抽取 5 件产品进行检验。

7.5 判定规则

各检测项目均符合本标准规定的要求时,则判定该批产品合格,如有一项不符合本标准规定的要求时,则该批产品不合格。

8 标志、包装、运输和贮存

8.1 标志

包装箱外面应印有产品名称、型号规格、生产单位、毛重/净重(kg)及包装箱的尺寸[长×宽×高,(cm)],箱外应贴产品标签,并醒目地印有符合GB/T 191规定的包装储运图示标志,应有“向上”、“易碎物品”、“怕雨”和“堆码层数极限”标志。

8.2 包装

产品包装前应清理干净,产品外表面应作防锈处理。

产品采用纸箱或木箱独立包装,内衬防震材料,附合格证和产品使用说明书。为运输方便,也可用铁托(或木托)进行组合包装,每批产品生产方还需提供材料性能的检验报告。

8.3 运输

产品在运输过程中应轻拿轻放,防雨、防污染,禁抛掷。

8.4 贮存

产品应贮存在通风干燥处。

附　录　A
（规范性附录）
结合性能试验方法

A.1　装置

试验装置采用加压速度可调的压力试验机。

A.2　环境

在常温下进行试验。

A.3　试样

选取外观质量符合要求的产品为试样，数量不少于3件。

A.4　程序

试验程序如下：

a）将试样垂直放置在内径比金属外套内径大的金属环上，保证金属环端面不与陶瓷内衬端面接触；

b）制作一个外径比陶瓷内衬外径小的金属盘并保证金属盘不与金属外套接触（如图A.1）；

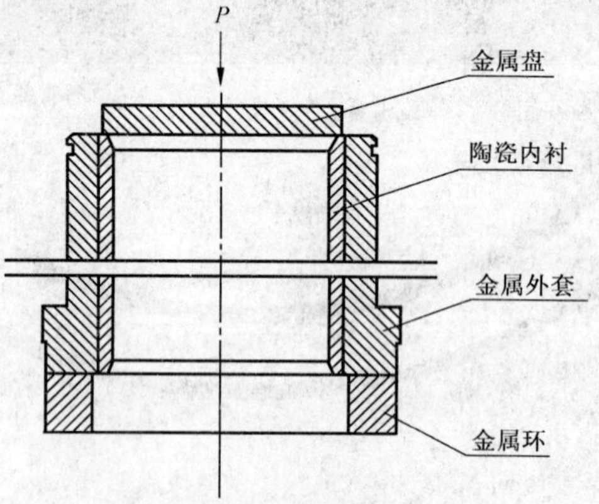

图 A.1　挤出试验示意图

c）在金属盘的上端面上用万能试验机以0.5 mm/s的速度在垂直方向上施加压力，至压力数值达到该型号缸套内衬端面所承受的最大液压力的1.25倍时停止加压；

d）卸压后，用深度卡尺（精度为0.02 mm）测量陶瓷内衬的移动量。

A.5　试验报告

试验报告包含以下内容：

a）试样来源及说明；

b) 试样名称和标记；

c) 试验项目；

d) 试验数据；

e) 试验结果；

f) 试验单位；

g) 试验日期；

h) 试验人员。

ICS 91.100.60
Q 25

中华人民共和国国家标准

GB/T 26000—2010

膨胀玻化微珠保温隔热砂浆

Thermal insulating mortar mixed with expanded and vitrified beads

2011-01-10 发布　　2011-10-01 实施

中华人民共和国国家质量监督检验检疫总局
中国国家标准化管理委员会　发布

前　言

本标准由中国建筑材料联合会提出。

本标准由全国水泥制品标准化技术委员会(SAC/TC 197)归口。

本标准负责起草单位:中国建筑材料检验认证中心、北京中冠天恒科技有限公司。

本标准的参编单位有:北京华伟佳科技有限公司、上海市建筑科学研究院、上海英硕聚合物材料有限公司、上海可耐建筑材料有限公司、杭州泰富龙新型建筑材料有限公司。

本标准主要起草人:王新民、张桂红、宋晓辉、武薇、尚庆毅、刘伟华、刘明明、解新刚、谢日清、朱国亮。

膨胀玻化微珠保温隔热砂浆

1 范围

本标准规定了膨胀玻化微珠保温隔热砂浆的术语和定义、分类和标记、要求、试验方法、检验规则、标志、包装、运输和贮存。

本标准适用于工业与民用建筑墙体、地面及屋面保温隔热用膨胀玻化微珠保温隔热砂浆。

2 规范性引用文件

下列文件中的条款通过本标准的引用而成为本标准的条款。凡是注日期的引用文件，其随后所有的修改单(不包括勘误的内容)或修订版均不适用于本标准，然而，鼓励根据本标准达成协议的各方研究是否可使用这些文件的最新版本。凡是不注日期的引用文件，其最新版本适用于本标准。

GB 175 通用硅酸盐水泥

GB/T 5464 建筑材料不燃性试验方法

GB/T 5486.2—2001 无机硬质绝热制品试验方法 力学性能

GB/T 5486.3—2001 无机硬质绝热制品试验方法 密度、含水量及吸水率

GB 6566 建筑材料放射性核素限量

GB 8624 建筑材料燃烧性能分级试验方法

GB/T 10294 绝热材料稳态热阻及有关特性的测定 防护热板法

GB/T 10295 绝热材料稳态热阻及有关特性的测定 热流计法

GB/T 16777—2008 建筑防水涂料试验方法

JC/T 1042 膨胀玻化微珠

JGJ 51—2002 轻骨料混凝土技术规程

3 术语和定义

下列术语和定义适用于本标准。

3.1

膨胀玻化微珠 expanded and vitrified beads

由玻璃质火山熔岩矿砂经膨胀、玻化等工艺制成，表面玻化封闭、呈不规则球状，内部为多孔空腔结构的无机颗粒材料。

3.2

膨胀玻化微珠保温隔热砂浆 thermal insulating mortar mixed with expanded and vitrified beads

以膨胀玻化微珠、无机胶凝材料、添加剂、填料等混合而成的干混料，用于建筑物墙体、地面、屋面保温隔热，现场搅拌后可直接施工。

4 分类和标记

4.1 分类

膨胀玻化微珠保温隔热砂浆按使用部位分为墙体用(QT)和地面及屋面用(DW)。

4.2 产品标记

膨胀玻化微珠保温隔热砂浆产品标记由三部分组成：型号、产品名称、标准号。

4.3 标记示例

示例1:墙体用膨胀玻化微珠保温隔热砂浆的标记为:

QT 膨胀玻化微珠保温隔热砂浆 GB/T 26000—2010

5 要求

5.1 膨胀玻化微珠

膨胀玻化微珠保温隔热砂浆中所使用的膨胀玻化微珠性能应符合JC/T 1042的要求。

5.2 无机胶凝材料

无机胶凝材料主要为水泥,水泥性能应符合GB 175的要求。

5.3 添加剂

无毒无害,并符合相关标准要求。

5.4 膨胀玻化微珠保温隔热砂浆

膨胀玻化微珠保温隔热砂浆性能应符合表1的规定。

表1 膨胀玻化微珠保温隔热砂浆性能指标

项目		技术要求
堆积密度/(kg/m^3)		≤280
干密度/(kg/m^3)		≤300
导热系数/[W/(m·K)]		≤0.070
蓄热系数/[$W/(m^2·K)$]		≥1.5
线性收缩率/%		≤0.3
压剪粘结强度/MPa (与水泥砂浆块)	原强度	≥0.050
	耐水强度	
抗拉强度/MPa		≥0.10
抗压强度/MPa	墙体用	≥0.20
	地面及屋面用	≥0.30
软化系数		≥0.6
燃烧性能		A2
放射性		内照射指数不大于1.0,外照射指数均不大于1.0

注1:当使用部位无耐水要求时,耐水压剪粘结强度、软化系数可不做要求。

注2:当用于室外时,放射性不做要求。

6 试验方法

6.1 堆积密度

6.1.1 仪器设备

a) 量筒:圆柱形金属筒(尺寸为内径108 mm、高100 mm)容积为1.0 L,要求内壁光洁,并具有足够的刚度。

b) 堆积密度漏斗:见图1。

单位为毫米

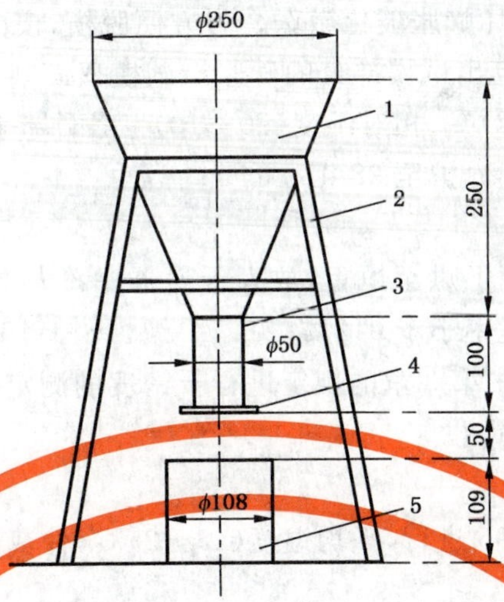

1——漏斗；

2——支架；

3——导管；

4——活动门；

5——量筒。

图1 堆积密度用漏斗

6.1.2 试验步骤

称量量筒的质量 m_0，将试样放入堆积密度漏斗中，启动活动门，将试样注入量筒，用直尺刮平量筒试样表面，刮平时直尺应紧贴量筒上表面边缘。称量量筒和试样总质量 m_1。在试验过程中应保证试样呈松散状态，防止任何程度的振动。

6.1.3 试验结果

堆积密度按式(1)计算，取3个试样的算术平均值，精确至1 kg/m³。

$$\rho=\frac{m_1-m_0}{V} \quad \cdots\cdots(1)$$

式中：

ρ——堆积密度，单位为千克每立方米(kg/m^3)；

m_0——量筒质量，单位为千克(kg)；

m_1——量筒和试样总质量，单位为千克(kg)；

V——量筒容积，0.001 m^3。

6.2 干密度

6.2.1 仪器设备

a) 搅拌机：单轴卧式搅拌机，容量60 L，搅拌叶片转速(45±5)r/min，叶片距桶壁3 mm～5 mm。

b) 试模：70.7 mm×70.7 mm×70.7 mm钢质有底三联试模，拆装方便。

c) 捣棒：直径10 mm的钢棒，端部应磨圆。

6.2.2 浆料配制

a) 砂浆搅拌量为搅拌机容量的40%～80%，搅拌过程中不应破坏膨胀玻化微珠。

b) 按规定配合比先加入水，再加入粉料，搅拌2 min～3 min，停止搅拌并清理搅拌机内壁及搅拌叶片上的砂浆。

c) 再搅拌1 min～2 min，放置10 min～15 min后使用。

6.2.3 试样制备

a) 试样数量6个。

b) 在试模内填满砂浆，并略高于其上表面，用捣棒均匀由外向内按螺旋方向轻轻插捣 25 次，插捣时用力不应过大，不应破坏膨胀玻化微珠。为方便脱模，模内壁可适当涂刷薄层脱模剂。

c) 放置 5 min～10 min，将高出试模部分的砂浆沿试模顶面削去抹平。

d) 带模试样应在温度(23±2)℃、相对湿度(50±10)%条件下养护，并应使用塑料薄膜覆盖，二天后脱模。试样取出后继续养护至 28 d。

6.2.4 试验过程

a) 将试样在(105±5)℃温度下烘至恒重，放入干燥器中冷却备用。恒重的判定依据为恒温 3 h 两次称量试样的质量变化率小于 0.2%。

b) 按 GB/T 5486.3—2001 中第 3 章的规定进行干密度的测定，试验结果为 6 个试样测试值的算术平均值，精确至 1 kg/m^3。

6.3 导热系数

按 GB/T 10294 或 GB/T 10295 进行，平均温度(25±2)℃，仲裁试验应按 GB/T 10294 进行。

6.4 蓄热系数

6.4.1 仪器设备

a) 蓄热系数测定仪：符合 JGJ 51—2002 中 7.5.2 的规定，采用热脉冲法进行测定，由一个加热器和放置在加热器两侧的材料相同的三个试样以及测温热电偶组成，根据试验材料温度变化的特点，测试出试验材料的导温系数。

b) 试模：200 mm×200 mm×60 mm 钢质有底试模，200 mm×200 mm×20 mm 钢质有底试模，拆装方便。

6.4.2 试样制备

a) 每组试样 3 个，200 mm×200 mm×20 mm 薄试样 1 个，200 mm×200 mm×60 mm 厚试样 2 个，共 2 组。

b) 按 6.2.2 和 6.2.3 的规定制作试样。

c) 每块试样上下两表面应平行，厚度应均匀，薄试样不平行度应小于试样厚度的 1%，各试样的接触面应结合紧密，其干密度差应小于 5%。

6.4.3 试验过程

a) 将试样在(105±5)℃温度下烘至恒重，放入干燥器中冷却备用，按 GB/T 5486.3—2001 中第 3 章的规定测量薄试样尺寸及质量，计算其干密度，精确至 1 kg/m^3。

b) 在温度(23±2)℃、相对湿度(50±10)%环境下，将试样安装在蓄热系数测定仪试样台上，放入热电偶及加热器，热电偶的结点放在试样的中心，然后用夹具将试样夹紧。

c) 待试样状态调节稳定后，输入试样尺寸及质量，开始试验。试样状态调节稳定是指试样的初始温度在 10 min 内变化小于±0.05 ℃，并且薄试样上、下表面温度差小于 0.1 ℃时。

d) 测定试样导温系数和导热系数。

6.4.4 试验结果

蓄热系数按式(2)计算，取 2 组试样的算术平均值，精确至 0.1 W/(m^2·K)。

$$S = 2.5 \frac{\lambda}{\sqrt{aT}} \qquad \cdots\cdots(2)$$

式中：

S——蓄热系数，单位为瓦每平方米开尔文[W/(m^2·K)]；

λ——导热系数，单位为瓦每米开尔文[W/(m·K)]；

a——导温系数，单位为平方米每小时(m^2/h)；

T——时间周期，取 24 h。

6.5 线性收缩率

按6.2.2和6.2.3的规定制作试样，试模采用40 mm×40 mm×160 mm钢质有底三联试模，试样数量3个。用游标卡尺测量每个试样的长度，精确至0.02 mm。

线性收缩率按式(3)计算，试验结果为3个试样的算术平均值，精确至0.1%。

$$X=\frac{L_0-L_1}{L_0}\times 100\% \qquad \cdots\cdots(3)$$

式中：

X——线性收缩率，%；

L_0——试样脱模时长度，mm；

L_1——养护28 d时试样长度，mm。

6.6 压剪粘结强度

6.6.1 仪器设备

a) 电子试验机：应使最大破坏荷载位于试验机量程的20%～80%范围内，精度为1%。

b) 压剪夹具：钢质，尺寸构造符合JC/T 547—2005中图1所示。

6.6.2 试样制备

a) 试样数量每组6个。

b) 按6.2.2配制砂浆，涂抹于尺寸100 mm×110 mm×10 mm的两块水泥砂浆板之间，涂抹厚度为10 mm，面积100 mm×100 mm，应错位涂抹，试样两端未涂抹砂浆的水泥砂浆板长度均为10 mm，见图2。

注：可根据工艺要求对水泥砂浆板进行界面处理。

c) 试样应水平放置，并在温度(23±2)℃、相对湿度(50±10)%条件下养护28 d。

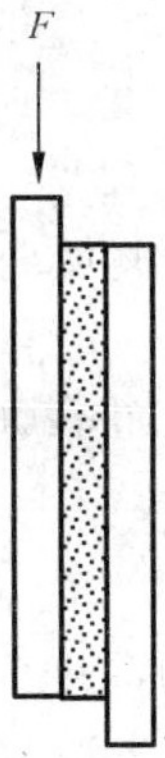

图2 压剪粘结强度试样

6.6.3 试验过程

a) 将试样在(105±5)℃烘箱中烘至恒重，然后取出放入干燥器，冷却至室温。

b) 将试样按下述条件进行处理：

1) 原强度：无附加条件。

2) 耐水：在水中浸泡48 h，没入水中的深度为2 mm～10 mm，到期试样从水中取出并擦拭表面水分，在温度(23±2)℃、相对湿度(50±10)%条件下放置7 d。

c) 将试样安装到压剪夹具并置于试验机上进行压剪试验，以5 mm/min速度加荷至试样破坏，记录试样破坏时的荷载值，精确至1 N。

6.6.4 试验结果

压剪粘结强度原强度、耐水强度分别按式(4)计算，试验结果取6个试样测试值中间4个的算术平均值，精确至0.001 MPa。

$$R_1 = \frac{F_1}{A_1} \qquad \cdots\cdots (4)$$

式中：

R_1——压剪粘结强度，单位为兆帕(MPa)；

F_1——试样破坏时的荷载，单位为牛(N)；

A_1——压剪粘结面积，取 100 mm×100 mm。

6.7 抗拉强度

6.7.1 仪器设备

a) 电子试验机：应使最大破坏荷载位于试验机量程的 20%～80%范围内，精度为 1%。

b) 模具："8"字模，符合 GB/T 16777—2008 中图 7 所示。

6.7.2 试样制备

a) 试样数量 6 个。

b) 按 6.2.2 和 6.2.3 的规定制作试样，制样时应放在垫有塑料薄膜的平板上，以方便脱模。

6.7.3 试验过程

a) 将试样在(105±5)℃烘箱中烘至恒重，然后取出放入干燥器，冷却至室温。

b) 将试样置于试验机抗拉夹具上，以 5 mm/min 速度加荷，直至试样破坏，分别记录试样破坏时的荷载值，精确至 1 N。

6.7.4 试验结果

抗拉强度按式(5)计算，试验结果取 6 个试样测试值中间 4 个的算术平均值，精确至 0.01 MPa。

$$R_2 = \frac{F_2}{A_2} \qquad \cdots\cdots (5)$$

式中：

R_2——抗拉强度，单位为兆帕(MPa)；

F_2——试样破坏时的荷载，单位为牛(N)；

A_2——试样腰部面积，取 22.5 mm×22.2 mm。

6.8 抗压强度

取干密度测定后的 3 个试样按 GB/T 5486.2—2001 中第 3 章的规定进行抗压强度测定，试验结果取 3 个试样的算术平均值，精确至 0.1 MPa。

6.9 软化系数

将与 6.8 相同的试样浸水 48 h，没入水中的深度为 2 mm～10 mm，浸水结束后，将试样从水中取出并擦拭表面水分，并测定抗压强度。试验结果为浸水后抗压强度与原抗压强度的比值，精确至 0.1。

6.10 燃烧性能

按 GB/T 5464 的规定进行试验，按 GB 8624 的规定进行判定。

6.11 放射性

按 GB 6566 的规定进行。

7 检验规则

7.1 检验分类

产品检验分为出厂检验和型式检验。

7.1.1 出厂检验

出厂检验项目为堆积密度、干密度。正常生产时，出厂检验每批检验一次。

7.1.2 型式检验

有下列情况之一时，应进行型式检验：

a) 新产品定型鉴定；

b) 原材料、工艺有较大改变，可能影响产品性能时；

c) 停产半年以上恢复生产时；

d) 出厂检验结果与上次型式检验结果有较大差异时；

e) 国家质量技术监督机构提出进行型式检验要求时。

7.2 组批和抽样

7.2.1 组批

同一原料、同一生产工艺、同一类别的产品，每 50 t 为一批，不足时也为一批计。

7.2.2 抽样

从每批的不同位置随机抽取，进行型式检验时的样品数量不少于 20 kg。

7.3 判定规则

全部检验项目合格，判定为合格；有不合格项时，判定为不合格。

8 标志、包装、运输和贮存

8.1 标志

8.1.1 出厂产品应有质量合格证，每一包装袋上应标明：

a) 产品标记；

b) 商标；

c) 数量；

d) 生产商名称及生产日期；

e) 标明防雨；

f) 防潮等标识。

8.1.2 必要时应注明使用注意事项和要求。

8.2 包装

产品应采用防潮包装袋包装。

8.3 运输和贮存

8.3.1 产品运输中应有防雨防潮措施，搬运时应避免破损受潮。

8.3.2 产品应在干燥通风的库房内贮存，并按类别分别堆放，避免重压，码放高度不宜超过 5 m。

8.3.3 产品的存放有效期为六个月。

ICS 91.100.99
Q 10

中华人民共和国国家标准

GB/T 26001—2010

烧结路面砖

Fired paving units

2011-01-10 发布　　　　2011-10-01 实施

中华人民共和国国家质量监督检验检疫总局
中国国家标准化管理委员会　发布

前言

本标准按照GB/T 1.1—2009给出的规则编写。

本标准由中国建筑材料联合会提出。

本标准由全国墙体屋面及道路用建筑材料标准化技术委员会(SAC/TC 285)归口。

本标准负责起草单位:西安墙体材料研究设计院。

本标准参加起草单位:上海市建筑科学研究院有限公司、北京东方龙泉装饰砖有限公司、广东佛山红狮陶瓷有限公司、秦皇岛发电有限责任公司晨砻建材分公司、大连太平洋砖制品有限公司、陕西省富平艺博建材有限责任公司、天津国环页岩制品有限公司。

本标准主要起草人:程相伟、庄红斌、李桂朋、楼晓芳、赵裕文、刁树强、刘永华、钟辉、仇俊成、张岚、姜忠霄、林玲、周炫。

烧 结 路 面 砖

1 范围

本标准规定了烧结路面砖的分类、标记、一般规定、技术要求、试验方法、检验规则、标志、使用说明书、包装、运输及贮存。

本标准适用于以页岩、煤矸石、粘土及其他矿物为主要原料，经烧结制成的，用于铺设人行道和车行道、广场、仓库、地面等的烧结路面砖(以下简称路面砖)。

路面砖可具有多种尺寸、颜色和形状。

2 规范性引用文件

下列文件对于本文件的应用是必不可少的。凡是注日期的引用文件，仅注日期的版本适用于本文件。凡是不注日期的引用文件，其最新版本(包括所有的修改单)适用于本文件。

GB/T 2542 砌墙砖试验方法

GB/T 12988 无机地面材料耐磨性试验方法

GB 6566 建筑材料放射性核素限量

3 分类

3.1 分类

路面砖按照其用途和使用场合划分为强度类别和耐磨类别。

3.1.1 强度类别和用途

F 类：用于重型车辆行驶的路面砖。

SX 类：用于吸水饱和时并经受冰冻的路面砖。

MX 类：用于室外不产生冰冻条件下的路面砖。

NX 类：不用于室外，而允许用于吸水后免受冰冻的室内路面砖。

3.1.2 耐磨类别和使用场合

Ⅰ类：用于人行道和交通车道。

Ⅱ类：用于居民区内步道和车道。

Ⅲ类：用于个人家庭内的地面和庭院。

3.2 品种、代号

按路面砖形状分为：普通型路面砖(代号 P)、联锁型路面砖(代号 L)。

3.3 规格尺寸

路面砖的主要规格尺寸见表 1。

表 1　规格尺寸

单位为毫米

项　目	尺　寸
长或宽	100,150,200,250,300
厚　度	50,60,80,100,120
注：其他规格尺寸可根据用户要求确定。	

3.4　标记

按产品代号、规格尺寸、强度类别、耐磨类别和标准编号顺序进行标记。普通型路面砖规格为 100 mm×100 mm×50 mm，强度类别 SX 类、耐磨类别Ⅰ类、合格的路面砖标记示例：

P　100×100×50　SX　Ⅰ　GB/T 26001—2010

4　一般规定

4.1　路面砖的外露表面应平整，宜有倒角。

4.2　路面砖可为实心，也可有孔洞。

5　技术要求

5.1　外观质量

路面砖的外观质量应符合表 2 的规定。

表 2　外观质量

单位为毫米

项　目		标准值
缺损的最大投影尺寸	≤	3.0
缺棱掉角的最大投影尺寸	≤	5.0
裂纹的最大投影尺寸	≤	3.0
翘曲度	≤	3.0

5.2　尺寸偏差

路面砖的尺寸偏差应符合表 3 的规定。

表 3　尺寸偏差

单位为毫米

规格尺寸范围	标准值
≤80	±1.5
80～280	±2.5
>280	±3.0

5.3 物理性能

5.3.1 抗压强度、吸水率及饱和系数

抗压强度、吸水率及饱和系数应符合表4的规定。

表4 抗压强度、吸水率及饱和系数

类别	抗压强度/MPa ≥		吸水率/% ≤		饱和系数 ≤	
	平均值	单块最小值	平均值	单块最大值	平均值	单块最大值
F类	70.0	62.8	6.0	7.0	—	—
SX类	55.0	48.6	8.0	11.0	0.78	0.80
MX类	30.0	25.1	14.0	17.0	无要求	无要求
NX类	25.0	20.4	无要求	无要求	无要求	无要求

5.3.2 抗冻性能

路面砖不符合表4中吸水率和饱和系数的要求时，应进行冻融循环试验。

冻融循环试验后，外观质量应符合表2的规定，且干质量损失不大于0.5%。

5.3.3 泛霜性能

每块砖样试验后应无泛霜。

5.3.4 耐磨性能

路面砖耐磨性能应符合表5的规定。

表5 耐磨性能

耐磨类别	磨坑长度/mm ≤
Ⅰ类	28.0
Ⅱ类	32.0
Ⅲ类	35.0

5.4 放射性核素限量

用于家庭内地面和庭院的路面砖放射性核素限量应符合GB 6566中A类装修材料的规定。

用于人行道和车行道的路面砖放射性核素限量应符合GB 6566中C类装修材料的规定。

6 试验方法

6.1 量具

路面砖的测量采用砖用卡尺（见图1）或精度不低于0.5 mm其他量具。

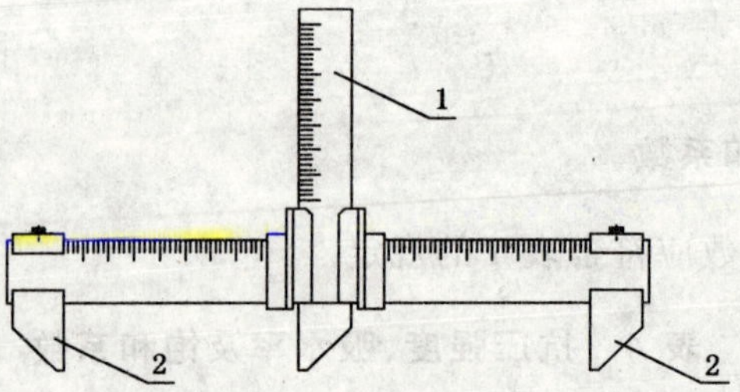

1——垂直尺；
2——支脚。

图 1 砖用卡尺

6.2 外观质量

6.2.1 缺损、缺棱掉角

测量正面缺损处对应砖边的长、宽两个投影尺寸，精确至 0.5 mm(见图 2)。

测量缺棱、掉角处对应砖棱边的长、宽、厚三个投影尺寸，精确至 0.5 mm(见图 2)。

单位为毫米

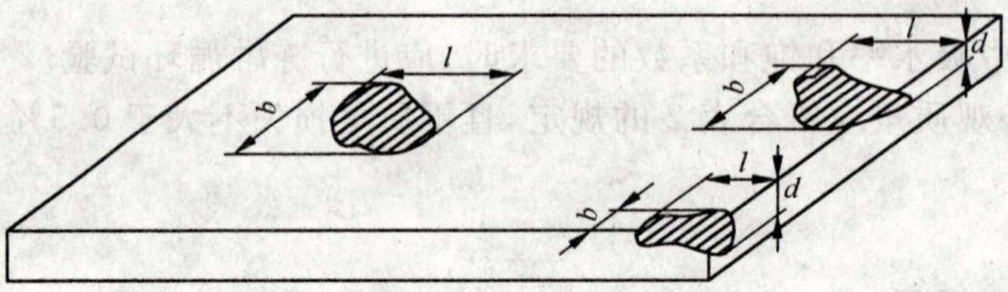

l——长度方向投影尺寸；
b——宽度方向投影尺寸；
d——厚度方向的投影尺寸。

图 2 缺损、缺棱掉角尺寸的测量

6.2.2 裂纹

测量裂纹所在面上的最大投影长度；若裂纹由一个面延伸至其他面时，测量其延伸的投影长度之和，精确至 0.5 mm(见图 3)。

单位为毫米

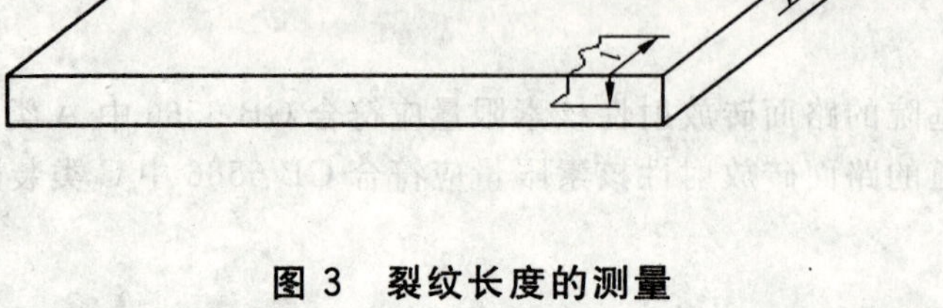

l——裂纹投影尺寸。

图 3 裂纹长度的测量

6.2.3 翘曲

在砖面上测量翘曲，测量时将砖用卡尺的两支脚沿棱边两端放置，择其弯曲最大处将垂直尺推至砖面测量出尺寸，精确至 0.5 mm，如图 4 所示。但不应将因杂质或碰伤造成的凸凹处计算在内。

单位为毫米

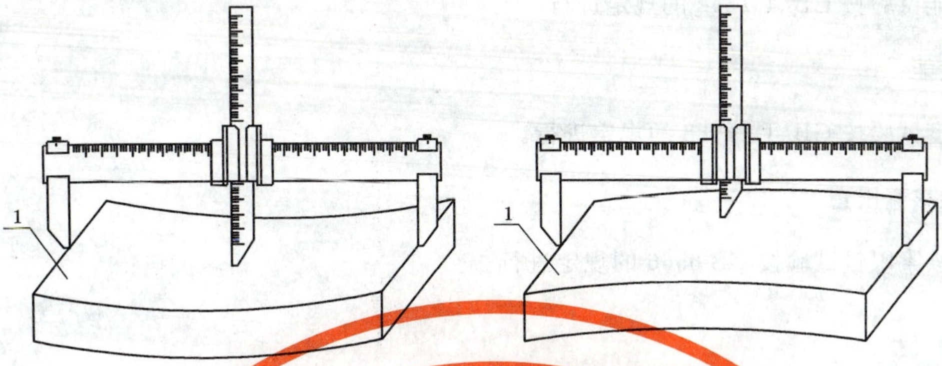

1——砖面。

图 4 翘曲的测量

6.3 规格尺寸

测量路面砖长度和宽度时，分别测量砖正面离边缘 10 mm 处对应平行侧面（见图 5），分别测量两个长度值和宽度值；厚度分别测量路面砖长度中间距边缘 10 mm 处，测量两个厚度值（见图 5）。取平均值，分别修约至 0.5 mm。

单位为毫米

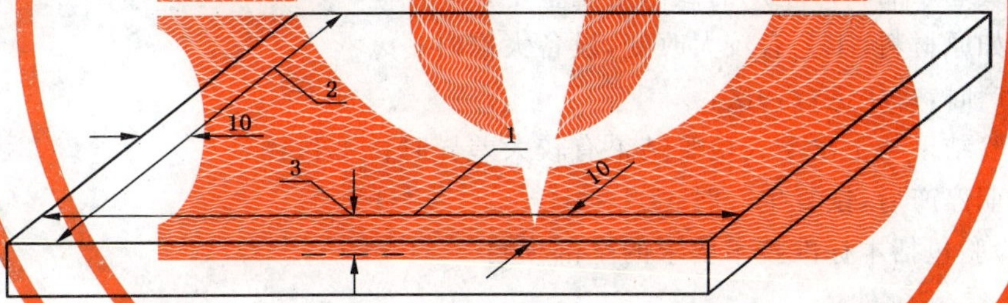

1——长度；
2——宽度；
3——厚度。

图 5 长度、宽度、厚度的测量

6.4 抗压强度

抗压强度试验按 GB/T 2542 的规定进行。

采用半块砖进行试验，检验试样应由干燥的半块砖制成，其高和宽为试样的原高和原宽，长度则为路面砖全长的 1/2。检验试样可用任何方法制备，但应无破损和裂纹，试样受压面应进行找平。

6.5 吸水率和饱和系数

吸水率为试样常温水浸泡 24 h 的吸水率，吸水率和饱和系数试验按 GB/T 2542 的规定进行。

6.6 抗冻性能

抗冻性能试验按 GB/T 2542 的规定进行，冻融循环需进行 25 次。

6.7 泛霜性能

泛霜性能试验按 GB/T 2542 的规定进行。

6.8 耐磨性能

磨坑长度试验按 GB/T 12988 的规定进行。

6.9 放射性核素限量

放射性核素限量试验按 GB 6566 的规定进行。

7 检验规则

7.1 检验分类

7.1.1 出厂检验项目

7.1.1.1 产品经出厂检验合格并附产品合格证方可出厂。

7.1.1.2 出厂检验项目包括外观质量、尺寸偏差、抗压强度、耐磨性能。

7.1.2 型式检验

7.1.2.1 有下列情况之一时，应进行型式检验：

a) 新产品或老产品转厂生产的试制定型鉴定；

b) 生产中如原材料、工艺有较大改变，设备大修时；

c) 正常生产时，每年进行一次；

d) 出厂检验结果与上次型式检验结果有较大差异时；

e) 产品长期停产后，恢复生产时。

7.1.2.2 型式检验包括本标准技术要求的全部项目。

7.2 批量

同类别、同规格、同等级的路面砖，每 3.5 万块～15 万块为一检验批；不足 3.5 万块，亦按一批计；超过 15 万块，批量由供需双方商定。

7.3 抽样

7.3.1 外观质量检验的试样，按随机抽样法从每批产品中抽取 50 块路面砖，所抽取的试样具有代表性。

7.3.2 尺寸偏差检验的试样，从外观质量检验合格的试样中按随机抽样法抽取 10 块路面砖。

7.3.3 物理性能检验的试样，按随机抽样法从外观质量及尺寸偏差检验合格的试样中抽取，抗压强度试验、吸水率和饱和系数试验、抗冻性能试验、泛霜性能试验和耐磨性能试验各 5 块，放射性核素限量试验 2 块，备用样品 5 块。

7.4 判定规则

7.4.1 外观质量

在 50 块试样中，按一次抽样检验不合格试样的总数(d_1)及两次抽样检验中不合格试样（包括第一次检验不合格试样)的总数(d_2)进行判定。

若 $d_1 \leqslant 3$,外观质量合格;若 $d_1 \geqslant 7$,外观质量不合格;若 $3 < d_1 < 7$,则允许进行第二次抽样检验,

若 $d_2 \leqslant 8$,外观质量合格;若 $d_2 > 8$,外观质量不合格。

7.4.2 尺寸偏差

在10块试样中,按一次抽样检验不合格试样的总数(d_1)及两次抽样检验中不合格(包括第一次检验不合格试样)的总数(d_2)进行判定。

若 $d_1 \leqslant 1$,尺寸偏差合格;$d_1 \geqslant 3$,尺寸偏差不合格;$d_1 = 2$,则允许进行第二次抽样检验,

若 $d_2 = 2$,尺寸偏差合格;若 $d_2 \geqslant 3$,尺寸偏差不合格。

7.4.3 物理性能

经检验,各项物理性能符合相应规定时,判该项相应等级合格。

吸水率和饱和系数不符合表4规定时,以抗冻性能试验结果为准。

7.4.4 放射性核素限量

放射性核素限量应符合5.4时判为合格,否则,判不合格。

7.4.5 总判定

所有项目的检验结果都符合规定时,判该批产品为相应等级合格;其中有一项不合格时,则判该批产品相应等级不合格。

8 标志、使用说明书

8.1 标志

路面砖出厂时,至少应有0.5%的路面砖应有明显的标记,产品合格证上应标识:

a) 生产企业名称;
b) 产品标记;
c) 商标;
d) 批量编号;
e) 证书编号;
f) 检验员或承检单位签章。

8.2 使用说明书

为方便使用,供方应提供路面砖的使用说明书,说明现场施工方法和要求及参考使用数量。

9 包装、运输及贮存

9.1 包装

用吊装托架装运时,应捆扎牢固。亦可不用吊装托架散装。

9.2 运输

产品装、卸时应轻拿轻放，严禁抛、掷。运输时应避免碰撞。

9.3 贮存

路面砖贮存场地应平整、坚实。应按品种、规格、质量等级分别堆放。散装堆垛高度不得超过1.5 m。

参 考 文 献

[1] ASTM C902-09 人行和轻型交通路面砖标准
[2] ASTM C1272-07 重型车辆通过的路面砖标准规范

ICS 91.140
P 47

中华人民共和国国家标准

GB/T 26002—2010

燃气输送用不锈钢波纹软管及管件

Stainless steel pliable corrugated tubing and fittings used in gas piping systems

2011-01-10 发布　　2011-10-01 实施

中华人民共和国国家质量监督检验检疫总局
中国国家标准化管理委员会　发布

前言

本标准按照GB/T 1.1—2009给出的规则起草。

请注意本文件的某些内容可能涉及专利。本文件的发布机构不承担识别这些专利的责任。

本标准由中华人民共和国住房和城乡建设部提出。

本标准由住房和城乡建设部城镇燃气标准技术归口单位归口。

本标准起草单位：中国市政工程华北设计研究总院、日立金属(苏州)阀门管件有限公司、杭州万全金属软管有限公司、航天晨光股份有限公司上海分公司、宁波市圣宇管业股份有限公司、天津天富软管工业有限公司、温州伊捷玛波纹管制造有限公司、宁波市狮山管业有限公司、杭州联发管材有限公司、宁波市鄞州安邦管业有限公司、宁波天鑫金属软管有限公司、玉环鑫琦管业有限公司、芜湖泰和管业有限公司、宁波忻杰燃气用具实业有限公司、佛山美宝建材企业有限公司南海分厂。

本标准主要起草人：高勇、郭玉春、吴文庆、陈为柱、张康盛、李辉、王靖崇、凌岳松、凡思军、叶宝华、林爱素、黄陈宝、汪贤文、忻国定、林细勇、李军。

燃气输送用不锈钢波纹软管及管件

1 范围

本标准规定了燃气输送用不锈钢波纹软管及管件(以下简称“软管及管件”)的产品分类和型号、要求、试验方法、检验规则及标志、包装、运输和贮存。

本标准适用于公称尺寸DN10～DN50,公称压力PN不大于0.2 MPa的软管及管件。

2 规范性引用文件

下列文件对于本文件的应用是必不可少的。凡是注日期的引用文件,仅所注日期的版本适用于本文件。凡是不注日期的引用文件,其最新版本(包括所有的修改单)适用于本文件。

GB/T 191 包装储运图示标志(GB/T 191—2008,ISO 780:1997,MOD)

GB/T 699 优质碳素结构钢

GB/T 700 碳素结构钢(GB/T 700—2006,neq ISO 630:1995)

GB/T 1220 不锈钢棒

GB/T 1804 一般公差 未注公差的线性和角度尺寸的公差(GB/T 1804—2000,eqv ISO 2768:1:1989)

GB/T 2828.1 计数抽样检验程序 第1部分:按接收质量限(AQL)检索的逐批检验抽样计划(GB/T 2828.1—2003,ISO 2859-1:1999,IDT)

GB/T 3280 不锈钢冷轧钢板和钢带

GB/T 4226 不锈钢冷加工钢棒

GB/T 5231 加工铜及铜合金化学成分和产品形状

GB/T 7306.1 55°密封管螺纹 第1部分:圆柱内螺纹与圆锥外螺纹(GB/T 7306.1—2000,eqv ISO 7-1:1994)

GB/T 7306.2 55°密封管螺纹 第2部分:圆锥内螺纹与圆锥外螺纹(GB/T 7306.2—2000,eqv ISO 7-1:1994)

GB/T 8815 电线电缆用软聚氯乙烯塑料

GB/T 10125 人造气氛腐蚀试验 盐雾试验(GB/T 10125—1997,eqv ISO 9227:1990)

GB/T 16411 家用燃气用具通用试验方法

GB/T 20878 不锈钢和耐热钢 牌号和化学成分

HG/T 3089 燃油用O型橡胶密封圈材料

SY/T 0413 埋地钢质管道聚乙烯防腐层技术标准

SY/T 0414 钢质管道聚乙烯胶粘带防腐层技术标准

3 术语和定义

下列术语和定义适用于本文件。

3.1

管坯 tubular blank

供制造波纹管的有纵焊缝的不锈钢管材。

3.2

波纹管　corrugated tube

母线呈波纹状的管状壳体。

3.3

原管　the tube without protecting coat

经固溶处理无被覆层的波纹管。

3.4

被覆层　protecting coat

用于保护不锈钢波纹管的包覆材料。

3.5

被覆管　the tube with protecting coat

有被覆层的波纹管。

3.6

燃气输送用不锈钢波纹软管　stainless steel pliable corrugated tubing used in gas piping systems

施工前不能确定波纹管长度，而需现场确定长度的外覆被覆层的不锈钢波纹软管。

3.7

管件　fitting

可与燃气输送用不锈钢波纹软管和外供燃气管道现场安装的直通、弯头、三通等。

3.8

泄漏检测功能　leak-hunting ability

通过被覆层和管件的通气性能检测原管内燃气泄漏的功能。

4　分类和型号

4.1　基本参数

4.1.1　公称压力

软管和管件的公称压力可分为 PN0.2(Ⅰ型)和 PN0.01(Ⅱ型)两种类型。

4.1.2　公称尺寸

软管和管件的公称尺寸可分为 DN10、DN13、DN15、DN20、DN25、DN32、DN40 和 DN50 等规格。

4.2　软管

4.2.1　分类

4.2.1.1　带普通被覆层的非埋地软管，代号为 F；

4.2.1.2　带加厚被覆层的埋地软管，代号为 M。

注：埋地软管指埋入土壤中的软管。

4.2.2 型号

4.2.2.1 型号表示

```
RSB - □ □ - □ - □
      │ │   │   └──本标准代号：GB/T 26002；
      │ │   └──────公称尺寸 DN；
      │ └──────────被覆层防腐蚀功能代号(F 或 M)；
      └────────────公称压力 PN(代号 Ⅰ 或 Ⅱ)；
└──────────────────名称代号：燃气输送用不锈钢波纹软管。
```

4.2.2.2 型号示例

公称尺寸 DN15，公称压力 PN0.2(Ⅰ型)，带普通被覆层的非埋地燃气输送用不锈钢波纹软管，型号标记为：RSB-ⅠF-15-GB/T 26002。

4.3 管件

4.3.1 分类

4.3.1.1 按功能分为以下两种：

a) 带泄漏检测功能的管件，代号为 X；

b) 不带泄漏检测功能的管件，无代号。

4.3.1.2 按外部型式分为以下三种：

a) S 型(直通)；

b) L 型(弯头)；

c) T 型(三通)。

4.3.2 型号

4.3.2.1 型号表示

```
RBG - □ □ - □ - □
      │ │   │   └──本标准代号：GB/T 26002；
      │ │   └──────外部型式(代号 S、L 或 T)及公称尺寸 DN；
      │ └──────────泄漏检测功能代号(X)；
      └────────────公称压力 PN(代号 Ⅰ 或 Ⅱ)；
└──────────────────名称代号：燃气输送用不锈钢波纹软管管件。
```

注：管件尺寸按左端、中端、右端顺序的公称尺寸表示。

4.3.2.2 型号示例

示例 1：软管直通管件，公称压力 PN0.2，一端接公称尺寸 DN15 的软管，另一端接公称尺寸 DN15 的镀锌钢管，带泄漏检测功能，其型号标记为：RBG-ⅠX-S15×15- GB/T 26002。

示例 2：软管三通管件，公称压力 PN0.01，两端均接公称尺寸 DN25 的软管，中间端接公称尺寸 DN15 的软管，带泄漏检测功能，其型号标记为：RBG-Ⅱ X-T25×15×25 - GB/T 26002。

示例 3：软管弯头管件，公称压力 PN0.01，两端均接公称尺寸 DN40 的软管，带泄漏检测功能的管件，其型号标记为：RBG-Ⅱ X-L40×40- GB/T 26002。

5 要求

5.1 一般要求

5.1.1 材料

5.1.1.1 软管和管件等材料可采用表 1 规定的材料或同等性能以上的其他材料。

表 1 软管和管件等材料及其工作温度

零件名称	材料		
	牌号	标准号	工作温度/℃
软管	06Cr19Ni10(S30408)、022Cr19Ni10(S30403)、 06Cr17Ni12 Mo2(S31608)、022Cr17Ni12Mo2(S31603)、 06Cr18Ni11Ti(S32168)	GB/T 3280 GB/T 20878	−196～450
管件	06Cr19Ni10(S30408)、022Cr19Ni10(S30403) 06Cr17Ni12 Mo2(S31608)、022Cr17Ni12Mo2(S31603)、 06Cr18Ni11Ti(S32168)	GB/T 1220 GB/T 4226 GB/T 20878	−196～450
	20Cr13(S42020)		−20～450
	Q235-A	GB/T 700	−20～300
	20	GB/T 699	
	HPb59-1	GB/T 5231	−273～200
密封圈	丁腈橡胶(NBR)	HG/T 3089	−40～100
被覆层	软质聚氯乙烯(PVC)	GB/T 8815	−15～70
	阻燃聚乙烯(PE)	SY/T 0413、SY/T 0414	−40～70

5.1.1.2 非金属材料的密封圈应具有耐燃气的性能。

5.1.1.3 制造软管、管件等材料应有符合相关标准的合格证或质量保证书。

5.1.1.4 软管被覆层应符合 GB/T 8815、SY/T 0413 和 SY/T 0414 等相关标准的规定，暴露在室外大气中的被覆层应有耐热老化和耐紫外线老化的检测报告。

5.1.2 结构和尺寸

5.1.2.1 软管用不锈钢的公称壁厚应符合下列规定：

a) 公称压力 PN0.01 时，公称厚度 $\delta \geqslant 0.2$ mm；

b) 公称压力 PN0.2 时，公称厚度 $\delta \geqslant 0.25$ mm。

5.1.2.2 波纹管和管件连接应符合下列规定：

a) 螺纹连接：螺纹管件应采用管螺纹接口，并与其他管件可靠连接和密封；管件管螺纹应符合 GB/T 7306.1 或 GB/T 7306.2 的规定；

b) 机械(快速)连接：机械连接应采用插入式接口，并与软管可靠连接和密封。

5.1.2.3 管件的螺纹接口、插入式接口等受压部件，其最小壁厚应符合下列规定：

a) 电镀及其他表面处理的管件：2.0 mm；

b) 黄铜管件：1.5 mm；

c) 不锈钢管件：1.0 mm。

5.1.2.4 软管应有带泄漏检测功能的被覆层。

5.1.2.5 非埋地软管被覆层的防腐等级和技术条件应符合表2的规定。

表2 非埋地软管被覆层的防腐等级和技术条件

防腐等级	技术条件	
	材料	被覆层最小厚度/mm
普通级	PVC、PE	0.5
加强级	PVC、PE	1.0

5.1.2.6 埋地软管被覆层的防腐等级和技术条件应符合表3的规定。

表3 埋地软管被覆层的防腐等级和技术条件

防腐等级	技术条件	
	材料	被覆层最小厚度/mm
普通级	PE	1.8
加强级	PE	2.5

5.1.2.7 软管每件的长度宜取30 m～100 m。

5.1.2.8 软管外型尺寸及管件连接螺纹参见附录A。

5.1.2.9 软管及管件加工工艺要求参见附录B。

5.1.3 外观

5.1.3.1 软管原管表面应光亮、清洁，管口内应无明显锈斑和污渍。不应有深度大于壁厚的压痕和深度大于壁厚10%的划伤。被覆层应紧覆软管，其壁厚应均匀，不应有明显的杂质、伤痕、色斑、裂纹，表面文字应清晰。

5.1.3.2 管件的内外表面不应有裂纹、砂眼及其他影响性能的明显缺陷。如要求表面镀铬(或镀镍)，镀后应光亮、清洁，不应有气泡、剥皮、结疤、污渍等缺陷。

5.1.3.3 橡胶件外观应规则，无裂纹、缺陷以及明显飞边，色泽应均匀。

5.2 软管

软管的性能应满足表4的要求。

表4 软管的性能

序号	试验项目	性能要求	试验方法
1	拉伸强度	原管在按表6所示拉伸负荷试验时，无裂纹，无泄漏。	6.1.1
2	扁平性	在原管轴向50 mm的宽度范围内，沿径向将管的外径压缩至原来外径的1/2，呈扁平状时，无损伤，无裂纹。	6.1.2

表 4（续）

序号	试验项目	性能要求	试验方法
3	耐冲击性	原管在施加 0.3 MPa（Ⅰ型）、0.1 MPa（Ⅱ型）气压的状态下，放置在水泥地面上，从 1 m 高处垂直落下 4 kg（Ⅰ型）、2 kg（Ⅱ型）钢球进行冲击试验时，不应产生裂纹和泄漏。	6.1.3
4	弯曲性	使用表 7 所示直径的圆筒，将被覆管弯曲 180°，左右反复交替弯曲 6 次循环（Ⅰ型）、8 次循环（Ⅱ型）后，原管无裂纹，无泄漏，被覆层无裂纹。	6.1.4
5	扭曲性	将被覆管的一端固定，对另一端左右交替 6 次扭曲 90°后，原管无裂纹，无泄漏，被覆层无裂纹。	6.1.5
6	气密性	对原管施加 0.3 MPa（Ⅰ型）、0.1 MPa（Ⅱ型）气压时，保持 1 min，不应出现泄漏。	6.1.6
7	耐压性	对原管施加 1.6 MPa（Ⅰ型）、0.8 MPa（Ⅱ型）水压时，保持 1 min，确认无裂纹，无渗漏。	6.1.7
8	耐应力腐蚀性	原管在进行耐应力腐蚀试验时，无裂纹，无泄漏。	6.1.8
9	被覆层通气性	被覆层与原管之间应有充分的通气性。	6.1.9
10	阻燃性	被覆管在进行阻燃性试验时，应具有离火自熄性能。	6.1.10
11	漏点	被覆管不应有漏点。	6.1.11
12	冷热循环	被覆管在进行冷热周期试验时，被覆层无裂纹以及其他异常现象。	6.1.12

5.3 管件

管件的性能应满足表 5 的要求。

表 5 管件性能

序号	项目	性能要求	试验方法
1	拉伸强度	可与软管连接同时试验，性能要求同软管。	6.2.1
2	耐冲击性	管件在施加 13.5 J 的冲击功时，不应出现破损，泄漏以及影响使用的变形。	6.2.2
3	耐振动性	管件在振动 10 000 次后，无裂纹，无泄漏。	6.2.3
4	气密性	可与软管连接同时试验，性能要求同软管。	6.2.4
5	耐压性	可与软管连接同时试验，性能要求同软管。	6.2.5
6	通气性	可与软管连接同时试验，性能要求同软管。（对带泄漏检测功能的管件）	6.2.6
7	耐应力腐蚀性	应具有耐应力、耐腐蚀、无裂纹的性能。	6.2.7
8	耐高温性	在 550 ℃高温炉中放置 60 min 后，管件的泄漏量不应大于 0.17 m^3/h。采用不耐高温的橡胶密封圈时不做该项试验。	6.2.8
9	扭转强度	管材螺纹管件内径每 1 mm 施加 4.6 N·m（每英寸施加 117.5 N·m）的扭矩时，应无裂缝、断裂或泄漏，仅限螺纹管件。	6.2.9
10	配管扭转	需对螺帽进行紧固作业的管件，其螺纹进行紧固作业时，软管旋转不应大于 30°。	6.2.10
11	耐燃气性	密封圈按规定试验后应无脆化、软化及体积增大现象，且质量变化率应小于 20%。	6.2.11

6 试验方法

6.1 软管

6.1.1 拉伸强度试验

按图 1 所示，在长度小于 500 mm 的原管两端，分别和管件连接固定，从连接好的管件一端注入 0.3 MPa（Ⅰ型）、0.1 MPa（Ⅱ型）的空气，另一端按表 6 所示的拉伸负荷拉伸 5 min，然后保持静止 1 min，确认无裂纹、无泄漏。

表 6 拉伸负荷

单位为千牛

公称尺寸 DN	10	13	15	20	25	32	40	50
Ⅰ型	1.4	1.8	2.1	2.8	3.5	4.5	5.6	7.0
Ⅱ型	1.3	1.6	1.8	2.5	3.2	3.7	4.4	4.8

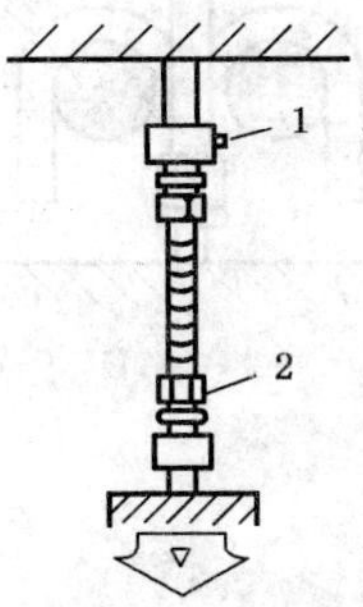

说明：
1——空气压；
2——管件。

图 1 拉伸试验

6.1.2 扁平性试验

将长度 100 mm 的原管夹在 2 块铁板之间，将其中 50 mm 压扁至外径的 1/2 后，目测确认原管表面无裂纹，无损伤。原管焊缝置于受力方向（压缩方向）成 90°的位置，见图 2。

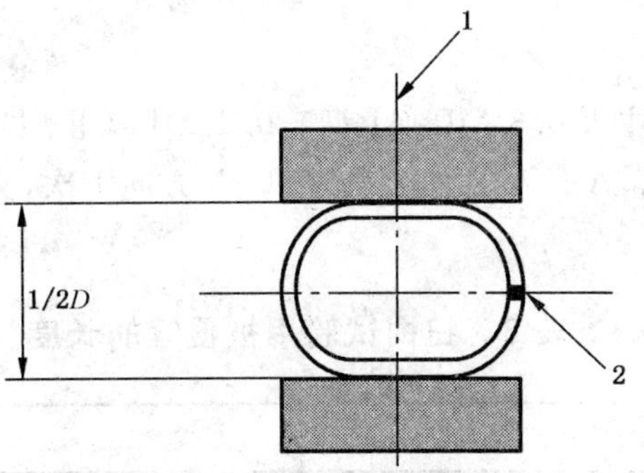

说明：
1——压缩方向；
2——焊接部位。
注：D 为原管外径。

图 2 扁平试验

6.1.3 耐冲击性试验

将原管注入 0.3 MPa(Ⅰ型)、0.1 MPa(Ⅱ型)的气压状态下，置于水泥地面上，在离地面 1 m 高度处，将 4 kg(Ⅰ型)或 2 kg(Ⅱ型)的钢球落到管中间，确认无裂纹，无泄漏。

6.1.4 弯曲性试验

将被覆管注入 0.3 MPa(Ⅰ型)、0.1 MPa(Ⅱ型)的气压状态下，固定管的一端，使用表 7 所示直径的圆筒，弯曲 180°。按图 3 所示，A-B-A 方向 1 次，A-C-A 方向 1 次，2 次弯曲看作 1 次循环，弯曲速率控制在 5 次循环/min，交替进行共 6 次循环(Ⅰ型)或 8 次循环(Ⅱ型)后，确认原管无裂纹，无泄漏，被覆层无裂纹。

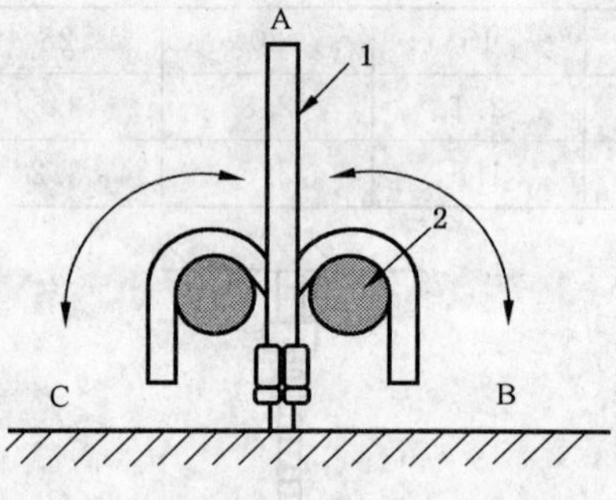

说明：

1——被覆管；

2——圆筒。

图 3 弯曲试验

表 7 公称尺寸与圆筒直径

公称尺寸 DN	10	13	15	20	25	32	40	50
圆筒直径/mm	40	45	50	60	80	100	120	150
圆筒直径≈公称尺寸×3								

6.1.5 扭曲性试验

将表 8 所示长度的被覆管注入 0.3 MPa(Ⅰ型)、0.1 MPa(Ⅱ型)的气压状态下，将管的一端固定，以管的轴线为中心，按图 4 所示，A-B-A 方向 1 次，A-C-A 方向 1 次，交替合计 6 次 90°扭曲，确认原管无裂纹，无泄漏，被覆层无裂纹。

表 8 扭曲试验用被覆管的长度

单位为毫米

公称尺寸 DN	长度 L
10	690
13	900
15	1 040
20	1 380

表 8（续）

单位为毫米

公称尺寸 DN	长度 *L*
25	1 730
32	2 210
40	2 760
50	3 450
注：Ⅰ型被覆管长度 $L \approx \text{DN} \times 69$	

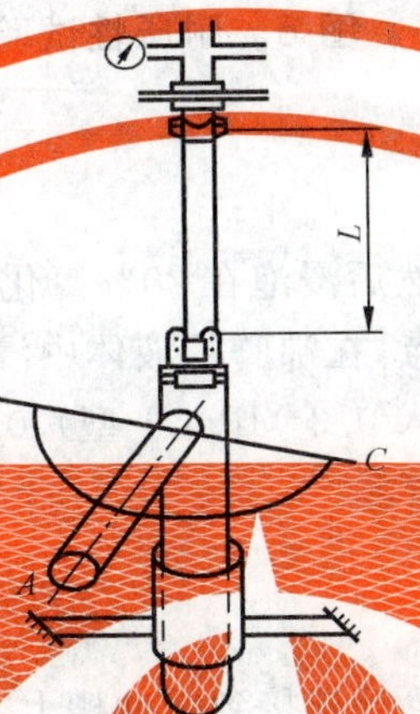

图 4　扭曲试验

6.1.6　气密性试验

在 2 m 原管的两端，分别和管件连接固定，将连接好的管件一端堵住，从另一端注入 0.3 MPa（Ⅰ型）、0.1 MPa（Ⅱ型）空气，保持 1 min，确认无泄漏。也可按图 5 规定放入水中检查。

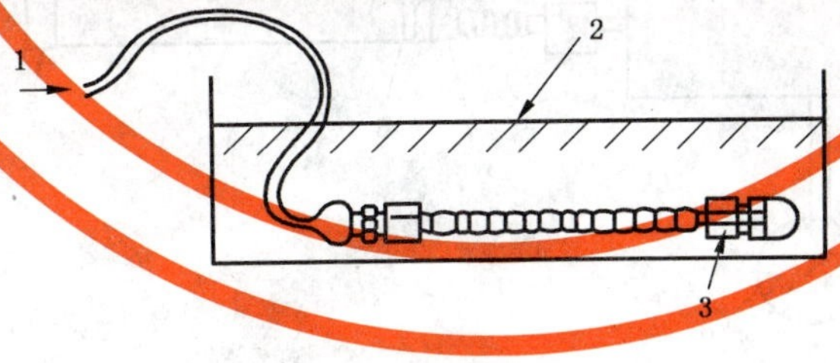

说明：

1——空气压；

2——水；

3——管件。

图 5　气密性试验

6.1.7　耐压性试验

按图 6 所示，在原管的两端，根据管件构造分别固定，堵住一端，从另一端缓慢注入 1.6 MPa（Ⅰ型）、0.8 MPa（Ⅱ型）水压，保持 1 min，目测确认无裂纹、无渗漏。

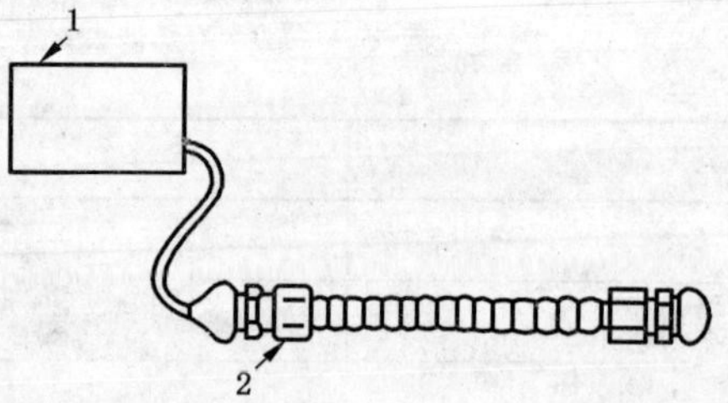

说明：

1——水压泵；

2——管件。

图6 耐压性试验

6.1.8 耐应力腐蚀性试验

将原管按表7所示直径弯曲180°，然后浸泡在20%氯化钠、1%亚硝酸钠和79%蒸馏水配制的溶液中，在大气压力下将溶液的温度升至沸点，在沸腾的液体中浸泡14 h后取出。

将取出的管反方向弯曲180°后，注入0.3 MPa(Ⅰ型)、0.1 MPa(Ⅱ型)气压的状态下，确认无裂纹，无泄漏。

6.1.9 被覆层通气性试验

如图7所示，将表9规定长度的被覆管连接到缓冲槽上，缓冲槽容积大于或等于10 L，将被覆管在缓冲槽一侧管的被覆剥离，用胶带等将被覆层与原管密封住，另外一端用端帽堵住，确认配管整体的气密保持在3 kPa以上，从被覆管的末端算起，在规定长度的位置(即切断位置)，将测试软管用剥离刀剥离约1 cm宽度的被覆层，当连接带泄漏检测功能的管件时，可不剥离被覆层。配管整体的内压在3 kPa时，测量1 min的压力下降量，确认其数值应在150 Pa以上为合格。

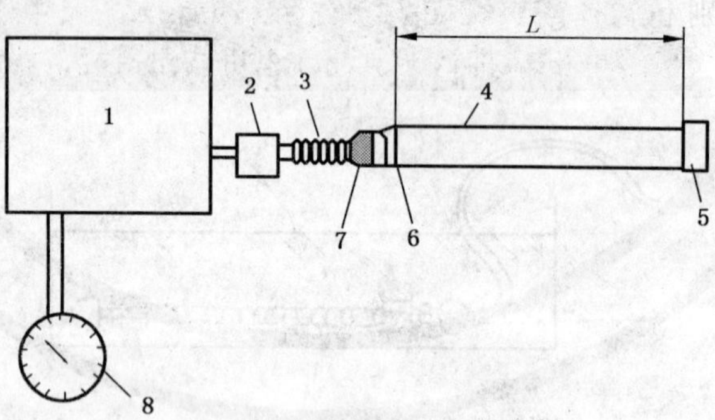

说明：

1——缓冲槽；

2——管件；

3——原管；

4——被覆管；

5——端帽；

6——切断位置；

7——缠绕胶布；

8——压力计。

注：被覆管长度 L 根据表9确定。

图7 被覆通气性试验

表 9　被覆通气性试验软管长度

单位为米

公称尺寸 DN	10	13	15	20	25	32	40	50
长度 L	5			10		15		

6.1.10　阻燃性试验

将被覆管的被覆面放置在离还原火焰(内锥)约 10 mm 的火焰中,5 s 后取出,确认火焰不能持续燃烧 5 s 以上。

使用加热用燃烧器的喷灯,其出火口径 10 mm,喷嘴口径 0.3 mm,使用燃气为液化石油气,完全燃烧,火焰的长度约为 40 mm。

6.1.11　漏点试验

使用电火花检漏仪,按下列要求进行试验,无漏点为合格:

a)　被覆层厚度 $\delta<1.8$ mm 时,检漏电压为 10 kV;

b)　被覆层厚度 $\delta\geqslant1.8$ mm 时,检漏电压为 25 kV。

6.1.12　冷热循环试验

使用表 7 所示直径的圆筒,将被覆管进行弯曲 180°的状态下,在气体温度 70 ℃的环境下保持2 h,其后,常温状态下放置 30 min,在－15 ℃(PVC)或－40 ℃(PE)状态下放置 2 h,再在常温状态下放置 30 min,使其不断变化,以上为 1 个周期循环。反复 5 个周期循环后,确认被覆层无裂纹,无剥落以及其他有害的缺陷。

6.2　管件

6.2.1　拉伸强度试验

同 6.1.1,软管和管件同时进行该试验。

6.2.2　耐冲击性试验

按图 8 所示,在原管的两端将管件按其结构紧固,注入 0.3 MPa(Ⅰ型)、0.1 MPa(Ⅱ型)气压后,施加 13.5 J 的冲击功确认管件无破损,无泄漏以及影响使用的变形。

单位为毫米

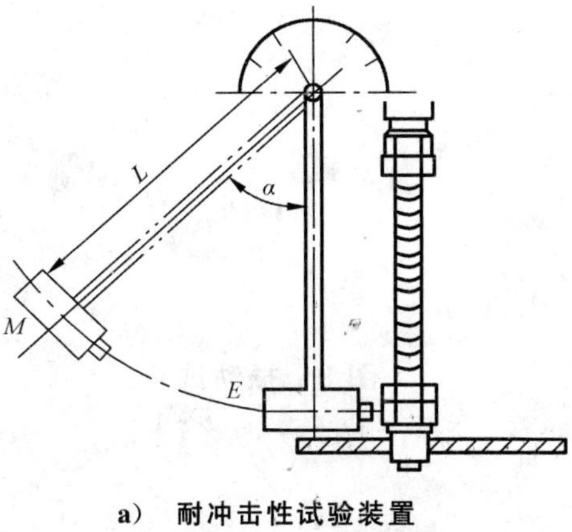

a)　耐冲击性试验装置

图 8　耐冲击性试验

单位为毫米

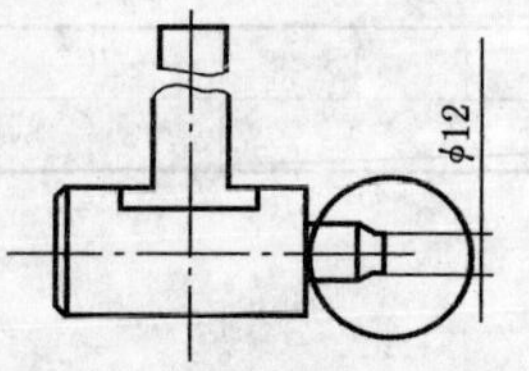

b）重锤形状及尺寸

注：冲击试验计算公式

$$E = MLg(1-\cos\alpha)$$

式中：

E ——冲击能，单位为焦耳(J)，1 J＝0.102 kgf·m；

M——重锤质量，单位为千克(kg)；

L ——重锤回转轴中心到重心的距离，单位为米(m)；

g ——重力加速度，单位为米每二次方秒(m/s^2)；

α ——重锤上扬角度。

图 8（续）

6.2.3 耐振动性试验

按图 9 所示，在长为 400 mm 的原管两端，分别和管件连接，将连接好的管件一端固定在振动台上，另一端固定在夹具上，然后注入 0.3 MPa（Ⅰ型）、0.1 MPa（Ⅱ型）空气，按振幅±4 mm，振动速率 10 Hz，振动 16 min 后，确认无泄漏。

单位为毫米

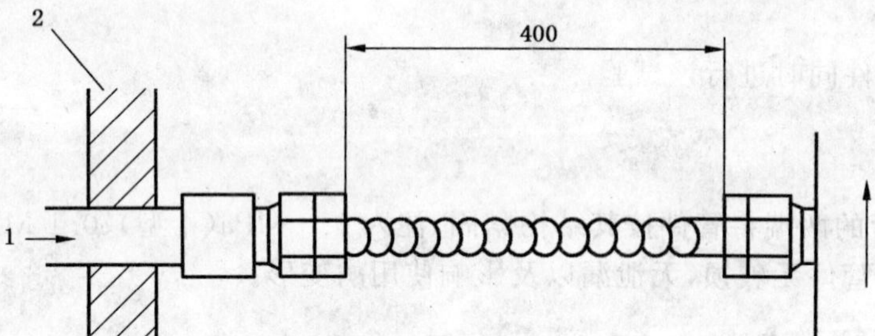

说明：

1——空气压；

2——固定件；

3——振幅。

注：振幅为±4 mm。

图 9 振动试验

6.2.4 气密性试验

同 6.1.6，软管和管件同时进行该试验。

6.2.5 **耐压性试验**

同6.1.7，软管和管件同时进行该试验。

6.2.6 **通气性试验**

同6.1.9，软管和管件同时进行该试验。

6.2.7 **耐应力腐蚀性试验**

将未电镀以及采用其他方式进行表面处理的管件，按其构造，在软管连接部分固定原管，堵住软管开口端，对管件的螺纹部分，按表10所示紧固力矩紧固截止阀，确认注入0.3 MPa（Ⅰ型）、0.1 MPa（Ⅱ型）气压状态下无泄漏后，在紧固状态下进行以下试验：

a) 铜管件

将测试组件悬挂放置在含有250 mL纯氨水（28%）和250 mL蒸馏水的密封容器内（容积为18 L）进行氨熏试验，测试组件不应与溶液接触，在氨气中放置2 h后，确认未产生裂纹；

b) 电镀及其他表面处理的管件

对实施了电镀及其他表面处理的管件，应进行盐水喷雾试验。采用GB/T 10125规定的盐雾试验设备、中性盐雾试验试剂和试验方法进行试验96 h，确认无生锈，无裂纹及其他有害的缺陷；

c) 不锈钢管件

采用6.1.8规定的溶液进行浸泡试验。

表10 管螺纹的紧固力矩

单位为牛米

公称尺寸DN	紧固力矩
10	45
13	55
15	60
20	90
25	150
32	180
40	225
50	300

6.2.8 **耐高温性试验**

按图10所示，在原管的两端，按管件构造形式连接，堵住其中的一端，在另一端注入0.2 MPa（Ⅰ型）、0.01 MPa（Ⅱ型）气压状态下，将管件放置加热到550 ℃的炉中60 min后，在炉内测定泄漏量应满足表5的要求（101.325 kPa、15 ℃、干气状态）。

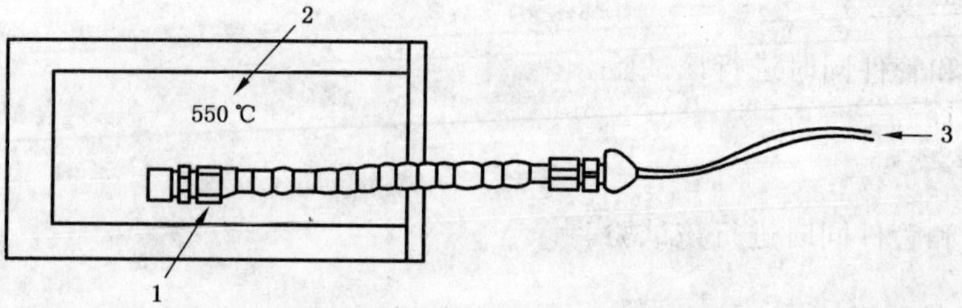

说明：

1——管件；

2——高温炉；

3——空气压。

图 10　耐高温试验

6.2.9　扭转强度试验

按标定管材螺纹管件内径每 1 mm 施加 4.6 N·m 的扭矩加以紧固，并通入空气，将压力保持在 0.3 MPa（Ⅰ型）、0.1 MPa（Ⅱ型），保持 1 min 无泄漏。

6.2.10　配管扭转试验

按图 11 所示，将长度 500 mm 的被覆管一端固定，防止其旋转，将另一端固定到管件上；按管件结构，并按图 11 所示，目测确认与被覆管连接时的软管旋转角度应满足表 5 要求。

单位为毫米

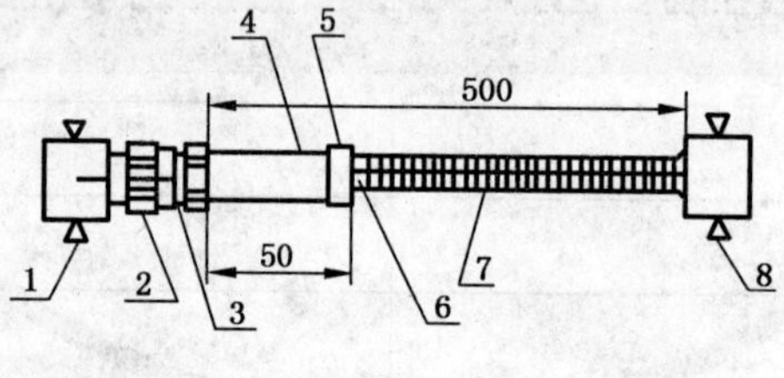

说明：

1——固定点；

2——管件；

3、6——标记；

4——被覆管；

5——起点；

7——原管；

8——固定工具。

a）　配管扭转试验装置

图 11　配管扭转试验

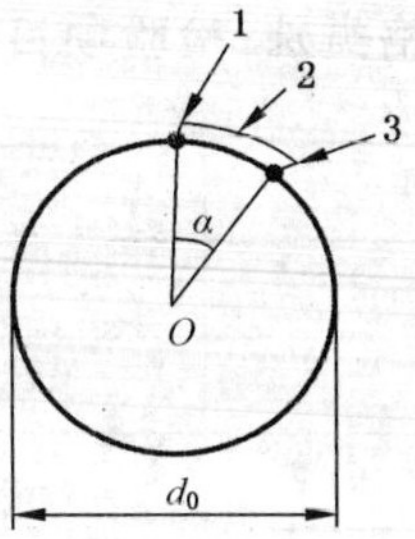

说明：

1——起始位置；

2——位移弧长；

3——移后标记。

注：α 为旋转角度，可按下式计算：

$$\alpha = \frac{360 \cdot l}{\pi \cdot d_0}$$

式中：

α ——旋转角度，单位为度(°)；

l ——位移弧长，单位为毫米(mm)；

d_0——原管外径，单位为毫米(mm)；

π ——圆周率，取 3.141 6。

b） 配管扭转角度

图 11（续）

6.2.11 耐燃气性试验

密封圈的耐燃气性能可按 GB/T 16411 规定的方法进行试验。

7 检验规则

7.1 检验分类

产品检验分出厂检验和型式检验。

7.2 出厂检验

7.2.1 逐件检验

逐件检验应在生产线上进行，其检验的项目应包括软管及管件的外观和气密性(气压检漏)。

7.2.2 抽样检验

7.2.2.1 抽样检验应逐批进行，检验批应由同种材料、同一工艺和同一班次生产、同一规格型号的产品组成。

7.2.2.2 抽样方案可按 GB/T 2828.1 的规定采用，采用一般检验水平Ⅱ，正常检查一次抽样方案。样本以测试需要的长度为单位。

检验样品可根据需要在生产线上随机截取，并配上相应的管件进行试验。抽样检验的不合格类别、检验项目、合格质量水平(AQL)按表 11 的规定采用。

表 11　出厂检验的不合格类别、检验项目和合格质量水平(AQL)

不合格类别	检验项目	条　款	AQL
A	气密性	表 4、表 5	0.4
	标志	8.1	
B	结构和尺寸	5.1.2	1.0
	外观	5.1.3	

7.2.3　连接性能检验

管材和管件应是同一生产厂家的产品。连接性能相同的检验项目可同时进行。

7.2.4　判定规则

按 7.2.2.2 规定的抽样方案判断是合格的,则该批产品检验合格;否则,判该批产品检验不合格。不合格批允许将不合格项目百分之百检验,将不合格品剔除或修理后按 7.2.2.2 再次提交检验一次。

7.3　型式检验

7.3.1　检验条件

有下列情况之一时,应进行型式检验:

a) 新产品或老产品转厂生产的试制定型鉴定;

b) 当正常生产的产品在设计、工艺、生产设备等方面有较大改变而可能影响产品的性能时;

c) 长期停产后恢复生产时;

d) 出厂检验结果与上次型式检验有较大差异时;

e) 正常生产时,每年至少进行 1 次;

f) 国家质量监督检验机构提出进行型式检验的要求时。

7.3.2　检验项目

型式检验包括本标准要求的全部项目。

7.3.3　样品数量

型式检验应从出厂检验合格的产品中随机抽取 3 件,在每一件中截取所需的样品配上相应的管件。

7.3.4　判定规则

型式检验的全部项目均符合标准规定时,判定该型式检验合格。任何不合格项目需改进后重新复检,直至所有项目合格,方可判定该型式检验合格。

7.4　单件检验判定

7.4.1　软管和管件检验的不合格类别、检验项目见表 12 和表 13。

表 12　软管检验的不合格类别、检验项目

不合格类别	检验项目	条　款
A	气密性	表 4
	标志	8.1、8.2
B	材料、结构和尺寸、外观	5.1.1、5.1.2、5.1.3
	拉伸强度	表 4
	扁平性	
	耐冲击性	
	弯曲性	
	扭曲性	
	耐压性	
	耐应力腐蚀性	
	被覆通气性	
	阻燃性	
	漏点	
	冷热周期	

表 13　管件检验的不合格类别、检验项目

不合格类别	检验项目	条　款
A	气密性	表 5
	标志	8.1
B	材料、结构和尺寸、外观	5.1.1、5.1.2、5.1.3
	拉伸强度	表 5
	耐冲击性	
	耐振动性	
	耐压性	
	通气性	
	耐应力腐蚀性	
	密封圈耐高温性	
	扭转强度	
	配管扭转	
	密封圈耐燃气性	

7.4.2　判定原则

单件样品经检验，有 1 个或 1 个以上 A 类不合格项目，或 2 个及 2 个以上 B 类不合格项目时，判定该样品不合格。

8 标志、包装、运输和贮存

8.1 标志

8.1.1 软管及管件应有明显清晰、不易涂改的注册商标和型号，软管应以 1 m 为单位的长度连续标记。被覆层应采用黄色或有黄色标线的标识。

8.1.2 产品单件包装应标明生产厂名、生产厂址、产品名称、生产日期、注册商标和标记，并附有合格证。

8.2 包装

每套产品应分别包装、并保证产品之间不直接发生碰撞。用全封闭纸箱或木箱作外包装；包装箱的标志应符合 GB/T 191 的规定。

8.3 运输

产品在运输中应防止雨淋、受潮和磕碰，搬运时应轻放。

8.4 贮存

产品应贮存在通风良好、干燥的室内，不应与酸、碱及有腐蚀性的物品共贮。

附 录 A
（资料性附录）
软管外形尺寸及管件连接螺纹

软管外形尺寸及管件连接螺纹可参照表 A.1 的规定采用。

表 A.1 软管外形尺寸及管件连接螺纹

单位为毫米

公称尺寸 DN	钢带厚度 δ		最小内径 d_i	最大外径 d_0	不同被覆层厚度时的最大外径 D_0			管件连接螺纹
	Ⅰ型管	Ⅱ型管			0.75	1.0	3.0	
10	0.25	0.20	9.5	16.0	18.0	18.5	22.5	$R(R_P、R_C)^{3/8}$ $R(R_P、R_C)^{1/2}$
13	0.25	0.20	12.5	17.0	19.0	19.5	23.5	$R(R_P、R_C)^{1/2}$
15	0.25	0.20	14.5	21.0	23.0	23.5	27.5	$R(R_P、R_C)^{1/2}$
20	0.25	0.20	19.5	26.0	28.0	28.5	32.5	$R(R_P、R_C)^{3/4}$
25	0.30	0.25	24.5	33.0	35.0	35.5	39.5	$R(R_P、R_C)^{1}$
32	0.30	0.25	31.0	41.0	43.0	43.5	47.5	$R(R_P、R_C)^{1\,1/4}$
40	0.30	0.30	39.0	50.0	52.0	52.5	56.5	$R(R_P、R_C)^{1\,1/2}$
50	0.30	0.30	49.0	60.0	62.0	62.5	66.5	$R(R_P、R_C)^{2}$

附 录 B
（资料性附录）
软管及管件加工工艺要求

B.1 软管

B.1.1 软管加工成型的工艺流程应是：钢带卷管成型→焊接→探伤检验→波纹成型→固溶处理→气密性检验→覆塑料被覆层→喷码打标。

B.1.2 管坯不应有环焊缝，纵焊缝不应超过1条。

B.1.3 管坯纵焊缝的焊接方法可采用自动氩弧焊、等离子焊、激光焊或电子束焊。

B.1.4 软管应进行固溶处理。

B.1.5 软管波纹外径和波距的极限偏差宜按 GB/T 1804-m 执行，内径宜按 GB/T 1804-c 执行。

B.2 管件

B.2.1 管件螺纹的基本尺寸及其公差应符合 GB/T 7306.1 和 GB/T 7306.2 的规定。

B.2.2 螺纹表面不应有凹痕、断牙等明显缺陷，表面粗糙度 Ra 不应大于 3.2 μm。

B.2.3 与橡胶密封件配合的零件表面粗糙度 Ra 不应大于 3.2 μm。

管件采用钢制配件时，应有良好的防腐蚀措施，并应有明显标注。

参 考 文 献

[1] 2006年日本燃气协会 燃气用不锈钢波纹管

[2] ANSI LC1—2005/CSA6.26—2005 Fuel Gas Piping Systems Using Corrugated Stainless Steel Tubing (CSST)

[3] BS 6891:2005+A2:2008 Installation of low pressure gas pipework of up to 35 mm (R1¼) in domestic premises (2nd family gas)—Specification

ICS 13.060
P 40

中华人民共和国国家标准

GB/T 26003—2010

无负压管网增压稳流给水设备

Non-negative pipe system pressure-increasing water supply equipment

2011-01-10 发布　　2011-10-01 实施

中华人民共和国国家质量监督检验检疫总局
中国国家标准化管理委员会　发布

前言

本标准按照 GB/T 1.1—2009 给出的规则起草。

本标准由中华人民共和国住房和城乡建设部提出。

本标准由国家住房和城乡建设部给水排水产品标准化技术委员会归口。

本标准负责起草单位：青岛三利集团有限公司。

本标准参加起草单位：中国建筑设计研究院、北京市自来水集团公司、合肥供水集团有限公司（给排水设计研究院）。

本标准主要起草人：崔继红、王学成、吕廷顺、夏伟光、赵世明、王耀文、王大钧。

无负压管网增压稳流给水设备

1 范围

本标准规定了无负压管网增压稳流给水设备的术语和定义、型号、环境和工作条件、材料、要求、试验方法、检验规则、标志、包装、运输和贮存。

本标准适用于生活和生产给水系统的无负压管网增压稳流给水设备(以下简称设备)的生产和检验。

2 规范性引用文件

下列文件对于本文件的应用是必不可少的。凡是注日期的引用文件,仅注日期的版本适用于本文件。凡是不注日期的引用文件,其最新版本(包括所有的修改单)适用于本文件。

GB 150 钢制压力容器

GB/T 191 包装储运图示标志

GB/T 2423.1—2008 电工电子产品环境试验 第2部分:试验方法 试验A:低温

GB/T 2423.2—2008 电工电子产品环境试验 第2部分:试验方法 试验B:高温

GB/T 2423.3—2006 电工电子产品环境试验 第2部分:试验方法 试验Cab:恒定湿热试验

GB/T 3047.1 高度进制为20 mm的面板、架和柜的基本尺寸系列

GB/T 3482 电子设备雷击试验方法

GB/T 3797—2005 电气控制设备

GB 4208 外壳防护等级(IP代码)

GB/T 5657 离心泵技术条件(Ⅲ类)

GB/T 7060 船用旋转电机基本技术要求

GB/T 8163 输送流体用无缝钢管

GB/T 9119 平面、突面板式平焊钢制管法兰

GB/T 9123.1 平面、突面钢制管法兰盖

GB 9969.1 工业产品使用说明书 总则

GB/T 12238 法兰和对夹连接弹性密封蝶阀

GB/T 13306 标牌

GB/T 17219 生活饮用水输配水设备及防护材料的安全性评价标准

GB 50236 现场设备、工业管道焊接工程施工及验收规范

GB 50242 建筑给水排水及采暖工程施工质量验收规范

CJ/T 160 双向回阀倒流防止器

CJ/T 208 可曲挠橡胶接头

JB/T 4712.1 容器支座 第1部分:鞍式支座

JB/T 4746 钢制压力容器用封头

JB/T 8098 泵的噪声测量与评价方法

JB/T 8937 对夹式止回阀

JG/T 3009 微机控制变频调速给水设备

YB/T 5092　焊接用不锈钢丝

3　术语和定义

下列术语和定义适用于本标准。

3.1

无负压管网增压稳流给水设备　non-negative pipe system pressure-increasing water supply equipment

直接联接到市政给水管网或其他有压管网上，采用稳流补偿和真空抑制技术全密闭供水，有效利用管网原有压力，对管网不产生负压且能稳定和调节流量的给水设备。

3.2

稳流补偿器　steady flow compensator

连接在市政给水管网或有压管网与水泵进水口之间，消除负压影响，实现稳定流量和调节流量的密闭装置。

3.3

真空抑制器　vacuum suppresser

安装在稳流补偿器上，通过信号检测系统、微机处理系统和数显系统自动完成真空的检测、处理、控制、执行、数显反馈等功能，抑制设备进水口产生负压的装置。

3.4

市政管网给水量　water supply of municipal network

市政给水管网在用水高峰期的最低给水压力时所通过的供水(或给水)流量。

3.5

压力控制误差　pressure control error

设备在一定工况正常运行时，管网实际压力与设定压力的偏差值。

3.6

稳流补偿器总容积　volume of steady flow compensator

根据稳流补偿器的结构尺寸所计算出来的总的容积。

3.7

稳流补偿器最大调节容积　largest adjustable volume of steady flow compensator

稳流补偿器能够将储备水补充到用户中的最大容积，也称稳流补偿器有效容积。

4　型号

4.1　型号

设备型号应由以下几部分组成：

WWG (□) □-□-□

- □（末位）——水泵台数(包括备用泵台数)；
- □（第三位）——设备扬程，m；
- □（第二位）——额定供水流量(不包含备用泵流量)，m^3/h；
- (□)——结构型式代号，分体式代号省略，整体式：Ⅱ；
- WWG——无负压管网增压稳流给水设备。

4.2 型号示例

示例 1：

无负压管网增压稳流给水设备，额定供水流量 30 m^3/h，设备扬程 80 m，配用 2 台水泵，整体式结构，其型号表示为：

WWG(Ⅱ)30-80-2。

示例 2：

无负压管网增压稳流给水设备，额定供水流量 80 m^3/h，设备扬程 50 m，配用 2 台水泵，分体式结构，其型号表示为：

WWG80-50-2。

5 环境和工作条件

设备在下列环境条件下应能连续可靠地工作：

a) 工作环境温度：5 ℃～40 ℃；

b) 空气相对湿度：＜90％(20 ℃)；

c) 振动：振动加速度最大不应超过 5 m/s^2，振动频率：10 Hz～150 Hz；

d) 设备倾斜角度：＜5°；

e) 电源：三相五线制，电压：(380±38)V，频率：(50±2)Hz；

f) 设备周围应无导电或爆炸性尘埃、无腐蚀金属或破坏绝缘的气体或蒸汽；

g) 海拔高度：≤1 000 m；

h) 有特殊工作环境和条件要求的可与设备制造厂商协调提出。

6 材料

6.1 设备的稳流补偿器、真空抑制器、倒流防止器、过滤器、管道、法兰以及阀门的阀芯等部件应采用不锈钢材质，其化学成分不应低于奥氏体不锈钢 06Cr19Ni10 的要求。

6.2 设备应保证对水质无二次污染、不改变输送水的水质，且应符合 GB/T 17219 的要求。

6.3 不锈钢设备所用螺栓、垫圈及螺母应与被紧固件材质相同。

7 要求

7.1 外观

7.1.1 设备表面应平整、匀称，外观不应有磕碰、划伤、局部变形等缺陷，喷塑和喷漆部位不应有脱落、剥离、起泡、流痕等缺陷。

7.1.2 设备的组成参见附录 A。

7.1.3 不锈钢设备表面应做镜面或亚光酸洗钝化处理。

7.2 性能要求

7.2.1 无负压功能

设备应具备无负压功能，即设备运行时不应对市政给水管网或有压管网产生负压影响。

7.2.2 全密闭、稳流补偿功能

设备为全密闭结构，输送的水不与大气相通，并且在全密闭的基础上，能保证短时用水量大于市政管网给水量时，稳流补偿器中的储备水能及时补充供到用户，起到稳定和调节流量的功能。

7.2.3 设备供水能力

额定状态下，所有工作泵投入正常运行后，实测的设备流量和扬程不应小于标定值的95%。

7.2.4 无水自动停机、有水自动开机保护功能

设备在水源无水时应能自动停机保护，同时语音报警；水源水压恢复后应能自动启动，即设备应具有无水自动停机、有水自动开机保护功能。

7.2.5 小流量保压功能

设备在用水低峰或夜间，当用水量低于设备额定供水流量的1%时应能自动切换为小流量停泵保压的工作状态，即设备应具有小流量保压功能。

注：设备额定供水流量在200 m^3/h 以上时，可不受此条款限制。

7.2.6 压力控制误差

自动恒压供水的设备应具有恒压功能，恒压供水时，压力控制误差不应超过±0.01 MPa。

7.2.7 水泵自动切换功能

设备配置两台及两台以上的水泵时，水泵应能自动切换运行，且切换设定的时间误差不应超过±30 s。

7.2.8 连续运行功能

设备在额定供水流量及扬程的条件下，连续运转不少于12 h后，各部件不应产生影响正常运行的故障，且水泵运转无杂音和其他异常现象。

7.2.9 设备启、停控制功能

设备应具备手动、自动和远程操作的启动、停止功能。

7.2.10 备用泵自动投入运行功能

设置备用泵的设备，工作泵出现故障时，备用泵应能自动投入运行。

7.2.11 远程监测、监控、监视功能

设备应能实现远程监测、监控功能。设有远程监视功能的设备应能在监控中心实现监视功能。

7.2.12 超压保护功能

设备应具有超压保护功能，应能保证设备在运行过程中出现超压时自动停止运行并报警，超压消除后能自动恢复正常运行。

7.2.13 设备的耐压强度

设备在承受设计压力的1.5倍且不低于0.6 MPa的压力下，应无渗漏、无变形或损坏。

7.2.14 噪声

设备正常运行时所产生的噪声，不应大于配套水泵机组的噪声。单泵噪声应符合 JB/T 8098 的要求。

7.3 稳流补偿器

7.3.1 稳流补偿器的设计压力不应低于直接串接的市政给水管网或有压管网的最大给水压力，其压力等级可分为下列三级：

a) 0.60 MPa；

b) 1.00 MPa；

c) 1.60 MPa。

7.3.2 稳流补偿器设计时应根据现场调查的市政管网给水量以及设备额定供水流量，对稳流补偿器容积进行以下计算和校核：

a) 市政管网给水量大于设备设计供水流量时，稳流补偿器大小可按 30 s～300 s 的设计流量确定，其规格、公称直径和长度宜符合表 1 的要求；

表 1 稳流补偿器常用规格的主要性能参数

序号	稳流补偿器规格型号/mm	主要结构尺寸/mm		总容积/m^3	最大调节容积/m^3
		公称直径	长度		
1	DN600×1 300	600	1 300	0.339	0.288
2	DN800×1 500	800	1 500	0.687	0.584
3	DN1 000×2 000	1 000	2 000	1.439	1.223
4	DN1 200×2 400	1 200	2 400	2.487	2.114
5	DN1 500×3 000	1 500	3 000	4.858	4.129
6	DN1 800×3 600	1 800	3 600	8.394	7.135
7	DN2 000×4 000	2 000	4 000	11.514	9.787
8	DN2 200×4 400	2 200	4 400	15.326	13.027
9	DN2 500×5 000	2 500	5 000	22.489	19.116
10	DN2 800×5 600	2 800	5 600	31.596	26.856
11	DN3 000×6 000	3 000	6 000	38.861	33.032

b) 市政管网给水量在短时（或瞬时）小于设备额定供水流量时，稳流补偿器应能起到调节流量差额的作用，稳流补偿器调节容积应满足供水调峰要求，具体计算方法参见附录 B。

7.3.3 稳流补偿器底部应设泄水装置，顶部应设置吊耳。

7.3.4 稳流补偿器应按照 GB 150 的规定进行设计和制造，筒体及封头厚度应按 GB 150 的规定进行计算，但公称厚度不得小于 4 mm，且封头尺寸应符合 JB/T 4746 的要求。

7.3.5 稳流补偿器的承压焊缝，应采用氩弧焊和自动电弧焊。焊丝应符合 YB/T 5092 的要求。焊接时采用惰性气体保护，焊缝高度不小于母材厚度。焊缝与母材应当圆滑过渡，表面不得有裂纹、未焊透、未熔合、咬边、表面气孔、弧坑、未填满和肉眼可见的夹渣等缺陷。承压对接焊缝应进行无损检测。

7.3.6 稳流补偿器支座应符合 JB/T 4712.1 的要求。

7.4 真空抑制器

7.4.1 真空抑制器按接口法兰尺寸分为DN150、DN200和DN300三种规格，并与稳流补偿器配套选用。选用时应符合表2的要求。

表2 真空抑制器规格选用

单位为毫米

稳流补偿器公称直径	DN≤600	800≤DN≤2 000	DN≥2 200
真空抑制器规格	DN150	DN200	DN300

7.4.2 真空抑制器应具有数显及预警功能，以及与控制柜间的信号传输功能。

7.5 控制柜

7.5.1 一般要求

7.5.1.1 控制柜的尺寸应符合GB/T 3047.1的要求。

7.5.1.2 控制柜表面应平整、匀称，所有焊接处应均匀牢固，不应有明显的歪斜、翘曲、变形或烧穿等缺陷，其外观应符合JG/T 3009的要求。

7.5.1.3 控制柜的表面涂层不应眩目反光，颜色应均匀一致、整洁美观，不应有脱漆、起泡、裂缝、皱纹和流痕等现象。

7.5.1.4 控制柜的柜体底部应具有与基础固定的安装孔。

7.5.1.5 控制柜的内部配件应装配合理、结构紧凑、维修方便。

7.5.1.6 电气、电子元件应符合各自相应标准的要求，应有产品质量合格证。

7.5.1.7 控制柜内各接线点应牢固，布线应符合设计图样及相应国家现行标准的要求。

7.5.1.8 控制柜内主电路母线与绝缘导线的颜色标记应符合表3的要求。

表3 导线颜色的选用

电路类型	相序	颜色标记
交流	A相	黄色
	B相	绿色
	C相	红色
	零线或中性线	淡蓝色
	安全用接地线	黄绿双色
直流	正极	棕色
	负极	蓝色
	接地中线	淡蓝色

7.5.1.9 控制柜的防护等级应符合GB 4208的要求，且不应低于IP30。

7.5.2 显示及功能

7.5.2.1 面板显示

控制柜面板应包括以下功能显示：

a) 电源、电流、电压显示，水泵启、停状况显示；

b) 设定压力、实际压力、水泵频率显示；

c) 故障声、光报警显示；

d) 按钮、开关及仪表等的功能标志应齐全。

7.5.2.2 功能

设备控制柜应具有以下基本功能：

a) 全自动运行功能

在微机控制器的控制下，既可以实现恒压供水或变量变压供水，又可以控制真空抑制器、稳流补偿器来抑制设备进水口负压的形成，实现无负压供水；

b) 相序保护功能

当电源出现相序错误时，相序保护器应动作，控制柜发出声光报警，同时切断控制回路电源；

c) 自动保护功能

具有电源过压、欠压、过流、过载、缺相、短路、过热等故障报警及自动保护功能。对可恢复的故障应能自动或手动消除，恢复正常运行；

d) 远程报警功能

具有远程报警功能，即当出现故障时，控制柜应能自动向监控中心报警。

7.5.3 设备电气性能

7.5.3.1 电气间隙与爬电距离

控制柜带电电路之间以及带电零部件或接地零部件之间的电气间隙和爬电距离应符合 GB/T 3797—2005中 4.7 的要求。

7.5.3.2 绝缘电阻与介电强度

设备的绝缘电阻及介电强度应符合以下要求：

a) 设备中带电回路之间以及带电回路与大地之间（在该回路不直接接地时）的绝缘电阻应符合 GB/T 3797—2005 中 4.8.1 的要求，绝缘电阻按标称电压不低于 1 000 Ω/V；

b) 设备的介电性能应符合 GB/T 3797—2005 中 4.8.2 和 4.8.3 的要求。

7.5.3.3 安全接地

控制柜的金属构件应有可靠的接地保护。与接地点相连接的保护导线的截面，应符合 GB/T 3797—2005中 4.10.6 表 5 的要求。与接地点连接的导线应是黄绿双色线。不能明显表明的接地点，应在其附近标注明显的接地符号。

主接地点与设备任何有关的、因绝缘损坏可能带电的金属部件之间的电阻不应超过 0.1 Ω。连接接地线的螺钉和接地点不能作其他用途。

7.5.3.4 防雷

控制柜应有可靠的防雷击措施，并应符合 GB/T 3482 的要求。

7.5.3.5 设备的抗干扰能力

设备应具有较强的抗干扰能力。在距离控制柜 1 m 处，启动容量大于 150 A 的电焊机，设备应能稳定正常工作，不应出现压力震荡或停机保护现象。

7.5.3.6 低温试验

控制柜应能承受温度 5 ℃±3 ℃,持续 2 h 的低温试验,试验后设备应能正常工作。

7.5.3.7 高温试验

控制柜应能承受温度 40 ℃±2 ℃,持续 2 h 的高温试验,试验后设备应能正常工作。

7.5.3.8 恒定湿热试验

控制柜应能承受温度 40 ℃±2 ℃,相对湿度 90%～95%,持续 48 h 的恒定湿热试验,试验后设备应能正常工作。

7.5.3.9 振动试验

设备进行振动试验后,结构和零部件均应完好无损,设备性能正常。

7.6 水泵机组

7.6.1 设备配置的水泵应为符合国家现行标准的产品,且有产品合格证。

7.6.2 设备配置的水泵应选用低噪声、高效率的不锈钢离心泵。

7.6.3 设备应设置互为备用泵,并能自动交替切换。备用泵应与最大一台工作泵相同。

7.6.4 选择水泵扬程时,应充分考虑利用管网原有的压力,但也应了解管网的压力波动情况,以最低压力来校核设备的供水扬程是否满足需要,同时以最高压力来校核系统的承压等级。

7.6.5 水泵的其他性能应符合 GB/T 5657 的要求,与水泵配套的电机性能应符合 GB/T 7060 的要求。

7.7 管路、阀门及仪表

7.7.1 设备的管道系统(以下称为管道)除应按制造厂商的技术文件执行外,还应符合本标准和 GB 50236及 GB 50242 的要求。

7.7.2 设备及其管道的布置应做到结构合理、检修方便、便于操作和观测,对于大于等于 DN50 的管道壁厚不应小于 3 mm,且应符合 GB/T 8163 的要求;管道、管件和法兰应采用氩弧焊或自动电弧焊,熔深不小于管道或管件的壁厚。

7.7.3 管道与设备、阀门的连接应采用法兰连接,各连接法兰及法兰盖不应低于管道的设计压力,且应符合 GB/T 9119 和 GB/T 9123.1 的要求。

7.7.4 每台水泵配置的进水管和出水管的管径应分别比水泵进水口和出水口至少大一级,且水泵的进水管与水泵进水口之间应采用偏心变径连接,水泵的出水管与水泵出水口之间应采用同心变径连接。

7.7.5 设备选配的各类阀门应符合有关标准。阀门公称压力不应低于管道的设计压力,且各阀门动作应灵活可靠。蝶阀应符合 GB/T 12238 的要求。对夹式止回阀应符合 JB/T 8937 的要求。可曲挠橡胶接头应符合 CJ/T 208 的要求。其他类型的阀门应符合相应标准的要求。

7.7.6 设备进水口前应设置过滤器。滤网的网孔尺寸应按使用要求确定,一般为 0.5 mm～2 mm,且过滤网的过滤总面积不应小于进水口截面积的 1.5 倍。

7.7.7 当设置倒流防止器时,倒流防止器应安装在稳流补偿器进水口和过滤器之间。倒流防止器应符合 CJ/T 160 的要求。

7.7.8 设备进水口应设有负压表。稳流补偿器及设备出水口应设压力传感器。设备还应设管网超压保护装置。设备配套负压表和压力传感器的精度应达到 1.5 级以上。进水侧负压表和压力传感器量程应为最高进水压力的(1.5～2)倍。出水侧压力传感器量程应为设备出水压力的(1.5～2)倍,且应有产品合格证。

8 试验方法

8.1 材料检验

对设备所用的各种不锈钢材料取样进行化学成分分析，其结果应符合 6.1 和 6.3 的要求。

8.2 卫生指标检验

在设备的进水口和出水口分别取水样进行水质检验，其结果应符合 6.2 的要求。

8.3 外观检验

在正常自然光线下，目测设备外观，其结果应符合 7.1 的要求。

8.4 性能要求检验

试验装置参见附录 C 中图 C.1，设备试验所用仪表参见附录 C 中表 C.1。

8.4.1 无负压功能试验

设备运行正常后，逐渐关小进水口阀门，在进水量小于出水量时，观察设备进水口处负压表的指示情况，其结果应符合 7.2.1 的要求。

8.4.2 全密闭、稳流补偿功能试验

在 8.4.1 无负压功能试验基础上，继续进行全密闭、稳流补偿功能试验：

a) 全密闭功能试验

用肉眼查看、手试等方法，在设备储水和向用户补水的不同运行状态下，检查设备各部件及连接处的进出气情况，其结果应符合 7.2.2 的全密闭稳流的要求；

b) 稳流补偿功能试验

设备运行正常后，同时记录进水口流量计和出水口流量计的累积流量的起始数据。然后逐渐关小进水口阀门，用进水口流量计和出水口流量计在线测量设备进水口和出水口的瞬时流量值。使进水口流量小于出水口流量，设备应能正常工作，直至稳流补偿器中无水，设备停机。记录进水口流量计及出水口流量计的累积读数，计算出设备的进水量和出水量，将出水量减去进水量，此差为正数，即为合格。

8.4.3 设备供水能力试验

同时启动所有工作泵，使水泵处于额定转速运行，通过改变出水口阀门的开度来调节水泵工作在额定工况点，记录压力传感器读数和出水口流量计瞬时流量读数，并分析其结果应符合 7.2.3 的要求。

8.4.4 无水自动停机、有水自动开机保护功能试验

设备在正常运行的工况下，关闭设备进水口阀门，观察设备的运行情况，其结果应符合 7.2.4 的无水自动停机的要求；设备停止运行后，再打开设备进水口阀门，观察设备的运行情况，其结果应符合 7.2.4的有水自动开机的要求。

8.4.5 小流量保压功能试验

在设备正常运行状态下，逐渐关闭设备出水口阀门，减小设备出水流量至设备额定供水流量的 1% 的状态，观察设备的停泵保压情况，其结果应符合 7.2.5 的要求。

8.4.6 压力控制误差试验

分别调整三次设备出水口阀门的开启度，每次调整后使设备处于稳定的运行状态，记录设备出水口处的压力传感器的实测压力，取三次实际测量压力的平均值，计算此平均值与设定压力的差值，其结果应符合 7.2.6 的要求。

8.4.7 水泵自动切换功能试验

使设备处于自动工作状态，修改定时单元，试验时间可在 2 min 到 8 h 之间任意设定，然后观察并记录设备运行的切换情况，其结果应符合 7.2.7 的要求。

8.4.8 连续运行功能试验

使设备处于正常运行状态，调节设备出水口阀门，使设备出水口流量为额定供水流量，连续运行不少于 12 h 后，检查设备各部件情况，其结果应符合 7.2.8 的要求。

8.4.9 设备启、停控制功能试验

使设备分别处于手动、自动、远程状态，启动和停止任何一台水泵，检查水泵的启动、停止情况，其结果应符合 7.2.9 的要求。

8.4.10 备用泵自动投入运行功能试验

使设备处于自动运行状态，人为制造一台水泵故障，检查备用水泵的投入运行情况，其结果应符合 7.2.10 的要求。

8.4.11 远程监测、监控、监视功能试验

在异地监控室接通设备，分别检测设备的监测、监控的通讯情况，对具有监视功能的设备检测其监视功能的通讯情况，其结果应符合 7.2.11 的要求。

8.4.12 超压保护功能试验

设备自动运行时，人为调整设备出水口压力使其超过设定压力的 1.2 倍以上，观察设备的运行、停机保护及报警情况，其结果应符合 7.2.12 的要求。

8.4.13 设备的耐压强度试验

对设备的进出水侧分别进行耐压强度试验：

a) 设备进水侧承受自来水压力的耐压强度试验：将设备的出水口阀门关闭，提高自来水模拟水泵的压力或外接试压机使之达到设计压力的 1.5 倍且不低于 0.6 MPa，保持 30 min，检查设备进水口至水泵进水口之间的承压能力，其结果应符合 7.2.13 的要求；
b) 设备承受出水口压力的耐压强度试验：启动设备配套水泵或外接试压机，使设备出水口压力达到设计压力的 1.5 倍且不低于 0.6 MPa，保持 30 min，检查水泵出水口至设备出水口之间的承压能力，其结果应符合 7.2.13 的要求。

8.4.14 噪声检验

设备正常运行时，对其噪声进行测试，其测试结果应符合 7.2.14 的要求。

8.5 稳流补偿器检验

对照设计图样，检查稳流补偿器的设计压力及结构尺寸等应符合 7.3.1、7.3.2、7.3.4 的要求。

用目测检查稳流补偿器的外观应符合7.3.3、7.3.5、7.3.6的要求。

8.6 真空抑制器检验

对照设计图样，用目测及量具测量等方法，检查真空抑制器的配套规格应符合7.4.1的要求。

连接真空抑制器与控制柜线路，试验真空抑制器与控制柜的信号传输情况，其结果应符合7.4.2的要求。

8.7 控制柜检验

8.7.1 外观、布线、防护等级检验

8.7.1.1 对照标准和元器件的技术文件进行目测和量具测量，检查控制柜尺寸、所选用元器件、导线颜色、控制柜的表面质量、结构等，应符合7.5.1.1～7.5.1.8的要求。

8.7.1.2 按照GB 4208规定的方法进行防护等级检验，其结果应符合7.5.1.9的要求。

8.7.2 显示及功能检验

8.7.2.1 面板显示检验

对照设计文件检查控制柜面板的各种功能显示，其结果应符合7.5.2.1的要求。

8.7.2.2 功能检验

使设备处于自动运行状态，对控制柜功能进行检验：

a) 全自动运行功能检验

设备正常运行时，人为改变用水情况，观察设备的工作情况，其结果应符合7.5.2.2 a)的要求；

b) 相序保护功能检验

设备正常运行时，人为改变电源相序，观察设备的工作情况，其结果应符合7.5.2.2 b)的要求；

c) 自动保护功能检验

电源过压、欠压保护检验：设备正常运行时，用调压器调整设备的输入电压，使输入电压超过或低于额定电压的10%时，观察设备停机保护及报警情况，其结果应符合7.5.2.2 c)的要求；

缺相保护检验：设备正常运行时，将控制柜的三相电源中任选一相切断，观察设备的停机保护及报警情况，其结果应符合7.5.2.2 c)的要求；

过流保护检验：设备正常运行时，将出水口阀门完全打开，人为造成水泵过载，当电机电流超过电机额定电流的1.1倍时，观察设备的运行情况及停机保护情况，其结果应符合7.5.2.2 c)的要求；

d) 远程报警功能检验

人为制造控制柜故障报警，观察监控中心的报警情况，其结果应符合7.5.2.2 d)的要求。

8.7.3 设备电气性能检验

8.7.3.1 电气间隙与爬电距离检验

使用通用量具测量电气间隙与爬电距离，其结果应符合7.5.3.1的要求。

8.7.3.2 绝缘电阻与介电强度检验

采用兆欧表和耐压测试仪，对设备的绝缘电阻及介电强度进行检验：

a) 绝缘电阻按 GB/T 3797—2005 中 5.2.4 的规定进行检验，其结果应符合 7.5.3.2 a)的要求；

b) 介电强度按 GB/T 3797—2005 中 5.2.5 的规定进行检验，其结果应符合 7.5.3.2 b)的要求。

8.7.3.3 安全接地检验

检查金属构件上是否有接地点，检查接地点的连接导线颜色及接地标记，并用通用量具测量接地导线的截面积及主接地点与相关金属部件之间的电阻值，其结果应符合 7.5.3.3 的要求。

8.7.3.4 防雷检验

对照设计文件检验是否设有可靠的防雷措施，其结果应符合 7.5.3.4 的要求。

8.7.3.5 设备的抗干扰能力检验

设备处于正常运行状态时，试验其抗干扰能力，其结果应符合 7.5.3.5 的要求。

8.7.3.6 低温试验

按照 GB/T 2423.1—2008 规定的方法进行试验，其结果应符合 7.5.3.6 的要求。

8.7.3.7 高温试验

按照 GB/T 2423.2—2008 规定的方法进行试验，其结果应符合 7.5.3.7 的要求。

8.7.3.8 恒定湿热试验

按照 GB/T 2423.3—2006 规定的方法进行试验，其结果应符合 7.5.3.8 的要求。

8.7.3.9 振动试验

按 GB/T 3797—2005 中 5.2.13 规定的方法进行试验，其结果应符合 7.5.3.9 的要求。

8.8 水泵机组检验

检查水泵合格证、相关质量文件或检验报告，应符合 7.6.1 的要求。

检查水泵机组的选用、设置及性能，其结果应符合 7.6.2～7.6.5 的要求。

8.9 管路、阀门及仪表检验

8.9.1 对照设计文件，检查管道、管件、阀门及其他配件的公称压力，用量具测量阀门的尺寸，其结果应符合 7.7.1、7.7.4 和 7.7.5 的要求。

8.9.2 测量管道的壁厚，并检查管件的焊缝及表面处理，其结果应符合 7.7.2 的要求。

8.9.3 用通用量具测量法兰和法兰盖的厚度等尺寸，其结果应符合 7.7.3 的要求。

8.9.4 用通用量具测量过滤器网孔尺寸，并计算过滤网的过滤总面积，其结果应符合 7.7.6 的要求。

8.9.5 对照设计文件，检查倒流防止器规格、设计压力、配置及安装方式等，其结果应符合 7.7.7 的要求。

8.9.6 对照设计文件，检查设备配套的仪表及其精度等级、量程等，其结果应符合 7.7.8 的要求。

9 检验规则

9.1 检验分类

设备检验分型式检验和出厂检验两种。

9.2 型式检验

9.2.1 设备具有下列情况之一者，应进行型式检验：

a) 新产品或老产品转厂生产的试制、定型鉴定时；

b) 正常生产的产品，在设计、工艺、材料、部件等有较大改变，会影响到产品性能时；

c) 停产半年以上的产品，恢复生产时；

d) 正常生产时，每两年应进行一次型式检验；

e) 出厂检验的结果与上次型式检验有较大差异时；

f) 国家质量监督机构提出型式检验的要求时。

9.2.2 型式检验为设备全项目检验，应符合表4的要求。

9.2.3 型式检验应从出厂检验合格的产品中任选一台按规定逐项检验。产品在型式检验中，当有一项不合格或出现偶发性故障，应加倍抽样试验不合格项目；当加倍抽样试验全部合格，则判定型式检验合格。当两台样机经检验仍出现不合格项目或偶发性故障，则判定该批产品不合格。

9.3 出厂检验

9.3.1 设备出厂前，应经质量检验部门检验合格，填写产品合格证后，方可出厂。

9.3.2 出厂检验的项目应符合表4的要求。

表4 型式检验、出厂检验项目

检验项目	型式检验	出厂检验	应符合本标准章、条的要求
材料检验	√	—	6.1、6.3
卫生指标检验	√	—	6.2
外观检验	√	√	7.1
无负压功能试验	√	√	7.2.1
全密闭试验	√	√	7.2.2
稳流补偿功能试验	√	—	7.2.2
设备供水能力试验	√	—	7.2.3
无水自动停机、有水自动开机保护功能试验	√	√	7.2.4
小流量保压功能试验	√	√	7.2.5
压力控制误差试验	√	√	7.2.6
水泵自动切换功能试验	√	√	7.2.7
连续运行功能试验	√	—	7.2.8
设备启、停控制功能试验	√	√	7.2.9
备用泵自动投入运行功能试验	√	√	7.2.10
远程监测、监控、监视功能试验	√	—	7.2.11
超压保护功能试验	√	—	7.2.12
设备的耐压强度试验	√	√	7.2.13
噪声检验	√	√	7.2.14
稳流补偿器检验	√	√	7.3

表 4（续）

检验项目	型式检验	出厂检验	应符合本标准章、条的要求
真空抑制器检验	√	√	7.4
控制柜外观、布件、防护等级检验	√	√	7.5.1
面板显示检验	√	√	7.5.2.1
全自动运行功能检验	√	√	7.5.2.2 a)
相序保护功能检验	√	√	7.5.2.2 b)
自动保护功能检验	√	√	7.5.2.2 c)
远程报警功能检验	√	√	7.5.2.2 d)
电气间隙与爬电距离检验	√	√	7.5.3.1
绝缘电阻与介电强度检验	√	—	7.5.3.2
安全接地检验	√	√	7.5.3.3
防雷检验	√	—	7.5.3.4
设备的抗干扰能力检验	√	—	7.5.3.5
低温试验	√	—	7.5.3.6
高温试验	√	—	7.5.3.7
恒定湿热试验	√	—	7.5.3.8
振动试验	√	—	7.5.3.9
水泵机组检验	√	√	7.6
管路、阀门及仪表检验	√	√	7.7
注：表中“√”号是型式检验或出厂检验应进行的检验项目。			

9.3.3 设备应逐台按表4规定项目进行出厂检验。在出厂检验中若出现不合格项目，允许返修复检，复检仍不合格，则判定为不合格。

10 标志、包装、运输和贮存

10.1 标志

10.1.1 设备标牌应设置在明显部位，标牌尺寸及技术要求应符合 GB/T 13306 的要求。标牌应包括下列内容：

a) 设备名称、型号；

b) 额定供水流量、设备扬程、设备功率；

c) 设备电源电压、额定频率、额定电流；

d) 设备编号、出厂日期；

e) 制造厂商名称、商标；

f) 产品标准号。

10.1.2 设备的包装箱应有下列标识：

a) 设备名称、型号；

b) 用户名称；

c) 制造厂商名称、地址；

d) 生产日期；

e) 收发货地址；

f) 防雨、防振、向上等标志。

10.2 包装

10.2.1 水泵、控制柜、真空抑制器采用的包装箱，应具有防雨、防振等措施；管件、阀门等应防护、捆绑后放入木箱包装，并应有防止杂质进入的措施。包装储运图示标志应符合 GB/T 191 的要求。

10.2.2 设备包装箱内应附带下列随机文件，并应封存在防水的文件袋内：

a) 产品合格证；

b) 产品使用说明书，使用说明书应符合 GB 9969.1 的要求；

c) 产品验收单、保修卡；

d) 装箱清单；

e) 产品设计图样(泵房平面布置图、泵房基础及穿线图)。

10.3 运输

产品在运输过程中，不应有剧烈振动、撞击和倒放。产品在装卸车及运输过程中不应倒置或横放，并注意轻装轻卸。

10.4 贮存

产品应存放在干燥、通风良好且无腐蚀性介质和远离磁场的场合。当露天存放时，应有防雨、防晒、防潮等措施。

附 录 A
（资料性附录）
设备的组成

A.1 设备的组成如图 A.1 所示。

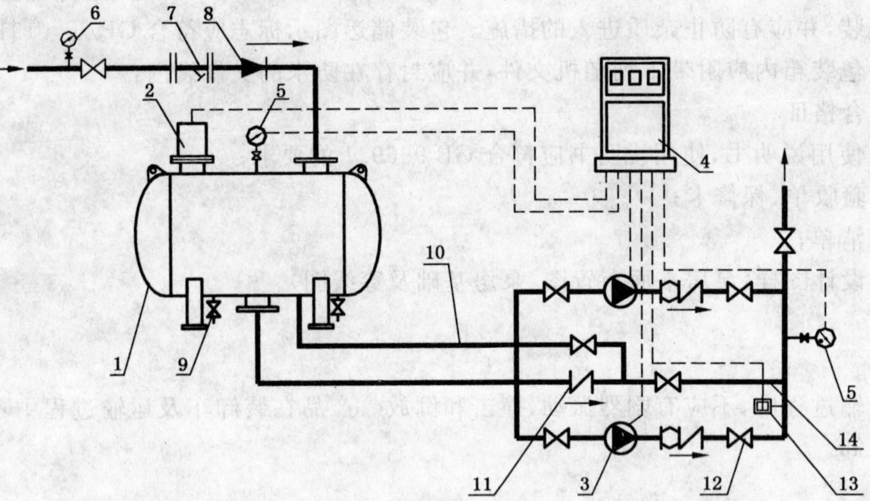

1——稳流补偿器；
2——真空抑制器；
3——水泵；
4——控制柜；
5——压力传感器；
6——负压表；
7——过滤器；
8——倒流防止器(可选)；
9——清洗排污阀；
10——小流量保压管；
11——止回阀；
12——阀门；
13——超压保护装置；
14——旁通管 。

图 A.1 设备的组成

附 录 B
（资料性附录）
稳流补偿器容积计算方法

B.1 概述

当市政管网给水量在短时（或瞬时）小于设备设计流量时，稳流补偿器的调节容积应能满足供水调峰要求，其大小应按其进水量和出水量的变化曲线经计算确定，资料不足时，可参照本附录的计算方法来确定。

B.2 稳流补偿器调节容积（V_t）的确定

稳流补偿器调节容积（V_t），应按式（B.1）计算：

$$V_t = (Q_q - Q_0) \times \Delta T \qquad \text{(B.1)}$$

式中：

V_t —— 稳流补偿器调节容积，单位为立方米（m^3）；

Q_q —— 设计流量，单位为立方米每小时（m^3/h）；

Q_0 —— 市政管网给水量，单位为立方米每小时（m^3/h）；

ΔT —— 用水高峰时持续时间，单位为小时（h），其大小与用水设计规模、当地用水习惯、用户性质和季节等因素有关，一般取 ΔT=0.05 h～0.5 h，特殊情况不大于 0.75 h。

B.3 稳流补偿器总容积（V_0）的确定

稳流补偿器总容积（V_0）应按式（B.2）计算：

$$V_0 = \frac{V_t}{\beta} \qquad \text{(B.2)}$$

式中：

V_0 —— 稳流补偿器总容积，单位为立方米（m^3）；

β —— 稳流补偿器可利用容积系数，一般应取 0.75～0.85。

附 录 C
（资料性附录）
设备试验用仪表及试验装置

C.1 设备试验用仪表参见表 C.1。

表 C.1 设备试验用仪表

序号	名称	规格或型号	精度	单位	数量	备注
1	负压表	−0.09 MPa～1.0 MPa	1.5 级	只	1	
2	远传压力表	YTZ-150	1.5 级	只	3	或压力传感器
3	流量计		2.5 级	只	2	量程合适
4	电压表		2.5 级	只	1	
5	电流表		2.5 级	只	1	
6	兆欧表			只	1	500 V
7	数字式噪声计	TES -1350	0.1 dB(A)	只	1	量程 35 dB(A)至 130 dB(A)
8	余氯比色色列			套	1	
9	比色管			只	10	
10	离子测定仪			套	1	
11	耐压测试仪			台	1	

C.2 设备试验装置如图 C.1 所示。

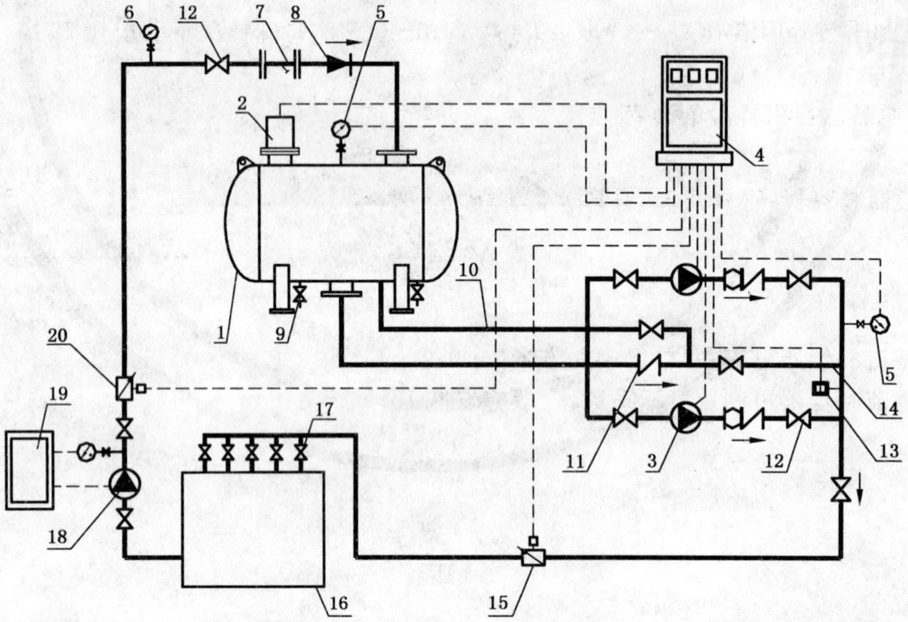

1——稳流补偿器；
2——真空抑制器；
3——水泵；
4——控制柜；
5——压力传感器；
6——负压表；
7——过滤器；
8——倒流防止器(可选)；
9——清洗排污阀；
10——小流量保压管；
11——止回阀；
12——阀门；
13——超压保护装置；
14——旁通管；
15——出水口流量计；
16——循环试验水箱；
17——模拟用户水龙头；
18——来水模拟泵；
19——来水模拟电控柜；
20——进水口流量计。

图 C.1 设备试验装置

ICS 77.120.99
H 68

中华人民共和国国家标准

GB/T 26004—2010

表面喷涂用特种导电涂料

Special conductive coatings on surface spraying

2011-01-10 发布　　2011-10-01 实施

中华人民共和国国家质量监督检验检疫总局
中国国家标准化管理委员会　发布

前　言

本标准由全国有色金属标准化技术委员会(SAC/TC 243)归口。

本标准由昆明贵金属研究所、贵研铂业股份有限公司负责起草。

本标准起草人:谢明、杨有才、张健康、黎玉盛、朱武勋、张春荣。

表面喷涂用特种导电涂料

1 范围

本标准规定了表面喷涂用特种导电涂料的要求、试验方法、检验规则和标志、包装、运输、贮存及质量证明书与合同(或订货单)内容。

本标准适用于通讯、计算机、电子、电气、航空、航海、军工等行业用导电胶、电磁屏蔽材料、电子加热元件、电极材料、印刷电路板材料、微动涂层开关等用的表面喷涂特种导电涂料。

2 规范性引用文件

下列文件对于本文件的应用是必不可少的。凡是注日期的引用文件，仅注日期的版本适用于本文件。凡是不注日期的引用文件，其最新版本(包括所有的修改单)适用于本文件。

GB/T 15072(所有部分) 贵金属合金化学分析方法

GB/T 17473.1 微电子技术用贵金属浆料测定方法 固体含量测定

GB/T 17473.2 微电子技术用贵金属浆料测定方法 细度测定

GJB 950(所有部分) 贵金属及其合金微量元素分析方法

3 定义

下列定义适用于本标准。

表面喷涂用特种导电涂料 special conductive coatings on surface spraying

由高导电金属粉末(如：Ag、Ag/Cu、Ag/Ni、Cu、Ni)和聚氨酯类、环氧树脂类、丙烯酸树脂类、酚醛树脂类等五类物质组成的满足表面喷涂的浆状物质。

4 要求

4.1 产品分类

4.1.1 产品按主成分不同分为：银导电涂料、银铜导电涂料、银镍导电涂料、铜导电涂料、镍导电涂料。

4.1.2 产品的牌号表示方法由以下5部分组成：

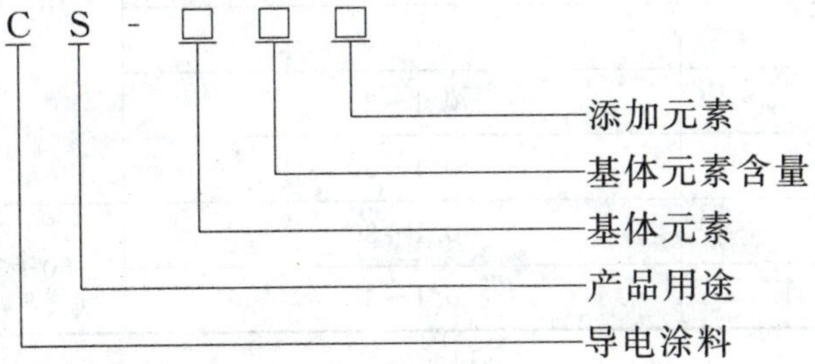

a) 用大写的英文字母C表示导电涂料；

b) 用大写的英文字母S表示表面喷涂。

示例1：CS-Ag90Cu 表示含90%银，添加元素为铜的表面喷涂用特种银铜导电涂料；

示例 2:CS-Ag99.99　表示银纯度为 99.99%的表面喷涂用特种导电涂料。

4.2　化学成分

产品化学成分应符合表 1 的规定。

表 1

%

牌号	化学成分(质量分数)							
	主要成分			杂质元素,不大于				
	Ag	Cu	Ni	Pb	Sb	Bi	Fe	总量
CS-Ag99.99	≥99.99	—	—	0.002	0.002	0.002	0.002	0.01
CS-Ag90Cu	90±0.5	10±0.5	—	0.004	0.004	0.004	0.004	0.3
CS-Ag80Cu	80±0.5	20±0.5	—	0.004	0.004	0.004	0.004	0.3
CS-Ag70Cu	70±0.5	30±0.5	—	0.005	0.005	0.005	0.005	0.3
CS-Ag90Ni	90±0.5	—	10±0.5	0.004	0.004	0.004	0.004	0.3
CS-Ag80Ni	80±0.5	—	20±0.5	0.004	0.004	0.004	0.004	0.3
CS-Ag70Ni	70±0.5	—	30±0.3	0.005	0.005	0.005	0.005	0.3
CS-Cu99.95	—	≥99.95	—	0.004	0.004	0.004	0.004	0.05
CS-Ni99.95	—	—	≥99.95	0.004	0.004	0.004	0.004	0.05
注:化学成分若需方有特殊要求可在订货合同中注明。								

4.3　性能

产品的粒度范围和粉末含量应符合表 2 的规定,黏度及附着力参见附录 A。

表 2

牌　号	粒度范围/μm	粉末含量/%
CS-Ag99.99	0.1～20	30～50(根据具体用户要求来定)
CS-Ag90Cu	0.1～30	40～70(根据具体用户要求来定)
CS-Ag80Cu	0.1～30	
CS-Ag70Cu	0.1～30	
CS-Ag90Ni	0.1～30	
CS-Ag80Ni	0.1～30	
CS-Ag70Ni	0.1～30	
CS-Cu99.95	0.1～30	50～70(根据具体用户要求来定)
CS-Ni99.95	0.1～30	

4.4　外观质量

产品应为色泽均匀的浆状物质。产品不允许有结块物质出现。

5 试验方法

5.1 化学成分中的主要分析的测定按 GB/T 15072 的规定进行;杂质元素的测定按 GJB 950 的规定进行。

5.2 粉末含量的测定按 GB/T 17473.1 的规定进行。

5.3 粒度的测定按 GB/T 17473.2 的规定进行。

5.4 产品外观质量采用目视进行检查。

6 检验规则

6.1 检查与验收

6.1.1 产品应由供方技术监督部门进行检验,保证产品质量符合本标准合同(或订货单)的规定,并填写质量证明书。

6.1.2 需方应对收到的产品按本标准的规定进行复验。如复验结果与本标准合同(或订货单)的规定不符时,应以书面形式向供方提出,由供需双方协商解决。属于外观质量的异议,应在收到产品之日起一个月内提出,属于其他性能的异议,应在收到产品之日起三个月内提出。如需仲裁,仲裁取样应由供需双方共同进行。

6.2 组批

产品应成批提交检验,每批应由同一牌号、同一批投料生产出的产品组成。

6.3 检验项目及取样

检验项目、取样应符合表 3 的规定。

表 3

检验项目	取样规定	要求的章条号	检验的章条号
化学成分	每批在 10 瓶以下时随机抽取 1 瓶未开封的产品作为检验样品;每批产品在 10 瓶以上时,每增加 10 瓶(不足 10 瓶时以 10 瓶计)检验样品增加 1 瓶	4.2	5.1
粉末含量		4.3.1	5.2
粒度		4.3.1	5.3
外观质量	逐瓶检查	4.4	5.4

6.4 检验结果的判定

6.4.1 化学成分不合格时,判该批产品不合格。

6.4.2 产品外观质量不合格时,判该瓶产品不合格。

6.4.3 当其他性能指标中有一项指标不合格时,允许从同一生产时间、同一牌号、同一粒度、同一粉末含量的产品中另取双倍数量的试样进行重复试验,若仍有一项不合格,则判定该批次产品不合格。

7 标志、包装、运输、贮存及质量证明书

7.1 标志

在已检验合格的产品上应附有产品合格证,并注明:

a) 供方名称；

b) 产品名称；

c) 牌号及批号；

d) 规格；

e) 产品总质量及净重量；

f) 本标准编号；

g) 供方技术监督部门印记；

h) 包装日期；

i) 有效期。

7.2 包装、运输和贮存

7.2.1 包装

检验合格的产品应用密封塑料瓶分装，通常每瓶重 2.5 kg，包装瓶应耐腐蚀，不易破损。装入木箱中时，包装瓶周围应填充安全物质。

7.2.2 运输

产品运输途中应避免污染和机械破损。

7.2.3 贮存

产品应在室温环境下密闭贮存，自生产之日起有效贮存期为 6 个月。

7.3 质量证明书

每批产品应附有质量证明书，并注明：

a) 产品名称；

b) 产品牌号及批号；

c) 产品规格；

d) 产品总质量及净质量；

e) 各项检验结果；

f) 供方技术监督部门印记；

g) 本标准编号；

h) 有效期；

i) 出厂日期。

7.4 使用说明

产品在使用时应充分搅拌均匀，用完后应密封保存。

8 订货单(或合同)内容

本标准所列产品的订货单(或合同)应包括下列内容：

a) 产品名称；

b） 产品牌号；

c） 规格；

d） 净质量；

e） 本标准编号；

f） 其他。

附 录 A
（资料性附录）
常用导电涂料的黏度及附着力

牌　　号	黏度/(Pa·s)	附着力
CS-Ag99.99	7～30	不脱膜
CS-Ag90Cu	15～60	不脱膜
CS-Ag80Cu	15～60	不脱膜
CS-Ag70Cu	15～60	不脱膜
CS-Ag90Ni	15～60	不脱膜
CS-Ag80Ni	15～60	不脱膜
CS-Ag70Ni	15～60	不脱膜
CS-Cu99.95	15～60	不脱膜
CS-Ni99.95	15～60	不脱膜

ICS 77.150.70
H 62

中华人民共和国国家标准

GB/T 26005—2010

草　　酸　　钴

Cobalt oxalate

2011-01-10 发布　　　　2011-10-01 实施

中华人民共和国国家质量监督检验检疫总局
中国国家标准化管理委员会　发布

前言

本标准的附录 A 为规范性附录。

本标准由中国有色金属工业协会提出。

本标准由全国有色金属标准化技术委员会归口。

本标准由金川集团有限公司负责起草。

本标准由深圳市格林美高新技术股份有限公司参加起草。

本标准主要起草人:林秀英、冯玉洁、赵秀花、韩红涛、吕海波、许开华、周继锋。

草 酸 钴

1 范围

本标准规定了草酸钴的要求、检验方法、检验规则、包装、标志、运输、贮存、质量证明书及合同(或订货单)内容等。

本标准适用于生产钴粉,钴的氧化物等产品用的草酸钴。

2 规范性引用文件

下列文件对于本文件的应用是必不可少的。凡是注日期的引用文件,仅注日期的版本适用于本文件。凡是不注日期的引用文件,其最新版本(包括所有的修改单)适用于本文件。

GB/T 5061 金属粉末松装密度的测定 第3部分:振动漏斗法

GB/T 19077.1 粒度分析 激光衍射法 第1部分:通则

GB/T 23273(所有部分) 草酸钴化学分析方法

3 要求

3.1 牌号

草酸钴产品按化学成分和粒度分为CCoA、CCoB、CCoC和CCoD四个牌号。

3.2 化学成分和物理性能

草酸钴产品各牌号的化学成分和物理指标应符合表1的规定。

表1 草酸钴化学分成分和物理性能

牌号		CCoA	CCoB	CCoC	CCoD
Co/%,不小于		31.5	31.5	31.5	31.5
杂质元素/%,不大于	Ni	0.001	0.002	0.002	0.008
	Fe	0.001	0.002	0.002	0.006
	Mn	0.000 8	0.002	0.002	0.004
	Cu	0.000 8	0.002	0.002	0.004
	Zn	0.000 8	0.002	0.002	0.004
	Ca	0.001	0.002	0.002	0.005
	Mg	0.001	0.005	0.005	0.008
	Na	0.001	0.002	0.002	0.004
	As	0.001	0.001	0.001	0.001
	Pb	0.000 8	0.002	0.002	—

表 1（续）

牌　号		CCoA	CCoB	CCoC	CCoD
杂质元素/%，不大于	Al	0.001	0.001	0.001	0.002
	Si	0.002	0.005	0.005	—
	SO_4^{2-}	0.003	0.005	0.005	0.01
	Cl^-	0.02	0.02	0.02	0.05
水分/%，不大于		0.5	0.5	0.5	0.8
松装密度/(g/cm^3)		≤0.45	0.25～0.45	≤0.35	≤0.45
激光粒度 $d(50)/\mu m$		≤50	26～45	≤10	≤50

3.3　外观质量

草酸钴产品呈浅粉红色粉末；应保持干燥、洁净，无夹杂物。

3.4　其他

如需方对草酸钴产品有其他要求，由供需双方协商确定并在合同中注明。

3.5　安全防护

草酸钴属粉末产品，刺激呼吸道粘膜，接触草酸钴粉作业时，应注意防护。

4　试验方法

4.1　草酸钴化学成分的测定按 GB/T 23273 的规定进行。
4.2　草酸钴的松装密度按 GB/T 5061 的规定进行。
4.3　草酸钴激光粒度的测定按 GB/T 19077.1 的规定进行。
4.4　草酸钴的外观质量由目视检查。
4.5　水分的测定按附录 A 执行。

5　检验规则

5.1　检查与验收

5.1.1　产品应由供方质量检验部门进行检验，保证产品符合本标准或合同（或订货单）要求的规定，并填写质量证明书。
5.1.2　需方可对收到的产品进行检验，如检验结果与本标准或合同（或订货单）要求所载内容不相符时，可在收到产品之日起 30 日内向供方提出，由供需双方协商解决；如需仲裁，仲裁取样由供需双方在需方进行。

5.2　组批

产品应成批提交检验，每批产品应由同一生产周期、同一牌号的产品组成，单批重量不大于 10 t。

5.3　取样与制样

5.3.1　化学成分和物理性能检验，其取制样按表 2 规定随机抽取。外观质量的检验应逐袋进行。

5.3.2 抽检试样应用内径为 ϕ15 mm±2 mm 的不锈钢或钛质探针在包装容器内插取五点，按梅花形布点，每点均插到底，每件取样量应不少于 100 g。

表 2 草酸钴取样数量对照表

同批草酸钴粉包装数量	抽取袋数	同批草酸钴粉包装数量	抽取袋数
1～5	全部	61～99	9
6～11	5	100～149	10
12～20	6	150～199	11
21～35	7	200～299	12
36～60	8	300～399	13
注：每批草酸钴粉包装数量超过 399 袋以后，每增加 100 袋或不到 100 袋包装时，取样数量应增加一个。			

5.3.3 将试样仔细混匀，过 100 目筛后，缩分至不小于 400 g，均分为 4 份，装入洁净磨口瓶或锡箔袋中密封，分别供仲裁分析用、备用及供需双方保存。

5.4 检验结果判定

5.4.1 草酸钴化学成分与物理性能不符合本标准规定时，应从该批产品中另取双倍试样进行重新试验。重复试验结果全部合格，则判该批产品合格；如重复试验仍不合格，则判该批产品不合格。

5.4.2 外观质量不符合时，判该袋产品不合格。

6 包装、标志、运输、贮存、质量证明书

6.1 包装

6.1.1 产品采用聚乙烯塑料制品做内袋，并封口，外加复合编织袋包装，每包净重 25 kg。

6.1.2 如有特殊要求，按合同规定的要求进行包装。

6.2 标志

产品外包装应印有注册商标、产品名称、批号、净重、供方名称、厂址、并有“防雨”、“防刮”等字样或标志。

6.3 运输

产品运输时应小心轻放，并做好防护，防止包装破裂及雨水浸湿等，且应与其他物品分开堆放运输。

6.4 贮存

产品应贮存在干燥、通风、没有腐蚀性物品仓库中，不得与酸、碱、油类等化学品贮存在一起，严防受潮、腐蚀等。

6.5 质量证明书

每批产品需附质量证明书，注明：

a) 供方名称、地址、联系电话；

b) 产品名称和牌号；

c) 批号；

d) 批重；

e) 分析检验结果和质量监督部门印记；

f) 本标准编号；

g) 包装日期。

7 合同(或订货单)

订购本标准所列材料的合同(或订货单)内应包括下列内容：

a) 产品名称；

b) 牌号；

c) 化学成分及物理性能的特殊要求；

d) 数量；

e) 本标准编号；

f) 其他。

附 录 A
（规范性附录）
草酸钴水分的测定

A.1 范围

本标准规定了草酸钴中水分的测定方法。

本标准适用于草酸钴中水分的测定。测定范围：≥0.01%。

A.2 方法提要

试样在 80 ℃±2 ℃烘箱中干燥恒重，用称量法测定其水分失量。

A.3 仪器

A.3.1 称量瓶。

A.3.2 烘箱。

A.3.3 干燥器。

A.4 分析步骤

A.4.1 试料

称取 10.000 g（m_0）试样，置于已知质量的称量瓶中，称量总质量（m_1）。

A.4.2 测定

A.4.2.1 将盛有试料（A.4.1）的称量瓶置于预先升温至 80 ℃的烘箱中干燥 2 h，取出置于干燥器中，冷却至室温并称量。

A.4.2.2 再将盛有试样的称量瓶（A.4.2.1）置于 80 ℃的烘箱中干燥 3 h，取出置于干燥器中，冷却至室温，称量（m_2）。

A.4.2.3 按 A.4.2.2 规定重复操作，直至二次连续称量结果相差不超过 0.000 3 g。

A.5 分析结果的计算与表述

按式（A.1）计算草酸钴中水分 w_{H_2O} 含量，结果以%表示：

$$w_{H_2O} = \frac{m_1 - m_2}{m_0} \times 100\% \quad \cdots\cdots\cdots\cdots(A.1)$$

式中：

m_0——试料量，单位为克（g）；

m_1——干燥前试料与称量瓶的总质量，单位为克（g）；

m_2——干燥后试料与称量瓶的总质量，单位为克（g）。

ICS 77.150.10
H 61

中华人民共和国国家标准

GB/T 26006—2010

船用铝合金挤压管、棒、型材

Aluminium alloys extruded tubes, bars, rods and profiles used for ships

2011-01-10 发布　　　　2011-10-01 实施

中华人民共和国国家质量监督检验检疫总局
中国国家标准化管理委员会　发布

前言

本标准由中国有色金属工业协会提出。

本标准由全国有色金属标准化技术委员会(SAC/TC 243)归口。

本标准主要起草单位:西南铝业(集团)有限责任公司。

本标准参加起草单位:东北轻合金有限责任公司、中铝西北铝加工分公司、龙口市丛林铝材有限公司、山东兖矿轻合金有限公司、山东南山铝业股份有限公司、福建省南平铝业有限公司、辽宁忠旺集团有限公司、广东兴发铝业有限公司。

本标准主要起草人:李瑞山、卢永红、张钰、王国军、王正安、段瑞芬、陈庆、徐明华、杨军祖、孙振宇。

船用铝合金挤压管、棒、型材

1 范围

本标准规定了船用铝合金挤压无缝圆管(以下简称管材)、船用铝合金挤压棒材(以下简称棒材)及船用铝合金挤压型材(以下简称型材)的要求、试验方法、检验规则和标志、包装、运输、贮存及质量证明书与合同(或订货单)内容。

本标准适用于管材、截面为圆形的棒材(以下简称圆棒)、截面为长方形的棒材(以下简称扁棒)、截面为正方形的棒材(以下简称方棒)、截面为正六边形的棒材(以下简称六角棒)及型材。

2 规范性引用文件

下列文件对于本文件的应用是必不可少的。凡是注日期的引用文件,仅注日期的版本适用于本文件。凡是不注日期的引用文件,其最新版本(包括所有的修改单)适用于本文件。

GB/T 228 金属材料 室温拉伸试验方法

GB/T 3190 变形铝及铝合金化学成分

GB/T 3199 铝及铝合金加工产品包装、标志、运输、贮存

GB/T 3246.1 变形铝及铝合金制品显微组织检验方法

GB/T 3246.2 变形铝及铝合金制品低倍组织检验方法

GB/T 6519 变形铝合金产品超声波检验方法

GB/T 7999 铝及铝合金光电直读发射光谱分析方法

GB/T 14846—2008 铝及铝合金挤压型材尺寸偏差

GB/T 16865 变形铝、镁及其合金加工制品拉伸试验用试样

GB/T 17432 变形铝及铝合金化学成分分析取样方法

GB/T 20975(所有部分) 铝及铝合金化学分析方法

3 要求

3.1 产品分类

3.1.1 合金分类

产品按成分分为2类,如表1所示。

表 1

合金类别	定 义	典型牌号
Ⅱ类(硬合金)	2XXX系、7XXX系合金及含镁量平均值大于或等于3%的5XXX系合金的产品	5A01、5A03、5A05、5A06、5754、5083、5383、5059、5086、5456
Ⅰ类(软合金)	除Ⅱ类外的其他产品	5A02、5052、5454、6005A、6060、6061、6082

3.1.2 牌号及状态

产品的合金牌号及状态应符合表2的规定。

表2

牌 号	合金类别	管材状态	棒材状态	型材状态
5A01	Ⅱ	H112	H112	H112
5A02	Ⅰ	O、H112	O、H112	O、H112
5A03	Ⅱ	O、H112	O、H112	O、H112
5A05	Ⅱ	O、H112	O、H112	O、H112
5A06	Ⅱ	O、H112	O、H112	O、H112
5052	Ⅰ	O、H112	O、H112	O、H112
5083	Ⅱ	O、H112	O、H112	O、H112
5383	Ⅱ	O、H112	O、H112	O、H112
5059	Ⅱ	H112	H112	H112
5086	Ⅱ	O、H112	O、H112	O、H112
5456	Ⅱ	O、H112	O、H112	O、H112
5454	Ⅰ	O、H112	O、H112	O、H112
5754	Ⅱ	H112	H112	H112
6060	Ⅰ	T4、T3511、T5、T6、T8511	T4、T3511、T5、T6、T8511	T4、T3511、T5、T6、T8511
6005A	Ⅰ	T6	T6	T5、T6
6082	Ⅰ	O、T4、T3511、T6、T8511	O、T4、T3511、T6、T8511	O、T4、T3511、T5、T6、T8511
6061	Ⅰ	O、T4、T3511、T6、T8511	O、T4、T3511、T6、T8511	T4、T3511、T6、T8511

3.1.3 规格

3.1.3.1 型材

型材的规格由供需双方签定图样时确定。

3.1.3.2 棒材

3.1.3.2.1 圆棒

T4、T3511、T6、T8511状态的最大直径为250 mm,其他状态的最大直径为320 mm。

3.1.3.2.2 方棒、六角棒

T4、T3511、T6、T8511状态的最大内切圆直径为120 mm,其他状态的最大内切圆直径为200 mm。

3.1.3.2.3 扁棒

扁棒规格应符合表3规定。

表3

单位为毫米

宽　度	与宽度对应的厚度
≥10.00~18.00	2.00~18.00
>18.00~30.00	2.00~30.00
>30.00~50.00	2.00~50.00
>50.00~80.00	2.00~80.00
>80.00~120.00	2.00~120.00
>120.00~180.0	2.00~180.0
>180.0~240.0	6.00~240.0
>240.0~350.0	6.00~240.0
>350.0~450.0	10.00~240.0
>450.0~600.0	50.00~120.00

3.1.3.3 管材

管材典型规格见表4。需方需要其他规格时，由供需双方协商决定，并在合同(或订货单)中注明。

表4

单位为毫米

外　径	壁　厚											
	5.00	6.00	7.00	7.50	8.00	9.00	10.00	12.50	15.00	17.50	20.00	22.50
25.00		—	—	—	—	—	—	—	—	—	—	—
28.00			—	—	—	—	—	—	—	—	—	—
30.00						—	—	—	—	—	—	—
32.00						—	—	—	—	—	—	—
34.00								—	—	—	—	—
36.00								—	—	—	—	—
38.00								—	—	—	—	—
40.00									—	—	—	—
42.00									—	—	—	—
45.00										—	—	—
48.00										—	—	—
50.00										—	—	—
52.00										—	—	—
55.00										—	—	—

表 4（续）

单位为毫米

外径	壁厚											
	5.00	6.00	7.00	7.50	8.00	9.00	10.00	12.50	15.00	17.50	20.00	22.50
58.00										—	—	—
60.00											—	—
62.00											—	—
65.00												—
70.00												—
75.00												
80.00												

外径	壁厚														
	5.00	7.50	10.00	12.50	15.00	17.50	20.00	22.50	25.00	27.50	30.00	32.50	35.00	37.50	40.00
85.00										—	—	—	—	—	—
90.00										—	—	—	—	—	—
95.00											—	—	—	—	—
100.00												—	—	—	—
105.00													—	—	—
110.00													—	—	—
115.00													—	—	—
120.00	—												—	—	—
125.00	—												—	—	—
130.00	—												—	—	—
135.00	—	—											—	—	—
140.00	—	—											—	—	—
145.00	—	—											—	—	—
150.00	—	—											—	—	—
155.00	—	—											—	—	—
160.00	—	—													
165.00	—	—													
170.00	—	—													
175.00	—	—													
180.00	—	—													
185.00	—	—													
190.00	—	—													
195.00	—	—													
200.00	—	—													

表 4（续）

单位为毫米

外 径	壁 厚														
	15.00	17.50	20.00	22.50	25.00	27.50	30.00	32.50	35.00	37.50	40.00	42.50	45.00	47.50	50.00
205.00															
210.00															
215.00															
220.00															
225.00															
230.00															
235.00															
240.00															
245.00															
250.00															
260.00															
270.00															
280.00															
290.00															
300.00															
310.00															
320.00															
330.00															
340.00															
350.00															
360.00															
370.00															
380.00															
390.00															
400.00															
450.00															
注：空白处表示可供货范围。															

3.1.4 标记示例

产品标记按产品名称、合金牌号、状态、规格及标准编号的顺序表示。标记示例如下：

示例 1：

5083 合金、H112 状态、外径为 180.00 mm，壁厚为 20.00 mm，长度为 5 000 mm 的挤压管材，标记为：

管 5083-H112 ϕ180×20×5 000 GB/T 26006—2010

示例 2：

5083 合金、H112 状态、直径为 150.00 mm、长度为 5 800 mm 的圆棒，标记为：

棒 5083-H112　ϕ150×5 800　GB/T 26006—2010

示例 3：

5083 合金、H112 状态、宽度为 500.0 mm、厚度为 50.00 mm、长度为 5 800 mm 的扁棒，标记为：

扁棒 5083-H112　500×50×5 800　GB/T 26006—2010

示例 4：

5083 合金、H112 状态、宽度为 50.00 mm、厚度为 50.00 mm、长度为 5 800 mm 的方棒，标记为：

方棒 5083-H112　50×50×5 800　GB/T 26006—2010

示例 5：

5083 合金、H112 状态、横截面上边长为 30.00 mm、长度为 5 800 mm 的六角棒，标记为：

六角棒 5083-H112　30×5 800　GB/T 26006—2010

示例 6：

6082 合金、T8511 状态、型号为 EL3823、长度为 5 800 mm 的型材，标记为：

型材 6082-T8511　EL3823×5 800　GB/T 26006—2010

3.2 化学成分

产品的化学成分应符合 GB/T 3190 的规定。

3.3 尺寸偏差

3.3.1 型材

3.3.1.1 横截面尺寸或角度偏差应符合供需双方签订的图样规定，图样上未注明偏差但能直接测量的尺寸或角度，其偏差应符合为 GB/T 14846—2008 中的普通级规定。

3.3.1.2 弯曲度、扭拧度、平面间隙、切斜度应符合 GB/T 14846—2008 中高精级的规定，需方需要超高精级时，由供需双方协商决定，并在合同(或订货单)中注明。

3.3.1.3 其他尺寸偏差应符合 GB/T 14846—2008 的规定。

3.3.2 棒材

3.3.2.1 圆棒

3.3.2.1.1 直径

直径偏差应符合表 5 的规定。

表 5

单位为毫米

圆棒直径	Ⅰ类合金圆棒的直径偏差	Ⅱ类合金圆棒的直径偏差
8.00～18.00	±0.22	±0.30
>18.00～25.00	±0.25	±0.35
>25.00～40.00	±0.30	±0.40
>40.00～50.00	±0.35	±0.45
>50.00～65.00	±0.40	±0.50
>65.00～80.00	±0.45	±0.70

表 5（续）

单位为毫米

圆棒直径	Ⅰ类合金圆棒的直径偏差	Ⅱ类合金圆棒的直径偏差
>80.00～100.00	±0.55	±0.90
>100.00～120.00	±0.65	±1.0
>120.00～150.00	±0.80	±1.2
>150.00～180.00	±1.00	±1.4
>180.00～220.00	±1.15	±1.7
>220.00～270.0	±1.3	±2.0
>270.0～320.0	±1.6	±2.5

3.3.2.1.2 弯曲度

除O和TX510状态外，圆棒的纵向弯曲度应符合表6的规定。需方对O或TX510的弯曲度有要求时，由供需双方协商决定，并在合同(或订货单)中注明。

表 6

单位为毫米

圆棒直径	圆棒任意 300 mm 长度上的弯曲度 h_s		圆棒全长(L 米)上的弯曲度 h_t	
	普通级	高精级	普通级	高精级
8.00～80.00	—	≤0.8	≤3×L	≤2×L
>80.00～120.00		≤1.0	≤4×L	≤2×L
>120.00～220.00		≤1.5	≤6×L	≤3×L
>220.00～320.0		≤3.0	≤12×L	≤6×L

3.3.2.1.3 长度

定尺或倍尺供货的的圆棒，其最大长度为5 800 mm，长度偏差应符合表7的规定。倍尺供货的圆棒，每个锯口应留有5 mm的锯切余量。不定尺供货的圆棒长度范围应在合同(或订货单)中注明，未注明时，直径不大于50 mm的圆棒，其供应长度为1 000 mm～5 800 mm，直径大于50 mm的圆棒，其供应长度为500 mm～5 800 mm。

表 7

单位为毫米

圆棒直径	圆棒对应下列定尺长度的长度允许偏差		
	≤2 000	>2 000～5 000	>5 000
<100.00	$^{+5}_{0}$	$^{+7}_{0}$	$^{+10}_{0}$
>100.00～200.00	$^{+7}_{0}$	$^{+9}_{0}$	$^{+12}_{0}$
>200.00～320.0	$^{+8}_{0}$	$^{+11}_{0}$	—

3.3.2.1.4 椭圆度

圆棒的椭圆度是指横截面上量得最大直径与最小直径之差值。圆棒的椭圆度不应超过圆棒直径公差带的一半。如圆棒的直径偏差为±0.22 mm，则圆棒的椭圆度应不大于 0.22 mm。

3.3.2.1.5 切斜度

定尺供货的圆棒，切斜度不应超过长度公差带的一半。例如：圆棒的长度偏差为：$^{+10}_{0}$ mm，则切斜度应不大于 5 mm。

3.3.2.2 扁棒

3.3.2.2.1 宽度及厚度

宽度及厚度偏差应符合表 8 的规定。

表 8

单位为毫米

合金类别	宽度偏差		下列各栏厚度与宽度对应的厚度允许偏差								
	宽度	宽度允许偏差	2.00~6.00	>6.00~10.00	>10.00~18.00	>18.00~30.00	>30.00~50.00	>50.00~80.00	>80.00~120.00	>120.00~180.0	>180.0~240.0
Ⅰ类合金	10.00~18.00	±0.25	±0.20	±0.25	±0.25	—	—	—	—	—	—
	>18.00~30.00	±0.30	±0.20	±0.25	±0.30	±0.30	—	—	—	—	—
	>30.00~50.00	±0.40	±0.25	±0.25	±0.30	±0.35	±0.40	—	—	—	—
	>50.00~80.00	±0.60	±0.25	±0.30	±0.35	±0.40	±0.50	±0.60	—	—	—
	>80.00~120.00	±0.80	±0.30	±0.35	±0.40	±0.45	±0.60	±0.70	±0.80	—	—
	>120.00~180.0	±1.0	±0.40	±0.45	±0.50	±0.55	±0.60	±0.70	±0.90	±1.0	—
	>180.0~240.0	±1.4	—	±0.55	±0.60	±0.65	±0.70	±0.80	±1.0	±1.2	±1.4
	>240.0~350.0	±1.8	—	±0.65	±0.70	±0.75	±0.80	±0.90	±1.1	±1.3	±1.5
	>350.0~450.0	±2.2	—	—	±0.80	±0.85	±0.90	±1.0	±1.2	±1.4	±1.6
	>450.0~600.0	±3.0	—	—	—	—	±0.90	±1.0	±1.4	—	—
Ⅱ类合金	10.00~18.00	±0.35	±0.25	±0.30	±0.35	—	—	—	—	—	—
	>18.00~30.00	±0.40	±0.25	±0.30	±0.40	±0.40	—	—	—	—	—
	>30.00~50.00	±0.50	±0.30	±0.30	±0.40	±0.50	±0.50	—	—	—	—
	>50.00~80.00	±0.70	±0.30	±0.35	±0.45	±0.60	±0.70	±0.70	—	—	—
	>80.00~120.0	±1.0	±0.35	±0.40	±0.50	±0.60	±0.70	±0.80	±1.0	—	—
	>120.0~180.0	±1.4	±0.45	±0.50	±0.55	±0.70	±0.80	±1.0	±1.1	±1.4	—
	>180.0~240.0	±1.8	—	±0.60	±0.65	±0.70	±0.90	±1.1	±1.3	±1.6	±1.8
	>240.0~350.0	±2.2	—	±0.70	±0.75	±0.80	±0.90	±1.2	±1.4	±1.7	±1.9
	>350.0~450.0	±2.8	—	—	±0.90	±1.0	±1.1	±1.4	±1.8	±2.1	±2.3
	>450.0~600.0	±3.5	—	—	—	—	±1.2	±1.4	±1.8	—	—

3.3.2.2.2 **圆角半径**

圆角(或倒角)半径偏差应符合表9的规定。

表9

单位为毫米

扁棒厚度	下列各类合金扁棒对应的圆角(或倒角)允许偏差	
	Ⅰ类合金	Ⅱ类合金
2.00～10.00	≤0.6	≤1.0
>10.00～30.00	≤1.0	≤1.5
>30.00～80.00	≤1.8	≤2.5
>80.00～120.00	≤2.0	≤3.0
>120.00～180.0	≤2.5	≤4.0
>180.0～240.0	≤3.5	≤5.0

3.3.2.2.3 **角度**

角度偏差(如图1中的 Z 所示)应符合表10的规定。

图 1

表 10

单位为毫米

扁棒厚度	与厚度对应的角度偏差
2.00～10.00	≤0.1
>10.00～100.00	≤0.01×扁棒厚度
>100.00～180.0	≤1.0
>180.0～240.0	≤1.5

3.3.2.2.4 **平面间隙**

平面间隙应符合表11的规定。

表 11

单位为毫米

扁棒宽度	与宽度对应的平面间隙
>10.00～30.00	≤0.2
>30.00～50.00	≤0.3
>50.00～80.00	≤0.4
>80.00～120.00	≤0.6
>120.00～180.0	≤0.9
>180.0～240.0	≤1.2
>240.0～350.0	≤1.5
>350.0～450.0	≤2.0
>450.0～600.0	≤2.5

3.3.2.2.5 **纵向弯曲度**

除 O 和 TX510 状态外，扁棒纵向弯曲度应符合表 12 的规定。需方对 O 或 TX510 的弯曲度有要求时，由供需双方协商决定，并在合同(或订货单)中注明。

表 12

单位为毫米

扁棒宽度	扁棒厚度	扁棒任意 300 mm 长度上的弯曲度 h_s	扁棒全长(L 米)上的弯曲度 h_t
10.00～80.00	10.00～80.00	≤1	≤2×L
>80.00～120.00	10.00～50.00	≤1	≤2×L
	>50.00～120.00	≤1.5	≤3×L
>120.00～180.0	10.00～50.00	≤1.5	≤3×L
	>50.00～180.0	≤2	≤4×L
>180.0～350.0	10.00～50.00	≤2	≤4×L
	>50.00～240.0	≤4	≤6×L
>350.0～450.0	10.00～240.0	≤4	≤6×L
>450.0～600.0	30.00～120.00	≤4	≤6×L

3.3.2.2.6 **扭拧度**

除 O 和 TX510 状态外，扁棒扭拧度应符合表 13 的规定。需方对 O 或 TX510 状态的扭拧度有要求时，由供需双方协商决定，并在合同(或订货单)中注明。

表 13

单位为毫米

扁棒宽度	扁棒任意 1 000 mm 长度上的扭拧度	扁棒全长上的扭拧度
10.00～30.00	≤1	≤3
>30.00～50.00	≤1.5	≤4
>50.00～120.00	≤2	≤5
>120.00～240.0	≤3	≤8
>240.0～350.0	≤4	≤10
>350.0～450.0	≤5	≤12
>450.0～600.0	≤6	≤14

3.3.2.2.7 长度

定尺或倍尺供货的扁棒，其最大长度为 5 800 mm，长度偏差应符合表 14 规定。倍尺供应的扁棒，每个锯口应留有 5 mm 的锯切余量。不定尺供货的扁棒长度范围应在合同中注明，未注明时，直径不大于 50 mm 的扁棒，其供应长度为 1 000 mm～5 800 mm，直径大于 50 mm 的扁棒，其供应长度为 500 mm～5 800 mm。

表 14

单位为毫米

宽　度	下列定尺长度上的长度允许偏差		
	≤2 000	>2 000～5 000	>5 000
<100.00	$^{+5}_{0}$	$^{+7}_{0}$	$^{+10}_{0}$
>100.00～200.0	$^{+7}_{0}$	$^{+9}_{0}$	$^{+12}_{0}$
>200.0～450.0	$^{+8}_{0}$	$^{+11}_{0}$	$^{+14}_{0}$
>450.0～600.0	$^{+9}_{0}$	$^{+12}_{0}$	$^{+16}_{0}$

3.3.2.2.8 切斜度

定尺供货的扁棒，切斜度不应超过长度公差带的一半。例如：扁棒的长度偏差为：$^{+10}_{0}$ mm，则切斜度应不大于 5 mm。

3.3.2.3 方棒

3.3.2.3.1 宽度(或边长)

宽度(或边长)偏差应符合表 15 的规定。

表 15

单位为毫米

方棒宽度(或边长)	下列各类合金对应的宽度或边长允许偏差	
	Ⅰ类合金	Ⅱ类合金
10.00～18.00	±0.22	±0.30
>18.00～25.00	±0.25	±0.35
>25.00～40.00	±0.30	±0.40
>40.00～50.00	±0.35	±0.45
>50.00～65.00	±0.40	±0.50
>65.00～80.00	±0.45	±0.70
>80.00～100.00	±0.55	±0.90
>100.00～120.00	±0.65	±1.0
>120.00～150.00	±0.80	±1.2
>150.00～180.00	±1.00	±1.4
>180.00～220.00	±1.15	±1.7

3.3.2.3.2 圆角半径

圆角(或倒角)半径偏差应符合表 16 的规定。

表 16

单位为毫米

方棒宽度(或边长)	下列各类合金方棒与宽度(或边长)对应的圆角(或倒角)允许偏差	
	Ⅰ类合金	Ⅱ类合金
10.00～25.00	≤1.0	≤1.5
>25.00～50.00	≤1.5	≤2.0
>50.00～80.00	≤2.0	≤3.0
>80.00～120.00	≤2.5	≤3.0
>120.00～180.00	≤2.5	≤4.0
>180.00～220.00	≤3.5	≤5.0

3.3.2.3.3 角度偏差

方棒的角度偏差(如图 2 中的 Z)应符合表 17 的规定。

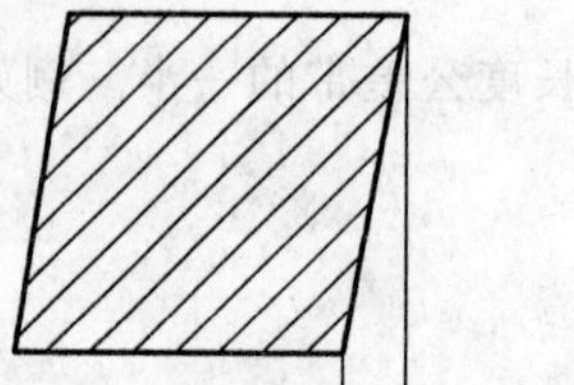

图 2

表 17

单位为毫米

方棒宽度(或边长)	与宽度(或边长)对应的角度偏差
10.00～100.00	≤0.01×宽度
>100.00～180.00	≤1.0
>180.00～220.00	≤1.5

3.3.2.3.4 纵向弯曲度

除 O 和 TX510 状态外,方棒纵向弯曲度应符合表 18 的规定。需方对 O 或 TX510 的弯曲度有要求时,由供需双方协商决定,并在合同(或订货单)中注明。

表 18

单位为毫米

方棒宽度(或边长)	方棒任意 300 mm 长度上的弯曲度 h_s	方棒全长(L 米)上的弯曲度 h_t
10.00～80.00	≤0.8	≤2×L
>80.00～120.00	≤1.0	≤2×L
>120.00～220.00	≤1.5	≤3×L

3.3.2.3.5 扭拧度

除 O 和 TX510 状态外,方棒扭拧度应符合表 19 的规定。需方对 O 或 TX510 状态的扭拧度有要求时,由供需双方协商决定,并在合同(或订货单)中注明。

表 19

单位为毫米

宽度(或边长)	方棒任意 1 000 mm 长度上的扭拧度	方棒全长上的扭拧度
10.00～30.00	≤1	≤3
>30.00～50.00	≤1.5	≤4
>50.00～120.00	≤2	≤5
>120.00～220.00	≤3	≤6

3.3.2.3.6 长度

定尺或倍尺供货的方棒,最大长度为 5 800 mm,长度允许偏差应符合表 20 规定。倍尺供应的方棒,应对每个锯口留有 5 mm 的锯切余量。不定尺方棒供货的长度范围应在合同中注明。无注明时,直径不大于 50 mm 的方棒,其供应长度为 1 000 mm～5 800 mm,直径大于 50 mm 的方棒,其供应长度为 500 mm～5 800 mm。

表 20

单位为毫米

方棒宽度(或边长)	下列定尺长度方棒上的长度允许偏差		
	≤2 000	>2 000~5 000	>5 000
10.00~100.00	$^{+5}_{0}$	$^{+7}_{0}$	$^{+10}_{0}$
>100.00~200.00	$^{+7}_{0}$	$^{+9}_{0}$	$^{+12}_{0}$
>200.00~220.00	$^{+8}_{0}$	$^{+11}_{0}$	$^{+14}_{0}$

3.3.2.3.7 **切斜度**

定尺供货的方棒,切斜度不应超过长度公差带的一半。例如:方棒的长度偏差为:$^{+10}_{0}$ mm,则切斜度应不大于 5mm。

3.3.2.4 **六角棒**

3.3.2.4.1 **宽度(或边长)**

六角棒的宽度(或边长)偏差应符合表 21 的规定。

表 21

单位为毫米

六角棒的宽度(或边长)	下列各类合金六角棒的宽度(或边长)允许偏差	
	Ⅰ类合金	Ⅱ类合金
10.00~18.00	±0.22	±0.30
>18.00~25.00	±0.25	±0.35
>25.00~40.00	±0.30	±0.40
>40.00~50.00	±0.35	±0.45
>50.00~65.00	±0.40	±0.50
>65.00~80.00	±0.50	±0.70
>80.00~100.00	±0.55	±0.90
>100.00~120.00	±0.65	±1.0
>120.00~150.00	±0.80	±1.2
>150.00~180.00	±1.00	±1.4
>180.00~220.00	±1.15	±1.7

3.3.2.4.2 **圆角半径偏差**

六角棒的圆角(或倒角)半径偏差应符合表 22 的规定。

表 22

单位为毫米

宽度(或边长)	六角棒的圆角(或倒角)允许偏差
10.00～30.00	≤1.5
>30.00～60.00	≤2.0
>60.00～80.00	≤2.5
>80.00～120.00	≤3.0
>120.00～180.00	≤4.0
>180.00～220.00	≤5.0

3.3.2.4.3 **纵向弯曲度**

除O和TX510状态外,六角棒纵向弯曲度应符合表23的规定。需方对O或TX510的弯曲度有要求时,由供需双方协商决定,并在合同(或订货单)中注明。

表 23

单位为毫米

宽度(或边长)	任意300 mm长度上的弯曲度 h_s	全长(L米)上的弯曲度 h_t
10.00～80.00	≤0.8	$\leq 2\times L$
>80.00～120.00	≤1.0	$\leq 2\times L$
>120.00～220.00	≤1.5	$\leq 3\times L$

3.3.2.4.4 **扭拧度**

除O和TX510状态外,六角棒的扭拧度应符合表24的规定。需方对O或TX510状态的扭拧度有要求时,由供需双方协商决定,并在合同(或订货单)中注明。

表 24

单位为毫米

宽度(或边长)	每1 000 mm长度上的扭拧度,不大于	全长上的扭拧度,不大于
10.00～30.00	≤1	≤1.5
>30.00～80.00	≤1.5	≤2.5
>80.00～120.00	≤2	≤3
>120.00～220.00	≤2.5	≤4

3.3.2.4.5 **长度偏差**

定尺或倍尺的六角棒,最大长度为5 800 mm,长度允许偏差应符合表25规定。倍尺供应的六角棒,每个锯口应留有5 mm的锯切余量。不定尺供货的六角棒长度范围应在合同中注明,未注明时,直径不大于50.00 mm的六角棒,其供应长度为1 000 mm～5 800 mm,直径大于50.00 mm的六角棒,其供应长度为500 mm～5 800 mm。

表 25

单位为毫米

宽度(或边长)	下列定尺长度上的长度允许偏差		
	≤2 000	>2 000～5 000	>5 000
≤100.00	$^{+5}_{0}$	$^{+7}_{0}$	$^{+10}_{0}$
>100.00～200.00	$^{+7}_{0}$	$^{+9}_{0}$	$^{+12}_{0}$
>200.00～220.00	$^{+8}_{0}$	$^{+11}_{0}$	$^{+14}_{0}$

3.3.2.4.6 **切斜度**

定尺供货的六角棒，切斜度不应超过长度公差带的一半。例如：六角棒的长度偏差为：$^{+10}_{0}$ mm，则切斜度应不大于 5 mm。

3.3.3 **管材**

3.3.3.1 **横截面尺寸**

横截面尺寸包括外径、内径、壁厚三项，只允许限定其中任意两项尺寸的偏差。对外径、内径或内径、壁厚尺寸的偏差有要求时，应在图纸或合同(或订货单)中注明，未注明时，限定外径与壁厚两项尺寸的偏差。直径偏差应符合表 26 的规定，壁厚偏差应符合表 27 的规定。

表 26

单位为毫米

直径(外径或内径)	任意点直径与公称直径的允许偏差		平均直径与公称直径的允许偏差	
	Ⅰ类合金	Ⅱ类合金	Ⅰ类合金	Ⅱ类合金
8.00～18.00	±0.40	±0.6	±0.25	±0.25
18.00～25.00	±0.54	±0.76	±0.25	±0.38
>25.00～50.00	±0.64	±0.96	±0.30	±0.46
>50.00～100.00	±0.76	±1.14	±0.38	±0.58
>100.00～150.00	±1.25	±1.90	±0.61	±0.96
>150.00～200.00	±1.90	±2.85	±0.88	±1.35
>200.00～250.00	±2.54	±3.80	±1.14	±1.73
>250.00～300.00	±3.18	±4.78	±1.40	±2.10
>300.00～350.00	±3.80	±5.70	±1.65	±2.49
>350.00～400.00	±4.45	±6.68	±1.90	±2.85
>400.00～450.00	±5.10	±7.60	±2.15	±3.25
注：任意点直径是指在管材断面上任一点测得的直径；平均直径是指在管材断面上测量任意两个互为直角的直径所得的平均值。				

表 27

单位为毫米

壁　　厚	任意点壁厚的允许偏差
>0.50~2.00	壁厚的±10%
>2.00~3.00	壁厚的±9%
>3.00	壁厚的±8%

3.3.3.2　长度

定尺供货的管材，长度偏差应符合表 28 规定。

表 28

单位为毫米

外　　径	下列长度内的定尺长度允许偏差				
	≤2 000	>2 000~5 000	>5 000~10 000	>10 000~15 000	>15 000~25 000
>8.00~100.00	$^{+5}_{0}$	$^{+7}_{0}$	$^{+10}_{0}$	$^{+16}_{0}$	$^{+22}_{0}$
>100.00~200.00	$^{+7}_{0}$	$^{+9}_{0}$	$^{+12}_{0}$	$^{+18}_{0}$	$^{+24}_{0}$
>200.00~450.00	$^{+8}_{0}$	$^{+11}_{0}$	$^{+14}_{0}$	$^{+20}_{0}$	$^{+28}_{0}$

3.3.3.3　切斜度允许偏差

定尺供货的管材，切斜度不应超过管材长度公差带的一半。例如：管材的长度偏差为：$^{+10}_{0}$ mm，则切斜度应不大于 5 mm。

3.3.3.4　纵向弯曲度

除 O 和 TX510 状态外，圆管纵向弯曲度应符合表 29 的规定。需方对 O 或 TX510 的弯曲度有要求时，由供需双方协商决定，并在合同(或订货单)中注明。

表 29

单位为毫米

外　　径	每 300 mm 长度上的弯曲度 h_s		全长(L 米)上的最大弯曲度 h_t	
	普通级	高精级	普通级	高精级
>8.00~100.00	—	≤0.8	≤2.0×L	≤1.5×L
>100.00~200.00	—	≤1.3	≤3.0×L	≤2.5×L
>200.00~250.00	—	≤1.8	≤4.0×L	≤3.5×L
>250.00~450.00	—	≤1.8	≤8.0×L	≤3.5×L

3.4　力学性能

横截面面积不大于 20 000 mm² 的产品和外径不大于 180.00 mm 的管材，室温纵向拉伸力学性能应符合表 30 的规定，横截面面积大于 20 000 mm² 和超出表 30 规定范围的产品，以及外径大于 180.00 mm 的管材，其力学性能不适应于表 30，由供方附实测结果交货。需方有特殊要求时，由供需双方协商决定，并在合同(或订货单)中注明。

表 30

牌号	品种	状态	管材或型材的壁厚，圆棒直径或方棒、扁棒、六角棒的内切圆直径/mm	抗拉强度 R_m/(N/mm²)	规定非比例延伸强度 $R_{p0.2}$/(N/mm²)	断后伸长率/%	
						A	$A_{50\ mm}$
				不小于			
5A01	管材、型材、棒材	H112	≤12.50	330	170	—	10
			>12.50～130.00			10	—
5A02	管材	O、H112	5.00～35.00	≤225	—	—	—
	棒材	O、H112	25.00～150.00		—	10	—
	型材	O、H112	≤12.50	≤245	—	—	10
			>12.50		—	12	—
5A03	管材	O、H112	5.00～12.50	175	70	—	15
			>12.50～35.00			15	—
	棒材	O、H112	≤12.50		80	—	13
			>12.50～150.00			13	—
	型材	O、H112	≤12.50	180		—	10
			>12.50			12	—
5A05	管材	O、H112	5.00～12.50	225	110	—	15
			>12.50～35.00			15	—
	棒材	O、H112	5.00～12.50	265	120	—	15
			>12.50～150.00			15	—
	型材	O、H112	≤12.50	255	130	—	13
			>12.50			15	—
5A06	管材	O、H112	5.00～12.50	315	145	—	15
			>12.50～35.00			15	—
	棒材	O、H112	5.00～12.50		155	—	15
			>12.50～150.00			15	—
	型材	O、H112	≤12.50		160	—	13
			>12.50			15	—
5052	管材、棒材、型材	O	≤12.50	170～230	70	—	15
			>12.50			17	—
		H112	≤12.50	170		—	13
			>12.50			15	—
5083	管材、型材	O	≤12.50	270～350	110	—	14
			>12.50	270		12	—
		H112	≤12.50		125	—	12

表 30（续）

牌号	品种	状态	管材或型材的壁厚，圆棒直径或方棒、扁棒、六角棒的内切圆直径/mm	抗拉强度 R_m/(N/mm^2)	规定非比例延伸强度 $R_{p0.2}$/(N/mm^2)	断后伸长率/% A	断后伸长率/% $A_{50\ mm}$
				不小于			
5083	管材、型材	H112	>12.50	270	125	12	—
	棒材	O	≤12.50	270～350	110	—	14
			>12.50～200.00	270		12	—
		H112	≤12.50	270	125	—	12
			>12.50～200.00			12	—
5383	管材、棒材、型材	O	≤12.50	290	145	—	17
			>12.50～50.00			17	—
		H112	≤12.50	310	190	—	13
			>12.50～50.00			13	—
5059	管材、棒材、型材	H112	≤12.50	330	200	—	10
			>12.5～50.00			10	—
5086	管材、型材	O	≤12.50	240～315	95	—	15
			>12.50			18	—
		H112	≤12.50	240		—	12
			>12.50			12	—
	棒材	O	≤12.50	240～315		—	15
			>12.50～200.00			18	—
		H112	≤12.50	240		—	12
			>12.50～250.0			12	—
5456	管材、棒材、型材	O	≤12.50	285～365	130	—	14
			>12.50～150.00			12	—
		H112	≤12.50	300		—	12
			>12.50～150.00			10	—
5454	管材、型材	O	≤12.50	200～275	85	—	16
			>12.50～25.00			18	—
		H112	≤12.50	230	100	—	14
			>12.50～25.00			16	—
	棒材	O	≤12.50	200～275	85	—	16
			>12.50～200.00			18	—
		H112	≤12.50	230	100	—	14
			>12.50～200.00			16	—

表 30（续）

牌号	品种	状态	管材或型材的壁厚，圆棒直径或方棒、扁棒、六角棒的内切圆直径/mm	抗拉强度 R_m/(N/mm²)	规定非比例延伸强度 $R_{p0.2}$/(N/mm²)	断后伸长率/% A	断后伸长率/% $A_{50\ mm}$
				不小于			
5754	管材、型材	H112	≤12.50	180	80	—	12
			>12.50～25.00			14	—
	棒材	H112	≤12.50			—	12
			>12.50～150.00			14	—
			>150.00～250.0		70	13	—
6060	管材	T4、T3511	≤12.50	120	60	—	16
			>12.50～15.00			16	—
		T5	≤12.50	160	120	—	8
			>12.50～15.00			8	—
		T6、T8511	≤12.50	190	150	—	8
			>12.50～15.00			8	—
	棒材	T4、T3511	≤12.50	120	60	—	16
			>12.50～150.00			16	—
		T5	≤12.50	160	120	—	8
			>12.50～150.00			8	—
		T6、T8511	≤12.50	190	150	—	8
			>12.50～150.00			8	—
	型材	T4、T3511	≤12.50	120	60	—	16
			>12.50～25.00			16	—
		T5	≤5.00	160	120	—	8
			>5.00～12.50	140	100	—	8
			>12.50～25.00			8	—
		T6、T8511	≤3.00	190	150	—	8
			>3.00～12.50	170	140	—	8
			>12.50～25.00			8	—
6005A	管材	T6	≤5.00	270	225	—	8
			>5.00～10.00	260	215	—	8
	棒材	T6	≤12.50	270	225	—	8
			>12.50～25.00			10	—
			>25.00～50.00			8	—
			>50.00～100.00	260	215	8	—

表 30（续）

牌号	品种	状态	管材或型材的壁厚，圆棒直径或方棒、扁棒、六角棒的内切圆直径/mm	抗拉强度 R_m/(N/mm²)	规定非比例延伸强度 $R_{p0.2}$/(N/mm²)	断后伸长率/%	
						A	$A_{50\ mm}$
				不小于			
6005A	实心型材	T4	≤12.50	180	90	—	13
			>12.50～25.00			15	—
		T6	≤5.00	270	225	—	8
			>5.00～12.50	260	215	—	8
			>12.50～25.00	250	200	8	—
	空心型材	T4	≤10.00	180	90	—	13
		T6	5.00～12.50	260	215	—	8
			>12.50～15.00	250	200	8	—
6082	管材	O	≤12.50	≤160	≤110	—	12
			>12.50～25.00			14	—
		T4、T3511	≤12.50	205	110	—	14
			>12.50			14	—
		T6、T8511	≤5.00	290	250	—	6
			>5.00～12.50	310	260	—	10
			>12.50～50.00			10	—
	棒材	O	≤12.50	≤160	≤110	—	12
			>12.50～150.00			14	—
		T4、T3511	≤12.50	205	110	—	14
			>12.50～150.00			14	—
		T6、T8511	≤5.00	295	250		6
			>5.00～12.50	310	260	—	10
			>12.50～150.00			8	—
			>150.00～200.00	280	240	6	
			>200.00～250.0	270	200	6	
	型材	O	≤12.50	≤160	≤110	—	12
			>12.50			14	—
		T4、T3511	≤12.50	205	110	—	14
			>12.50～25.00			14	—
		T5	≤5.00	270	230	—	8
		T6、T8511	≤5.00	290	250	—	6
			>5.00～12.50	310	260	—	10

表 30（续）

牌 号	品 种	状 态	管材或型材的壁厚，圆棒直径或方棒、扁棒、六角棒的内切圆直径/mm	抗拉强度 R_m/(N/mm²)	规定非比例延伸强度 $R_{p0.2}$/(N/mm²)	断后伸长率/%	
						A	$A_{50\ mm}$
				不小于			
6082	型材	T6、T8511	>12.50～25.00	310	260	10	—
6061	管材	O	≤12.50	≤150	≤110	—	14
			>12.50～25.00			16	—
		T4、T3511	≤12.50	180	110	—	15
			>12.50～25.00			15	—
		T6、T8511	≤12.50	260	240	—	10
			>12.50～25.00			10	—
	棒材	O	≤12.50	≤150	≤110	—	14
			>12.50～200.00			16	—
		T4、T3511	≤12.50	180	110	—	15
			>12.50～200.00			15	—
		T6、T8511	≤12.50	260	240	—	10
			>12.50～200.00			8	—
	型材	T4、T3511	≤12.50	180	110	—	15
			>12.50～25.00			15	—
		T6、T8511	≤12.50	260	240	—	10
			>12.50～25.00			10	—

3.5 低倍组织

3.5.1 产品的低倍组织试样上不允许有裂纹、缩尾、气孔、光亮晶粒存在。

3.5.2 产品低倍组织试样上的非金属夹杂物、化合物偏析或金属间化合物应符合表 31 的规定。

表 31

合 金	品 种	直径或横截面面积	对单点直径在下列范围的非金属夹杂物、化合物偏析或金属间化合物的要求		
			≤0.1 mm	>0.1 mm～0.5 mm	>0.5 mm
5A05	管、棒、型材	—	允许存在	单点直径>0.1 mm～0.4 mm 时，允许存在；单点直径>0.4 mm～0.5 mm 时，≤5 点。	不允许存在
5A06	管、棒、型材	—		不允许存在	

表 31（续）

<table>
<tr><th rowspan="2">合　金</th><th rowspan="2">品　种</th><th rowspan="2">直径或横截面面积</th><th colspan="3">对单点直径在下列范围的非金属夹杂物、化合物偏析或金属间化合物的要求</th></tr>
<tr><th>≤0.1 mm</th><th>>0.1 mm～0.5 mm</th><th>>0.5 mm</th></tr>
<tr><td rowspan="6">其他合金</td><td rowspan="2">管材</td><td>直径≤150.00 mm</td><td rowspan="6">允许存在</td><td>≤2 点</td><td rowspan="6">不允许存在</td></tr>
<tr><td>直径>150.00 mm</td><td>≤3 点</td></tr>
<tr><td>棒材</td><td>—</td><td>≤2 点</td></tr>
<tr><td rowspan="3">型材</td><td>横截面面积 ≤10 mm^2</td><td>≤2 点</td></tr>
<tr><td>横截面面积 >10 mm^2～50 mm^2</td><td>≤3 点</td></tr>
<tr><td>横截面面积 >50 mm^2</td><td>≤5 点</td></tr>
</table>

3.5.3　产品低倍组织试样上的粗晶环深度应符合表 32 的规定。

表 32

品　种	粗晶环要求[a]
淬火管材	需方对粗晶环有要求时，供需双方商定粗晶环的大小，并在合同(或订货单)中注明
淬火棒材	粗晶环深度应不大于 8 mm
淬火型材	外接圆直径不大于 250.00 mm 时，粗晶环深度应不大于 5 mm；当外接圆直径大于 250.00 时，粗晶环深度应不大于 8 mm

[a] 需经机械加工处理的型材，其机加工处的粗晶环深度不大于机加工余量时，该处的粗晶环深度允许大于表中规定。

3.5.4　产品低倍组织试样上的氧化膜应符合表 33 规定。

表 33

缺陷名称	受检面积	对单点长度在下列范围的氧化膜的要求		
		≤0.3 mm	>0.3 mm～2.0 mm	>2.0 mm
氧化膜	全断面	允许存在	≤4 点	不允许存在

3.5.5　管材低倍组织试样上的成层深度不应超过管材壁厚允许负偏差值，并不应使管材的壁厚偏差超出允许范围。

3.5.6　棒材低倍组织试样上的成层深度不应超出棒材直径(或棒材内切圆直径)允许负偏差值之半，并不应使棒材的直径(或棒材内切圆直径)偏差超出允许范围。需经机械加工处理的型材，允许有不超过加工余量之半的成层存在，其他型材不允许有成层存在。

3.6　显微组织

淬火产品，显微组织不允许有过烧。

3.7 超声波探伤

需要进行超声波检验的产品，可由供需双方商定检验部位和检验级别，并在图样或合同(或订货单)中注明。

3.8 表面质量

3.8.1 管材

3.8.1.1 管材表面不允许有裂纹、腐蚀存在。

3.8.1.2 管材表面出现起皮、气泡时应进行清除，但该清除处理不应使管材的外径或壁厚偏差超出允许范围。

3.8.1.3 管材表面的碰伤、划伤、擦伤、压坑等缺陷深度不应超出管材外径允许负偏差值，并不应使管材的外径或壁厚偏差超出允许范围。

3.8.1.4 管材表面矫直痕深度应不大于 0.5 mm，并不应使管材的外径或壁厚偏差超出允许范围。

3.8.1.5 管材表面允许存在氧化色、不粗糙的白色和暗色斑点。

3.8.2 棒材

3.8.2.1 棒材表面不允许有裂纹、气泡或腐蚀斑点存在。

3.8.2.2 棒材表面出现起皮时应进行清除，但该清除处理不应使棒材的直径(或棒材内切圆直径)偏差超出允许范围。

3.8.2.3 棒材表面的碰伤、划伤、擦伤、压坑、氧化色、不粗糙的黑、白斑点以及由于矫直所产生的矫直痕等缺陷的深度不应超出棒材直径(或棒材内切圆直径)允许负偏差值，并不应使棒材的直径(或棒材内切圆直径)偏差超出允许范围。

3.8.3 型材

3.8.3.1 型材表面不允许有裂纹、腐蚀及非金属压入物存在。

3.8.3.2 型材表面不允许有深度超过壁厚负偏差值的起皮、凹坑、压痕、气泡、碰伤以及深度超过壁厚负偏差值之半的划伤、表面粗糙或个别的擦伤。型材任意 1 m 长度内，缺陷总面积不应超过型材表面积的 4%。

3.8.3.3 允许供方对型材表面缺陷沿纵向修整，直至成光滑表面。该修整处理不应使型材的壁厚偏差超出允许范围。

3.8.3.4 型材表面允许存在氧化色、不粗糙的白色或暗色斑点。

3.8.3.5 需经机械加工处理的型材，其加工处的缺陷深度应不超过机械加工余量之半。

4 试验方法

4.1 化学成分

产品化学成分采用 GB/T 7999 或 GB/T 20975 进行分析，仲裁分析按 GB/T 20975 规定的方法进行。

4.2 尺寸偏差

4.2.1 横截面尺寸应用精度不低于 0.02 mm 的量具进行测量，其他尺寸可用直尺、米尺、卷尺和塞尺等量具测量。

4.2.2 纵向弯曲度的测量方法如下：

将产品放在平台上，借自重达到稳定时，将 300 mm 的直尺置于产品表面上，测量产品表面与直尺间的间隙值 h_s，或沿产品长度方向测量产品底面与平台间的最大间隙值 h_t，如图 3 所示。

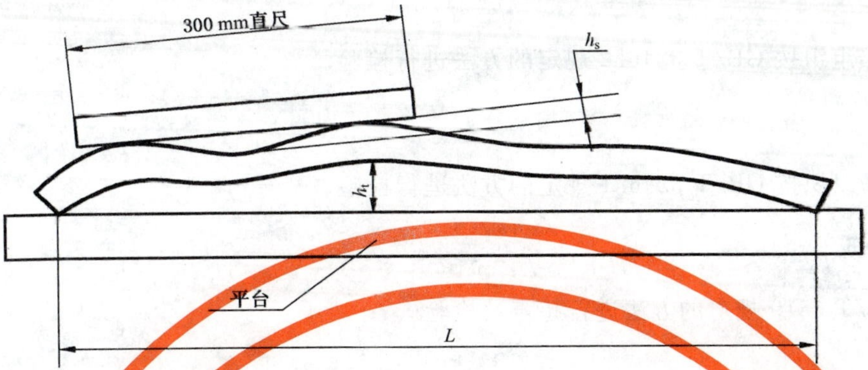

图 3

4.2.3 平面间隙测量方法如下：

将产品置于平台上，测量产品与平台间的最大间隙值 f，如图 4 所示。

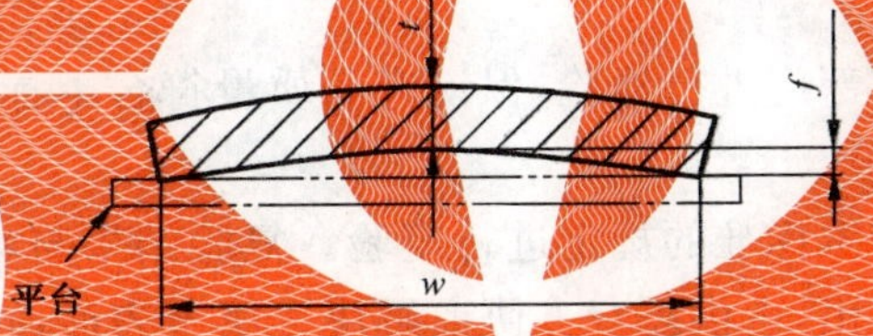

图 4

4.2.4 扭拧度测量方法如下：

将具有规定的检测长度的产品(如图 5 所示 AC 段产品)某平面(如图 5 的 ABCD 面)一端(如图 5 的 AB 端)紧贴平台，产品借自重达到稳定时，测量该平面另一端(如图 5 的 CD 端)两侧边(如图 5 所示 AC 边、BD 边)翘离平台的最大高度差值(T)，即为产品的扭拧度值。

图 5

4.3 力学性能

产品的室温纵向拉伸力学性能按 GB/T 228 规定的方法进行检验。

4.4 低倍组织

产品的低倍组织按 GB/T 3246.2 规定的方法进行检验。

4.5 显微组织

产品的显微组织按 GB/T 3246.1 规定的方法进行检验。

4.6 超声波探伤

产品按 GB/T 6519 规定的方法进行超声波检验。

4.7 表面质量

产品的表面质量以目视检验，当缺陷深度难以确定时，可以借助于 10 倍以下的放大镜或打磨后测量。

5 检验规则

5.1 检查和验收

5.1.1 产品应由供方技术监督部门进行检验，保证产品质量符合本标准及合同(或订货单)的规定，并填写质量证明书。

5.1.2 需方应对收到的产品按本标准的规定进行复验。复验结果与本标准及合同(或订货单)的规定不符时，应以书面形式向供方提出，由供需双方协商解决。属于表面质量及尺寸偏差的异议，应在收到产品之日起一个月内提出，属于其他性能的异议，应在收到产品之日起三个月内提出。如需仲裁，供需双方应在需方共同进行仲裁取样。

5.2 组批

产品应成批提交验收，每批应由同一牌号、状态和规格组成。每批重量不限。

5.3 检验项目

每批产品出厂前应进行化学成分、尺寸偏差、力学性能、低倍组织和表面质量的检验。淬火制品应进行显微组织检验，合同(或订货单)或图样中注明超声波检验的产品应进行超声波检验。

5.4 取样

产品的取样应符合表 34 的规定。

表 34

检验项目	取样规定	要求的章条号	试验方法的章条号
化学成分	按 GB/T 17432 的规定进行	3.2	4.1
尺寸偏差	逐件检验	3.3	4.2

表 34（续）

检验项目	取样规定	要求的章条号	试验方法的章条号
力学性能[a]	取样数量按表 35 规定。在抽取的每件产品挤压前端切取 1 个试样，其他要求按 GB/T 16865	3.4	4.3
低倍组织	取样数量按表 35 规定。在抽取的每件产品挤压尾端切取 1 个试样	3.5	4.4
显微组织[a]	每批（炉）取 2 件，在抽取的每件产品上切取 1 个试样	3.6	4.5
超声波探伤	逐件检验	3.7	4.6
表面质量	逐件检验	3.8	4.7
[a] T4、T3511、T6、T8511 状态的产品，生产厂按热处理炉次取样，仲裁时按批取样。			

表 35

每批（炉）产品根数	取样根数
≤50	2
≥50～90	3
≥90～150	5
≥150～280	8
≥280～500	13
≥500～1 200	20

5.5 检验结果的判定

5.5.1 化学成分不合格时，产品能区分熔次的判该熔次不合格，其他熔次依次检验，合格者交货。不能区分熔次的判该批产品不合格。

5.5.2 尺寸偏差不合格时，判该件产品不合格。

5.5.3 室温拉伸力学性能不合格时，按如下判定：

5.5.3.1 从该批（炉）中（含原检验不合格者）另取双倍数量的试样进行重复试验（H112 状态的产品也可按 5.5.3.2 的规定进行重新试验），重复试验结果全部合格时判该批（炉）产品合格。若重复试验结果仍有不合格者，判该批（炉）产品不合格。

5.5.3.2 当 H112 状态的产品室温纵向拉伸力学性能达不到规定要求时，可按表 35 重新取样检测试样退火后的室温纵向拉伸力学性能，若性能符合“O”状态规定，则判该批产品合格，否则判该批产品不合格。

5.5.3.3 允许供方对因力学性能判不合格的批次进行逐件检验，或进行重新热处理后再重新检验一次。合格者交货。

5.5.4 低倍组织不合格时，按如下判定：

5.5.4.1 因裂纹、非金属夹杂物等冶金缺陷不合格时，判该批产品不合格。但允许逐根进行 B 级超声波检验，合格者交货。

5.5.4.2 当粗晶环超出表 32 规定时，允许供方在粗晶区取样（若粗晶环深度小于标准试样的直径或厚度时，该试样应包含粗晶环的全部深度）检测室温纵向拉伸力学性能，若力学性能达到本标准规定，则判该批产品合格,否则判该批产品不合格。

5.5.4.3 因成层、缩尾或粗晶环不合格时,允许切去一段后重新检验直至合格时止。该批中的其他产品均应按上述缺陷分布的最大长度切尾或逐件检验,合格者交货。

5.5.5 显微组织不合格时,产品能区分热处理炉次的判该炉次不合格,其他炉次依次检验,合格者交货。不能区分炉次的判该批产品不合格。

5.5.6 超声波检验不合格时,判该件产品不合格。

5.5.7 表面质量不合格时,判该件产品不合格。允许切除不合格部分重新检验,合格者交货。

5.5.8 当出现其他缺陷时,该批产品由供需双方协商处理。

6 标志、包装、运输、贮存及质量证明书

6.1 标志

6.1.1 在检验合格的产品挤压前端打印如下标记(也可在每捆产品上挂标牌或贴标签):

a) 供方技术监督部门的检印;

b) 合金牌号;

c) 状态;

d) 产品批号;

e) 船检标志或证明。

6.1.2 在检验合格的产品挤压尾端打上“W”标记(或贴标签)。

6.1.3 产品的包装箱标志应符合 GB/T 3199 的规定。

6.2 包装、运输、贮存

6.2.1 管材的包装、运输和贮存

管材不涂油,对直径小于或等于 50.00 mm 的所有管材和直径大于 50.00 mm 且壁厚小于 7.00 mm 的管材应装箱,每箱重量不超过 1 000 kg。其他管材进行裸件打捆包装,需涂油或有其他特殊要求时,可由供需双方协商决定,并在合同(或订货单)中注明。其他要求应符合 GB/T 3199 规定。

6.2.2 棒材的包装、运输和贮存

棒材不涂油,对直径小于 50.00 mm 的棒材应装入衬有包装材料的包装箱内,每箱重量不超过 1 000 kg。其他棒材进行裸件打捆包装,需涂油或有其他特殊要求时,可由供需双方协商决定,并在合同(或订货单)中注明。其他要求应符合 GB/T 3199 规定。

6.2.3 型材的包装、运输和贮存

型材不涂油,装入衬有包装材料的包装箱内,每箱重量不超过 1 000 kg。需涂油或有其他特殊要求时,可由供需双方协商决定,并在合同(或订货单)中注明。其他要求应符合 GB/T 3199 规定。

6.3 质量证明书

每批产品应附有产品质量证明书,其上注明:

a) 供方名称、地址、电话、传真;

b) 产品名称;

c) 合金牌号、状态及规格;

d) 批号;

e） 净重或件数；

f） 各项分析项目的检验结果；

g） 供方技术监督部门的印记及船用检验证明；

h） 本标准编号；

i） 包装日期(或出厂日期)。

7 合同(或订货单)内容

订购本标准所列产品的合同(或订货单)内应包括下列内容：

a） 产品名称；

b） 合金牌号；

c） 状态；

d） 尺寸规格或型号；

e） 质量(或件数)；

f） 本标准编号；

g） 产品需要涂油时应在合同(或订货单)中注明。

ICS 77.150.30
H 62

中华人民共和国国家标准

GB/T 26007—2010

弹性元件和接插件用铜带

Copper and copper alloys—Strip for springs and connectors

2011-01-10 发布　　　　2011-10-01 实施

中华人民共和国国家质量监督检验检疫总局
中国国家标准化管理委员会　发布

前　言

本标准修改采用EN 1654—1997《弹性元件和接插件用铜及铜合金带材》，参照采用JIS H3130：2006《弹簧用铍青铜、锡青铜和锌白铜板和带》标准制定。

本标准与EN 1654—1997《弹性元件和接插件用铜及铜合金带材》标准相比，主要差异如下：

——本标准包括普通黄铜（H85、H70、H65、H63）、锡青铜（QSn4-0.3、QSn5-0.1、QSn6.5-0.1、QSn8-0.3）、锌白铜（BZn12-24、BZn12-29、BZn18-18、BZn18-20、BZn18-26），未采用EN 1654标准中的铍青铜、铁青铜，还有CuCo2Be、CuNi2Be、CuNi2Si、CuNi9Sn2、CuZn23Al3Co合金牌号；

——本标准供货形式有轧制后供货，未采用EN 1654标准中的矫直后供货；

——本标准的性能要求有抗拉强度、断后伸长率、维氏硬度和90°弯曲试验，未采用EN 1654标准中屈服强度和弹性弯曲极限要求。

本标准由中国有色金属工业协会提出。

本标准由全国有色金属标准化技术委员会归口。

本标准负责起草单位：中铝上海铜业有限公司。

本标准参加起草单位：安徽鑫科新材料股份有限公司、宁波兴业电子铜带有限公司。

本标准主要起草人：邵胜忠、张健、宣夕文、张玲俐、陈伟文、孟惠娟、傅红华、郑国辉。

弹性元件和接插件用铜带

1 范围

本标准规定了弹性元件和接插件用铜带的要求、试验方法、检验规则及标志、包装、运输、贮存及合同(或订货单)内容等。

本标准适用于供弹性元件和接插件用铜带。

2 规范性引用文件

下列文件对于本文件的应用是必不可少的。凡是注日期的引用文件,仅注日期的版本适用于本文件。凡是不注日期的引用文件,其最新版本(包括所有的修改单)适用于本文件。

GB/T 228—2002 金属材料 室温拉伸试验方法

GB/T 232 金属材料 弯曲试验方法

GB/T 4340.1 金属材料 维氏硬度试验 第1部分:试验方法

GB/T 5121(所有部分) 铜及铜合金化学分析方法

GB/T 5231 加工铜及铜合金化学成分和产品形状

GB/T 8888 重有色金属加工产品的包装、标志、运输和贮存

3 要求

3.1 产品分类

3.1.1 牌号、状态、规格

带材的牌号、状态、规格应符合表1的规定。

表1 带材的牌号、状态、规格

牌 号	状 态	厚度/mm	宽度/mm
H85、H80、H70、H65、H63	1/4硬(Y_4)、半硬(Y_2) 硬(Y)、特硬(T)	0.1～1.5	3～200
QSn4-0.3、QSn5-0.3、QSn6.5-0.1	1/4硬(Y_4)、半硬(Y_2) 硬(Y)、特硬(T)	0.1～1.5	3～200
QSn8-0.3	1/4硬(Y_4)、半硬(Y_2) 硬(Y)、特硬(T)、弹硬(TY)		
BZn12-24、BZn12-29 BZn18-18、BZn18-20、BZn18-26	半硬(Y_2)、硬(Y)、特硬(T)	0.1～1.5	3～200
注:经供需双方协商,可以供应其他规格的带材。			

3.1.2 标记示例

用 H65 制造的、半硬状态，厚度为 0.8 mm，宽度为 200 mm 的带材标记为：

带 H65Y_2　0.8×200　GB/T 26007—2010

3.2 化学成分

QSn5-0.3、BZn12-24、BZn12-29、BZn18-20 牌号的化学成分应符合表 2 的规定，其他牌号的产品化学成分应符合 GB/T 5231 的规定。

表 2　带材的化学成分

牌号	化学成分/%								
	Cu	Fe	P	Mn	Ni	Pb	Sn	Zn	其他杂质总和
QSn5-0.3	余量	≤0.1	0.01～0.4	—	≤0.2	≤0.02	4.5～5.5	≤0.2	≤0.2
BZn12-24	63.0～66.0	≤0.3	—	≤0.5	11.0～13.0	≤0.03	≤0.03	余量	≤0.2
BZn12-29	57.0～60.0	≤0.3	—	≤0.5	11.0～13.5	≤0.03	≤0.03	余量	≤0.2
BZn18-20	60.0～63.0	≤0.3	—	≤0.5	17.0～19.0	≤0.03	≤0.03	余量	≤0.2

注：其他杂质总和指表中所列杂质元素之外的杂质含量之和。

3.3 外形尺寸及其允许偏差

3.3.1 带材的厚度及其允许偏差应符合表 3 中相应的规定。

表 3　带材的厚度及其允许偏差

单位为毫米

厚度	厚度允许偏差	
	普通级	高级
0.1～0.2	±0.010	±0.005
>0.2～0.3	±0.015	±0.008
>0.3～0.4	±0.018	±0.010
>0.4～0.5	±0.020	±0.015
>0.5～0.8	±0.025	±0.018
>0.8～1.0	±0.030	±0.022
>1.0～1.5	±0.035	±0.025

注 1：需方只要求单向偏差时，其值为表中数值的 2 倍。

注 2：需方要求高级时，在合同中注明。

3.3.2 带材的宽度及其允许偏差应符合表4中相应的规定。

表4 带材的宽度及其允许偏差

单位为毫米

厚度	宽度允许偏差		
	3～50	>50～100	>100～200
0.1～0.6	±0.05	±0.075	—
>0.6～1.0	±0.10	±0.15	±0.20
>1.0～1.5	±0.15	±0.20	±0.25
注：需方只要求单向偏差时，其值为表中数值的2倍。			

3.3.3 带材的侧边弯曲度应符合表5的规定。

表5 带材的侧边弯曲度

宽度/mm	侧边弯曲度/(mm/m)	
	厚度≤0.5	厚度>0.5
3～6	≤12	—
>6～10	≤8	≤10
>10～20	≤4	≤6
>20～200	≤2	≤3

3.3.4 横向弯曲度：宽度小于等于100 mm的带材，横向弯曲度(q)(见图1)包括毛刺应符合表6的规定。宽度大于100 mm的带材分切成宽度小于等于100 mm的带材进行检测，其横向弯曲度(q)包括毛刺也应符合表6的规定。

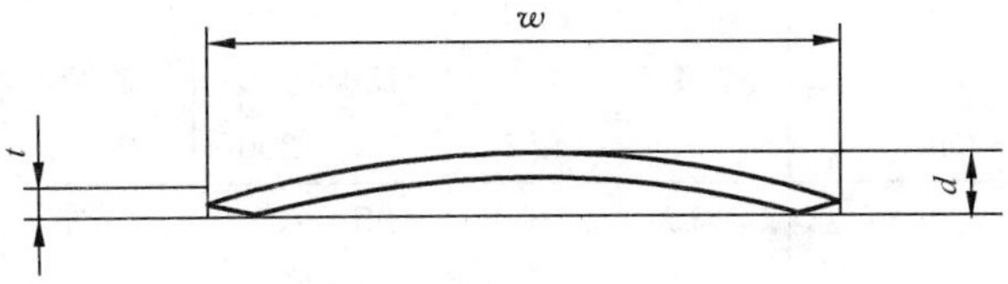

横向弯曲度 $q=d-t$；

d——是基准面到横截面最高点的距离；

t——厚度；

w——宽度。

图1 横向弯曲度(q)示意图

表6 横向弯曲度

单位为毫米

厚度	横向弯曲度		
	宽度≤20	宽度>20～50	宽度>50～100
0.1～0.5	≤0.10	≤0.20	≤0.30
>0.5～1.0	≤0.15	≤0.25	≤0.35
>1.0～1.5	≤0.20	≤0.30	≤0.40

3.4 力学性能和工艺性能

3.4.1 带材的纵向室温拉伸试验、硬度试验、90°弯曲试验条件应符合表7的规定，90°弯曲试验时弯曲外表面不能有肉眼可见的裂纹。

3.4.2 需方应在以下A、B两种试验方案要求中两者任选一，并在合同中注明。未注明时进行A方案：纵向室温拉伸试验。

A方案：纵向室温拉伸试验；

B方案：硬度试验和90°弯曲试验。

表7 带材的力学性能和工艺性能

牌号	状态	拉伸试验			硬度试验	最小弯曲内侧半径			
		抗拉强度 R_m/(N/mm²)	断后伸长率 A_{50mm}/%		维氏硬度 HV	纵向的弯曲		横向的弯曲	
			厚度/mm			厚度/mm		厚度/mm	
			0.1～0.25	>0.25～1.0		0.1～0.25	>0.25～1.0	0.1～0.25	>0.25～1.0
H85	Y_4	300～370	≥16	≥20	85～115	0×t	0×t	0×t	0×t
	Y_2	350～420	≥8	≥12	105～135	0×t	0×t	0×t	0×t
	Y	410～490	≥3	≥4	125～155	0×t	1×t	0×t	0×t
	T	480～560	—	≥2	150～180	1×t	3×t	0×t	0×t
H80	Y_4	330～410	≥14	≥18	90～120	0×t	0×t	0×t	0×t
	Y_2	380～460	≥7	≥10	110～140	0×t	0×t	0×t	0×t
	Y	440～530	≥3	≥4	130～160	0×t	1×t	0×t	0×t
	T	≥510	—	≥2	155～185	1×t	3×t	0×t	0×t
H70	Y_4	350～430	≥21	≥25	95～125	0×t	0×t	0×t	0×t
	Y_2	410～490	≥9	≥12	120～155	0×t	1×t	0×t	0×t
	Y	480～560	≥4	≥6	150～180	1×t	2×t	0×t	0×t
	T	550～640	—	≥2	170～200	2×t	3×t	0×t	1×t
H65 H63	Y_4	350～430	≥19	≥23	95～125	0×t	0×t	0×t	0×t
	Y_2	410～490	≥8	≥10	120～155	0×t	1×t	0×t	0×t
	Y	480～560	≥3	≥5	150～180	1×t	2×t	0×t	0×t
	T	550～640	—	≥2	170～200	2×t	3×t	0×t	1×t
QSn4-0.3	Y_4	390～490	≥11	≥13	115～155	0×t	0×t	0×t	0×t
	Y_2	480～570	≥4	≥5	150～180	0×t	1×t	0×t	0×t
	Y	540～630	≥3	≥4	170～200	1×t	2×t	0×t	0×t
	T	≥610	—	≥2	≥190	—	—	—	—
QSn5-0.3	Y_4	400～500	≥14	≥17	120～160	0×t	0×t	0×t	0×t
	Y_2	490～580	≥8	≥10	160～190	0×t	1×t	0×t	0×t
	Y	550～640	≥4	≥6	180～210	1×t	2×t	0×t	0×t
	T	630～720	—	≥3	200～230	2×t	3×t	0×t	1×t
QSn6.5-0.1	Y_4	420～520	≥17	≥20	125～165	0×t	0×t	0×t	0×t
	Y_2	500～590	≥8	≥10	160～190	0×t	1×t	0×t	0×t
	Y	560～650	≥5	≥7	180～210	1×t	2×t	0×t	0×t
	T	640～730	≥3	≥4	200～230	2×t	3×t	0×t	1×t

表 7（续）

牌号	状态	拉伸试验			硬度试验	最小弯曲内侧半径			
		抗拉强度 R_m/(N/mm²)	断后伸长率 A_{50mm}/%		维氏硬度 HV	纵向的弯曲		横向的弯曲	
			厚度/mm			厚度/mm		厚度/mm	
			0.1～0.25	>0.25～1.0		0.1～0.25	>0.25～1.0	0.1～0.25	>0.25～1.0
QSn8-0.3	Y_4	450～550	≥20	≥23	135～175	0×t	0×t	0×t	0×t
	Y_2	540～630	≥13	≥15	170～200	0×t	1×t	0×t	0×t
	Y	600～690	≥5	≥7	190～220	1×t	2×t	0×t	1×t
	T	660～750	≥3	≥4	210～240	2×t	4×t	1×t	2×t
	TY	≥740	—	—	≥230	—	—	—	—
BZn12-24	Y_2	490～580	≥5	≥6	150～180	0×t	0×t	0×t	0×t
	Y	550～640	—	≥3	170～200	0×t	1×t	0×t	0×t
	T	620～710	—	≥2	190～220	—	—	—	—
BZn12-29	Y_2	520～610	≥3	≥4	170～200	0×t	1×t	0×t	0×t
	Y	600～690	—	≥2	190～220	1×t	3×t	0×t	1×t
	T	670～760	—	—	210～240	3×t	—	1×t	2×t
BZn18-20 BZn18-18	Y_2	500～590	≥3	≥5	160～190	0×t	1×t	0×t	0×t
	Y	580～670	—	≥2	180～210	0×t	2×t	0×t	0×t
	T	640～730	—	—	200～230	—	—	—	—
BZn18-26	Y_2	540～630	≥3	≥5	170～200	0×t	1×t	0×t	0×t
	Y	600～700	—	≥2	190～220	1×t	3×t	0×t	1×t
	T	≥700	—	—	≥220	—	—	—	—

注 1：厚度超出规定范围的带材，其性能由供需双方商定。

注 2：t 为带材厚度。

注 3：0×t 表示弯曲内侧半径≤0.1 mm。

注 4：n×t 表示 n 倍带厚。

3.5 表面质量

带材的表面应光滑、清洁，不允许有有碍商业使用的缺陷；如有特殊规定可允许带材表面有一层薄润滑剂。

4 试验方法

4.1 化学成分的仲裁分析方法

带材的化学成分仲裁分析方法按 GB/T 5121 的规定进行。

4.2 外形尺寸测量方法

带材的外形尺寸应用相应精度的测量工具进行测量；带材的厚度在距端部不小于 100 mm 和距边部不小于 10 mm 处测量，测量范围以外的厚度超差不作报废依据。

4.3 力学性能试验方法

带材的拉伸试验按 GB/T 228—2002 的规定进行；拉伸试样应符合 GB/T 228—2002 附录 A 表 A.2中 P5 试样号的规定。维氏硬度试验按 GB/T 4340.1 的规定进行。

4.4 工艺性能试验方法

带材的弯曲试验按 GB/T 232 的规定进行。在 90°弯曲试验时分别进行纵向和横向的弯曲试验，试样宽度不小于 10 mm，长度不小于 20 mm，试样边部应无毛刺。

4.5 表面质量检验方法

带材的表面质量应用目视进行检验。

5 检验规则

5.1 检查和验收

5.1.1 带材应由供方技术监督部门进行检验，保证产品质量符合本标准及合同(或订货单)的规定，并填写质量证明书。

5.1.2 需方对收到的产品按本标准的规定进行检验，如检验结果与本标准及合同(或订货单)的规定不符时，应在收到产品之日起三个月内向供方提出，由供需双方协商解决；如需仲裁，仲裁取样在需方由供需双方共同进行。

5.2 组批

带材应成批提交验收，每批应由同一牌号、状态和规格组成；每批重量一般应不大于 3 500 kg(如果该批为同一熔次，则批重可不大于 6 000 kg)。

5.3 检验项目

每批带材应进行化学成分、力学性能和工艺性能、外形尺寸、表面质量的检验。

5.4 取样

产品取样应符合表 8 的规定。

表 8 带材的取样规定

检验项目	取样规定	要求的章条号	试验方法的章条号
化学成分	供方在熔铸过程中，每炉取一个试样；需方在每批中任取一个试样	3.2	4.1
外形尺寸	逐卷检验	3.3	4.2
力学性能	任取二卷，每卷沿轧制方向任取一个试样	3.4	4.3
工艺性能	任取二卷，每卷沿带材纵向和横向各取一个试样	3.4	4.4
表面质量	逐卷检验	3.5	4.5

5.5 检验结果的判定

5.5.1 化学成分试验结果不合格时，则整批判为不合格。

5.5.2 外形尺寸和表面质量不合格时，按卷判为不合格。

5.5.3 力学性能、工艺性能的试验结果不合格时，应从该批中再取双倍试样(包括原检验不合格的那卷带材)进行该不合格项目的重复试验。如重复试验结果全部合格，则整批判为合格；如重复试验仍有一个试样不合格，则整批判为不合格。

6 标志、包装、运输、贮存和质量证明书

带材的标志、包装、运输、贮存和质量证明书应符合 GB/T 8888 的规定。

7 合同(或订货单)内容

本标准所列材料的合同(或订货单)应包括下列内容：

a) 产品名称；

b) 牌号；

c) 供应状态；

d) 外形尺寸及其允许偏差(高级或有特殊要求时)；

e) 重量；

f) 本标准编号；

g) 其他。

ICS 77.150
H 64

中华人民共和国国家标准

GB/T 26008—2010

电池级单水氢氧化锂

Battery grade lithium hydorxide monohydrate

2011-01-10 发布 2011-10-01 实施

中华人民共和国国家质量监督检验检疫总局
中国国家标准化管理委员会 发布

前言

本标准由中国有色金属工业协会提出。

本标准由全国有色金属标准化技术委员会归口。

本标准起草单位:新疆有色金属研究所、四川天齐锂业股份有限公司、海门容汇通用锂业有限公司。

本标准主要起草人:支红军、封国富、金鹏、关玉珍、王宏川、李南平、董华波。

电池级单水氢氧化锂

1 范围

本标准规定了电池级单水氢氧化锂产品的要求、试验方法、检验规则和标志、包装、运输、贮存及合同（或订货单）内容。

本标准适用于生产二次电池使用的电池级单水氢氧化锂。

2 规范性引用文件

下列文件对于本文件的应用是必不可少的。凡是注日期的引用文件，仅注日期的版本适用于本文件。凡是不注日期的引用文件，其最新版本(包括所有的修改单)适用于本文件。

GB/T 191　包装储运图示标志

GB/T 11064(所有部分)　碳酸锂、单水氢氧化锂、氯化锂化学分析方法

3 要求

3.1 产品分类

电池级单水氢氧化锂分三个牌号：$LiOH \cdot H_2O$-D1、$LiOH \cdot H_2O$-D2、$LiOH \cdot H_2O$-D3。

3.2 化学成分

产品的化学成分应符合表1的规定。

表 1　　%

化学成分(质量分数)		牌号		
		$LiOH \cdot H_2O$-D1	$LiOH \cdot H_2O$-D2	$LiOH \cdot H_2O$-D3
$LiOH \cdot H_2O$,不小于		98.0	96.0	95.0
杂质含量,不大于	Fe	0.000 8	0.000 8	0.000 8
	K	0.003	0.003	0.005
	Na	0.003	0.003	0.005
	Ca	0.005	0.005	0.01
	Cu	0.005	0.005	—
	Mg	0.005	0.005	—
	Mn	0.005	0.005	—
	Si	0.005	0.005	—
	CO_3^{2-}	0.7	1.0	1.0
	Cl^-	0.002	0.002	0.002
	SO_4^{2-}	0.01	0.01	0.01
	盐酸不溶物	0.005	0.005	0.005

3.3 外观质量

产品的外观应呈白色晶体，不得有目视可见的夹杂物。

4 试验方法

4.1 产品的化学成分分析按 GB/T 11064 的规定进行。

4.2 产品的外观质量用目视检查。

5 检验规则

5.1 检查和验收

5.1.1 产品由供方进行检验，保证产品质量符合本标准及合同（或订货单）的规定，并填写质量证明书。

5.1.2 需方可对收到的产品进行检验，如检验结果与本标准及合同（或订货单）的规定不符时，在收到产品之日起一个月内向供方提出，由供需双方协商解决。

5.2 组批

产品应成批提交验收，每批应由同一牌号的混合料组成。产品以 600 kg 作为一个组批，以 3 kg 为 1 包，12 kg 为 1 件。

5.3 检验项目及取样数量

每批产品的检验项目及取样数量见表 2。

表 2

检验项目	取样数量	要求的章条号	检验方法的章条号
化学成分	每批 4 件，每件 1 包	3.2	4.1
外观质量	逐包	3.3	4.2

5.4 取样规定

5.4.1 用小型不锈钢取样管从每包的 1/2 深处，三点均匀分布取样。

5.4.2 取样量不得少于 200 g，在混样瓶中混匀后，用四分法缩分至试样所需量。

5.5 检验结果判定

5.5.1 化学成分检验不合格时，判该批产品不合格。

5.5.2 外观质量不合格时，判该包产品不合格。

6 标志、包装、运输和贮存

6.1 标志

每包产品上应贴标签，注明：产品名称、牌号、批号、净重、生产日期、供方名称。外包装上注明：产品名称、牌号、批号、净重、供方名称、出厂日期、本标准编号，符合 GB/T 191 的包装储运图示标志规定。

6.2 包装

产品采用双层聚丙烯、聚乙烯塑料袋(或铝塑袋)真空封口包装,每包净重或 3 kg±0.03 kg,4 包作为一件。外包装采用硬纸板桶(或硬纸板箱),对产品的包装方式有其他要求时,可由供需双方协商。

6.3 运输

产品运输过程中应注意防潮、防碰撞、防止破损。

6.4 贮存

产品应存放于干燥处,贮存期不应超过半年。

6.5 质量证明书

每批产品应附有质量证明书,注明:

a) 供方名称、地址、电话、传真;

b) 产品名称和牌号;

c) 批号;

d) 净重和件数;

e) 各项分析检验结果和质量监督部门印记;

f) 本标准编号;

g) 出厂日期(或包装日期)。

7 合同(或订货单)内容

订购本标准所列产品的订货单(或合同)应包括下列内容:

a) 产品名称;

b) 产品牌号;

c) 净重和件数;

d) 本标准编号;

e) 其他特殊要求。

ICS 77.150.99
H 63

中华人民共和国国家标准

GB/T 26009—2010

电光源用铌锆合金无缝管

Niobium-zirconium alloys seamless tube for electric light source

2011-01-10 发布　　2011-10-01 实施

中华人民共和国国家质量监督检验检疫总局
中国国家标准化管理委员会　发布

前　言

本标准由中国有色金属工业协会提出。

本标准由全国有色金属标准化技术委员会(SAC/TC 243)归口。

本标准起草单位:西部金属材料股份有限公司、西北有色金属研究院。

本标准主要起草人:宜楠、赵鸿磊、张锟宇、刘鸣、张录强、杜铁路。

电光源用铌锆合金无缝管

1 范围

本标准规定了铌锆合金无缝管的要求、试验方法、检验规则和标志、包装、运输、贮存、质量证明书及合同(或订货单)内容。

本标准适用于冷轧(或冷拔)法生产的电光源用铌锆合金无缝管。

2 规范性引用文件

下列文件对于本文件的应用是必不可少的。凡是注日期的引用文件,仅注日期的版本适用于本文件。凡是不注日期的引用文件,其最新版本(包括所有的修改单)适用于本文件。

GB/T 228 金属材料 室温拉伸试验方法

GB/T 15076(所有部分) 钽铌化学分析方法

YS/T 656 铌及铌合金加工产品牌号和化学成分

3 要求

3.1 牌号和状态

管材的牌号、供货状态和规格应符合表1的规定。

表 1

牌号	供货状态	外径/mm	壁厚/mm	长度范围/mm
NbZr1	再结晶退火(M) 消除应力退火(m)	1.8～5.5	0.22～0.25	350～2 000

3.2 标记示例

产品标记按产品名称、牌号、状态、规格、标准编号的顺序表示。

示例:按本标准生产的 NbZr1 冷轧(冷拔)无缝管,再结晶退火状态,外径为 2 mm,壁厚为 0.22 mm,长度为 L 的定尺管材标记为:

管 NbZr1 M $\phi 2\times 0.22\times L$ GB/T 26009—2010。

3.3 化学成分

管材化学成分应符合 YS/T 656 中 NbZr1 牌号的规定。

3.4 力学性能

当需方要求并在合同中注明时,产品的室温力学性能应符合表2规定。

表 2

牌 号	状 态	室温力学性能，不小于		
		抗拉强度 R_m/MPa	规定非比例延伸强度 $R_{p0.2}$/MPa	断后伸长率 A_{25}/%
NbZr1	m	250	150	20
	M	195	125	25

3.5 尺寸及允许偏差

3.5.1 管材外径与壁厚允许偏差应符合表 3 的规定。

表 3

单位为毫米

外 径	外径允许偏差	壁 厚	壁厚允许偏差
1.8	$^{0}_{-0.05}$	0.22～0.25	±0.025
>1.8～5.5	±0.025		

3.5.2 管材的定尺或倍尺长度应在不定尺长度范围内，定尺长度允许偏差为±5 mm。倍尺长度应记入截断的切口量，每个切口量为 5 mm。

3.5.3 管材的弯曲度应不大于 2 mm/m。

3.5.4 管材端部应切平整，无毛刺，切斜应不大于 1 mm。

3.6 外观质量

3.6.1 管材表面应清洁，无裂纹、针孔、起皮、折叠等目视可见的缺陷。

3.6.2 管材表面局部允许有轻微的划伤、凹坑，允许有矫直痕迹。

4 试验方法

4.1 管材的化学成分分析按 GB/T 15076 的规定进行。

4.2 管材室温拉伸试验方法按 GB/T 228 的规定进行。

4.3 管材的尺寸及其允许偏差检验用相应精度的量具进行。其中管材外径使用外径千分尺测量，内径或壁厚使用相应精度及规格的塞规或壁厚千分尺测量。

4.4 管材的外观质量用目视检验。

5 检验规则

5.1 检查与验收

5.1.1 产品由供方进行检验，保证产品质量符合本标准或合同（或订货单）规定，并填写质量证明书。

5.1.2 需方收到的产品，应按本标准的规定进行验收，如检验结果与本标准规定不符时，应在收到产品之日起三个月内向供方提出，由供需双方协商解决。如需仲裁，仲裁取样由供需双方在需方共同进行。

5.2 组批

产品应成批提交验收，每批应由同一牌号、熔炼炉号、规格、制造方法、状态、热处理炉批的产品组成。

5.3 检验项目及取样

每批管材应进行化学成分、力学性能、尺寸及允许偏差和外观质量检验。需方要求并在合同中注明时，还应进行力学性能检验。检验项目及取样位置和数量应符合表4的规定。

表4

检验项目	取样规定	要求的章节号	试验方法章节号
化学成分	供方可在原铸锭上取样，其中间隙元素（C、N、H、O）含量可在成品管材上取样分析，需方可在成品管材上取样，每批取一份试样	3.3	4.1
力学性能	每批任取两根管材，每根各取一个试样	3.4	4.2
尺寸及允许偏差	逐根	3.5	4.3
外观质量	允许采用每批管材抽取5%（不少于5根），每根各取100 mm管段，沿纵向剖为两半，测量壁厚及作内表面检查	3.6	4.4

5.4 检验结果的判定

5.4.1 管材化学成分检验结果不合格时，则从该批中取双倍样品进行不合格项目的重复试验。如仍有一个结果不合格时，则判该批不合格。

5.4.2 管材力学性能检验如有一个试样检验结果不合格时，则从该批取双倍试样对该不合格项目进行重复试验，如重复试验结果仍有一个不合格时，则判该批产品不合格。但允许供方逐根对不合格项目进行检验，合格者重新组批交货。

5.4.3 管材的尺寸不合格时，判单根不合格。

5.4.4 管材的外观质量不合格时，判该批不合格。

6 标志、包装、运输、贮存及质量证明书

6.1 标志

在检验合格的管材和包装箱上应作如下标志：

a） 产品牌号；

b） 产品名称；

c） 供货状态；

d） 批号；

e） 本标准编号。

6.2 包装、运输和贮存

6.2.1 管材应用箱包装。箱内应衬有防潮纸或塑料薄膜，并衬一层泡沫塑料。管材应摆放整齐，每捆

管材之间应垫一层软纸或塑料薄膜。管端应用毛毡或泡沫塑料保护好，防止碰伤管头。箱未装满时，应用软物填充塞紧，防止管材窜动划伤表面。

6.2.2 管材在运输和贮存时，要防止碰伤、受潮和腐蚀性环境。

6.3 质量证明书

每批管材应附有质量证明书，注明：

a) 供方名称；
b) 产品名称；
c) 产品牌号、状态和规格；
d) 产品批号、批重；
e) 各项分析检验结果和检验部门印记；
f) 本标准编号；
g) 包装日期。

7 合同（或订货单）内容

本标准所列材料的合同（或订货单）应包括下列内容：

a) 产品名称；
b) 牌号；
c) 状态；
d) 尺寸规格；
e) 重量或支数；
f) 本标准编号；
g) 其他。

ICS 77.120.99
H 68

中华人民共和国国家标准

GB/T 26010—2010

电接触银镍稀土材料

Ag-Ni-RE electrical contact materials

2011-01-10 发布　　2011-10-01 实施

中华人民共和国国家质量监督检验检疫总局
中国国家标准化管理委员会　发布

前　言

本标准由全国有色金属标准化技术委员会(SAC/TC 243)归口。

本标准由昆明贵金属研究所、贵研铂业股份有限公司负责起草。

本标准起草人:谢明、杨有才、张健康、黎玉盛、朱武勋、张春荣。

电接触银镍稀土材料

1 范围

本标准规定了电接触银镍稀土材料的要求、试验方法、检验规则和标志、包装、运输、贮存、质量证明书与订货单(或合同)内容。

本标准适用于制造交、直流接触器、继电器、开关等低压电器、汽车电器及家用电器等所用的电接触银镍稀土材料。

2 规范性引用文件

下列文件对于本文件的应用是必不可少的。凡是注日期的引用文件,仅注日期的版本适用于本文件。凡是不注日期的引用文件,其最新版本(包括所有的修改单)适用于本文件。

GB/T 228 金属材料 室温拉伸试验方法

GB/T 4340.1 金属材料 维氏硬度试验 第1部分:试验方法

GB/T 5586 电触头材料基本性能试验方法

GB/T 15072(所有部分) 贵金属合金化学分析方法

GB/T 15077 贵金属及其合金材料几何尺寸测量方法

GJB 950(所有部分) 贵金属及其合金微量元素分析方法

3 要求

3.1 产品分类

3.1.1 分类

产品按外观形状不同分为:丝材(Th)、线材(W)、棒材(R)、片材(Sh)、板材(Pl)和带材(St)。其定义如下:

丝材(Th):沿整个长度方向具有均一的横截面的实心加工产品,横截面的形状分别为圆形和椭圆形,直径一般为0.01 mm~0.3 mm。

线材(W):沿整个长度方向具有均一的横截面的实心加工产品,横截面的形状分别为圆形和椭圆形,直径一般为0.3 mm~3 mm。

棒材(R):沿整个长度方向具有均一的横截面,以直状供应的实心加工产品,直径一般不小于3 mm,横截面的形状分别为圆形、椭圆形、矩形和正多边形等。

片材(Sh):横截面为矩形,厚度均一且大于0.5 mm的扁平轧制品,通常剪边或锯边,以平直状供应,厚度一般不超过宽度的1/10。

板材(Pl):横截面为矩形,厚度均一且在0.05 mm~0.5 mm范围内的扁平轧制品,通常纵向剪边,以平直状或成卷供应,厚度一般不超过宽度的1/10。

带材(St):沿整个长度方向具有矩形横截面,厚度均一且不小于0.05 mm的扁一轧制品,通常以纵向裁边,成卷供应,厚度一般不超过宽度的1/10。

3.1.2 供货状态

产品状态分为硬态(Y)、半硬态(Y2)和软态(M)三种。一般以半硬态供货,若需硬态和软态产品,必须在订货合同中注明。

3.2 化学成分

产品的化学成分应符合表1的规定。

表1

%

牌号	化学元素(质量分数)						
	主要成分			杂质元素,不大于			
	Ni	Y	Ag	Fe	Pb	Sb	Bi
AgNi10Y	10±1	0.1～1.5	余量	0.05	0.05	0.005	0.005
AgNi20Y	20±1	0.1～1.5	余量	0.05	0.05	0.005	0.005
注:化学成分若需方有特殊要求可在订货合同中注明。							

3.3 硬度、密度、延伸率、电阻率

产品的硬度、密度、延伸率、电阻率应符合表2的规定。

表2

牌号	硬度/HV			密度/(g/cm³)	延伸率/%			电阻率/(Ω·cm)
	软态	半硬态	硬态		软态	半硬态	硬态	
AgNi10Y	≥60	≥75	≥90	≥10.0	≥12	≥8	≥6	≤2.2
AgNi20Y	≥80	≥100	≥120	≥9.5	≥9	≥6	≥4	≤2.6

3.4 外形尺寸及允许偏差

3.4.1 丝、线、棒材的尺寸及允许偏差应符合表3的规定。

表3

单位为毫米

直径	允许偏差	不圆度,不大于
≥0.5～2.0	−0.02	0.02
>2.0～3.0	−0.03	0.03
>3.0～7.0	−0.05	0.05

3.4.2 片材、板材、带材的外形尺寸及允许偏差应符合表4的规定。

表 4

单位为毫米

厚　度	厚度允许偏差	宽　度	宽度允许偏差	长度,不小于
≥0.10~0.50	−0.02	20~100	±0.5	300
>0.50~1.0	−0.02	20~100	±0.5	200
>1.0~5.0	−0.03	20~100	±0.5	200

3.4.3 若需方需要其他规格的产品时,经双方协商一致,并在订货合同中注明,可供应其他规格的产品。

3.5 表面粗糙度

3.5.1 丝、线、棒材的表面粗糙度应符合表 5 的规定。

表 5

直　径	表面粗糙度 Rz/μm
≥0.5~3.0	1.6~3.2
>3.0~7.0	3.2~6.3
>7.0	6.3~12.5

3.5.2 片材、板材和带材的表面粗糙度应符合表 6 的规定。

表 6

厚度/mm	表面粗糙度 Rz/μm
≥0.10~0.30	1.6~3.2
>0.3~1.0	3.2~6.3
>1.0~4.0	6.3~12.5
>5.0	12.5~16.0

3.6 外观质量

3.6.1 丝、线、棒材表面应光滑、清洁,不应有裂纹、气泡、毛刺、凹坑、扭折、起皮、竹节等缺陷。允许有轻微的局部发暗、氧化色和轻微划伤。

3.6.2 片材、板材、带材表面应光洁、平整,不应有裂纹、气泡、毛刺、夹杂物,板带材边部应整齐、无裂边、卷边。允许有轻微的、局部的、不超出厚度允许偏差的划伤、凹坑、压痕等。

3.7 内部组织

材料不应有分层、疏松、夹杂和气孔等缺陷。材料的金相组织中镍颗粒应分布均匀,在金相组织观察时,不允许有孔隙、夹杂物、氧化物等缺陷(参见附录 A)。

4 试验方法

4.1 化学成分中主要成分的分析按 GB/T 15072 的规定进行;杂质元素的分析按 GJB 950 的规定

进行。

4.2 密度的测定按 GB/T 5586 的规定进行。

4.3 维氏硬度的测定按 GB/T 4340.1 的规定进行。

4.4 延伸率的测定按 GB/T 228 的规定进行。

4.5 电阻率的测定按 GB/T 5586 的规定进行。

4.6 外形尺寸的测定按 GB/T 15077 的规定进行。

4.7 表面粗糙度用双管显微镜、干涉显微镜或者表面粗糙度仪测定。

4.8 产品外观质量用 10 倍的放大镜进行检查。

4.9 金相显微组织观察采用金相显微镜观察其与加工方向垂直的断面，放大倍数为 200 倍。

5 检验规则

5.1 检查和验收

5.1.1 产品应由供方技术监督部门进行检验，保证产品质量符合本标准(或订货合同)的规定，并填写质量证明书。

5.1.2 需方应对收到的产品按本标准的规定进行复验，如复验结果与本标准及订货合同的规定不符时，应以书面形式向供方提出，由供需双方协商解决。属于表面质量及尺寸偏差的异议，应在收到产品之日起一个月内提出，属于其他性能的异议，应在收到产品之日起三个月内提出。如需仲裁，仲裁取样应由供需双方共同进行。

5.2 组批

产品应成批提交验收，每批应由同一牌号、状态和规格的产品组成。

5.3 检验项目、取样位置及数量

检验项目、取样位置及数量应符合表 7 的规定。

表 7

检验项目	取样位置	取样数量	要求的章条号	试验方法的章条号
化学成分	头部和尾部	每炉一个	3.2	4.1
密度、硬度、延伸率、电阻率	随机取样	每批三个	3.3	4.2、4.3、4.4、4.5
外形尺寸	随机取样	逐片、根检查	3.4	4.6
表面粗糙度	随机取样	每批三个	3.5	4.7
外观质量	任意部位	逐片、根检查	3.6	4.8

5.4 检验结果的判定

5.4.1 化学成分不合格时，判该批产品不合格。

5.4.2 产品外形尺寸、表面质量不合格时，判该产品不合格。

5.4.3 当硬度、密度、延伸率、电阻率中有一项指标不合格时，允许从同批中另取双倍数量的试样进行检验，其结果为最终检验结果。若全部项目检验结果合格，则判定该批产品合格；若仍有一项不合格，则判定该批次产品不合格。当出现其他缺陷时，该批产品由供需双方协商处理。

6 标志、包装、运输、贮存及质量证明书

6.1 标志

每箱应附产品合格证,并注明:

a) 供方名称;
b) 产品名称;
c) 牌号及规格;
d) 产品编号、批号;
e) 产品总质量及均质量;
f) 本标准编号;
g) 供方技术监督部门的检印;
h) 包装日期。

6.2 包装、运输和贮存

6.2.1 包装

产品针对不同尺寸要求,用塑料袋密封包扎,真空包装。放于木箱或纸箱内,并用软质材料填实。

6.2.2 运输及贮存

6.2.2.1 产品在运输过程中应防止包装箱破裂造成的产品碰伤、擦伤、受潮及化学侵蚀等。

6.2.2.2 产品应保存在干燥、无腐蚀性气氛的场所。

6.3 质量证明书

每批产品应附有质量保证书,并注明:

a) 供方名称、地址、电话;
b) 规格;
c) 产品牌号及批号;
d) 产品总质量及净质量;
e) 检验结果;
f) 供方技术监督部门印记;
g) 本标准编号;
h) 出厂日期。

7 订货单(或合同)内容

订购本标准所列产品的订货单(或合同)应包括下列内容:

a) 产品名称;
b) 产品牌号;
c) 产品规格;
d) 产品净质量;
e) 本标准编号;
f) 其他。

附 录 A
（资料性附录）
电接触银镍稀土材料金相组织图例

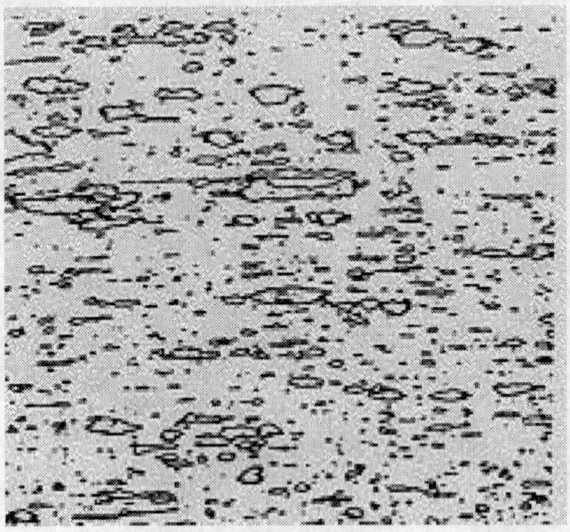

图 A.1 AgNi10RE 丝材金相显微组织(200×)

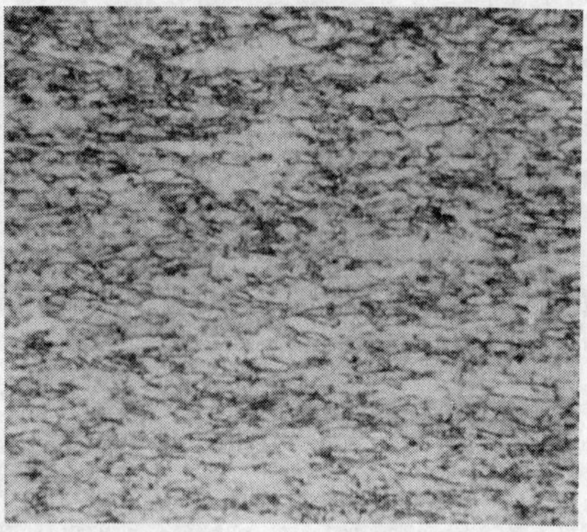

图 A.2 AgNi20RE 丝材金相显微组织(200×)

ICS 77.150.60
H 62

中华人民共和国国家标准

GB/T 26011—2010

电缆护套用铅合金锭

Lead alloy ingot for cable sheath bond

2011-01-10 发布　　2011-10-01 实施

中华人民共和国国家质量监督检验检疫总局
中国国家标准化管理委员会　发布

前 言

本标准按照 GB/T 1.1—2009 给出的规则起草。

本标准的牌号 HTP3 等同采用 EN 12548:1999《电缆护套用铅合金锭》中的牌号 Pb081K。

本标准由全国有色金属标准化技术委员会(SAC/TC 243)归口。

本标准负责起草单位:株洲冶炼集团股份有限公司、江苏春兴合金集团有限公司。

本标准主要起草人:谭仪文、周华文、蒴爱民、赵开宏、马永刚、尤全仁。

电缆护套用铅合金锭

1 范围

本标准规定了电缆护套用铅合金锭的要求、试验方法、检验规则、标志、包装、运输、贮存和质量证明书以及合同(或订货单)内容等。

本标准适用于动力、通讯电缆的护套用铅合金锭。

2 规范性引用文件

下列文件对于本文件的应用是必不可少的。凡是注日期的引用文件,仅注日期的版本适用于本文件。凡是不注日期的引用文件,其最新版本(包括所有的修改单)适用于本文件。

GB/T 469 铅锭

GB/T 4103(所有部分) 铅及铅合金化学分析方法

GB/T 8170—2008 数值修约规则与极限数值的表示和判定

3 术语和定义

下列术语和定义适用于本文件。

电缆护套用铅合金锭 Cable sheath bond lead alloy ingot

用铅为原料,添加 Sb、Cu、Sn、Te 等金属,经熔炼和合金化处理后,用于浇铸电缆护套用铅合金锭。

4 要求

4.1 产品分类

电缆护套用铅合金锭按 Sb、Cu、Sn、Te 的组成和含量可分为 HTP 1、HTP 2、HTP 3、HTP 4、HTP 5、HTP 6 等六个牌号。

4.2 化学成分

电缆护套用铅合金锭的化学成分应符合表 1 的规定。

表 1 电缆护套用铅合金锭的牌号及化学成分

牌号	化学成分/%												
	Sb	Cu	Sn	Te	As	Ag	Cd	Bi	Zn	Mg	Fe	Ni	Pb
HTP 1	0.20～0.30	0.01	0.10～0.35	0.02～0.10	0.001	0.005	0.005	0.005	0.002	0.005	0.001	0.01	余量
HTP 2	0.30～0.50	0.01	0.10～0.35	0.02～0.10	0.001	0.005	0.005	0.005	0.002	0.005	0.001	0.01	余量
HTP 3	0.50～1.0	0.03～0.05	0.005	—	0.001	0.003	0.001	0.003	0.001	—	—	—	余量
HTP 4	0.40～0.70	0.01～0.10	0.01	0.02～0.10	0.001	0.005	0.005	0.005	0.002	0.005	0.001	0.01	余量

表 1(续)

牌号	化学成分/%											
	Sb	Cu	Sn	Te	As	Ag	Cd	Bi	Zn	Mg	Fe	Ni	Pb
HTP 5	—	0.02～0.05	0.01	0.03～0.05	0.001	0.006	0.001	0.03	0.001	0.005	—	0.01	余量
HTP 6	0.10～0.30	0.002	0.25～0.55	0.005	0.001	0.005	0.005	0.005	0.002	0.005	—	0.01	余量
注：表中所列范围值为合金元素；单个值为杂质元素且是最高限量。													

4.3 锭形和锭重

4.3.1 电缆护套用铅合金锭单重为:48 kg±2 kg。

4.3.2 电缆护套用铅合金锭呈长方梯形,锭两端有突出耳部,底部有两条打捆凹槽。

4.4 表面质量

4.4.1 电缆护套用铅合金锭表面应无熔渣、粒状氧化物及外来污染物。

4.4.2 电缆护套用铅合金锭不得有冷隔、外来夹杂,不得有大于 10 mm 的飞边、毛刺(允许修整)。

4.5 其他

需方若对电缆护套用铅合金锭产品的化学成分、锭形和锭重以及表面质量有特殊要求时,由供需双方商定。

5 试验方法

5.1 电缆护套用铅合金锭的化学成分仲裁分析方法按 GB/T 4103 的规定进行,镁含量的测定由供需双方商定。

5.2 电缆护套用铅合金锭的锭重用称量法检验。

5.3 电缆护套用铅合金锭表面质量用目视法检验。

6 检验规则

6.1 检查和验收

6.1.1 电缆护套用铅合金锭应由供方技术监督部门进行检验,保证产品质量符合本标准或合同(或订货单)的规定,并填写质量证明书。

6.1.2 需方应对收到的产品按本标准的规定进行检验。如检验结果与本标准或合同(或订货单)的规定不符时,应在收到产品之日起 15 天内向供方提出,由供需双方协商解决。如需仲裁,仲裁取样在需方由供需双方共同进行。

6.2 组批

电缆护套用铅合金锭应成批提交检验。每批应由同一熔炼炉的铅合金锭组成,批重不予规定。

6.3 检验项目

每批电缆护套用铅合金锭应进行化学成分、锭形和锭重以及表面质量的检验。

6.4 取样和制样

6.4.1 生产样的采取

每批合金在铸锭时，按前、中、后取光谱分析块样，即分别在批产量的1/6(第一块样)、1/2(第二块样)、5/6(第三块样)时采取。

6.4.2 化学成分的仲裁取样和制样

化学成分的仲裁取样和制备按GB/T 469中的规定执行或由供需双方商定。

6.5 检验结果的判定

6.5.1 电缆护套用铅合金锭的化学成分检验结果的数值修约和修约后数值的判定分别按GB/T 8170—2008中第3章和4.3.3条的规定进行。

6.5.2 电缆护套用铅合金锭的锭形和锭重、表面质量与本标准的规定或合同(或订货单)的要求不符时，按锭判不合格。

7 标志、包装、运输与贮存、质量证明书

7.1 标志

每块电缆护套用铅合金锭上应有供方名称(商标)、批号、产品牌号(代号)。

7.2 包装

电缆护套用铅合金锭包装采用镀锌冷轧钢带或PET塑料带捆扎包装。

7.3 运输与贮存

7.3.1 电缆护套用铅合金锭运输与贮存时应加强防护，防止被雨淋。

7.3.2 电缆护套用铅合金锭应用无腐蚀、无污染的运输工具装运，并贮存在通风、干燥、无腐蚀性物质的库房内。

7.3.3 吊装、转运电缆护套用铅合金锭过程中，不得钩吊、碰撞捆扎带。

7.3.4 电缆护套用铅合金锭在运输与贮存过程中，表面生成的灰色或灰白色薄膜，系铅的自然氧化而成，不作报废依据。

7.4 需方如对电缆护套用铅合金锭的标志、包装、运输与贮存有特殊要求时，由供需双方商定。

7.5 质量证明书

每批电缆护套用铅合金锭出厂时应附质量证明书，其上注明：

a) 供方名称；

b) 产品名称和牌号；

c) 批号；

d) 净重和件数；

e) 分析检验结果和技术监督部门印记；

f) 本标准编号；

g) 出厂日期。

8 合同(或订货单)内容

本标准所列材料的合同(或订货单)内应包括下列内容：

a） 产品名称；

b） 产品牌号；

c） 锭形、尺寸、杂质含量等特殊要求；

d） 数量；

e） 本标准编号；

f） 其他。

ICS 77.150
H 63

中华人民共和国国家标准

GB/T 26012—2010

电容器用钽丝

Tantalum wire for capacitors

2011-01-10 发布 2011-10-01 实施

中华人民共和国国家质量监督检验检疫总局
中国国家标准化管理委员会 发布

前言

本标准中的附录A和附录B是规范性附录。

本标准由中国有色金属工业协会提出。

本标准由全国有色金属标准化技术委员会归口。

本标准由宁夏东方钽业股份有限公司负责起草。

本标准由株洲硬质合金集团有限公司、宝钛集团有限公司参加起草。

本标准主要起草人：万庆峰、杜领会、赵兵、解永旭、许宁辉、霍红凤、谭望、王永梅。

电容器用钽丝

1 范围

本标准规定了电容器用钽丝的要求、试验方法、检验规则、标志、包装、运输、贮存、质量证明书和合同(或订货单)内容。

本标准适用于钽和铌电解电容器等用圆形丝材。

2 规范性引用文件

下列文件对于本文件的应用是必不可少的。凡是注日期的引用文件,仅注日期的版本适用于本文件。凡是不注日期的引用文件,其最新版本(包括所有的修改单)适用于本文件。

GB/T 228 金属材料 室温拉伸试验方法

GB/T 15076(所有部分) 钽铌化学分析方法

3 要求

3.1 产品分类

3.1.1 根据产品化学成分不同划分为 DTa1(纯钽丝)、DTa2(掺杂钽丝)两个牌号。每个牌号根据用途不同,又分为固体电解电容器用钽丝(SDTa1、SDTa2)和液体钽电解电容器用钽丝(LDTa1、LDTa2)两种类型。

3.1.2 产品的供货状态分为软态(M)、半硬态(Y_2)和硬态(Y)三种状态。

3.1.3 产品的牌号、类型、状态和规格及单根重量应符合表 1 的规定。

表 1

牌号	供应状态	类型	直径 D/mm	单根重量/g 不小于
DTa1、DTa2	软态(M) 半硬态(Y_2) 硬态(Y)	SDTa1 SDTa2	0.10~0.20	400
			>0.20	500
		LDTa1 LDTa2	0.40~0.80	500

3.2 化学成分

产品的化学成分应符合表 2 的规定。

表 2

%

牌号			DTa1	DTa2
化学成分（质量分数）	Ta，不小于		99.95	99.95
	杂质元素，不大于	O	0.020 0	0.020 0
		C	0.005 0	0.005 0
		N	0.004 0	0.004 0
		H	0.001 5	0.001 5
		Fe	0.004 5	0.004 5
		Ni	0.002 5	0.002 5
		Cr	0.002 5	0.002 5
		Nb	0.005 0	0.005 0
		Mo	0.002 0	0.002 0
		W	0.002 0	0.002 0
		Ti	0.000 5	0.000 5
		Sn	0.000 5	0.000 5
		Ca	0.001 0	0.001 0
		Na	0.002 0	0.002 0
		Al	0.000 5	0.000 5
		Si	0.003 0	0.030 0

3.3 尺寸及其允许偏差及椭圆度

产品直径及其允许偏差及椭圆度应符合表 3 的规定。

表 3

单位为毫米

直径 D	允许偏差	椭圆度
0.10～0.20	±0.006	0.004
>0.20～0.35	±0.007	0.005
>0.35	±0.008	0.006

3.4 力学性能

产品室温力学性能应符合表 4 的规定。

表 4

状态	抗拉强度 R_m/(N/mm^2)	断后伸长率 $A_{200\ mm}$/%
软态(M)	300～750	10～30
半硬态(Y_2)	750～1 250	1～6
硬态(Y)	>1 250	1～5

3.5 电性能

3.5.1 产品漏电流不大于 0.10 $\mu A/cm^2$。

3.5.2 液体钽电解电容器用钽丝的表面比容(K_c)为 10 $\mu F \cdot V/cm^2$～12 $\mu F \cdot V/cm^2$。钽丝表面比容根据用户合同要求进行检测。

3.6 抗氧脆性

需方要求并在合同中注明时,钽丝的抗氧脆性弯折次数应符合表 5 的规定。

表 5

牌　号	直径 D/mm	抗氧脆性弯折次数,不小于
DTa1	0.10～0.40	3
	>0.40	4
DTa2	0.10～0.40	4
	>0.40	6

3.7 直线度(弧度和翘起高度)

3.7.1 弧度大于等于直径为 800 mm 的样板圆弧度。

3.7.2 翘起高度小于 20 mm。

3.8 外观质量

电解电容器用钽丝表面应光滑、清洁,无油污、裂纹和毛刺,无乱绕、打结、交义等现象。电解电容器用钽丝在放大 25 倍下观察,应无连续的凹坑和划痕。

4 试验方法

4.1 化学成分分析方法

产品的化学成分分析方法按 GB/T 15076 的规定进行。

4.2 尺寸偏差及椭圆度检验方法

产品的尺寸偏差及椭圆度用相应精度的测量工具进行测量。

4.3 力学性能试验方法

产品的室温力学性能试验方法按照 GB/T 228 的规定进行。试验条件规定为:标距设定为 L_0=200 mm,软态丝拉伸速度为 100 mm/min;半硬态和硬态丝拉伸速度为 50 mm/min。

4.4 电性能检验方法

产品的电性能检验方法按附录 A 和附录 B 的规定进行。

4.5 抗氧脆性检验方法

取长度 20 mm 的试样,选择氧含量 0.16%～0.18%和氮含量 0.011%～0.013%的钽粉(直径不大于0.30 mm的钽丝选用氧含量0.14%～0.16%的钽粉)，按表6规定压制成钽坯块。成型的钽坯块在5 cm高度自由下落至玻璃器皿内不得破裂，钽坯块的钽丝引线不得弯曲，钽丝引线埋入钽坯块高度的1/2至2/3处。将钽坯块置于真空度不低于2.7×10^{-2} Pa的炉内(在炉内压力为2.7×10^{-2} Pa时，关闭抽气阀2 min后，炉内压力不大于0.13 Pa)，升温至1 900 ℃恒温烧结30 min，冷却120 min后出炉。用尖嘴钳夹住钽丝顶端，在根部弯曲90度再恢复到原来位置为1次，反方向弯曲90度再恢复到原来位置为2次。依此类推，直至钽丝折断为止。

表6

钽丝直径 D/mm	钽粉重量/g	钽坯块直径/mm	备　注
$0.10\leqslant D\leqslant0.40$	0.3	4±0.3	钽坯块至少5个
$0.40<D\leqslant0.60$	1.0	6±0.5	
$D>0.60$	2.0	6±0.5	

4.6 直线度(弧度和翘起高度)检验方法

4.6.1 弧度检验取长200 mm钽丝，放在光滑平面上，让其自由松开，与样板圆弧(直径为800 mm)在同一平面上比较，不得小于样板圆弧度。

4.6.2 翘起高度检验取长600 mm钽丝，放在光滑平面上，让其自由松开，检测钽丝端点翘起高度。

4.7 外观质量检验方法

产品的外观质量用目视检验，必要时用25倍放大镜观察。

5 检验规则

5.1 检查和验收

5.1.1 产品应由供方进行检验，保证产品质量符合本标准及合同(或订货单)的规定，并填写质量证明书。

5.1.2 需方应对收到的产品按本标准及合同(或订货单)的规定进行检验。检验结果与本标准及合同(或订货单)的规定不符时，应以书面形式向供方提出，由供需双方协商解决。属于表面质量及尺寸偏差的异议，应在收到产品之日起一个月内提出，属于其他性能的异议，应在收到产品之日起三个月内提出。如需仲裁，可委托供需双方认可的单位进行，并在需方共同取样。

5.2 组批

产品应成批提交验收，每批应由同一牌号(炉号)、状态和规格的产品组成。

5.3 检验项目

每批产品均应进行化学成分、尺寸偏差及椭圆度、力学性能、电性能、抗氧脆性、直线度、外观质量的检验。

5.4 取样

取样应符合表7的规定。

表 7

检验项目	取样规定	要求的章节号	试验方法的章节号
化学成分	从每批中任取一个试样	3.2	4.1
尺寸偏差及椭圆度	从每盘中任取一个试样	3.3	4.2
力学性能	从每盘中任取一个试样	3.4	4.3
电性能	从每批中任取 3 盘，每盘各取一个试样，漏电流报最大值，比容报平均值	3.5	4.4
抗氧脆性	抗氧脆性检验从每批中任取 3 盘，每盘各取一个试样，报单支结果	3.6	4.5
直线度（弧度和翘起高度）	从每盘中任取一个试样	3.7	4.6
外观质量	从每盘中任取一个试样	3.8	4.7

5.5 检验结果的判定

5.5.1 化学成分、电性能、抗氧脆性不合格时，判该批产品不合格。

5.5.2 尺寸偏差及椭圆度、力学性能、直线度（弧度和翘起高度）、外观质量不合格时，应从该盘产品中另取双倍数量的试样进行重复试验。若重复试验结果仍有不合格项目，则判该盘产品不合格。

6 标志、包装、运输、贮存及质量证明书

6.1 标志

在检验合格的产品上应附有如下内容的标签（或合格证）：

a) 供方名称；

b) 产品名称；

c) 产品牌号、类型、批号、规格、状态、净重和毛重；

d) 包装日期。

6.2 包装

产品绕在直径大于等于 210 mm 的线盘上，每盘由一根钽丝绕成。缠绕均匀、无扭结、弯折和交叉。外绕非油包装纸，绕紧，并用聚乙烯塑料袋装好，装入硬纸盒，置入纸箱中。

6.3 运输、贮存

运输和贮存时，应防止碰撞、受潮或被活性化学物质腐蚀。

6.4 质量证明书

每批产品应附有产品质量证明书，其上注明：

a) 供方名称；

b) 产品名称；

c) 产品牌号、类型、规格和状态；

d) 产品批号、净重和盘数；

e) 本标准编号；

f） 各项分析检验结果和供方质检部门检印；

g） 检验日期。

7 合同（或订货单）内容

订购本标准所列产品的合同（或订货单）内应包括下列内容：

a） 产品名称；

b） 牌号、类型；

c） 状态；

d） 尺寸规格；

e） 重量或盘数；

f） 其他特殊要求；

g） 本标准编号。

附　录　A
（规范性附录）
钽丝电性能漏电流测试方法

A.1　范围

本方法规定了测定钽丝漏电流所用试样的制备和要求、试验仪器与材料、试验条件和步骤以及试验结果的计算。

本方法适用于电解电容器阳极引线用钽丝漏电流的测定。

A.2　方法原理

经赋能处理后的试样，置于规定的测量仪中，接通测量仪表，在规定的电压下，负荷 2 min，从仪表上读出试样的漏电流值（μA），然后换算成单位面积的漏电流值（$\mu A/cm^2$）。

A.3　试验仪器与材料

A.3.1　仪器

A.3.1.1　高精度电阻测量仪表。

A.3.1.2　精密稳压稳流电源、赋能槽。

A.3.1.3　控温加热电炉。

A.3.1.4　电烘箱：0 ℃～200 ℃，鼓风式。

A.3.1.5　点焊机：2 kW～5 kW，电极头为铜、钨、钼等材料。

A.3.1.6　真空烧结炉：极限温度 2 500 ℃。

A.3.1.7　电导率仪。

A.3.1.8　秒表。

A.3.2　材料

A.3.2.1　磷酸（ρ1.69 g/mL）：优级纯。

A.3.2.2　去离子水（电导率＜0.7 μS/cm）。

A.3.2.3　钽坩埚。

A.3.2.4　测试杯。

A.4　试样制备和要求

A.4.1　试样形状、尺寸

取 325 mm 长的钽丝作为试料，其中 265 mm 绕成如图 A.1 所示的线圈，相邻两圈不得接触，剩余 60 mm 长钽丝做补助引线。

单位为毫米

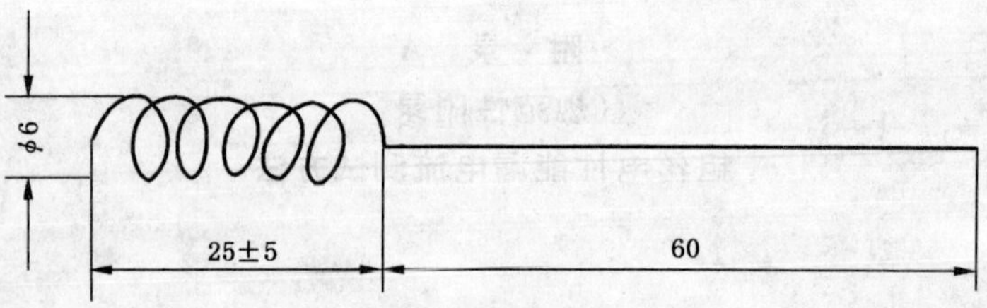

图 A.1 试样形状和尺寸

A.4.2 试样处理

试样按下列条件进行处理：

a) 退火制度：1 900 ℃时，保温 30 min。

b) 真空度：炉内气体压力不大于 0.026 7 Pa。

c) 漏气速率：在炉内气体压力为 0.026 7 Pa 时关闭抽气阀门 2 min 后，炉内气体压力不大于 0.133 Pa。

A.5 试验条件和步骤

A.5.1 赋能

A.5.1.1 赋能条件按表 A.1 规定。

表 A.1

赋能液	0.1% H_3PO_4
赋能电压/V	225
升压电流密度/(mA/cm^2)	5
赋能液温度/℃	90±2
恒压时间/min	30

升压电流密度中的试样有效面积按式(A.1)计算：

$$S=\frac{\pi DL}{100} \qquad \cdots\cdots (A.1)$$

式中：

S——试样有效面积，单位为平方厘米(cm^2)；

D——钽丝直径，单位为毫米(mm)；

L——钽丝有效长度，单位为毫米(mm)。

A.5.1.2 将处理后的试样焊在钽丁字架上，放入赋能液中，使赋能液浸至试样引线的二分之一处。丁字架接电源正极，银箔接电源负极，两极不得相碰。赋能装置如图 A.2 所示。

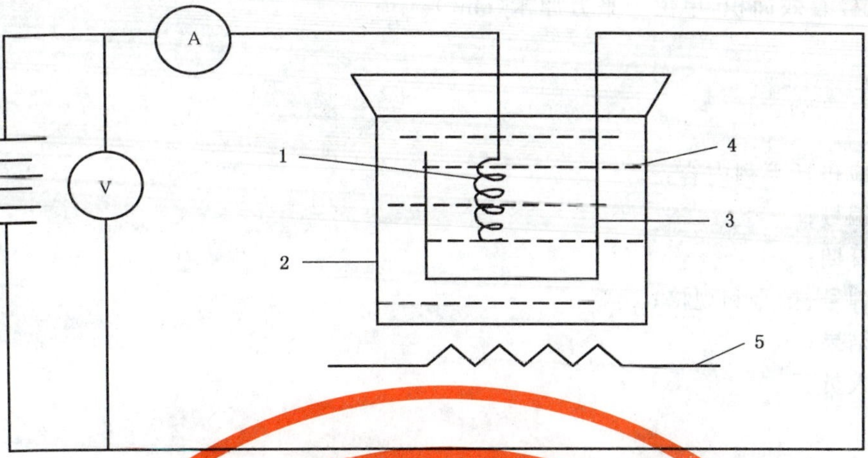

1——试样；

2——烧杯或银槽；

3——银箔阴极；

4——赋能液；

5——加热电炉。

图 A.2 赋能装置示意图

A.5.1.3 将赋能液加热至规定温度，保持恒温，按表 A.1 规定的条件进行赋能。

A.5.1.4 赋能过程中应添加稀释液，使赋能液面高度保持不变。

A.5.1.5 赋能后试样用去离子水冲洗 3 遍，然后放入 85 ℃烘箱中烘 30 min。

A.5.2 测量

A.5.2.1 测量条件按表 A.2 规定。

表 A.2

测量液	0.1% H_3PO_4
测量电压/V	180
测量时间/min	2
测量温度/℃	23±2

A.5.2.2 将试样放入测量液中，测量液必须浸没全部螺旋部分。测量装置同赋能装置。

A.5.2.3 测量漏电流取 2 min 读数。

A.6 试验结果的计算

漏电流按式(A.2)计算。其中，试样有效面积按式(A.1)计算。

$$K_i = \frac{I}{S} \qquad \cdots\cdots\cdots\cdots\cdots\cdots\cdots\cdots\cdots\cdots (A.2)$$

式中：

K_i ——漏电流计算值，单位为微安/平方厘米($\mu A/cm^2$)；

I ——实测漏电流，单位为微安(μA)；

S ——试样有效面积，单位为平方厘米(cm^2)。

A.7 试验报告

试验报告应包括下列内容：

a) 报告编号；

b) 试验日期；

c) 试样牌号、批号和规格；

d) 试验结果；

e) 试验人员。

附　录　B
（规范性附录）
钽丝表面比容测试方法

B.1　范围

本方法规定了测定钽丝表面比容（K_c）所用试样的制备和要求、试验仪器与材料、试验条件和步骤以及试验结果的计算。

本方法适用于电解电容器引线用钽丝表面比容（K_c）的测定。

B.2　方法原理

经赋能处理后的试样，置入规定的测量液中，接通测量仪表，施加 2 V 的直流偏压、1 V 的交流信号和 100 Hz 的频率，从仪表上读出试样的容量（μF），然后换算成单位面积比容（$\mu F\cdot V/cm^2$）。

B.3　试验仪器与材料

B.3.1　仪器

B.3.1.1　电容电桥。

B.3.1.2　精密稳压稳流电源、赋能槽。

B.3.1.3　控温加热电炉。

B.3.1.4　电烘箱：0 ℃～200 ℃，鼓风式。

B.3.1.5　点焊机：2 kW～5 kW，电极头为铜、钨、钼等材料。

B.3.1.6　真空烧结炉：极限温度 2 500 ℃。

B.3.1.7　电导率仪。

B.3.1.8　秒表。

B.3.2　材料

B.3.2.1　硫酸（ρ1.84 g/mL）：优级纯。

B.3.2.2　去离子水（电导率＜0.7 μS/cm）。

B.3.2.3　钽坩埚。

B.3.2.4　测试杯。

B.4　试样制备和要求

试样制备和要求同 A.4。

B.5　试验条件和步骤

B.5.1　按 A.5.1、A.5.2 对试样进行漏电流测量后，将试样进行烘干，再测表面比容。

B.5.2 测表面比容时，将试样放入测量液中，测量液必须将钽丝螺旋部分全部浸没。

B.5.3 表面比容测试条件按表 B.1 规定。

表 B.1

测量液	38% H_2SO_4
测量温度/℃	23±2
直流电压/V	2
交流电压/V	1
测量频率/Hz	100

B.6 试验结果的计算

表面比容按式(B.1)计算。其中，试样有效面积按式(A.1)计算。

$$Kc = \frac{C \cdot VF}{S} \quad \cdots\cdots (B.1)$$

式中：

Kc——表面比容，单位为微安/平方厘米($\mu A/cm^2$)；

C ——实测比容，单位为微法(μF)；

VF——赋能电压，单位为伏(V)；

S ——试样有效面积，单位为平方厘米(cm^2)。

B.7 试验报告

试验报告应包括下列内容：

a) 报告编号；

b) 试验日期；

c) 试样牌号、批号和规格；

d) 试验结果；

e) 试验人员。

ICS 71.060.20
G 13

GB

中华人民共和国国家标准

GB/T 26013—2010

二氧化锡

Tin dioxide

2011-01-10 发布　　2011-10-01 实施

中华人民共和国国家质量监督检验检疫总局
中国国家标准化管理委员会　发布

前 言

本标准由中国有色金属工业协会提出。

本标准由全国有色金属标准化技术委员会归口。

本标准由云南锡业集团(控股)有限责任公司负责起草。

本标准由广西华锡集团股份有限公司参加起草。

本标准主要起草人:白健、曹靖、汤粉兰、郭应辉、李天敏、张艳、罗珮珍。

二 氧 化 锡

1 范围

本标准规定了二氧化锡的要求、试验方法、检验规则及标志、包装、运输、贮存、质量证明书及合同(或订货单)内容。

本标准适用于以金属锡为原料采用气化法或酸法生产的二氧化锡产品。

2 规范性引用文件

下列文件对于本文件的应用是必不可少的。凡是注日期的引用文件,仅注日期的版本适用于本文件。凡是不注日期的引用文件,其最新版本(包括所有的修改单)适用于本文件。

GB/T 1480 金属粉末粒度组成的测定 干筛分法

GB/T 6678 化工产品采样总则

GB/T 8170 数值修约规则与极限数值的表示和判定

GB/T 10574.12 锡铅焊料化学分析方法 硫量的测定

GB/T 23274.1～23274.8 二氧化锡化学分析方法

3 符号、单位和缩略语

下列符号、单位和缩略语适合本标准。

3.1

分子式 molecule formula

二氧化锡分子式 SnO_2

3.2

相对分子质量 relative molecular mass

150.708 8(按 2007 年国际原子量)

4 要求

4.1 产品分类

按二氧化锡含量、用途分为工业级 $SnO_2 \geqslant 98.00\%$、电子级 $SnO_2 \geqslant 99.00\%$。

4.2 二氧化锡的化学成分及粒度应符合表 1 的规定。

表 1 二氧化锡的化学成分及粒度

名称		牌号	质量分数/%											过筛率/%
			SnO_2 不小于	杂质，不大于										
				Fe	Cu	Pb	As	Sb	S	硫酸盐（以 SO_4^{2-} 计）	灼烧失重	盐酸可溶物		
二氧化锡	气化法	SnO_2-98.00	98.00	0.040	0.020	0.06	0.010	—	0.03	—	0.50	—		(−0.010 mm) 98
		SnO_2-99.00	99.00	0.035	0.015	0.05	0.005	—	0.02	—	0.35	—		(−0.010 mm) 98
	酸法	SnO_2-98.00	98.00	0.040	—	0.06	—	0.04	—	0.50	0.50	0.50		(−0.125 mm) 98
		SnO_2-99.00	99.00	0.035	—	0.04	—	0.03	—	0.10	0.50	0.40		(−0.125 mm) 98
注：需方如对产品有特殊要求时，可由供需双方商定。														

4.3 外观质量：气化法生产的二氧化锡为白色粉末，酸法生产的二氧化锡为微黄色或黄色粉末。

5 试验方法

5.1 二氧化锡的化学成分仲裁分析方法按 GB/T 23274.1～23274.8 规定进行。

5.2 二氧化锡产品硫含量的检验按 GB/T 10574.12 规定进行。

5.3 二氧化锡的粒度按 GB/T 1480 规定进行。

5.4 二氧化锡产品的外观质量用目视或比色仪器进行检测。

6 检验规则

6.1 检查和验收

6.1.1 二氧化锡应由供方质量技术监督部门进行检验，保证产品质量符合本标准及合同（或订货单）的规定，并填写质量证明书。

6.1.2 需方应对收到的产品按本标准的规定进行检验，如检验结果与本标准及合同（或订货单）的规定不符时，应在收到产品之日起 60 天内，以书面形式向供方提出，由供需双方协商解决。如需仲裁，仲裁取样在需方由供需双方共同进行。

6.2 组批

二氧化锡应成批提交验收，每批应由同一牌号、同一生产批次组成，每批重量不超过 5 000 kg。

6.3 检验项目

每批二氧化锡产品进行化学成分、粒度、外观质量的检验。

6.4 取样和制样

6.4.1 取样

供方用于化学成分分析的试样可从生产出的产品中采取，也可用其他方法采取。

6.4.1.1 仲裁取样的数量、样品数和样品量按 GB/T 6678 的规定执行。选取取样单元数的规定见表 2。

表 2 仲裁取样单元数

总体物料的单元数	选取的最少单元数
1～10	全部单元
11～49	11
50～64	12
65～81	13
82～101	14
102～125	15
126～151	16
152～181	17
182～216	18
217～254	19
255～296	20
297～343	21
344～394	22
395～450	23
461～512	24

6.4.1.2 用不锈钢取样管垂直插入桶、件的 3/4 处，呈梅花状布点，每桶取样量不小于 200 g。

6.4.2 制样

6.4.2.1 将所取试样合并，并迅速充分混匀，按四分法缩分制成 3 份，每份试样量约 200 g，供需双方各一份，仲裁单位一份。

6.4.2.2 每份样品必须立即装入干燥、密封容器中，贴上标签。

6.4.2.3 标签需注明生产单位、产品名称、样品编号、产品批号、数量、分析元素、取样日期、取样人等，并在样品容器的封口处粘贴封条，封条须供需双方签章认可待检。

6.5 检验结果判定

6.5.1 检验结果数值按 GB/T 8170 规定修约、表示和判定。

6.5.2 理化指标的检验结果若有一项与本标准及合同(或订货单)规定不符时，应从该批产品中再取双倍于 6.4 规定的试样量进行重复试验，检验结果仍不符合本标准及合同(或订货单)规定，则判为不合格。

6.5.3 外观质量不符合本标准规定时，则按取样的最小单元(桶、件)判为不合格。

7 标志、包装、运输、贮存及质量证明书

7.1 标志

每桶二氧化锡上应有醒目的不易脱落的标识，注明商标和批号、生产厂名称、产品名称、牌号、净重。

7.2 包装、运输、贮存

7.2.1 包装应用内塑料袋密封，外塑料桶/铁桶包装，每桶净重 25 kg。也可按合同要求方式包装。

7.2.2 运输和贮存应防止雨淋及日晒，在干燥、通风和避免光照射的环境中贮存。

7.3 质量证明书

每批二氧化锡产品应附有产品质量证明书(合格证)，其上注明：

a) 供方名称和商标、地址、电话、传真；

b) 产品名称和牌号；

c) 批号；

d) 净重和件数；

e) 各项分析检验结果和技术监督部门印记；

f) 本标准编号；

g) 生产日期。

8 合同(或订货单)内容

本标准所列材料的合同(或订货单)内应包括下列内容：

a) 产品名称；

b) 牌号；

c) 对杂质含量的特殊要求；

d) 粒度；

e) 包装形式；

f) 数量；

g) 本标准编号；

h) 其他。

ICS 77.150.10
H 61

中华人民共和国国家标准

GB/T 26014—2010

非建筑用铝合金装饰型材

Aluminium alloy extruded profiles used for decoration excluding architecture

2011-01-10 发布　　2011-10-01 实施

中华人民共和国国家质量监督检验检疫总局
中国国家标准化管理委员会　发布

前　言

本标准按照 GB/T 1.1—2009 给出的规则起草。

本标准由全国有色金属标准化技术委员会(SAC/TC 243)归口。

本标准起草单位:国家建筑装修材料质量监督检验中心、山东伟业铝材有限公司、广东大明铝合金型材有限公司、山东南山铝业股份有限公司、安徽生信铝业集团有限公司、苏州罗普斯金铝业股份有限公司、肇庆亚洲铝厂有限公司、任丘市华铝铝业有限公司。

本标准主要起草人:姬中华、赵立旺、赵有源、邱跃龙、张玉东、孟飞燕、周映、谢雯雯、吴维叶、欧伟刚、靳立新。

非建筑用铝合金装饰型材

1 范围

本标准规定了非建筑用铝合金装饰型材的要求、试验方法、检验规则和标志、包装、运输、贮存及质量证明书。

本标准适用于装饰用的铝合金热挤压型材(以下简称装饰型材)。

本标准不适用于建筑结构用的铝合金热挤压型材。

2 规范性引用文件

下列文件对于本文件的应用是必不可少的。凡是注日期的引用文件,仅注日期的版本适用于本文件。凡是不注日期的引用文件,其最新版本(包括所有的修改单)适用于本文件。

GB/T 191 包装储运图示标志

GB/T 228—2002 金属材料 室温拉伸试验方法

GB/T 629 化学试剂 氢氧化钠

GB/T 1732 漆膜耐冲击测定法

GB/T 1740 漆膜耐湿热测定法

GB/T 1766 色漆和清漆 涂层老化的评级方法

GB/T 1771 色漆和清漆 耐中性盐雾性能的测定

GB/T 1865—2009 色漆和清漆 人工气候老化和人工辐射暴露 滤过的氙弧辐射

GB/T 3190 变形铝及铝合金化学成分

GB/T 3199 铝及铝合金加工产品包装、标志、运输、贮存

GB/T 4957 非磁性基体金属上非导电覆盖层 覆盖层厚度测量 涡流法

GB/T 6388 运输包装收发货标志

GB/T 6461 金属基体上金属和其他无机覆盖层经腐蚀试验后的试样和试件的评级

GB/T 6462 金属和氧化物覆盖层 厚度测量 显微镜法

GB/T 6682 分析实验室用水规格和试验方法

GB/T 6739 色漆和清漆 铅笔法测定漆膜硬度

GB/T 7999 铝及铝合金光电直读发射光谱分析方法

GB/T 8753.1 铝及铝合金阳极氧化 氧化膜封孔质量的评定方法 第1部分:无硝酸预浸的磷铬酸法

GB/T 9286 色漆和清漆 漆膜的划格试验

GB/T 9754 色漆和清漆 不含金属颜料的色漆漆膜的20°、60°和85°镜面光泽的测定

GB/T 9761—2008 色漆和清漆 色漆的目视比色

GB/T 10125 人造气氛腐蚀试验 盐雾试验

GB/T 11186.2 涂膜颜色的测量方法 第二部分 颜色测量

GB/T 12967.6 铝及铝合金阳极氧化膜检测方法 第6部分:目视观察法检验着色阳极氧化膜色

差和外观质量

GB/T 12967.7 铝及铝合金阳极氧化膜检测方法 第7部分:用落砂试验仪测定阳极氧化膜的耐磨性

GB/T 14846 铝及铝合金挤压型材尺寸偏差

GB/T 16585 硫化橡胶人工气候老化(荧光紫外灯)试验方法

GB/T 16865 变形铝、镁及其合金加工制品拉伸试验用试样

GB/T 17432 变形铝及铝合金化学成分分析取样方法

GB/T 20975(所有部分) 铝及铝合金化学分析方法

YS/T 420 铝合金韦氏硬度试验方法

3 术语和定义

下列术语和定义适用于本文件。

3.1

非建筑用铝合金装饰型材 aluminium alloy extruded profiles used for decoration excluding architecture

以改善视觉效果为主要目的的装饰用铝合金热挤压型材。

3.2

基材 untreated profiles

基材是指未经表面处理的铝合金装饰型材。

3.3

装饰面 exposed surfaces

装饰面是指装饰型材经加工安装后,正常使用状态下的可见面。

3.4

装饰膜 decorative coating

以改善视觉效果为主要特征的装饰型材各种表面膜或覆盖层。

3.5

氧化膜 anodic coating

通过阳极氧化处理形成的氧化物覆盖层。

3.6

复合膜 combined anodic coating

基材表面经阳极氧化处理后,电泳涂漆形成的覆盖层。

3.7

喷涂膜 spray coating

喷涂在基材表面上经固化的有机聚合物覆盖层。

3.8

局部膜厚 local thickness

在型材装饰面上某个面积不大于1 cm^2 的考察面内作若干次(不少于3次)膜厚测量所得的测量值的平均值。

3.9

平均膜厚 average thickness

在型材装饰面上测出的若干个(不少于5处)局部膜厚的平均值。

4 要求

4.1 产品分类

4.1.1 牌号

装饰型材的牌号应符合 GB/T 3190 的规定，常用的合金牌号有：6005、6060、6061、6063、6063A、6463、6463A；供需双方也可商定其他牌号，并在合同中注明。

4.1.2 规格

装饰型材的横截面规格应以供需双方签订的技术图样确定，且由供方给予命名；装饰型材的长度由供需双方商定，并在合同中注明。

4.1.3 分类及代号

装饰型材的分类及代号如表 1 所示。

表 1 装饰型材的分类及代号

分类依据	分类	代号
按表面处理方式分类	基材	JC
	氧化材	YH
	电泳材	DY
	粉末喷涂材	PT
按力学性能分类	侧重强度要求	LQ
	侧重塑性要求	LS
	非受力要求	LY
按耐盐雾腐蚀等级分类	Ⅰ类	FⅠ
	Ⅱ类	FⅡ
	Ⅲ类	FⅢ
	Ⅳ类	FⅣ
按使用环境分类	室内装饰用	SN
	室外装饰用	SW
按膜厚级别分类	A	HA
	B	HB
	C	HC

4.1.4 标记

型材标记按产品规格(型材代号×定尺长度)、表面处理方式、颜色、膜厚级别、力学性能类别、耐盐雾腐蚀等级、使用环境的顺序表示。标记示例如下：

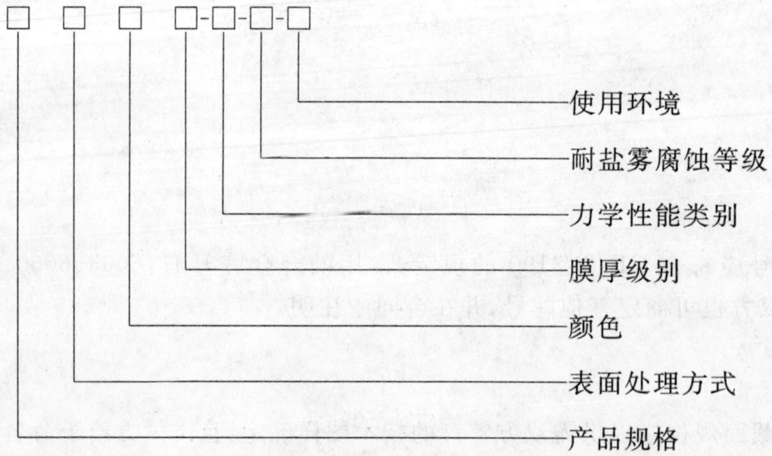

示例：

型材代号为 ZSC001、定尺长度为 6 000 mm，表面处理方式为阳极氧化，颜色为银白色，膜厚级别为 A，力学性能类别为非受力要求，耐盐雾腐蚀等级为Ⅰ类，室内装饰用的装饰型材标记为：

ZSC001×6000 YH 银白 HA-LY-FⅠ-SN

4.2 外观质量

装饰型材的外观质量应符合表 2 的规定，供需双方也可商定外观质量验收标准，并在合同中注明。

表 2 装饰型材的外观质量

表面处理方式	外观质量要求
基材	型材表面应整洁，不允许有裂纹、起皮、腐蚀和气泡等缺陷存在；允许有轻微的压坑、碰伤、擦伤和挤压痕等缺陷存在。装饰面上缺陷深度不大于 0.06 mm，非装饰面上缺陷允许深度不大于 0.1 mm，装饰面要在图纸中注明，未注明时按非装饰面执行
氧化材	型材表面外观均匀，不允许有腐蚀斑点、电灼伤、黑斑、氧化膜脱落等影响使用的可视缺陷。距型材端头 80 mm 以内允许局部无膜或电灼伤
电泳材	型材表面漆膜应均匀一致、不允许有皱纹、裂纹、气泡、流痕、夹杂物、发粘和漆膜脱落等影响使用的可视缺陷。但在电泳型材端头 80 mm 范围内允许局部无复合膜
粉末喷涂材	型材装饰面上的涂层应均匀，不允许有皱纹、流痕、鼓泡、裂纹、发粘、凹陷、暗斑、针孔、划伤等影响使用的可视缺陷

4.3 装饰膜性能

4.3.1 颜色与色差

装饰型材的颜色应符合供需双方确定的实物标样及允许偏差。

4.3.2 膜厚

装饰膜厚度应符合表 3 的规定。

表 3　装饰膜厚度

膜厚级别	氧化材		电泳材		粉末喷涂材	
	局部膜厚 μm，不小于	平均膜厚 μm，不小于	复合膜局部膜厚 μm，不小于	复合膜平均膜厚 μm，不小于	局部膜厚 μm，不小于	平均膜厚 μm，不小于
A	12	15	21	26	55	65
B	8	10	16	20	34	40
C	4	5	13	16	25	30
注：用于抛光料的氧化膜厚度允许小于 3 μm。						

4.3.3　物理性能

4.3.3.1　氧化装饰膜物理性能

4.3.3.1.1　耐磨性

氧化装饰膜的耐磨性试验采用落砂试验法，落砂试验磨耗系数不小于 300 g/μm。

4.3.3.1.2　封孔质量

氧化装饰膜的封孔质量采用无硝酸预浸的磷铬酸浸蚀重量损失法试验，其质量损失值应不大于30 mg/dm^2。

4.3.3.2　电泳装饰膜物理性能

电泳装饰膜的物理性能应符合表 4 的规定。

表 4　电泳装饰膜的物理性能

膜厚级别	检　验　项　目			
	耐磨性(落砂)/g	硬度	附着力	
			干式	湿式
A	≥3 000	≥3 H	0 级	
B	≥2 400			
C	≥2 000			

4.3.3.3　粉末喷涂装饰膜物理性能

粉末喷涂装饰膜的物理性能应符合表 5 的规定。

表 5　粉末喷涂装饰膜的物理性能

膜厚级别	检　验　项　目							
	耐磨性(落砂) L/μm	硬度	附着力		光泽度偏差[a] 光泽单位			耐冲击性
			干式	湿式	高光 80～100	亚光 10～80	低光 0～10	
A	≥0.8	≥1 H	0 级		±10	±7	±3	正冲无开裂或脱落现象
B								
C								
[a] 涂层的 60°光泽值应与合同规定一致，其允许偏差应符合表中规定。								

4.3.4 耐化学稳定性

4.3.4.1 氧化装饰膜的耐化学稳定性不作要求。

4.3.4.2 电泳装饰膜的耐化学稳定性应符合表6的规定。

表6 电泳装饰膜的耐化学稳定性

膜厚级别	检验项目					
	耐碱性	耐盐酸性	耐硝酸性	耐溶剂性	耐沸水性	耐洗涤剂性
A	≥9.5级,24 h	目视表面,无起泡、变色或其他明显变化	目视表面,无起泡、变色、脱落或其他明显变化	漆膜无软化及其他明显变化	漆膜应无皱纹、裂纹、气泡、脱落及变色	涂层应无起泡、脱落或其他明显变化
B	≥9.5级,16 h					
C	≥9.5级,8 h					

4.3.4.3 粉末喷涂装饰膜的耐化学稳定性应符合表7的规定。

表7 粉末喷涂装饰膜的耐化学稳定性

膜厚级别	检验项目					
	耐碱性	耐盐酸性	耐硝酸性	耐溶剂性	耐沸水性	耐洗涤剂性
A	≥9.5级,48 h	目视表面,无起泡、变色或其他明显变化	目视表面,无起泡、变色、脱落或其他明显变化	漆膜无软化及其他明显变化	涂层无脱落、起泡、起皱等现象	涂层应无起泡、脱落或其他明显变化
B	≥9.5级,32 h					
C	≥9.5级,24 h					

4.3.5 耐盐雾腐蚀性

耐盐雾腐蚀等级为Ⅰ、Ⅱ、Ⅲ、Ⅳ类的装饰型材耐盐雾腐蚀性应符合表8的规定,需方要求采用中性盐雾试验(NSS)或乙酸盐雾试验(ASS)评定耐盐雾腐蚀性能时,其试验时间和对试验结果的要求由供需双方商定。

表8 装饰型材的耐盐雾腐蚀性

耐盐雾腐蚀等级	铜加速乙酸盐雾试验(CASS)					
	氧化材		电泳材		粉末喷涂材	
	试验时间 h	保护等级 R	试验时间 h	保护等级 R	试验时间 h	保护等级 R
Ⅰ类	8	≥9	16	≥9.5	72	≥9.5
Ⅱ类	16	≥9	24	≥9.5	120	≥9.5
Ⅲ类	24	≥9	48	≥9.5	160	≥9.5
Ⅳ类	48	≥9	72	≥9.5	200	≥9.5

4.3.6 耐湿热性和耐候性

4.3.6.1 室内用装饰型材不考察装饰膜耐湿热性和耐候性,室外用电泳、粉末喷涂装饰膜耐湿热性和耐候性规定见4.3.6.2和4.3.6.3。

4.3.6.2 耐湿热性

经 1 000 h 耐湿热试验后，目视检查试验后的表面，应无起泡、脱落或其他明显变化。

4.3.6.3 人工加速耐候性

4.3.6.3.1 经 1 000 h 氙灯加速耐候试验后，装饰膜应无粉化现象，变色程度至少达到 1 级，光泽保持率≥50%。

4.3.6.3.2 需方要求采用荧光紫外灯耐候试验检验耐候性能时，试验时间和性能要求由供需双方商定。

4.4 尺寸偏差

装饰型材的尺寸偏差应符合 GB/T 14846 中普通级的规定，供需双方也可商定其他尺寸偏差要求，并在合同中注明。

4.5 力学性能

4.5.1 LQ 类装饰型材的室温力学性能应符合表 9 的规定，其他牌号的室温力学性能由供需双方商定，并在合同中注明。

表 9 LQ 类装饰型材的室温力学性能

合金牌号	壁厚/mm	拉伸试验结果				硬度试验结果
		抗拉强度(R_m) N/mm_2	规定非比例延伸强度($R_{p0.2}$) N/mm^2	断后伸长率/%		韦氏硬度/HW
				A	$A_{50\ mm}$	
		不小于				
6005	≤6.5	260	215	—	7	—
6060	≤5	160	120	—	6	—
	>5～25	140	100	8	6	—
6061	≤16	240	205	9	7	—
6063	≤3	175	130	—	6	8
	>3～25	160	110	7	5	8
6063A	≤10	200	160	—	5	10
	>10～25	190	150	6	4	10
6463	≤50	150	110	8	6	—
6463A	≤12	150	110	—	6	—

注：表中硬度指标仅供参考。

4.5.2 LS 类装饰型材的室温力学性能应符合表 10 的规定，其他牌号的室温力学性能由供需双方商定，并在合同中注明。

表 10　LS 类装饰型材的室温力学性能

合金牌号	壁厚/mm	拉伸试验结果				硬度试验结果
		抗拉强度(R_m) N/mm²	规定非比例延伸强度($R_{p0.2}$) N/mm²	断后伸长率/%		韦氏硬度/HW
				A	$A_{50\ mm}$	
		不小于				
6005	≤6.5	210	172	—	9	—
6060	≤5	128	96	—	8	—
	>5～25	112	80	10	8	—
6061	≤16	192	164	11	9	—
6063	≤3	140	104	—	8	6
	>3～25	128	88	9	8	6
6063A	≤10	160	128	—	6	8
	>10～25	162	120	8	5	8
6463	≤50	120	88	10	8	—
6463A	≤12	120	88	—	8	—
注：表中硬度指标仅供参考。						

4.5.3　LY 类装饰型材的室温力学性能不作要求。

4.6　化学成分

装饰型材的化学成分应符合 GB/T 3190 的规定。

5　试验方法

5.1　外观质量

装饰型材的外观质量检验方法采用目视法进行，在自然散射光下，以正常视力(不使用放大器)检查型材外观。室内用装饰型材目视观察距离为 0.5 m，室外用装饰型材目视观察距离为 3 m。对缺陷深度不能确定时，可采用打磨法测量。

5.2　装饰膜性能

5.2.1　颜色与色差

氧化装饰膜颜色和色差测定应按 GB/T 12967.6 的有关规定执行。电泳和粉末喷涂装饰膜颜色和色差的检查，一般情况下采用目视法，按 GB/T 9761—2008 中 3.2 及 6.1 规定，对照标准色板进行检查。单色涂层仲裁时采用色差仪，按 GB/T 11186.2 的规定测定。

5.2.2　膜厚

装饰膜厚度测量按 GB/T 4957 或 GB/T 6462 规定进行。氧化、电泳装饰膜厚度仲裁采用 GB/T 6462规定的方法。

5.2.3 物理性能

5.2.3.1 耐磨性

氧化、电泳、粉末喷涂装饰膜的耐磨性测量按 GB/T 12967.7 的规定进行。

5.2.3.2 封孔质量

氧化装饰膜封孔质量测量按 GB/T 8753.1 的规定进行。

5.2.3.3 硬度

电泳、粉末喷涂装饰膜硬度按 GB/T 6739 规定进行，试验结果按装饰膜划破情况评定。

5.2.3.4 附着力

5.2.3.4.1 电泳装饰膜的干式附着力试验按 GB/T 9286 的规定进行，划格间距为 1 mm。粉末喷涂装饰膜的干式附着力试验按 GB/T 9286 的规定进行，划格间距为 2 mm。

5.2.3.4.2 将粘着力大于 10 N/25 mm 的粘胶带覆盖在划格的漆膜上，赶去粘胶带下的空气，迅速垂直拉开粘胶带，按 GB/T 9286 评级。

5.2.3.4.3 电泳和粉末喷涂装饰膜的湿式附着力先按 5.2.3.4.1 规定在试样上划格，然后把试样放在 38 ℃±2 ℃的符合 GB/T 6682 规定的三级水中浸泡 24 h，取出并擦干试样，在 5 min 内按5.2.3.4.2试验、评级。

5.2.3.5 耐冲击性

粉末喷涂装饰膜的耐冲击性按 GB/T 1732 的规定进行，采用的冲头直径为 16 mm±0.3 mm。将重锤(1 000 g±1 g)置于适当的高度自由落下冲击试板正面，冲头进入凹坑的深度为 2.5 mm±0.3 mm，观察凹坑及周边的装饰膜变化情况。

5.2.3.6 光泽度偏差

粉末喷涂装饰膜的光泽度偏差测量按 GB/T 9754 的规定进行。

5.2.4 耐化学稳定性

5.2.4.1 电泳、粉末喷涂装饰膜的耐碱性

5.2.4.1.1 试验前用酒精轻轻擦掉试样表面的污物，在有效面上，用凡士林或石蜡把内径为 32 mm，高为 30 mm 的玻璃(或合成树脂)环固定，并密封其外周，试验温度为 20 ℃±2 ℃。试验时使试样保持水平，把 5 g/L 氢氧化钠水溶液注入到环高 1/2 处，用玻璃板或合成树脂板盖住。达到规定的时间后，拿掉玻璃环，用水轻轻洗净，在室内放置 1 h 后，在试样上画一个与环同心，直径为 30 mm 的圆。用10～15倍放大镜观察圆内腐蚀情况，按 GB/T 6461 的规定评定保护等级。

5.2.4.1.2 氢氧化钠溶液应用 GB/T 629 规定的氢氧化钠和 GB/T 6682 规定的三级水配制。

5.2.4.2 电泳、粉末喷涂装饰膜的耐盐酸性

用化学纯盐酸(ρ1.19 g/mL)和符合 GB/T 6682 规定的三级水配成盐酸溶液 (1+9)。在涂层上滴 10 滴，并用表面皿盖住，在 18 ℃～27 ℃的环境下放置 15 min，然后取下表面皿用自来水洗净，晾干后检查涂层表面状况。

5.2.4.3 **电泳、粉末喷涂装饰膜的耐硝酸性**

5.2.4.3.1 试验前用酒精轻轻擦掉试样表面的污物，在有效面上，用凡士林或石蜡将内径 32 mm、高 30 mm 的玻璃（或合成树脂）环固定，并密封其外周。

5.2.4.3.2 用分析纯硝酸（ρ1.40 g/mL）和符合 GB/T 6682 规定的三级水配成浓度为 50 g/L 的硝酸溶液。

5.2.4.3.3 使试样保持水平，在 20 ℃±2 ℃的温度下，将硝酸溶液注入到环高的 1/2 处，用玻璃板或合成树脂板盖住，放置 15 min 后，取走玻璃环，用自来水轻轻洗净试样，晾干，目视检查试验后的装饰膜表面。

5.2.4.4 **电泳、粉末喷涂装饰膜的耐溶剂性**

将一棉条浸于二甲苯中，棉条饱和后取出置于试样表面上，保持 30 s 后，取下棉条。将试样用自来水冲洗干净，抹干，在室温下放置 2 h 后，用手指甲做划痕试验，不应产生明显的划痕。

5.2.4.5 **电泳、粉末喷涂装饰膜的耐沸水性**

5.2.4.5.1 试验采用 GB/T 6682 规定的三级水。为每个试片准备一个 1 L 的烧杯，将水注入至约 80 mm深处，并在烧杯中放入 2～3 粒清洁的碎瓷块。在烧杯底部加热，水煮沸腾后，把试片悬挂到浸入水面约 60 mm 深处，继续煮沸（电泳 5 h，粉末喷涂 2 h）后取出观察。试片的外周部和距离水面宽约 10 mm以内的部分的漆膜不作观察评定的对象。

5.2.4.5.2 在试验过程中，保持水面在不小于 80 mm 的深度。试验过程水温不要低于 95 ℃。

5.2.4.6 **电泳、粉末喷涂装饰膜的耐洗涤剂性**

将试片浸入用符合 GB/T 6682 规定的三级纯水和洗涤剂配制的溶液（浓度为 30 g/L）中 72 h。试验温度为 38 ℃±2 ℃，然后取出用自来水冲洗并擦干，先用目视检查，其表面不应产生气泡，再用粘着力不低于 10 N/25 mm 的粘胶带压紧压密贴敷涂层表面，保持 1 min 后再垂直迅速撕开胶带，涂层不应有脱落。洗涤剂组成（重量比）见表 11。

表 11　洗涤剂组成

成　　分	含量（质量分数）/%
无水焦磷酸（四）钠（tetrasodium pyrophosphate）	53
无水硫酸钠（sodium sulphate anhydyous ）	19
十二烷基苯磺酸钠（sodium linear alkylarylsulfonate）	20
水合硅酸钠（sodium metasilicate hydrated）	7
无水碳酸钠（sodium carbonate anhydrous）	1
总计	100

5.2.5 **耐盐雾腐蚀性**

5.2.5.1 **铜加速乙酸盐雾试验方法（CASS）**

铜加速乙酸盐雾试验按 GB/T 10125 规定进行。试验结果的评定按 GB/T 6461 的规定进行。

5.2.5.2 中性盐雾试验方法(NSS)

中性盐雾试验按 GB/T 1771 的规定进行。试验结果的评定按 GB/T 6461 的规定进行。

5.2.5.3 乙酸盐雾试验方法(ASS)

乙酸盐雾试验按 GB/T 10125 规定进行。试验结果的评定按 GB/T 6461 的规定进行。

5.2.6 耐久性

5.2.6.1 耐湿热性

电泳、粉末喷涂装饰膜的耐湿热性试验按 GB/T 1740 规定进行。试验温度为 47 ℃±1 ℃,相对湿度为 96%±2%。

5.2.6.2 人工加速耐候性

5.2.6.2.1 氙灯耐候试验按 GB/T 1865—2009 中方法 1 的规定进行,按 GB/T 9754 评定光泽保持率,按 GB/T 1766 评定粉化程度和变色程度。

5.2.6.2.2 装饰膜的紫外耐候试验按 GB/T 16585 规定的方法进行,采用 313B 紫外灯连续照射,按 GB/T 1766 的规定评级。

5.3 尺寸偏差

装饰型材的尺寸采用相应精度的卡尺、千分尺、R 规、塞尺、钢卷尺或专用仪器等工具测量。

5.4 力学性能

5.4.1 装饰型材的拉抻试验按 GB/T 228—2002 的规定进行,断后伸长率按 GB/T 228—2002 中的 11.1 条仲裁,拉伸试验的试样按 GB/T 16865 规定制取。

5.4.2 装饰型材的韦氏硬度试验采用钳式硬度计,按 YS/T 420 规定的方法进行。

5.5 化学成分

化学成分分析采用 GB/T 20975 或 GB/T 7999 规定进行,仲裁时采用 GB/T 20975 规定进行,化学成分分析取样方法应符合 GB/T 17432 的规定。

6 检验规则

6.1 检查和验收

6.1.1 型材由供方进行检验,保证型材质量符合本标准要求,并填写质量证明书。

6.1.2 需方可对收到的型材按本标准的规定进行检验。当检验结果与本标准或合同的规定不符时,可在收到型材之日起三个月内提出,由供需双方协商解决。如需仲裁,仲裁取样在需方,由供需双方共同进行。

6.1.3 当该批(检验批)产品中没有适宜截取试样尺寸的产品时,应选择相同牌号、相同加工方式的试板(150 mm×75 mm×1.0 mm)与该批产品一同表面处理后,代表该批产品送检。

6.2 组批规则

型材应成批提交验收,每批由同一合金牌号、规格、膜厚级别和同一表面处理的型材组成,批重不限。

6.3 检验项目

6.3.1 产品检验分出厂检验和型式试验两种

6.3.2 出厂检验

每批产品均应进行出厂检验。检验项目如表12所示。

表12 出厂检验项目

装饰材种类	检验项目
基材	化学成分、力学性能、尺寸偏差、外观质量
氧化材	化学成分、力学性能、尺寸偏差、外观质量、颜色与色差、膜厚、封孔质量
电泳材	化学成分、力学性能、尺寸偏差、外观质量、颜色与色差、膜厚、硬度、附着力
粉末喷涂材	化学成分、力学性能、尺寸偏差、外观质量、颜色与色差、膜厚、硬度、附着力、光泽度偏差

6.3.3 型式试验

在正常生产条件下，每年至少进行一次型式试验，检验项目应按本标准所规定的全部检验项目。当遇到下列情况之一时，应进行型式试验：

a) 新产品或产品转厂生产的试验定型鉴定；

b) 正式生产后，如结构、材料、工艺有较大改变，可能影响产品性能时；

c) 产品停产半年后，重新恢复生产时；

d) 出厂检验结果与上次型式试验结果有较大差异时；

e) 质量技术监督部门要求时。

6.4 取样

型材取样应符合表13的规定。

表13 取样位置和取样数量

<table>
<tr><th>检验项目</th><th>要求的章条号</th><th>试验方法的章条号</th><th>取样规定</th></tr>
<tr><td>外观质量
颜色与色差</td><td>4.2
4.3.1</td><td>5.1
5.2.1</td><td>逐根检查</td></tr>
<tr><td>膜厚</td><td>4.3.2</td><td>5.2.2</td><td>按表14取样</td></tr>
<tr><td>耐磨性</td><td>4.3.3.1.1
4.3.3.2
4.3.3.3</td><td>5.2.3.1</td><td rowspan="8">每批取2根型材/检验项目，在漆膜（涂层）固化24 h以后，从每根型材上切取1个试样</td></tr>
<tr><td>封孔质量</td><td>4.3.3.1.2</td><td>5.2.3.2</td></tr>
<tr><td>硬度</td><td rowspan="2">4.3.3.2
4.3.3.3</td><td>5.2.3.3</td></tr>
<tr><td>附着力</td><td>5.2.3.4</td></tr>
<tr><td>光泽度偏差</td><td>4.3.3.3</td><td>5.2.3.6</td></tr>
<tr><td>耐碱性</td><td rowspan="3">4.3.4.2
4.3.4.3</td><td>5.2.4.1</td></tr>
<tr><td>耐盐酸性</td><td>5.2.4.2</td></tr>
<tr><td>耐硝酸性</td><td>5.2.4.3</td></tr>
</table>

表 13（续）

检验项目	要求的章条号	试验方法的章条号	取样规定
耐溶剂性	4.3.4.2 4.3.4.3	5.2.4.4	每批取 2 根型材/检验项目，在漆膜(涂层)固化 24 h 以后，从每根型材上切取 1 个试样
耐沸水性		5.2.4.5	
耐洗涤剂性		5.2.4.6	
耐盐雾腐蚀性	4.3.5	5.2.5	
耐湿热性	4.3.6.1	5.2.6.1	
人工加速耐候性	4.3.6.2	5.2.6.2	
耐冲击性	4.3.3.3	5.2.3.5	制取 2 个试板，尺寸为 150 mm×75 mm×1.0 mm，状态为 H14 或 H24 的纯铝板
尺寸偏差	4.4	5.3	每批取型材根数的 1%，不少于 10 根
力学性能	4.5	5.4	每批取 2 根型材，从每根型材上切取 1 个试样，其他要求应符合 GB/T 16865 的规定
化学成分	4.6	5.5	符合 GB/T 17432 的规定

6.5 检验结果的判定

6.5.1 外观质量、颜色、色差不合格时判单件不合格。

6.5.2 装饰膜厚度的不合格数超出表 14 中规定的不合格品数上限时，判该批不合格。但允许供方逐根检验，合格者交货。

表 14 不合格品数上限值

单位为根

批量范围	随机取样数	不合格品数上限
1～10	全部	0
11～200	10	1
201～300	15	1
301～500	20	2
501～800	30	3
800 以上	40	4

6.5.3 尺寸偏差不合格时，判该批不合格。但允许逐根检验，合格者交货。

6.5.4 化学成分不合格时判该批不合格。

6.5.5 当力学性能试样有任一试样不合格时，应从该批型材(包括原检验不合格型材)中重取双倍数量的试样进行重复试验，重复试验结果全部合格，则判该批型材合格。若重复试验结果仍有试样不合格时，则判该批型材不合格。

6.5.6 装饰膜其他性能检验结果有任一试样不合格时，判该批不合格。

7 标志、包装、运输、贮存及质量证明书

7.1 标志

每个包装单元产品，其包装标志应符合 GB/T 191 及 GB/T 6388 的规定，并应有如下标志：

a) 供方名称和地址；

b) 产品名称；

c) 合金牌号；

d) 产品标记；

e) 生产日期或批号；

f) 数量；

g) 质量检验合格标志；

h) 执行标准号。

7.2 包装、运输与贮存

包装、运输和贮存应符合 GB/T 3199 的规定。包装方式应在合同中注明。

7.3 质量证明书

每批型材应附有产品质量证明书，其上注明：

a) 供方名称；

b) 产品名称和规格；

c) 合金牌号；

d) 装饰膜的种类；

e) 生产日期或批号；

f) 重量或件数；

g) 各项分析检验结果和和供方质检部门的印记；

h) 本标准编号；

i) 出厂日期(或包装日期)。

附 录 A
（资料性附录）
非建筑用铝合金装饰型材应用指南

非建筑用铝合金装饰型材主要是以改善视觉效果为主要目的的装饰用铝合金热挤压型材，其应用范围较为广泛，例如车辆内外装饰、家电配件、厨房用具、电子电器、室内装饰、医疗器械、仪器仪表等，常见的应用如表 A.1 所示。

表 A.1 非建筑用铝合金装饰型材具体应用举例

应用领域	具体应用举例
车辆内、外饰	拉丝铝面汽车内饰、车载电器外壳、铝合金 CD 盒、铝合金静电装饰天线、铝合金点烟器装饰盖等
家电配件	音箱外壳、平板电视边框、铝制灯饰外壳、电脑机箱外饰、电视配件等
厨房用具	橱柜铝合金封边、冰箱把手等
电子电器	DVD 面板、音箱面板、MP4 铝壳、手机铝装饰件、笔记本电脑键盘面板、电子黑板/电子广告牌边框等
室内装饰	镜框、地板压条、桌椅包边、拉手、别墅电梯/扶手电梯装饰配件、家具边框等
医疗器械	铝制护理架等
办公设施	办公桌、屏风等

ICS 77.150.30
H 62

中华人民共和国国家标准

GB/T 26015—2010

覆合用铜带

Copper strip for clad

2011-01-10 发布 2011-10-01 实施

中华人民共和国国家质量监督检验检疫总局
中国国家标准化管理委员会 发布

前　言

本标准由中国有色金属工业协会提出。

本标准由全国有色金属标准化技术委员会归口。

本标准由中铝洛阳铜业有限公司负责起草。

本标准主要起草人员：朱迎利、孟惠娟、高双玲、曹秀兰、余学涛。

覆合用铜带

1 范围

本标准规定了覆合用铜带的要求、试验方法、检验规则、标志、包装、运输和贮存等。

本标准适用于电线电缆行业制造铜包铝、铜包钢线缆覆合用铜带。

2 规范性引用文件

下列文件对于本文件的应用是必不可少的。凡是注日期的引用文件，仅注日期的版本适用于本文件。凡是不注日期的引用文件，其最新版本(包括所有的修改单)适用于本文件。

GB/T 228—2002 金属材料 室温拉伸试验方法

GB/T 351 金属材料电阻系数测量方法

GB/T 5121(所有部分) 铜及铜合金化学分析方法

GB/T 5231 加工铜及铜合金化学成分和产品形状

GB/T 8888 重有色金属加工产品的包装、标志、运输和贮存

YS/T 347 铜及铜合金平均晶粒度测定方法

YS/T 478 铜及铜合金导电率涡流检测方法

3 要求

3.1 产品分类

3.1.1 牌号、状态、规格

带材的牌号、状态和规格应符合表1的规定。

表1 牌号、状态和规格

牌号	状态	规格 mm	
		厚度	宽度
TU2,T2	M(软)	0.3～0.5	20～610

注1：经供需双方协商，也可供应其他状态、规格的产品。

注2：为达到某种特定的用途，允许添加其他微量元素。

3.1.2 标记示例

产品标记按产品名称、牌号、状态、规格和标准编号的顺序表示。标记示例如下：

用TU2制造的、M状态、厚度为0.5 mm、宽度为200 mm的带材标记为：

带 TU2M 0.5×200 GB/T 26015—2010

3.2 化学成分

带材的化学成分应符合 GB/T 5231 中相应牌号的规定。

3.3 尺寸及其允许偏差

带材的尺寸及其允许偏差应符合表 2 的规定。

表 2 尺寸及其允许偏差

单位为毫米

厚　度	厚度允许偏差	宽　度	宽度允许偏差
0.3～0.5	+0.005 −0.01	20～610	±0.20

3.4 力学性能

带材的室温力学性能应符合表 3 的规定。

表 3 力学性能

牌　号	状　态	抗拉强度 R_m N/mm²	规定非比例延伸强度 $R_{p0.2}$ N/mm²	伸长率 $A_{11.3}$ %
TU2	M	200～250	<100	≥45
T2	M	230～265	<100	≥40

3.5 晶粒度

带材的平均晶粒度应在 0.010 mm～0.030 mm 的范围内。

3.6 电性能

在 20 ℃的温度下测试，带材的导电率应符合表 4 的规定。

表 4 导电率

牌　　号	导电率/%IACS
TU2	≥98
T2	≥95

3.7 外观质量

3.7.1 带材的两边应切齐，无裂边、卷边等缺陷。

3.7.2 带材的表面应光滑、清洁，不允许有分层、裂纹、起皮、起刺、气泡、压折、夹杂、氧化和铜绿等影响使用的缺陷。

4 试验方法

4.1 化学成分的仲裁分析方法

带材的化学成分的仲裁分析方法按 GB/T 5121 的规定进行。

4.2 尺寸及其允许偏差测量方法

带材的尺寸及其允许偏差应用相应精度的测量工具进行测量。带宽＞100 mm 时，在距离边部≥5 mm处测量；带宽≤100 mm 时，在距离边部≥3 mm 处测量。

4.3 力学性能检验方法

带材的拉伸试验方法按 GB/T 228—2002 的规定进行，试样按 GB/T 228—2002 附录 A 表 A.1 中 P2 的规定制取。

4.4 晶粒度检验方法

带材的晶粒度检验按 YS/T 347 的规定进行。

4.5 电性能试验方法

带材的导电率试验按 GB/T 351 或 YS/T 478 的规定进行。当需仲裁时，仲裁试验按 GB/T 351 的规定进行。

4.6 外观质量检查方法

带材的外观质量应用目视进行检验。

5 检验规则

5.1 检查和验收

5.1.1 产品应由供方技术监督部门进行检验，保证产品质量符合本标准及合同(或订货单)的规定，并填写质量证明书。

5.1.2 需方应对收到的产品按本标准及合同(或订货单)的规定进行复验，如复验结果与本标准及合同(或订货单)的规定不符时，应以书面形式向供方提出，由供需双方协商解决。属于表面质量及尺寸偏差的异议，应在收到产品之日起一个月内提出；其他质量异议，应在收到产品三个月内提出。如需仲裁，仲裁取样应由供需双方在需方共同进行。

5.2 组批

带材应成批提交验收，每批应由同一牌号、状态和规格组成。每批重量应不大于 3 500 kg(如该批为同一熔次，则批重可不大于 6 000 kg)。

5.3 检验项目

每批带材应进行化学成分、尺寸及其允许偏差、力学性能试验、晶粒度、电性能和外观质量的检验。

5.4 取样

带材取样应符合表 5 的规定。

表 5 取样

检验项目	取样规定	要求的章条号	试验方法的章条号
化学成分	供方 1 个试样/熔次，需方 1 个试样/批	3.2	4.1
尺寸及其允许偏差	逐卷检查	3.3	4.2

表 5（续）

检验项目	取样规定	要求的章条号	试验方法的章条号
力学性能	任取 2 卷/批，1 个试样/卷	3.4	4.3
晶粒度	任取 2 卷/批，1 个试样/卷	3.5	4.4
电性能	任取 2 卷/批，1 个试样/卷	3.6	4.5
外观质量	逐卷检查	3.7	4.6

5.5 检验结果的判定

5.5.1 化学成分不合格时，判该批带材不合格。

5.5.2 带材的尺寸及其允许偏差和外观质量不合格时，判该卷不合格。

5.5.3 当力学性能、晶粒度和电性能的试验结果中有试样不合格时，应从该批带材(包括原检验不合格的那卷带材)中另取双倍数量的试样进行重复试验，重复试验结果全部合格，则判整批带材合格。若重复试验结果仍有试样不合格，则判该批带材不合格，或由供方逐卷检验，合格者交货。

6 标志、包装、运输、贮存和质量证明书

带材的标志、包装、运输、贮存和质量证明书应符合 GB/T 8888 的规定。

7 合同(或订货单)内容

订购本标准所列产品的合同(或订货单)应包括下列内容：

a) 产品名称；
b) 牌号；
c) 供应状态；
d) 尺寸规格；
e) 重量；
f) 本标准编号；
g) 其他。

ICS 77.150.40
H 62

中华人民共和国国家标准

GB/T 26016—2010

高　纯　镍

High purity nickel

2011-01-10 发布　　2011-10-01 实施

中华人民共和国国家质量监督检验检疫总局
中国国家标准化管理委员会　发布

前言

本标准的附录A为规范性附录。

本标准由中国有色金属工业协会提出。

本标准由全国有色金属标准化技术委员会归口。

本标准由金川集团有限公司负责起草。

本标准主要起草人:武浚、杨艳、卢越刚、马永峰、白延利、邱平。

高 纯 镍

1 范围

本标准规定了高纯镍(5 N 和 6 N)的要求、检验方法、检验规则、包装、标志、运输、贮存、质量证明书和合同(或订货单)内容。

本标准适用于微电子工业溅射靶材及离子镀膜、蒸发镀膜、制造高纯试剂、标样和高级合金用途的高纯镍。

2 规范性引用文件

下列文件对于本文件的应用是必不可少的。凡是注日期的引用文件,仅注日期的版本适用于本文件。凡是不注日期的引用文件,其最新版本(包括所有的修改单)适用于本文件。

GB/T 8170 数值修约规则与极限数值的表示和判定

3 要求

3.1 产品分类

高纯镍按品级分为两个牌号:HPNi-1、HPNi-2。

3.2 化学成分

HPNi-1 中,金属镍的含量不低于 99.999 9%,其中 Li、Be、B、Na、Mg、Al、Si、P、S、K、Ca、Ti、V、Cr、Mn、Fe、Co、Cu、Zn、Ge、As、Se、Zr、Nb、Mo、Ag、Cd、Sn、Sb、Te、Au、Hg、Pb、Bi、Th、U 主控杂质元素含量之和不大于 0.000 1%。

HPNi-2 中,金属镍的含量不低于 99.999%,其中 Li、Be、B、Na、Mg、Al、Si、P、S、K、Ca、Ti、V、Cr、Mn、Fe、Co、Cu、Zn、Ge、As、Se、Zr、Nb、Mo、Ag、Cd、Sn、Sb、Te、Au、Hg、Pb、Bi、Th、U 主控杂质元素含量之和不大于 0.001%。

注:金属镍的含量由 100%减去上述规定的 36 种主控杂质元素实测值的总和求得。

3.3 产品基本尺寸

3.3.1 块状:长×宽:(50×50)mm±1 mm、(100×100)mm±1 mm;厚度:(3±2)mm。

3.3.2 产品尺寸也可根据用户要求剪裁。

3.4 外观质量

3.4.1 高纯镍表面平整洁净,无电解液、油污等。

3.4.2 同一批产品色泽应保持一致。

3.5 其他要求

需方如对高纯镍化学成分、物理规格有特殊要求,可由供需双方协商,并在合同中注明。

4 试验方法

4.1 高纯镍杂质元素的测定采用辉光放电质谱法(GDMS)测定，方法见附录A。
4.2 产品的尺寸采用相应精度量具测量。
4.3 高纯镍外观质量由目视检查。

5 检验规则

5.1 检查与验收

5.1.1 供方质量监督部门负责对产品进行检验，保证产品符合本标准及合同(或订货单)规定，并填写质量证明书。
5.1.2 需方可对收到的产品进行检验。如检验结果与本标准及合同(或订货单)规定不符，应在收到产品之日起30日内向供方提出，由供需双方协商解决；如需仲裁，仲裁取样在需方，由供需双方共同进行。

5.2 组批

每批产品应由同一系统、同一生产周期生产的同一牌号的产品组成，每批产品不大于500 kg。

5.3 检验项目

每批产品应进行化学成分，尺寸和外观质量的检验。

5.4 取样与制样

5.4.1 化学成分仲裁取样的方法，随机抽取三块产品，每块产品切取一块符合附录A分析要求样品。
5.4.2 取得样品经清洗、烘干后，分别装入铝塑袋中真空封装，供仲裁分析。
5.4.3 尺寸及外观质量逐块检验。

5.5 检验结果的判定

5.5.1 三块样品化学成分平均值为仲裁分析结果，仲裁分析结果的数值修约和判定按GB/T 8170的规定进行。
5.5.2 化学成分不符合规定时，判该批产品不合格。
5.5.3 尺寸和外观质量不符合规定时，判该块产品不合格。

6 产品包装、标志、运输、贮存和质量证明书

6.1 包装

高纯镍产品内包装采用铝塑袋真空封装，外包装采用纸箱包装，净重以实际重量为准。

6.2 标志

产品外包装应印有产品名称、商标、供方名称、供方地址、批号、净重，并有“防潮”、“小心轻放”字样或标志。

6.3 运输

产品运输时应防潮，小心轻放，并与其他物品分开堆放。

6.4 贮存

产品应贮存于干燥、通风、无腐蚀性气体的仓库中，不得与酸、碱、油类和化学品贮存在一起，严防受潮、腐蚀。

6.5 质量证明书

每批产品应附有质量证明书，其上注明：

a) 供方名称、地址、电话；

b) 产品名称、尺寸、牌号、批号、批重与产品件数；

c) 分析检测结果及检验部门印记；

d) 本标准号；

e) 出厂日期。

7 合同或(订货单)内容

本标准所列材料的合同(或订货单)应包括下列内容：

a) 产品名称；

b) 牌号；

c) 形状、尺寸、杂质含量等特殊要求；

d) 数量；

e) 本标准编号；

f) 其他。

附 录 A
（规范性附录）
高纯镍杂质元素的测定——辉光放电质谱法

A.1 范围

本附录适用于高纯镍中 Li、Be、B、Na、Mg、Al、Si、P、S、K、Ca、Ti、V、Cr、Mn、Fe、Co、Cu、Zn、Ge、As、Se、Zr、Nb、Mo、Ag、Cd、Sn、Sb、Te、Au、Hg、Pb、Bi、Th、U 杂质元素的测定。

A.2 工作原理

辉光放电质谱仪简称 GDMS(Glow Discharge Mass Spectrometry)，是一种比较成熟的分析仪器，适合于高纯金属材料与合金等的分析。辉光放电质谱仪一般由以下几部分组成：离子源、质量分析器、检测器、真空系统与信号处理系统，如图 A.1 所示。

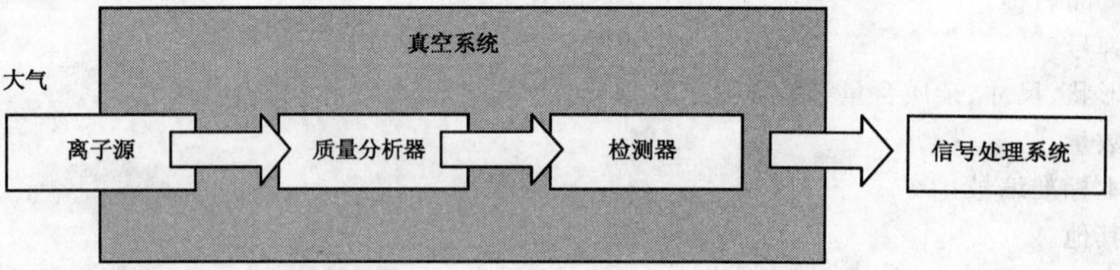

图 A.1 辉光放电质谱仪组成

样品作为辉光放电电源的阴极，其原子在氩离子的撞击下，从样品上被剥离下来（阴极溅射），进入等离子体，通过电子碰撞和彭宁碰撞变成正离子。正离子通过离子源的出口被加速后进入质谱仪，质谱仪根据荷质比和离子强度进行分析。

辉光放电质谱仪的离子源采用气体辉光放电离子源（GD 源），它利用惰性气体（一般是氩气，压强约 10 Pa～100 Pa）在几百甚至上千伏特电压下电离产生的离子撞击样品表面使之发生溅射，溅射产生的样品原子扩散至等离子体中进一步离子化，进而被质量分析器收集。

质量分析器一般采用高分辨的双聚焦磁质谱仪，可覆盖 2 u～260 u 的质量范围。基本上能分析整个周期表上的所有元素，包括碳、氮和氧。其最高分辨率达 10 000，可有效消除干扰峰的影响。

检测器一般由计数、模拟和法拉第杯三个模式构成，检出模式根据信号的强弱进行选择，直线响应范围达 10 个数量级以上。

真空系统确保待测离子有效传输而不受干扰。一般高于 10^{-6} Torr(1 Torr=133.322 4 Pa)。

信号处理系统进行信号的发出、收集、甄别和处理，包括控制、数据处理和报告输出。

A.3 仪器主要条件

为保证仪器的工作状态，必须满足以下条件：

——仪器分析器的高真空须小于 5×10^{-5} Pa，前级真空须小于 1×10^{-1} Pa；

——样品与样品支架传热良好，冷却温度设定在 15 ℃；

——仪器在测试前应处于良好的质量校正和法拉第检测器校正状态；

——通过调节放电参数、气体压力及透镜电压等，以获得良好的峰形、分辨率和技术单位不小于 5×10^{7} cps 的 ^{102}Ru 基体信号。

A.4 试样的要求

GDMS只适用于固体样品的直接分析，对固体样品的具体要求如下：

a) 试样须具有导电性；

b) 试样为扁平或棒状；

c) 试样尺寸

　1) 扁平样品：径向尺寸最大22 mm～70 mm，高度最小1 mm；

　2) 棒状样品：约2 mm×2 mm×20 mm或ϕ2 mm×20 mm。

A.5 测定步骤

a) 样品处理；

b) 装样；

c) 调整参数；

d) 测试。

A.6 测定结果表述

测量结果由仪器直接给出，杂质含量以质量分数表示。

A.7 质量控制措施

用标准样品或管理样品每月校正一次，若出现偏差，采取相应技术措施消除偏差。

ICS 77.150.30
H 62

中华人民共和国国家标准

GB/T 26017—2010

高　纯　铜

High purity copper

2011-01-10 发布　　2011-10-01 实施

中华人民共和国国家质量监督检验检疫总局
中国国家标准化管理委员会　发布

前言

本标准的附录A为规范性附录。

本标准由中国有色金属工业协会提出。

本标准由全国有色金属标准化技术委员会归口。

本标准由金川集团有限公司负责起草。

本标准主要起草人：闫忠强、艾琳、白延利、任保佑、李静、吴孝宝、邱平。

高 纯 铜

1 范围

本标准规定了高纯铜(5 N和6 N)的要求、检验方法、检验规则、包装、标志、运输、贮存、质量证明书和合同(或订货单)内容。

本标准适用于溅射靶材及离子镀膜、电子工业各种连接线、电子封装用键合线、高品质音频线等用途的高纯铜,也可制造高纯试剂、标样及高级合金。

2 规范性引用文件

下列文件对于本文件的应用是必不可少的。凡是注日期的引用文件,仅注日期的版本适用于本文件。凡是不注日期的引用文件,其最新版本(包括所有的修改单)适用于本文件。

GB/T 8170 数值修约规则与极限数值的表示和判定

3 要求

3.1 产品分类

高纯铜按品级分为两个牌号:HPCu-1、HPCu-2。

3.2 化学成分

HPCu-1 中金属 Cu 的含量不低于 99.999 9%;Li、Be、B、Na、Mg、Al、Si、P、S、K、Ca、Ti、V、Cr、Mn、Fe、Co、Ni、Zn、Ge、As、Se、Zr、Nb、Mo、Ag、Cd、Sn、Sb、Te、Au、Hg、Pb、Bi、Th、U 主控杂质元素含量之和不大于 0.000 1%;

HPCu-2 中金属 Cu 的含量不低于 99.999%;Li、Be、B、Na、Mg、Al、Si、P、S、K、Ca、Ti、V、Cr、Mn、Fe、Co、Ni、Zn、Ge、As、Se、Zr、Nb、Mo、Ag、Cd、Sn、Sb、Te、Au、Hg、Pb、Bi、Th、U 主控杂质元素含量之和不大于 0.001%。

注:金属铜的含量由 100%减去上述规定的 36 种主控杂质元素实测值总和求得。

3.3 产品基本尺寸

3.3.1 条状:长×宽(300×10)mm±1 mm;厚度:(4±2)mm。

3.3.2 块状:长×宽(50×50)mm±1 mm;厚度:(4±2)mm。

3.3.3 产品尺寸也可根据用户要求进行剪裁。

3.4 外观质量

3.4.1 高纯铜表面平整洁净,无结粒、电解液、油污等。

3.4.2 同一批产品色泽应保持一致。

3.5 其他要求

如需方对高纯铜化学成分、物理规格有特殊要求,可由供需双方协商,并在合同中注明。

4 试验方法

4.1 高纯铜杂质元素的测定采用辉光放电质谱法(GDMS)测定,方法见附录A。
4.2 高纯铜的尺寸采用相应精度量具测量。
4.3 高纯铜外观质量由目视检查。

5 检验规则

5.1 检查与验收

5.1.1 供方质量监督部门负责对产品进行检验,保证产品符合本标准及合同(或订货单)的规定,并填写质量证明书。
5.1.2 需方可对收到的产品进行检验。如检验结果与本标准及合同(或订货单)规定不符,应在收到产品之日起15日内向供方提出,由供需双方协商解决;如需仲裁,仲裁取样在需方,由供需双方共同进行。

5.2 组批

每批产品应由同一系统、同一生产周期生产的同一牌号的产品组成,每批产品不大于1 t。

5.3 检验项目

每批产品应进行化学成分、尺寸和外观质量的检验。

5.4 取样与制样

5.4.1 化学成分仲裁取样的方法,随机抽取三块产品,每块切取一块符合附录A分析要求的样品。
5.4.2 将剪切好的样品置于10%的盐酸溶液中浸泡15 min,然后用去离子水充分洗涤,清除全部外来污物,最后采用无水酒精清洗并干燥(避免氧化),铝塑袋中真空封装,供仲裁分析。
5.4.3 尺寸和外观质量逐块进行检测。

5.5 检验结果判定

5.5.1 三块样品化学成分平均值为仲裁分析结果。分析结果的数值修约和判定按GB/T 8170的规定进行。
5.5.2 化学成分仲裁分析结果不符合规定时,判该批产品不合格。
5.5.3 尺寸和外观质量不符合规定时,判该块产品不合格。

6 包装、标志、运输、贮存和质量证明书

6.1 包装

高纯铜产品内包装采用铝塑袋真空封装,外包装采用纸箱包装,净重以实际重量为准。

6.2 标志

产品外包装应印有产品名称、商标、供方名称、供方地址、批号、净重,并有“防潮”、“小心轻放”字样或标志。

6.3 运输

产品运输时应防潮，小心轻放，并与其他物品分开堆放。

6.4 贮存

产品应贮存于干燥、通风、无腐蚀性气体的仓库中，不得与酸、碱、油类和化学品贮存在一起，严防受潮、腐蚀。

6.5 质量证明书

每批产品应附有质量证明书，其上注明：

a) 供方名称、地址、电话；

b) 产品名称、尺寸、牌号、批号、批重与产品件数；

c) 分析检测结果及检验部门印记；

d) 本标准号；

e) 出厂日期。

7 合同或(订货单)内容

本标准所列材料的合同或(订货单)内应包括下列内容：

a) 产品名称；

b) 牌号；

c) 形状、尺寸、杂质含量等特殊要求；

d) 数量；

e) 本标准号；

f) 其他。

附 录 A
（规范性附录）
高纯铜杂质元素的测定——辉光放电质谱法

A.1 范围

本附录适用于高纯铜中Li、Be、B、Na、Mg、Al、Si、P、S、K、Ca、Ti、V、Cr、Mn、Fe、Co、Ni、Zn、Ge、As、Se、Zr、Nb、Mo、Ag、Cd、Sn、Sb、Te、Au、Hg、Pb、Bi、Th、U杂质元素的测定。

A.2 工作原理

辉光放电质谱仪简称GDMS(Glow Discharge Mass Spectrometry)，是一种比较成熟的分析仪器，适合于高纯金属材料与合金等的分析。辉光放电质谱仪一般由以下几部分组成：离子源、质量分析器、检测器、真空系统与信号处理系统，如图A.1所示。

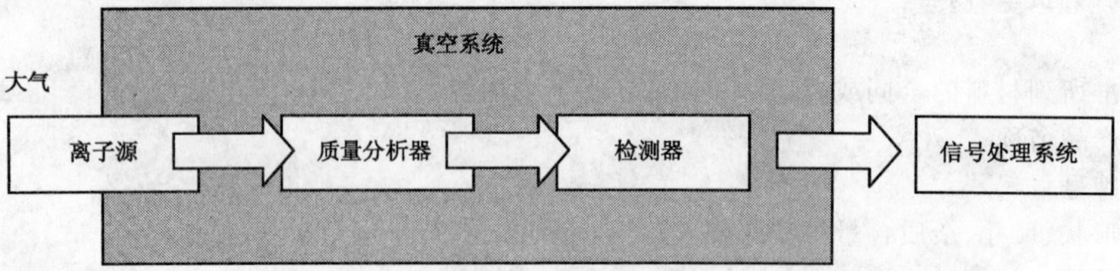

图 A.1 辉光放电质谱仪组成

样品作为辉光放电电源的阴极，其原子在氩离子的撞击下，从样品上被剥离下来(阴极溅射)，进入等离子体，通过电子碰撞和彭宁碰撞变成正离子。正离子通过离子源的出口被加速后进入质谱仪，质谱仪根据荷质比和离子强度进行分析。

辉光放电质谱仪的离子源采用气体辉光放电离子源(GD源)，它利用惰性气体(一般是氩气，压强约10 Pa～100 Pa)在几百甚至上千伏特电压下电离产生的离子撞击样品表面使之发生溅射，溅射产生的样品原子扩散至等离子体中进一步离子化，进而被质量分析器收集。

质量分析器一般采用高分辨的双聚焦磁质谱仪，可覆盖2 u～260 u的质量范围。基本上能分析整个周期表上的所有元素，包括碳、氮和氧。其最高分辨率达10 000，可有效消除干扰峰的影响。

检测器一般由计数、模拟和法拉第杯三个模式构成，检出模式根据信号的强弱进行选择，直线响应范围达10个数量级以上。

真空系统确保待测离子有效传输而不受干扰。一般高于10^{-6} Torr(1 Torr＝133.322 4 Pa)。

信号处理系统进行信号的发出、收集、甄别和处理，包括控制、数据处理和报告输出。

A.3 仪器主要条件

为保证仪器的工作状态，必须满足以下条件：

——仪器分析器的高真空须小于5×10^{-5} Pa，前级真空须小于1×10^{-1} Pa；

——样品与样品支架传热良好，冷却温度设定在15 ℃；

——仪器在测试前应处于良好的质量校正和法拉第检测器校正状态；

——通过调节放电参数、气体压力及透镜电压等，以获得良好的峰形、分辨率和技术单位不小于 5×10^7 cps 的 ^{102}Ru 基体信号。

A.4 试样的要求

GDMS 只适用于固体样品的直接分析，对固体样品的具体要求如下：

a) 试样须具有导电性；

b) 试样为扁平或棒状；

c) 试样尺寸

  1) 扁平样品：径向尺寸最大：22 mm～70 mm；高度最小 1 mm。

  2) 棒状样品：约 2 mm×2 mm×20 mm 或 ϕ2 mm×20 mm。

A.5 测定步骤

a) 样品处理；

b) 装样；

c) 调整参数；

d) 测试。

A.6 测定结果表述

测量结果由仪器直接给出，杂质含量以质量分数表示。

A.7 质量控制措施

用标准样品或管理样品每月校正一次，若出现偏差，采取相应技术措施消除偏差。

ICS 77.150.70
H 62

中华人民共和国国家标准

GB/T 26018—2010

高　纯　钴

High purity cobalt

2011-01-10 发布　　2011-10-01 实施

中华人民共和国国家质量监督检验检疫总局
中国国家标准化管理委员会 发布

前　言

本标准按照 GB/T 1.1—2009 给出的规则起草。

本标准由全国有色金属标准化技术委员会(SAC/TC 243)归口。

本标准负责起草单位:金川集团有限公司。

本标准主要起草人:闫忠强、艾琳、白延利、杨凯麟、宋如梦、邱平。

高 纯 钴

1 范围

本标准规定了高纯钴的要求、检验方法、检验规则、包装、标志、运输、贮存、质量证明书和合同(或订货单)等内容。

本标准适用于磁传感材料,光感材料,磁记录溅射靶材及离子镀膜、蒸发镀膜、制造高纯试剂、标样和高纯合金等用途的高纯钴。

2 规范性引用文件

下列文件对于本文件的应用是必不可少的。凡是注日期的引用文件,仅注日期的版本适用于本文件。凡是不注日期的引用文件,其最新版本(包括所有的修改单)适用于本文件。

GB/T 8170 数值修约规则与极限数值的表示和判定

3 要求

3.1 产品分类

高纯钴按化学成分分为两个牌号:HPCo-1,HPCo-2。

3.2 化学成分

HPCo-1 中金属钴的含量不低于 99.999 9%,其中 Li、Be、B、Na、Mg、Al、Si、P、S、K、Ca、Ti、V、Cr、Mn、Fe、Ni、Cu、Zn、Ge、As、Se、Zr、Nb、Mo、Ag、Cd、Sn、Sb、Te、Au、Hg、Pb、Bi、Th、U 主控杂质元素含量之和不大于 0.000 1%;

HPCo-2 中金属钴的含量不低于 99.999%,其中 Li、Be、B、Na、Mg、Al、Si、P、S、K、Ca、Ti、V、Cr、Mn、Fe、Ni、Cu、Zn、Ge、As、Se、Zr、Nb、Mo、Ag、Cd、Sn、Sb、Te、Au、Hg、Pb、Bi、Th、U 主控杂质元素含量之和不大于 0.001%。

注:主金属钴的含量由 100%减去上述规定的 36 种主控杂质元素的含量求得。

3.3 尺寸

3.3.1 块状:(50×50)mm±1 mm;(100×100)mm±1 mm;厚度:(3±2)mm。

3.3.2 产品尺寸也可根据用户要求剪裁。

3.4 外观质量

3.4.1 产品表面平整洁净,无电解液、油污等。

3.4.2 同一批产品色泽应保持一致。

3.5 其他要求

需方如对高纯钴化学成分、物理规格有特殊要求,可由供需双方协商,并在合同中注明。

4 试验方法

4.1 高纯钴中杂质元素的测定采用附录 A 的方法进行，或由供需双方协商确定。

4.2 高纯钴的尺寸采用相应精度量具测量。

4.3 高纯钴的外观质量由目视检测。

5 检验规则

5.1 检查与验收

5.1.1 供方质量监督部门负责对产品进行检验，保证产品符合本标准或合同(或订货单)的规定，并填写质量证明书。

5.1.2 需方可对收到的产品进行检验。如检验结果与本标准或合同(或订货单)规定不符，应在收到产品之日起 30 日内向供方提出，由供需双方协商解决；如需仲裁，仲裁取样在需方，由供需双方共同进行。

5.2 组批

每批产品应由同一系统、同一生产周期生产的同一牌号的产品组成，每批产品不大于 500 kg。

5.3 取样与制样

5.3.1 化学成分仲裁取样的方法，随机抽取三块产品，每块产品切取一块符合附录 A 分析要求样品。尺寸及外观质量逐块进行检验。

5.3.2 取得样品经清洗、烘干后，分别装入铝塑袋中真空封装，供仲裁分析。

5.4 检验结果的判定

5.4.1 三块样品化学成分平均值为仲裁分析结果。

5.4.2 仲裁分析结果数值修约规定按 GB/T 8170 的规定进行。

5.4.3 化学成分仲裁分析结果与本标准的 3.2 规定不符时，判该批产品不合格。

5.4.4 尺寸及外观质量不符合本标准 3.4 规定时，判该块产品不合格。

6 包装、标志、运输、贮存和质量证明书

6.1 包装

高纯钴产品内包装采用铝塑袋真空封装，外包装采用纸箱包装，净重以实际重量为准。

6.2 标志

产品外包装应印有产品名称、商标、供方名称、供方地址、批号、净重，并有“防潮”、“小心轻放”字样或标志。

6.3 运输

产品运输时应防潮，小心轻放，并与其他物品分开堆放。

6.4 贮存

产品应贮存于干燥、通风、无腐蚀性气体的仓库中，不得与酸、碱、油类和化学品贮存在一起，严防受

潮、腐蚀。

6.5 质量证明书

每批产品应附有质量证明书，其上注明：

a) 供方名称、地址、电话；

b) 产品名称、尺寸、牌号、批号、批重与产品件数；

c) 分析检测结果及检验部门印记；

d) 本标准编号；

e) 出厂日期。

7 合同(或订货单)内容

本标准所列材料的合同(或订货单)内应包括下列内容：

a) 产品名称；

b) 牌号；

c) 形状、尺寸、杂质含量等特殊要求；

d) 数量；

e) 本标准编号；

f) 其他。

附 录 A
（规范性附录）
高纯钴杂质元素的测定——辉光放电质谱法

A.1 范围

本附录适用于高纯钴中 Li、Be、B、Na、Mg、Al、Si、P、S、K、Ca、Ti、V、Cr、Mn、Fe、Ni、Cu、Zn、Ge、As、Se、Zr、Nb、Mo、Ag、Cd、Sn、Sb、Te、Au、Hg、Pb、Bi、Th、U 杂质元素的测定。

A.2 工作原理

辉光放电质谱仪简称 GDMS(Glow Discharge Mass Spectrometry)，是一种比较成熟的分析仪器，适合于高纯金属材料与合金等的分析。辉光放电质谱仪一般由以下几部分组成：离子源、质量分析器、检测器、真空系统与信号处理系统，如图 A.1 所示。

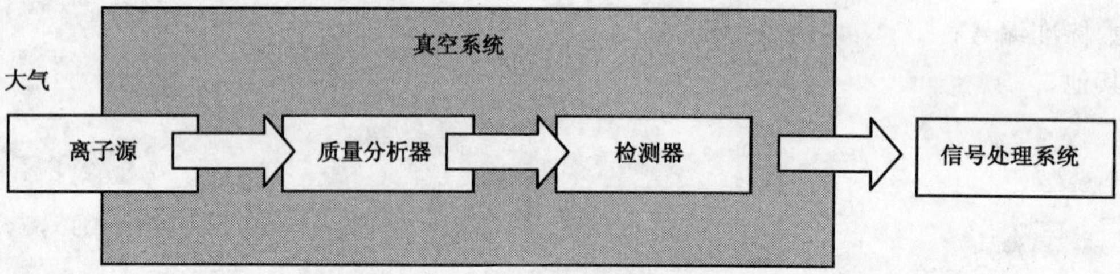

图 A.1 辉光放电质谱仪组成

样品作为辉光放电电源的阴极，其原子在氩离子的撞击下，从样品上被剥离下来(阴极溅射)，进入等离子体，通过电子碰撞和彭宁碰撞变成正离子。正离子通过离子源的出口被加速后进入质谱仪，质谱仪根据荷质比和离子强度进行分析。

辉光放电质谱仪的离子源采用气体辉光放电离子源(GD 源)，它利用惰性气体(一般是氩气，压强约 10 Pa～100 Pa)在几百甚至上千伏特电压下电离产生的离子撞击样品表面使之发生溅射，溅射产生的样品原子扩散至等离子体中进一步离子化，进而被质量分析器收集。

质量分析器一般采用高分辨的双聚焦磁质谱仪，可覆盖 2 u～260 u 的质量范围。基本上能分析整个周期表上的所有元素，包括碳，氮和氧。其最高分辨率达 10 000，可有效消除干扰峰的影响。

检测器一般由计数、模拟和法拉第杯三个模式构成，检出模式根据信号的强弱进行选择，直线响应范围达 10 个数量级以上。

真空系统确保待测离子有效传输而不受干扰。一般高于 10^{-6} Torr(1 Torr＝133.322 4 Pa)。

信号处理系统进行信号的发出、收集、甄别和处理，包括控制、数据处理和报告输出。

A.3 仪器主要条件

为保证仪器的工作状态，必须满足以下条件：

——仪器分析器的高真空须小于 5×10^{-5} Pa，前级真空须小于 1×10^{-1} Pa；

——样品与样品支架传热良好，冷却温度设定在 15 ℃；

——仪器在测试前应处于良好的质量校正和法拉第检测器校正状态；

——通过调节放电参数、气体压力及透镜电压等，以获得良好的峰形、分辨率和技术单位不小于 5×10^7 cps 的 ^{102}Ru 基体信号。

A.4 试样的要求

GDMS 只适用于固体样品的直接分析，对固体样品的具体要求如下：

a) 试样须具有导电性；

b) 试样为扁平或棒状；

c) 试样尺寸

  1) 扁平样品：径向尺寸最大 70 mm，径向尺寸最小 22 mm，高度最小 1 mm；

  2) 棒状样品：约 2 mm×2 mm×20 mm 或 ϕ2 mm×20 mm。

A.5 测定步骤

a) 样品处理；

b) 装样；

c) 调整参数；

d) 测试。

A.6 测定结果表述

测量结果由仪器直接给出，杂质含量以质量分数表示。

A.7 质量控制措施

用标准样品或管理样品每月校正一次，若出现偏差，采取相应技术措施消除偏差。

ICS 77.120.99
H 63

中华人民共和国国家标准

GB/T 26019—2010

高杂质钨矿化学分析方法 三氧化钨量的测定 二次分离灼烧重量法

Methods for chemical analysis of high impurity tungsten mineral—Determination of tungsten trioxide content—Twice separation and igniting gravimetric method

2011-01-10 发布 2011-10-01 实施

中华人民共和国国家质量监督检验检疫总局
中国国家标准化管理委员会
发布

前 言

本标准由全国有色金属标准化技术委员会(SAC/TC 23)归口。

本标准起草单位:郴州钻石钨制品有限责任公司、厦门钨业股份有限公司、赣州有色冶金研究所、湖南郴州柿竹园有色金属有限责任公司、洛阳栾川钼业集团股份有限公司。

本标准主要起草人:杜方才、张元霞、唐益辉、朱桂容、王彩云、邝静、潘建忠、王周林、雷勇、崔亚娟、张春铃。

高杂质钨矿化学分析方法 三氧化钨量的测定 二次分离灼烧重量法

1 范围

本标准规定了高杂质钨矿中三氧化钨量的测定。

本标准适用于磷含量小于2%、钛含量小于1%、锡含量小于2%的钨矿中三氧化钨量的测定。三氧化钨测定范围：20%以上。

2 方法提要

试样在少量氟化铵存在下，以盐酸、硝酸、高氯酸溶解，浓缩至冒白烟以驱除过剩的氟离子与硝酸根，钨成钨酸析出，过滤，与大部分共存元素分离后，用氨水溶解钨酸，加入硝酸铁和硝酸铍沉淀分离其他杂质，滤液经蒸干、灼烧，以氢氟酸去硅，再灼烧后称三氧化钨量。用光度法测定残渣中三氧化钨量，补正结果。当钼含量大于0.3%时，需要进行结果校正。

3 试剂

除非另有说明，本部分所用试剂均为符合国家标准或行业标准的分析纯试剂，所用水均为蒸馏水。

3.1 过氧化钠。

3.2 氟化铵。

3.3 乙二胺四乙酸二钠(EDTA)。

3.4 盐酸(ρ1.19 g/mL)。

3.5 硝酸(ρ1.42 g/mL)。

3.6 氢氟酸(ρ1.15 g/mL)。

3.7 无水乙醇。

3.8 氨水(ρ0.90 g/mL)。

3.9 氨水溶液(1+1)。

3.10 氨水溶液(1+4)。

3.11 氨水-硝酸铵混合液：移取40 mL氨水(3.9)，加入450 mL水，加入2 mL硝酸(3.5)。

3.12 氢氧化钠溶液(24 g/L)。

3.13 氢氧化钠溶液(100 g/L)。

3.14 氢氧化钠溶液(50 g/L)。

3.15 高氯酸(ρ1.67 g/mL)。

3.16 高氯酸洗涤液(1+199)。

3.17 硝酸铁溶液：称取1 g分析纯铁粉，加50 mL硝酸(3.5)，于电炉上加热溶解后用水稀至1 000 mL。

3.18 硝酸铍溶液：称取10 g分析纯$BeSO_4 \cdot 4H_2O$，加400 mL水溶解，加50 mL氨水(3.8)，加热煮

沸，趁热用布氏漏斗过滤，用热的氨水-硝酸铵混合液(3.11)洗涤沉淀10次，将沉淀移入烧杯中，加10 mL 硝酸(3.5)溶解，溶解完后稀释至500 mL。

3.19 明胶溶液(5 g/L)。

提纯：用100 mL 酸式玻璃滴定管经湿法装填50 mL 强酸性阳离子交换树脂(001×7)，用4 mol/L 硝酸洗涤至流出液中无钠离子(原子吸收光谱检测)，用水洗涤至中性，然后将配制好的明胶溶液通过交换柱，用原子吸收光谱检测无钠离子即可使用。明胶溶液应低温保存，使用期限不超过30天。

3.20 硫氰酸铵溶液(350 g/L)。

3.21 三氯化钛-盐酸混合液：移取0.5 mL 三氯化钛溶液(150 g/L)，用盐酸(2+3)稀释至100 mL，混匀。用时现配。

3.22 硫酸-柠檬酸-硫酸铜溶液：称取200 g 柠檬酸，置于1 000 mL 烧杯中，加入400 mL 水，待溶解完全后，加入330 mL 硫酸(1+1)、0.20 g 硫酸铜，用水稀释至1 000 mL，混匀。

3.23 硫脲-硫氰酸铵混合溶液：称取8 g 硫脲、40 g 硫氰酸铵溶于100 mL 水中。

3.24 三氧化钨标准溶液：称取0.100 0 g 经750 ℃灼烧过的三氧化钨[$w(WO_3)\geqslant 99.95\%$]，置于250 mL 烧杯中，加入48 g 氢氧化钠、约100 mL 水，微热至溶解完全，冷却，移入1 000 mL 容量瓶中，用水稀释至刻度，混匀，贮存于塑料瓶中。此溶液1 mL 含100 μg 三氧化钨。

3.25 钼标准贮存溶液：称取0.150 0 g 经550 ℃灼烧过的三氧化钼[$w(MoO_3)\geqslant 99.95\%$]，置于250 mL 烧杯中，加入适量的氢氧化钠溶液(3.14)，加热至溶解完全，冷却后，用氢氧化钠溶液(3.14)移入1 000 mL 容量瓶中并稀释至刻度，混匀。贮存于塑料瓶中。此溶液1 mL 含100 μg 钼。

3.26 钼标准溶液：移取20.00 mL 钼标准贮存溶液(3.25)，置于100 mL 容量瓶中，用氢氧化钠溶液(3.14)稀释至刻度，混匀。贮存于塑料瓶中。此溶液1 mL 含20 μg 钼。

4 试样

4.1 试样粒度小于0.074 mm。

4.2 试样预先在105 ℃～110 ℃烘2 h，置于干燥器中冷却至室温。

5 分析步骤

5.1 试料

WO_3 含量大于等于30%，称取0.5 g 试样(精确至0.000 1 g)；WO_3 含量小于30%，称取1.0 g 试样(精确至0.000 1 g)。

5.2 测定次数

独立地进行两次测定，取其平均值。

5.3 空白试验

随同试料做空白试验。

5.4 测定

5.4.1 将试料(5.1)置于250 mL 烧杯中，加入约30 mL 盐酸(3.4)，摇匀，再加入70 mL 盐酸(3.4)(白钨加50 mL 盐酸)，置于低温电热板上加热溶解10 min～20 min(经常摇动，以防试样粘结在杯底上)。加入0.3 g～1.5 g 氟化铵(3.2)，摇动，继续溶解10 min。取下，置于电炉上浓缩体积至30 mL～

40 mL，加入 3 mL 高氯酸(3.15)，2 mL 硝酸(3.5)，继续低温加热至冒白烟 1 min，取下，稍冷，用水吹洗表面皿及杯壁并稀释至 30 mL～40 mL，加 2 mL 明胶溶液(3.19)，煮沸，沸水浴保温 15 min，取下，静置 30 min。

注 1：高磷低度钨矿需加 1.2 g 氟化铵(3.2)。

注 2：低磷钨矿可不加明胶溶液(3.19)。

5.4.2 以中速定量滤纸过滤于 200 mL 容量瓶中，用倾泻法以高氯酸洗涤液(3.16)洗烧杯及滤纸各 6 次，用水各洗 1 次。

5.4.3 取下容量瓶，加入 0.5 mL 无水乙醇(3.7)（待 5.4.4 后，再将此溶液倒入原烧杯中作浸取残渣用）。

5.4.4 用 20 mL 热氨水溶液(3.9)，将滤纸上的钨酸溶解于原烧杯中，取下原烧杯换上新的 150 毫升烧杯承接。原烧杯于电炉上加热使钨酸溶解，趁热在原滤纸上过滤，并用热的氨水溶液(3.10)洗烧杯，并将全部残渣移入滤纸上。用擦棒擦净烧杯。

5.4.5 将 150 mL 烧杯于低温电炉上加热，浓缩体积至 20 mL，取下，在不断搅拌下，加入 5 mL 氨水(3.8)，2 mL 硝酸铁溶液(3.17)，5 mL 硝酸铍溶液(3.18)，5 滴硝酸(3.5)，2 mL 明胶溶液(3.19)，移至电炉上加热煮沸并在 70 ℃左右保温 15 min，取下，冷却，用新的中速滤纸过滤于已知重量的铂皿中。并用热的氨水-硝酸铵混合液(3.11)洗烧杯 1 次。用擦棒擦净烧杯，再用氨水-硝酸铵混合液(3.11)洗沉淀 2 次。

注 3：当矿石中 P>0.3%时，才加硝酸铍溶液(3.18)，否则可不加。

注 4：当矿石中 Ti>0.3%或 Sn>0.3%(盐酸可溶形态存在)时，才加硝酸铁溶液(3.17)和明胶溶液(3.19)，否则可不加。

5.4.6 将铂皿置于沸水浴上蒸发至干后，移至垫有石棉板的电炉上，先以低温加热，待除尽铵盐后，逐渐升温至无白烟为止。将铂皿移至马弗炉，先在炉门口稍置后，送入炉膛。并在 780 ℃～800 ℃下灼烧 10 min～15 min。取出冷却后。加入几滴水润湿，滴入 5 滴硝酸(3.5)，再加入 5 mL 氢氟酸(3.6)，置于沸水浴上蒸干，再移入 780 ℃～800 ℃的马弗炉中灼烧 10 min。取出稍冷后，于干燥器内冷却至室温后称量，并反复灼烧至恒重。

5.4.7 残渣中三氧化钨量的测定。

5.4.7.1 将 5.4.4 和 5.4.5 所得的残渣连同滤纸移入 30 mL 铁坩埚中，置于电炉上烘干，灰化，冷却后加入约 6 g 过氧化钠(3.1)，在 700 ℃～750 ℃高温炉中熔融至内熔物呈樱红透明，取出，稍冷，置于 5.4.3 所得的滤洗液中[如系白钨或黑白钨矿需补加 1 gEDTA(3.3)]，浸取完全后，用水洗出坩埚，冷却后移入 200 mL 容量瓶中，用水稀释至刻度，混匀，静置澄清，干过滤。移取滤液 5.00 mL～10.00 mL [不足 10.00 mL 用氢氧化钠溶液(3.12)补足]于 50 mL 容量瓶中。

5.4.7.2 加入 1 mL 硫氰酸铵溶液(3.20)，以三氯化钛-盐酸混合液(3.21)稀释至 50 mL 刻度，混匀，放置 10 min 后，将部分溶液移入 1 cm 比色皿中，以试剂空白为参比，于分光光度计波长 420 nm 处测量其吸光度，从工作曲线上查出相应的三氧化钨量。

5.4.7.3 移取 0 mL、0.50 mL、1.00 mL、2.00 mL、3.00 mL、4.00 mL、5.00 mL、6.00 mL 三氧化钨标准溶液(3.24)，分别置于一组 50 mL 容量瓶中，用氢氧化钠溶液(3.12)补足至 10 mL，以下按 5.4.7.2进行，测量其吸光度，以三氧化钨量为横坐标，吸光度为纵坐标，绘制工作曲线。

5.4.8 三氧化钨中钼量测定。

当钨矿中钼的含量大于 0.3%时，按本法得到的三氧化钨还含有一定量的钼，因此需要测定其中的钼量以便于校正，测定方法如下：

5.4.8.1 用 50 mL 氢氧化钠溶液(3.13)水浴溶解铂皿中三氧化钨，冷却后移入 100 mL 容量瓶中，用水稀释至刻度，混匀。移取 10.00 mL 溶液，置于 25 mL 容量瓶中。

5.4.8.2 用硫酸-柠檬酸-硫酸铜溶液(3.22)稀释至刻度,混匀。加入 1.0 mL 硫脲-硫氰酸铵混合溶液(3.23),混匀,放置 30 min。

5.4.8.3 将部分溶液移入 1 cm 比色皿中,以随同试料的空白为参比,于分光光度计波长 460 nm 处测量其吸光度。从工作曲线上查出相应的钼量。

5.4.8.4 钼工作曲线的绘制。

移取 0 mL、1.00 mL、2.00 mL、4.00 mL、6.00 mL、8.00 mL 钼标准溶液 (3.26),置于一组 25 mL 容量瓶中,各补加氢氧化钠溶液(3.14)至体积为 10 mL,以下按 5.4.8.2 进行。将部分溶液移入 1 cm 比色皿中,以试剂空白为参比,于分光光度计波长 460 nm 处测量其吸光度。以钼量为横坐标,吸光度为纵坐标,绘制工作曲线。

6 分析结果的计算

三氧化钨含量以三氧化钨的质量分数 $w(WO_3)$ 计,数值以%表示,按公式(1)计算:

$$w(WO_3)=\frac{(m_2-m_3-m_5)}{m_0}\times 100+\frac{m_1\times V_0\times 10^{-3}}{m_0\times V_1}\times 100-1.500\times\frac{m_4\times V_2\times 10^{-3}}{m_0\times V_3}\times 100 \quad \cdots\cdots(1)$$

式中:

m_1 ——从工作曲线上查得的三氧化钨量,单位为毫克(mg);

m_2 ——三氧化钨和铂皿的质量,单位为克(g);

m_3 ——铂皿的质量,单位为克(g);

m_4 ——从工作曲线上查得的钼量,单位为毫克(mg);

m_5 ——空白试验铂皿增加质量,单位为克(g);

V_0 ——残渣试液总体积,单位为毫升(mL);

V_1 ——分取残渣试液体积,单位为毫升(mL);

V_2 ——三氧化钨试液总体积,单位为毫升(mL);

V_3 ——分取三氧化钨试液体积,单位为毫升(mL);

m_0 ——试样量,单位为克(g);

1.500 ——钼换算成三氧化钼的换算因数。

7 精密度

7.1 重复性

在重复性条件下获得的两次独立测试结果的测定值,在以下给出的平均值范围内,这两个测试结果的绝对差值不超过重复性限(r),超过重复性限(r)的情况不超过 5%。重复性限(r)按以下数据采用线性内插法求得:

三氧化钨的质量分数(%):	20.58	33.51	50.51	63.26
重复性限 r(%):	0.36	0.39	0.49	0.59

7.2 允许差

实验室之间分析结果的差值应不大于 0.70%。

8 质量保证和控制

应用国家级标准样品或行业级标准样品(当前两者没有时,也可用控制标样替代),每周或每两周校核一次本分析方法标准的有效性。当过程失控时,应找出原因。纠正错误后,重新进行校核。

ICS 77.120.99
H 61

中华人民共和国国家标准

GB/T 26020—2010

金废料分类和技术条件

Classification and specification for gold metal scraps

2011-01-10 发布

2011-10-01 实施

中华人民共和国国家质量监督检验检疫总局
中国国家标准化管理委员会 发布

前　言

本标准由全国有色金属标准化技术委员会(SAC/TC 243)归口。

本标准起草单位:四川省天泽贵金属有限责任公司、深圳市格林美高新技术股份有限公司、中国有色金属工业标准计量质量研究所、山东招金金银精炼有限公司、北京中色鑫盛国际投资管理有限公司。

本标准主要起草人:陈黎阳、何永宁、向磊、张文帅、韩红涛、欧阳勇、庄宇凯。

金废料分类和技术条件

1 范围

本标准规定了金废料的分类、要求、试验方法、检验规则和包装、标志、运输及贮存。

本标准适用于国内外贸易及再生有色金属熔炼企业、金加工企业回收的金废料。

2 规范性引用文件

下列文件对于本文件的应用是必不可少的。凡是注日期的引用文件，仅注日期的版本适用于本文件。凡是不注日期的引用文件，其最新版本(包括所有的修改单)适用于本文件。

GB/T 7739.1 金精矿化学分析方法 第1部分：金量和银量的测定

GB/T 11066.1 金化学分析方法 金量的测定 火试金法

GB/T 15249.1 合质金化学分析方法 第1部分：金量的测定 火试金重量法

GB/T 20899.1 金矿石化学分析方法 第1部分：金量的测定

GB 5085(所有部分) 危险废物鉴别标准

GB 18597 危险废物贮存污染控制标准

HJ/T 20 工业固体废物采样制样技术规范

HJ/T 298 危险废物鉴别技术规范

3 分类

金废料的分类按来源和金存在形式分为7类，具体见表1所示。

表 1

类 别	组 别	主要来源和存在形式
Ⅰ类纯金废料	废金丝材	IC配线、引线、废二极管中金丝、废接触材料等
	废电接触材料	
Ⅱ类废金合金	含金废牙科材料	金合金加工中产生的金基合金废料等；齿科铸造用金，如金牙、镀金牙等
	废旧金首饰	
	金加工中边角料、磨削料	
Ⅲ类废金复合材料	废金复合材料	金合金及金复合材料加工中废料和电镀覆层金
	废金箔	
Ⅳ类电子工业中废料	回收金浆料	金浆料生产总边角料或使用过程中部分尾料及烧结金浆料、烧结薄膜和蒸发金管箔
	印刷电路板	电子、电工和微电子工业中印刷电路板
Ⅴ类含金废水	含金氰化废液	电镀、回收中含金酸性废水
	含金酸性废水	
Ⅵ类含金废催化剂	金炭	金炭
Ⅶ类:含金废渣	含金废渣	矿山选冶中含金废料

4 要求

4.1 金废料应按照本标准规定的类别、组别进行回收和贸易，不同类别、组别的废料不应相互混合。本标准未列入的其他金废料归入相近的类别中。
4.2 金废料中不允许混有密封容器、易燃、易爆物品、有放射性物品和医疗废物。对于有毒、腐蚀性的Ⅴ类含金废水，供方应进行安全检查、妥善处理，确保安全后进行供应。
4.3 混入金废料中的文物，应按照国家有关规定处理。
4.4 块状金废料单件的外形尺寸要求由供需双方协商解决。
4.5 金废料中金含量以金的实测值计算。
4.6 需求有其他特殊要求时，由供需双方协商确定，在合同中注明。

5 试验方法

5.1 一般通过目视检验金废料的类别形态，并确定金废料质量是否与对应金废料名称的要求相符。
5.2 金废料的化学成分仲裁分析按照 GB/T 11066.1、GB/T 20899.1、GB/T 7739.1、GB/T 15249.1 采用火试金法或供需双方商定的分析方法进行。
5.3 金废料外形尺寸及单块重量的测量方法等本标准中未规定的试验方法由供需双方协商确定。

6 检验规则

6.1 检查和验收

6.1.1 金废料宜供方进行检验，或委托其他检验部门进行检验。供方应按 GB 5085、HJ/T 298 和 HJ/T 20 的规定或供需双方协商确定的检验方法对每批金废料中对环境造成影响的夹杂物和放射性污染物进行检验。
6.1.2 需方可对收到的金废料按照本标准以及合同的规定进行检验，如检验结果与本标准以及合同的规定不符时，应单独封存，并在收到之日起 15 天内向供方提出，由供需双方协商解决。

6.2 组批

金废料按表 1 分类后，成批提交检验，批重不限。

6.3 检验项目

应对每批金废料的组成成分与形态及合同要求进行的相关项目（如化学成分分析）进行检验。

6.4 取样

取样方法由供需双方商定。

6.5 检验结果的判定

金废料的组成成分、形态或化学成分分析试验结果、对环境造成影响的夹杂物、放射性污染物检验结果或安全检查结果不符合要求时，判该批不合格。

7 标志、包装、运输和贮存

7.1 标志

每批金废料应附有标签，其上注明：

a） 供方名称；
b） 金废料名称；
c） 批号；
d） 批重；
e） 本标准编号。

7.2 包装

金废料包装方式由供需双方协商确定。

7.3 运输和贮存

7.3.1 不同批次的金废料在运输过程中不应混装。

7.3.2 金废料在运输、装卸、堆放过程中，严禁混入爆炸物、易燃物、垃圾、腐蚀物和有毒、放射性物品，也不得用被以上物品污染的装卸工具装运。危险废料运输和贮存应按照 GB 18597 规定进行。

7.4 质量证明书

金废料交付时，应附有质量证明书，应包括：
a） 供方名称；
b） 金废料类别、组别；
c） 批号及批重；
d） 发货日期；
e） 技术监督部门的印记；
f） 本标准编号。

8 订货单(或合同)内容

订购本标准所列废料的订货单(或合同)内应包括下列内容：
a） 产品名称；
b） 类别、组别；
c） 状态；
d） 尺寸规格；
e） 重量；
f） 本标准编号；
g） 供货时间；
h） 其他。

ICS 77.120.99
H 68

GB

中华人民共和国国家标准

GB/T 26021—2010

金条

Gold bar

2011-01-10 发布　　　　　　　　2011-10-01 实施

中华人民共和国国家质量监督检验检疫总局
中国国家标准化管理委员会　发布

前　言

本标准由全国有色金属标准化技术委员会(SAC/TC 243)归口。

本标准主要起草单位:紫金矿业集团股份有限公司、中国有色金属工业标准计量质量研究所。

本标准参加起草单位:云南铜业股份有限公司冶炼加工总厂、山东招金金银精炼有限公司、四川天泽贵金属有限责任公司、河南豫光金铅有限责任公司、长春黄金研究院、深圳招金金属网络交易有限公司、北京中色鑫盛国际投资管理有限公司。

本标准主要起草人:邹来昌、向磊、廖占丕、熊辉昌、张文帅、贺东江、欧阳勇、庄宇凯、陈黎阳、王光忠、颜虹、吴志清、黄蕊、薛丽贤。

金　　条

1　范围

本标准规定了金条的要求、试验方法、检验规则和标志、包装、运输、贮存等。

本标准适用于采用浇铸或冷冲压生产的金条。

2　规范性引用文件

下列文件对于本文件的应用是必不可少的。凡是注日期的引用文件，仅注日期的版本适用于本文件。凡是不注日期的引用文件，其最新版本（包括所有的修改单）适用于本文件。

GB/T 4134　金锭

GB/T 8170　数值修约规则与极限数值的表示和判定

GB/T 11066（所有部分）　金化学分析方法

3　要求

3.1　产品分类

金条按生产工艺和化学成分分成2类4个牌号。

表1　牌号

序号	牌号	对应生产工艺
1	IC-Au99.99	浇铸法
2	IC-Au99.95	
3	PI-Au99.99	压制
4	PI-Au99.95	

3.2　物理规格

3.2.1　金条标称重：20 g、30 g、50 g、68 g、100 g、200 g、300 g、500 g、1 000 g。

3.2.2　金条底面和四个侧面为长方形，侧面允许有适当的倾角。

3.2.3　金条重以单条为单位按GB/T 8170规定修约到0.01 g。金条重不允许有负偏差。经供需双方协商，可提供其他规格的产品。

3.2.4　金条尺寸要求应符合表2的要求，底面转角及周边四棱应圆滑过渡。经供需双方协商可提供其他规格的产品。

3.3　外观质量

3.3.1　金条应边、角完整，表面光亮，表面过渡圆滑。

3.3.2　金条不允许有空洞、过度收缩、夹杂物、气孔、麻面、冷隔、表面抽坑、冰凌状等缺陷。

3.3.3 除非表面标志，浇铸金条不允许有机械加工的痕迹。

3.4 化学成分

3.4.1 IC-Au99.99 和 Pl-Au99.99 应符合 GB/T 4134 中牌号 IC-Au99.99 的化学成分要求，IC-Au99.95 和 Pl-Au99.95 应符合 GB/T 4134 中牌号 IC-Au99.95 的化学成分要求。

3.4.2 需方如对金条的化学成分有特殊要求时，可由供需双方协商确定。

表 2 尺寸及允许偏差

序号	标称重/g	加工工艺	长/mm	宽/mm
1	1 000	铸锭	115±2	52±2
2	500	铸锭	96±2	40±2
3	300	铸锭	88±2	32±2
4	200	铸锭	68±2	25±2
5	100	铸锭	60±1	16±1
7	50	铸锭	40±1	12±1
8	100	压制	60±2	20±2
9	68	压制	45±1	16±1
10	30	压制	42±1	14±1
11	20	压制	40±1	13±1

4 检验方法

4.1 金条的物理规格用相应精度的检测器具进行检测。

4.2 金条的表面质量用目视检查。

4.3 金条的化学成分仲裁分析方法按 GB/T 11066 的规定进行。

5 检验规则

5.1 检查和验收

5.1.1 金条由供方检验部门进行检验，保证产品质量符合本标准(或订货合同)的规定，并填写质量证明书。

5.1.2 需方应对收到的金条产品按本标准的规定进行检验，如检验结果与本标准(或订货合同)的规定不符时，应在收到产品之日起 3 个月内向供方提出，由供需双方协商解决。如需仲裁，仲裁取样由供需双方在需方共同进行。

5.2 组批

产品应成批提交验收。每批应由同一牌号、同一炉次、同一生产工艺生产的产品组成。

5.3 检验项目

5.3.1 化学成分按批检验。

5.3.2 物理规格和表面质量逐条检验。

5.4 取样规定

金条仲裁取样每批按金条数的5%随机取样，但不得少于1个。取样位置随机。检验项目、取样位置及数量应符合表3的规定。

表3 检验项目、取样位置及数量

检验项目	取样位置	取样数量	要求的章条号	检验的章条号
物理规格	任意部位	逐条检验	3.2	4.1
外观质量	任意部位	逐条检验	3.3	4.2
化学成分	随机部位	每批5%，不得少于1个	3.4	4.3

5.5 检验结果的判定

5.5.1 物理规格和表面质量不合格时，判该条为不合格。

5.5.2 化学成分不合格时，判该批为不合格。

6 标志、包装、运输、贮存和质量证明书

6.1 标志

每条金条表面至少应标有商标、标称重、条号、牌号等标志。

6.2 包装

每条金条用透明塑料盒包装，成批金条可采用木箱或塑料箱等进行包装。经供需双方协商还可采用其他方式包装。

6.3 运输和贮存

运输和贮存时，不得损坏、污染产品。

6.4 质量证明书

每条金条应附质量证明书，应包括：

a) 产品名称；

b) 本标准编号及名称；

c) 牌号；

d) 实测金条重；

e) 条号；

f) 制造厂名；

g) 生产厂址(含电话、邮编)；

h) 出厂日期；

i) 其他。

7 合同(或订货单)内容

订购本标准所列产品的订货单(或合同)中应包括下列内容：

a) 产品名称；

b) 金条牌号；

c) 物理规格；

d) 数量；

e) 包装要求；

f) 本标准编号；

g) 其他。

ICS 77.120.40
H 13

中华人民共和国国家标准

GB/T 26022—2010

精炼镍取样方法

Sampling of refined nickel

(ISO 7156:1991,MOD)

2011-01-10 发布 2011-10-01 实施

中华人民共和国国家质量监督检验检疫总局
中国国家标准化管理委员会 发布

前　言

本标准按照 GB/T 1.1—2009 给出的规则起草。

本标准修改采用 ISO 7156:1991《精炼镍取样方法》。与国际标准相比，本标准主要内容变化如下：

——在“范围”中增加了用于仲裁取样和生产批取样的内容；

——对术语、定义和条文内容的表述方式按汉语习惯进行了修改，如标准偏差用“%”代替“g/t”表示；

——对提供的产品形式“厚度在 6 mm～12 mm”、“重量约 50 kg”，按国内产品生产现状修改为“厚度在 3 mm～15 mm”、“重量约 50 kg～70 kg”；

——对以 50 kg、250 kg、1 000 kg 为单位的样品选择，所对应的批重、单位总数、初始份样数、每个初始份样中的二次份样数及二次份样总数都按同一原则进行了对应调整。具体见附录 C 中的对应关系；

——对“不要求机加工的桶装料取样”时，要求“从每桶中用样铲或适合的管式取样器在整桶的范围取出一个二次份样”；

——对附录 A“Se 数值举例”增加了 S1、S2 在 0.000 2%以内变化范围。

本标准由全国有色金属标准化技术委员会(SAC/TC 243)归口。

本标准起草单位：金川集团有限公司、中国有色金属工业标准计量质量研究所。

本标准主要起草人：闫文彬、韩庆东、林秀英、张发志、吴亚辉、赵永善、朱玉强。

精炼镍取样方法

1 范围

本标准规定了 25 t 以下相同生产条件下制造的，具有相同成分、规格和形状的精炼镍的取样程序。

本标准适用于精炼镍的仲裁取样，也可用于生产批取样。

2 规范性引用文件

下列文件对于本文件的应用是必不可少的。凡是注日期的引用文件，仅注日期的版本适用于本文件。凡是不注日期的引用文件，其最新版本（包括所有的修改单）适用于本文件。

ISO 7156:1991 精炼镍取样方法（Sampling of refined nickel）

ISO 4957 工具钢（Tool steel）

3 提供的产品

精炼镍交货通常形式：

——大多为厚度在 3 mm～15 mm 之间，重量约 50 kg～70 kg 的整张阴极板；

——桶装金属。金属可以是阴极板切片（通常为边长 25 mm、50 mm 和 100 mm 的方块）、饼块、球粒、珠粒、小颗粒或粉末。包装规格：50 kg、250 kg 和 1 000 kg。

4 取样

4.1 符号

本标准使用以下符号：

U——批中单位总数。单位可以是整张阴极板或桶。

N——组成初始样品的单位数。N 个单位为初始份样。

n——从每一初始份样中取的份样数。

N_0——组成样品的二次份样数，即：$N \times n$。

注：附录 A 给出了合理选择初始份样和二次份数的方法。

4.2 样品选择

4.2.1 从批中 U 个单位里，选取 N 个单位组成初始份样。选择这些单位应遵守随机取样原则。

4.2.2 从 N 个初始份样的每一个中抽取 n 个二次份样。(N_0)$N \times n$ 个二次份样组成样品。

4.2.3 将从阴极板和饼块机加工中所得的细小碎屑样品，通过对样品混匀缩分，制备成分析用的试样。球粒、珠粒或小颗粒可以直接混匀缩分制成分析试样。

5 样品制备

5.1 实验室样品应按 4.2.3 中所指的产品形式进行制备。

5.2 对于细小的碎片或粉末，应分别制成至少 200 g 的两份样品，对于较大块如球粒、小颗粒或珠粒来说，应分别制成至少 500 g 的两份样品，一份用于分析，另一份备查。

5.3 样品制备中的预防措施

5.3.1 在样品制备过程中，样品的污染可能出现在取样过程中的工具、器具和容器上。为了不污染试样，应采取严格的预防措施。

5.3.2 所有机加工过程不应使用润滑剂，避免来自切削工具的污染元素如钴、铬、钼、钒和钨。一般情况下，金属镍高速钢切削工具比碳化钨工具更好。

5.4 样品制备

5.4.1 经机械处理尤其是机加工成碎片的样品，在金属表面会存在铁及其他杂质元素的污染。应在取分析试样之前对碎片或块进行酸蚀清洗，分析方法所用的标准中另有规定的，按规定进行，否则，应按 5.4.2 中指定的方法清洗样品。

5.4.2 把碎片放入大口瓶中，加入数毫升浓盐酸，低温加热，出现少量气泡后，加入蒸馏水或去离子水。然后弃去稀释酸，并用水清洗碎片数次，直至无酸。再用高纯丙酮清洗碎片，并在低温炉中进行干燥。从干净的碎片中取分析试样，并保留剩余部分以备以后分析用。

6 整块阴极板的取样

6.1 初始份样

6.1.1 确定批中整块阴极板的 U 单位数，并按表 1 的指导随机选取 N 个初始份样(构成初始样品的单位数基本上都是 50 kg 为单位质量)。

6.1.2 如果每块阴极板质量与 50 kg 相差很大，则初始份样数 N 应按表 1 第 1 列给定的批重进行选择，并按表 1 第 3 列选取初始份样数 N。

6.2 二次份样

6.2.1 从每一初始份样中应采取表 1 第 4 列中给定的 n 个二次份样。n 值为成对数值，如 3 和 2，或 2 和 1，对应的 N_0 二次份样应随机分布在 N 个初始份样中。

6.2.2 取二次份样可用以下方法之一：

a) 用直径在 15 mm～25 mm 之间的钻头在阴极板上钻取碎屑。金属钻屑(丝)应切成小碎片。

b) 用直径在 15 mm～25 mm 之间的圆形铣刀直接铣削出碎屑。

c) 冲出一个直径大约为 15 mm～25 mm 的圆片，并将圆片铣削成碎屑。

6.2.3 对于二次份样来说，五个几何位置规定在整张阴极板的对角线上。位置 1 在离一角距离25 mm～30 mm 处。然后从位置 1 至阴极板中心的距离分成五等份定为位置 2～5。

6.2.4 对于大于 2.90 t(n=1)的批，二次份样应从第一块阴极板的位置 1，第二块的位置 2 等处取样，第六块阴极板则回到第 1 位置。当 n 大于 1 时，则 $N \times n$ 个二次份样应分布在 N 块阴极板中，使用位置 1～5 的次数应相近。

6.2.5 混合 $N \times n$ 个二次份样并充分混匀，用缩分铲缩分样品不少于 200 g。

7 要求破碎或机加工的桶装料取样

阴极板、饼粒、球粒、珠粒、大颗粒或小球粒的镍要求进行破碎或机加工成适合于分析用的碎屑或碎片。

7.1 初始份样

7.1.1 批中 U 个单位数，每桶 50 kg 按表 1，每桶 250 kg 按表 2，每桶 1 000 kg 按表 3 的规定，抽出 N 桶为初始份样。

7.1.2 每桶质量居中时，在给定吨位下表 1～表 3 中按 $N\times n$ 数据对 N 和 n 数进行调整。初始份样 N 应尽可能高，二次份样 n 应尽可能小。

具体应用可按以下举例进行：

5 t 一批，每桶 400 kg；

$U=13$ 桶；

表 2 中，$N\times n=23$ 和 $N=20$；

但 N 不能大于 U；

所以 $n=2$ 或 1，并 $N=13$；

即 10 桶 $n=2$ 和 3 桶 $n=1$。

7.2 二次份样

7.2.1 从抽取的初始份样中，按表 1～表 3 中规定的数量从每桶中取得二次份样。

7.2.2 按 6.2.2 中方法之一将二次份样铣削或钻孔或切削加工成碎屑。块状应从边缘至中心进行加工。大一些的小球状或珠状物可在滚筒间压一下。

7.2.3 混合 $N\times n$ 个二次份样并充分混匀，用缩分铲缩分至不少于 200 g。

注：对于球粒或珠粒来说，可增加 n 值以获得足够的样品。

8 不要求破碎或机加工的桶装料取样

粉末、细珠粒、颗粒和小球粒镍可直接作为样品，无需制备。

8.1 初始份样

依据批单位(初始份样)数构成 7.1.1 中所指的初始样品。

8.2 二次份样

8.2.1 从每桶中用样铲或适合的管式取样器在整桶的范围取出一个二次份样，样量不少于 500 g。二次份样的质量应基本相等。对于化学成分及粒度已知均匀的产品，可从桶的顶部铲取。

8.2.2 化学法生产的镍粉应通过 1∶1 分离器对每桶进行整桶连续缩分直至取得每个初始份样的质量大约为 500 g 止。

8.2.3 混合($N\times n$)二次份样并充分混匀。通过 1∶1 分离器连续缩分样品达到分析试样要求的数量。

9 取样报告

取样报告应包括以下内容：

a) 引用本标准相关条款；

b) 任何本标准不包括的其他操作；

c) 在取样过程中记录的任何不常见的特征或取样程序产生的任何偏离。

表 1 50 kg 为单位的样品选择

批重/t	批中单位总数	N^a	n^b	$N \times n^c$
0.050	1	1	5	5
0.100	2	2	3	6
0.150	3	3	3 和 2	7
0.200	4	4	2	8
0.250	5	5	2 和 1	8
0.300～0.350	6～7	6	2 和 1	9
0.400～0.500	8～10	7	2 和 1	9
0.550～0.650	11～13	8	2 和 1	10
0.700～0.800	14～16	9	2 和 1	11
0.850～1.000	17～20	10	2 和 1	12
1.050～1.200	21～24	11	2 和 1	13
1.250～1.450	25～29	12	2 和 1	14
1.500～1.700	30～34	13	2 和 1	15
1.750～1.950	35～39	14	2 和 1	15
2.000～2.250	40～45	15	2 和 1	16
2.300～2.550	46～51	16	2 和 1	17
2.600～2.900	52～58	17	1	17
2.950～3.250	59～65	18	1	18
3.300～3.600	66～72	19	1	19
3.650～4.000	73～80	20	1	20
4.050～4.400	81～88	21	1	21
4.450～4.850	89～97	22	1	22
4.900～5.300	98～106	23	1	23
5.350～5.750	107～115	24	1	24
5.800～6.250	116～125	25	1	25
6.300～6.750	126～135	26	1	26
6.800～7.300	136～146	27	1	27
7.350～7.850	147～157	28	1	28
7.900～8.400	158～168	29	1	29
8.450～9.000	169～180	30	1	30
9.050～9.600	181～192	31	1	31
9.650～10.250	193～205	32	1	32
10.300～10.900	206～218	33	1	33
10.950～11.550	219～231	34	1	34

表 1（续）

批重/t	批中单位总数	N[a]	n[b]	$N\times n$[c]
11.650～12.250	232～245	35	1	35
12.300～12.950	246～259	36	1	36
13.000～13.700	260～274	37	1	37
13.750～14.450	275～289	38	1	38
14.500～15.200	290～304	39	1	39
15.250～16.000	305～320	40	1	40
16.050～16.800	321～336	41	1	41
16.850～17.650	337～353	42	1	42
17.700～18.500	354～370	43	1	43
18.550～19.350	371～387	44	1	44
19.400～20.250	388～405	45	1	45
20.300～21.150	406～423	46	1	46
21.200～22.100	424～442	47	1	47
22.150～23.050	443～461	48	1	48
23.100～24.000	462～480	49	1	49
24.050～25.000	481～500	50	1	50

[a] N 为取样的单位数（初始份样）。

[b] n 为每一 N 取样单位中取出的最小二次份样数。

[c] 一对 n 值（如 3 和 2）宜随机分布在 N 个取样单位里以得到指定的二次份样数 $N\times n$。

表 2　250 kg 为单位的样品选择

批重/t	批中单位总数	N[a]	n[b]	$N\times n$[c]
0.250	1	1	9	9
0.500	2	2	5	10
0.750	3	3	3 和 2	11
1.000	4	4	3	11
1.250	5	5	3 和 2	12
1.500	6	6	3 和 2	13
1.750	7	7	2	14
2.000	8	8	2 和 1	15
2.250	9	9	2 和 1	16
2.500	10	10	2 和 1	17
2.750	11	11	2 和 1	18
3.000	12	12	2 和 1	18

表 2（续）

批重/t	批中单位总数	N^{a}	n^{b}	$N\times n^{c}$
3.250	13	13	2 和 1	19
3.500	14	14	2 和 1	19
3.750	15	15	2 和 1	20
4.000	16	16	2 和 1	21
4.250	17	17	2 和 1	22
4.500	18	18	2 和 1	22
4.750	19	19	2 和 1	22
5.000	20	20	2 和 1	23
5.250	21	21	2 和 1	23
5.500	22	22	2 和 1	24
5.750	23	23	2 和 1	24
6.000	24	24	2 和 1	25
6.250	25	25	1	25
6.500～6.750	26～27	26	1	26
7.000～7.250	28～29	27	1	27
7.500～7.750	30～31	28	1	28
8.000～8.500	32～34	29	1	29
8.750～9.000	35～36	30	1	30
9.250～9.500	37～38	31	1	31
9.750～10.250	39～41	32	1	32
10.500～11.000	42～44	33	1	33
11.250～11.500	45～46	34	1	34
11.750～12.250	47～49	35	1	35
12.500～13.000	50～52	36	1	36
13.250～13.750	53～55	37	1	37
14.000～14.500	56～58	38	1	38
14.750～15.250	59～61	39	1	39
15.500～16.000	62～64	40	1	40
16.250～16.750	65～67	41	1	41
17.000～17.750	68～71	42	1	43
18.000～18.500	72～74	43	1	43
18.750～19.250	75～77	44	1	44
20.000～20.250	78～81	45	1	45
20.500～21.250	82～85	46	1	46

表 2（续）

批重/t	批中单位总数	N[a]	n[b]	N×n[c]
21.500～22.000	86～88	47	1	47
22.250～23.000	89～92	48	1	48
23.250～24.000	93～96	49	1	49
24.250～25.000	97～100	50	1	50

[a] N 为取样的单位数(初始份样)。

[b] n 为每一 N 取样单位中取出的最小二次份样数。

[c] 一对 n 值(如 3 和 2)宜随机分布在 N 个取样单位里以得到指定的二次份样数 N×n。

表 3　1 000 kg 为单位的样品选择

批重/t	批中单位总数	N[a]	n[b]	N×n[c]
1.00	1	1	12	12
2.00	2	2	8 和 7	15
3.00	3	3	6	18
4.00	4	4	6 和 5	22
5.00	5	5	5 和 4	23
6.00	6	6	5 和 4	25
7.00	7	7	4 和 3	27
8.00	8	8	4 和 3	29
9.00	9	9	4 和 3	30
10.00	10	10	4 和 3	31
11.00	11	11	3	33
12.00	12	12	3 和 2	35
13.00	13	13	3 和 2	35
14.00	14	14	3 和 2	36
15.00	15	15	3 和 2	38
16.00	16	16	3 和 2	38
17.00	17	17	3 和 2	40
18.00	18	18	3 和 2	41
19.00	19	19	3 和 2	41
20.00	20	20	3 和 2	43
21.00	21	21	3 和 2	45
22.00	22	22	3 和 2	45
23.00	23	23	3 和 2	47
24.00	24	24	2	48
25.00	25	25	2	50

[a] N 为取样的单位数(初始份样)。

[b] n 为每一 N 取样单位中取出的最小二次份样数。

[c] 一对 n 值(如 3 和 2)宜随机分布在 N 个取样单位里以得到指定的二次份样数 N×n。

附 录 A
（资料性附录）
选择合理初始份样和二次份样

A.1 总则

本附录规定了从批中抽取统计上合理并有代表性的初始份样和二次份样的数量，同时使取样不确定度和工作量最小。

A.2 原理

基本推论是在每批(25 t)最高吨位的情况下导出的，并且整张阴极板与桶装用的基本原理相同。

——对于一个份样恒数($N\times n$)，选择初始份样数(N)和二次份样数(n)应尽可能使样品的不确定度最低。

——选择($N\times n$)值使样品达到给定的不确定度水平。

A.3 高吨位样品选取

A.3.1 符号

除4.1中定义的符号(U、N、n和$N\times n$)外，还使用以下符号：

V_1——批中杂质初始份样间方差；

V_2——初始份样中二次份样间方差；

V_e——取样方差。

A.3.2 公式

假设对$N\times n$个份样进行物理处理所产生的不确定度V_e很小，也就说V_e是整个取样过程的不确定度。这些参数的关系式如式(A.1)：

$$V_e=\frac{V_1}{N}+\frac{V_2}{N\times n} \qquad \cdots\cdots(A.1)$$

代入

由$S_1=\sqrt{V_1}$，$S_2=\sqrt{V_2}$和$S_e=\sqrt{V_e}$(式中S为相应标准偏差)代入式(A.1)中得到式(A.2)。

$$S_e=\sqrt{\left[\frac{1}{N}\left(S_1^2+\frac{S_2^2}{n}\right)\right]} \qquad \cdots\cdots(A.2)$$

S_1和S_2的数值变化，取决于杂质类别和该杂质的含量。值得注意的是，对于给定的S_1的值，S_2的值会随金属的制造方法和成批包装的方法发生明显变化。

表A.1给出了用式(A.2)计算出的一些S_e数值。

A.4 *n*的取值

表A.1中数值说明，在所有情况下，对于固定份样的$N\times n$给定值，使$n=1$，而N尽可能大，就能

得到 S_e 的最小值。

举例：

$S_1=S_2=0.001$ 和 $N\times n=50$ 的情况下

如果 $N=2$ 和 $n=25$，则 $S_e=0.0072$；

如果 $N=50$ 和 $n=1$，则 $S_e=0.002$。

A.5 N 的取值

选定 n 值后，必须确定 N 的取值而不致使 $S_e=\sqrt{V_e}$ 超过所选的界限值。

为了不让初始份样的 N 数减少得像单位数那么快，通常在取样中用关系式(A.3)：

$$N=k\cdot\sqrt{U} \qquad\cdots\cdots\cdots\cdots(\text{A.3})$$

式中：

k——所选水平上固定的 S_e 允许值的一个系数。

此外，N 最好是只根据批的吨位来确定，而不是单位数 U。因此，式(A.3)必须包括式(A.4)右边的第二个系数，其值取决于批中单位的质量。

$$N=k\cdot\alpha\cdot\sqrt{U} \qquad\cdots\cdots\cdots\cdots(\text{A.4})$$

式中：

$\alpha=1$，单位为 50 kg；

$\alpha=2.24$，单位为 250 kg；

$\alpha=4.47$，单位为 1 000 kg。

所以 N 值取决于吨位和与 S_e 所选水平有关的系数 k。实际上，对于 25 t 的批，k 值选为 2.24 时，$N=50$。

注：对于一个 25 t 批，N 允许选一个整数(50)，其组合为 $k=2.24$ 和 $\alpha=1$ 或 $\alpha=2.24$ 或 $\alpha=4.47$。

如果镍包装在 1 t 包装桶，对于一个 25 t 的批，则 $U=25$；那么 N 不能大于 25。所以 n 值选为 2，使得 $N\times n=50$。把批中每一桶都倒空，并且在两个不同点的最低处随机取成对样品。

A.6 较低吨位样品选取

对于单位数小的很低的吨位，N 不能大于 U，当 $n=1$ 时用式(A.4)就会得出一个很低的初始份样总数。在 1 t 包装桶情况下，按所述程度仅给出一个，反之以 50 kg 包装桶质量相同时，则得出 $N=10$，即每桶选一个，不小于 10 个。

举例：

对于 1 t 位批，$N\times n$ 取 12。无论桶的质量是 50 kg、250 kg 或 1 000 kg 这都是对的。

对于单一 50 kg 包装桶组成的批，N 取 1 和 n 取 5。

对于 5 桶 50 kg 装组成的批，N 取 5 和 $N\times n$ 取 8。

对于每一吨位(或桶数)，表 1、表 2 和表 3 给出了 N 和 n 的近似值。当 n 由两个值组成时，取样桶从 N 个待取样的桶中按顺序随机选取。

必须选 n 值大于 1 的情况：

——当批重小于 2.9 t 并由 50 kg 单位组成时(即 $U=58$)；

——当批重小于 6.3 t 并由 250 kg 单位组成时(即 $U=20$)；

——对于 1 t 单位组成的任何批。

A.7 整张阴极板样品选取

在整张阴极板的批中，每张阴极板的质量接近 50 kg，并且通常小于 100 kg。表 1 中针对 50 kg 装桶计算出的数字也适用于整张阴极板。

在整张阴极板情况下，特别重要的是要注意阴极板边缘附近会存在某些杂质的浓度比中心处略高。然而，符合 6.2.3 中规定的五个几何位置及其位置范围的任何偏差都保持在与 S_e 使用水平一致的限定范围内。

表 A.1 S_e 的数值举例

S_1/%			200	100	100	10	10	1	1
S_2/%			200	100	33	10	3.3	1	0.33
N	n	N_0	S_e	S_e	S_e	S_e	S_e	S_e	S_e
2	1	2	0.001 4	0.010	0.007 4	0.001 0	0.000 74	0.000 10	0.000 074
2	3	6	0.001 2	0.008 2	0.007 2	0.000 82	0.000 72	0.000 082	0.000 072
2	9	18	0.001 1	0.007 5	0.007 1	0.000 75	0.000 71	0.000 075	0.000 071
2	25	50	0.001 0	0.007 2	0.007 1	0.000 72	0.000 71	0.000 072	0.000 071
10	1	10	0.000 63	0.004 5	0.003 3	0.000 45	0.000 33	0.000 045	0.000 033
10	3	30	0.000 52	0.003 7	0.003 2	0.000 37	0.000 32	0.000 037	0.000 032
10	9	90	0.000 47	0.003 3	0.003 2	0.000 33	0.000 32	0.000 033	0.000 032
10	25	250	0.000 46	0.003 2	0.003 2	0.000 32	0.00032	0.000 032	0.000 032
30	1	30	0.000 37	0.002 6	0.001 9	0.000 26	0.000 19	0.000 026	0.000 019
30	3	90	0.000 30	0.002 1	0.001 9	0.000 21	0.000 19	0.000 021	0.000 019
30	9	270	0.000 27	0.001 9	0.001 8	0.000 19	0.000 18	0.000 019	0.000 018
30	25	750	0.000 26	0.001 9	0.001 8	0.000 19	0.000 18	0.000 019	0.000 018
50	1	50	0.000 28	0.002 0	0.001 5	0.000 20	0.000 15	0.000 020	0.000 015
50	3	150	0.000 23	0.001 6	0.001 4	0.000 16	0.000 14	0.000 016	0.000 014
50	9	450	0.000 21	0.001 5	0.001 4	0.000 15	0.000 14	0.000 015	0.000 014
50	25	1 250	0.000 20	0.001 4	0.001 4	0.000 14	0.000 14	0.000 014	0.000 014

附 录 B
（资料性附录）
钻取和铣削的技术条件

B.1 总则

镍试样制备常见钻孔和铣削，随着产品冶炼过程条件的不同，金属镍的硬度大多可能发生变化。如果金属不是很硬，通常可由机加工得到无污染的碎屑。如果金属很硬，尤其是杂质含量低、纯度高的镍，必须采取非常严格的预防措施，避免对样品造成污染。

B.2 切削工具的选择

经验表明，碳化钨刀具不适于机加工镍，推荐使用高速工具钢。表 B.1 给出了 ISO 4957 中的一些工具钢的详细说明。碳、铬和钴含量高可确保刀具硬度，钼能防止切屑粘结在刀具上，通常工具钢有很高的钴含量。牌号 S11、S12 较为适合。

B.3 加工参数

B.3.1 所有加工操作必须在不使用润滑剂或冷却油的情况下进行。用一个坚固的联接体（ISO 楔销 SA40 和 SA50）把刀具安装在刀杆上，应尽可能避免切削工具和被加工金属之间的颤动。直径在 15 mm 和 25 mm 之间的钻头和铣削刀片应尽可能短。

B.3.2 加工时应注意不致使样品过热。在钻取或铣削过程中每一进刀量不小于最小值，从而避免金属的加工硬化。应考虑以下因素：

	测量单位
N=刀具旋转速度	r/min
D=钻头或铣削刀具的直径	mm
d=进刀数	
V_1=线切削速度	m/min
V_2=纵向给进或横向给进（铣削）或垂直给进（钻取）速度	mm/min
α=进刀量	mm/min

这些参数间的关系表达为式（B.1）、式（B.2）：

$$V_1=\frac{\pi \cdot D \cdot N}{1\ 000} \qquad \cdots\cdots\text{(B.1)}$$

$$\alpha=\frac{V_2}{N \cdot D} \qquad \cdots\cdots\text{(B.2)}$$

式中每个测量参数按上述计量单位计算。

B.3.3 通过选择合适的 V_1 值，然后根据设备调整 N 和 V_2 就能够得到好的加工条件。表 B.2 给出了推荐条件的举例。机加工应按以下条件进行：

钻取时，N=40 r/min 至 140 r/min；

铣削时，N=100 r/min 至 40 r/min；

钻取或铣削时，V_2=4 mm/min 至 20 mm/min。

加工低硬度金属，表 B.2 给出的最大值可能会增大。

表 B.1 高速工具钢的成分

牌 号	S9	S10	S11	S12
代号	HS12-1-5-5	HS10-4-3-10	HS2-9-1-8	HS7-4-2-5
C%	1.45～1.60	1.20～1.35	1.05～1.20	1.05～1.20
Co%	4.70～5.20	9.50～10.5	7.50～8.50	4.70～5.20
Cr%	3.50～4.50	3.50～4.50	3.50～4.50	3.50～4.50
Mo%	0.70～1.00	3.20～3.90	9.00～10.0	3.50～4.20
V%	4.75～5.55	3.00～3.50	0.90～1.40	1.70～2.20
W%	11.5～13.0	9.00～10.0	1.30～1.90	6.40～7.40
HRC[a]	65	66	66	66

[a] 回火后最小洛氏硬度。66 HRC 近似等于 900 维氏硬度。

表 B.2 推荐条件的举例

钻头或刀片类型	线切削速度		进刀量		
	最大 V_1/(m/min)	理想 V_1/(m/min)	最大 α/(mm/min)	理想 α/(mm/min)	最小 α/(mm/min)
高速钢钻头	6	3～4	0.08	0.05	0.3
带断屑槽的高速钢铣削刀片	8	3～4	0.05	0.05	0.01
高速钢立刀铣刀片	8	3～5	0.08	0.05	0.02

附 录 C
（资料性附录）
与 ISO 相比不同包装规格批的样品选择差异

C.1 总则

包装规格有 50 kg、250 kg、1 000 kg 三种形式。

交货批不大于 25 t。

C.2 50 kg 为单位的样品选择差异

本标准 50 kg 为单位的样品选择见表 1。

ISO 7156:1991 中 50 kg 为单位的样品选择见表 C.1。

表 C.1 50 kg 为单位的样品选择

批重/t	批中单位总数	N^{a}	n^{b}	N_0 [c]
0.050	1	1	5	5
0.100	2	2	3	6
0.150	3	3	3 和 2	7
0.200	4	4	2	8
0.250	5	5	2 和 1	9
0.300～0.400	6～8	6	2 和 1	9
0.450～0.550	9～11	7	2 和 1	10
0.600～0.700	12～14	8	2 和 1	11
0.750～0.850	15～17	9	2 和 1	11
0.900～1.050	18～21	10	2 和 1	12
1.100～1.300	22～26	11	2 和 1	13
1.350～1.500	27～30	12	2 和 1	14
1.550～1.750	31～35	13	2 和 1	15
1.800～2.050	36～41	14	2 和 1	15
2.100～2.350	42～47	15	2 和 1	16
2.400～2.650	48～53	16	2 和 1	17
2.700～3.000	54～60	17	2 和 1	18
3.050～3.350	61～67	18	2 和 1	19
3.400～3.750	68～75	19	2 和 1	20
3.800～4.150	76～83	20	1	20
4.200～4.550	84～91	21	1	21

表 C.1（续）

批重/t	批中单位总数	N^a	n^b	N_0 [c]
4.600～4.950	92～99	22	1	22
5.000～5.450	100～109	23	1	23
5.500～5.950	110～118	24	1	24
5.950～6.400	119～128	25	1	25
6.450～6.900	129～138	26	1	26
6.950～7.450	139～149	27	1	27
7.500～8.000	150～160	28	1	28
8.050～8.550	161～171	29	1	29
8.600～9.150	172～183	30	1	30
9.200～9.750	184～195	31	1	31
9.800～10.400	196～208	32	1	32
10.450～10.950	209～221	33	1	33
11.000～11.750	222～235	34	1	34
11.800～12.400	236～248	35	1	35
12.450～13.150	249～263	36	1	36
13.200～13.850	264～277	37	1	37
13.900～14.600	278～292	38	1	38
14.650～15.400	293～308	39	1	39
15.450～16.150	309～323	40	1	40
16.200～17.000	324～340	41	1	41
17.050～17.800	341～356	42	1	42
17.850～18.650	357～373	43	1	43
18.700～19.550	374～391	44	1	44
19.600～20.400	392～408	45	1	45
20.400～21.350	409～427	46	1	46
21.400～22.350	428～445	47	1	47
22.400～23.200	446～464	48	1	48
23.250～24.150	465～483	49	1	49
24.200～25.000	484～500	50	1	50

[a] N 为取样的单位数(初始份样)。

[b] n 为每一 N 取样单位中取出的最小二次份样数。

[c] 一对 n 值(如 3 和 2)宜随机分布在 N 个取样单位里以得到指定的二次份样数 N_0。

C.3 250 kg 为单位的样品选择差异

本标准 250 kg 为单位的样品选择见表 2。

ISO 7156:1991 中 250 kg 为单位的样品选择见表 C.2。

表 C.2 250 kg 为单位的样品选择

批重/t	批中单位总数	N[a]	n[b]	N_0[c]
0.250	1	1	9	9
0.500	2	2	5	10
0.750	3	3	4 和 3	11
1.000	4	4	3	12
1.250	5	5	3 和 2	12
1.500	6	6	3 和 2	13
1.750	7	7	2	14
2.000	8	8	2 和 1	15
2.250	9	9	2 和 1	16
2.500	10	10	2 和 1	16
2.750	11	11	2 和 1	17
3.000	12	12	2 和 1	18
3.250	13	13	2 和 1	19
3.500	14	14	2 和 1	19
3.750	15	15	2 和 1	20
4.000	16	16	2 和 1	21
4.250	17	17	2 和 1	22
4.500	18	18	2 和 1	22
4.750	19	19	2 和 1	23
5.000	20	20	1	23
5.250	21	21	1	24
5.500	22	22	1	24
5.750	23	23	1	25
6.000	24	24	1	25
6.250	25	25	1	26
6.500～6.750	26～27	26	1	27
7.000～7.250	28～29	27	1	27
7.500～7.750	30～31	28	1	28
8.000～8.250	32～33	29	1	29
8.500～9.000	34～36	30	1	30

表 C.2（续）

批重/t	批中单位总数	N[a]	n[b]	N_0[c]
9.250～9.500	37～38	31	1	31
9.750～10.250	39～41	32	1	32
10.500～10.750	42～43	33	1	33
11.000～11.500	44～46	34	1	34
11.750～12.250	47～49	35	1	35
12.500～12.750	50～51	36	1	36
13.000～13.500	52～54	37	1	37
13.750～14.250	55～57	38	1	38
14.500～15.000	58～60	39	1	39
15.250～15.750	61～63	40	1	40
16.000～16.750	64～67	41	1	41
17.000～17.500	68～70	42	1	42
17.750～18.250	71～73	43	1	43
18.500～19.250	74～77	44	1	44
19.500～20.000	78～80	45	1	45
20.250～21.000	81～84	46	1	46
21.250～22.000	85～88	47	1	47
22.250～22.750	89～91	48	1	48
23.000～23.750	92～95	49		49
24.000～25.000	96～100	50		50

[a] N 为取样的单位数(初始份样)。

[b] n 为每一 N 取样单位中取出的最小二次份样数。

[c] 一对 n 值(如 3 和 2)宜随机分布在 N 个取样单位里以得到指定的二次份样数 N_0。

C.4 1 000 kg 为单位的样品选择差异

本标准 1 000 kg 为单位的样品选择见表 3。

ISO 7156:1991 中 1 000 kg 为单位的样品选择见表 C.3。

表 C.3 1 000 kg 为单位的样品选择

批重/t	批中单位总数	N[a]	n[b]	N_0[c]
1.00	1	1	12	12
2.00	2	2	8 和 7	15
3.00	3	3	6	18
4.00	4	4	5	20

表 C.3（续）

批重/t	批中单位总数	N[a]	n[b]	N_0[c]
5.00	5	5	5 和 4	23
6.00	6	6	5 和 4	25
7.00	7	7	4 和 3	27
8.00	8	8	4 和 3	29
9.00	9	9	4 和 3	31
10.00	10	10	4 和 3	33
11.00	11	11	4 和 3	34
12.00	12	12	3 和 2	35
13.00	13	13	3 和 2	37
14.00	14	14	3 和 2	38
15.00	15	15	3 和 2	40
16.00	16	16	3 和 2	41
17.00	17	17	3 和 2	42
18.00	18	18	3 和 2	43
19.00	19	19	3 和 2	44
20.00	20	20	3 和 2	45
21.00	21	21	3 和 2	46
22.00	22	22	3 和 2	47
23.00	23	23	3 和 2	48
24.00	24	24	3 和 2	49
25.00	25	25	2	50

[a] N 为取样的单位数(初始份样)。

[b] n 为每一 N 取样单位中取出的最小二次份样数。

[c] 一对 n 值(如 3 和 2)宜随机分布在 N 个取样单位里以得到指定的二次份样数 N_0。

ICS 77.150
H 63

中华人民共和国国家标准

GB/T 26023—2010

抗射线用高精度钨板

High precision tungsten plate of resisting ray

2011-01-10 发布　　2011-10-01 实施

中华人民共和国国家质量监督检验检疫总局
中国国家标准化管理委员会　发布

前　言

本标准由中国有色金属工业协会提出。

本标准由全国有色金属标准化技术委员会归口。

本标准由西部金属材料股份有限公司负责起草。

本标准由西北有色金属研究院参加起草。

本标准主要起草人：邓自南、丁旭、郭让民、赵娟、杨军红、王平。

抗射线用高精度钨板

1 范围

本标准规定了抗射线用高精度钨板的要求、试验方法、检验规则及标志、包装、运输、贮存及质量证明书与合同(或订货单)内容。

本标准适用于粉末冶金板坯经轧制生产的抗射线用高精度钨板。

2 规范性引用文件

下列文件对于本文件的应用是必不可少的。凡是注日期的引用文件,仅注日期的版本适用于本文件。凡是不注日期的引用文件,其最新版本(包括所有的修改单)适用于本文件。

GB/T 3850 致密烧结金属材料与硬质合金密度测定方法

GB/T 4193 电真空器件及电光源用细钨丝、钼丝和薄带密度的测试方法

GB/T 4324(所有部分) 钨化学分析方法

GB/T 8170 数值修约规则与极限数值的表示和判定

3 要求

3.1 产品分类

3.1.1 牌号、状态和规格

产品的牌号、状态和规格应符合表1的规定。

表1 抗射线用高精度钨板牌号、状态和规格

牌号	状态	规格/mm		
		厚度	宽度	长度
W1	消除应力状态(m)	0.10~1.00	30~300	50~300
	热轧状态(R) 消除应力状态(m)	>1.00	50~300	50~300
注:经供需双方协商,可供应其他规格的抗射线用高精度钨板。				

3.1.2 标记

抗射线用高精度钨板的标记按产品名称、牌号、状态、规格和标准编号的顺序表示。标记示例如下:

用W1制造、消除应力状态、厚度为0.20 mm、宽度为200 mm、长度为300 mm的抗射线用高精度钨板,标记为:

板 W1-m 0.20×200×300 GB/T 26023—2010

3.2 化学成分

抗射线用高精度钨板的化学成分应符合表 2 的规定。

表 2 抗射线用高精度钨板化学成分

%

牌号	W[a]	杂质含量(质量分数),不大于											
		Al	Ca	Fe	Mg	Mo	Ni	Si	C	N	O	其他杂质[b]	
												单个	合计
W1	余量	0.002	0.002	0.005	0.002	0.005	0.002	0.002	0.005	0.002	0.005	0.002	0.018

[a] 钨的质量分数为 100%与表中所有杂质元素实测值总和的差值,求和前各元素数值要表示到 0.00X%。

[b] 其他杂质指表中未列出或未规定数值的元素。

3.3 密度

抗射线用高精度钨板的密度应符合表 3 的规定。

表 3 抗射线用高精度钨板密度允许值

板材厚度/mm	密度/(g/cm^3)
≤3.0	≥19.20
>3.0～6.0	≥19.15

注:厚度大于 6.0 mm 抗射线用高精度钨板,其密度要求由供需双方协商。

3.4 外形尺寸及其允许偏差

3.4.1 抗射线用高精度钨板的厚度、宽度、长度及其允许偏差应符合表 4 的规定。当合同未注明偏差等级时,按Ⅱ级偏差供货。

表 4 抗射线用高精度钨板厚度、宽度和长度允许偏差

单位为毫米

名义厚度	厚度允许偏差		宽、长度允许偏差	
	Ⅰ级	Ⅱ级	Ⅰ级	Ⅱ级
0.10～0.15	±0.010	±0.015	±1.0	±2.0
>0.15～0.25	±0.015	±0.020		
>0.25～0.35	±0.020	±0.025		
>0.35～0.50	±0.025	±0.030		
>0.50～0.80	±0.030	±0.040		
>0.80～1.00	±0.040	±0.050		
>1.00	±0.030	±0.050	±0.2	±0.5

注:若厚度、宽度和长度的偏差有更高要求,经供需双方协商,并在合同中注明。

3.4.2 抗射线用高精度钨板应平整，平面度应符合表5的规定。当合同未注明要求等级时，按Ⅱ级要求供货。

表5 抗射线用高精度钨板平面度允许值

平面度允许值/mm	
Ⅰ级	Ⅱ级
0.06	0.08
注：平面度若有更高要求，经供需双方协商，并在合同中注明。	

3.5 外观质量

3.5.1 厚度不大于1.0 mm的抗射线用高精度钨板以清洗或电化学抛光的表面状态供货；厚度大于1.0 mm的抗射线用高精度钨板以磨削等机加表面状态供货。

3.5.2 抗射线用高精度钨板外观质量应符合以下要求：

a) 板材表面不允许有裂纹、分层、起皮、龟裂、折叠、金属或非金属压入等；

b) 板材表面应清洁、均匀一致，不允许存在大面积明显色差，无氧化、油渍、水迹和其他异物污染；

c) 按清洗或电化学抛光的表面状态供货的板材表面每(100×100)mm^2的范围内允许有数量不超过3个，直径不大于ϕ1 mm的轻微凹坑；

d) 按磨削等机加表面状态供货的板材表面不允许有凹坑；

e) 板材表面不允许有划伤、麻点和辊印；

f) 板材表面不允许缺角，边部切割应整齐，无裂口。

3.6 表面状况

抗射线用高精度钨板表面粗糙度应符合表6规定。

表6 抗射线用高精度钨板表面粗糙度允许值

表面状态	表面粗糙度(Ra)/μm
清洗/抛光表面	≤0.8
磨削表面	≤0.7

4 试验方法

4.1 化学成分分析方法

抗射线用高精度钨板的化学成分分析方法按GB/T 4324的规定进行。GB/T 4324中未包括的元素，其分析方法由供需双方协商确定。数值修约规则按GB/T 8170的有关规定进行。修约数位与表2中所列极限数位一致。

4.2 密度检验方法

厚度不超过2.0 mm的抗射线用高精度钨板的密度测定按GB/T 4193进行。厚度大于2.0 mm的抗射线用高精度钨板，其密度测定按GB/T 3850进行。经双方协商并在合同中注明后，也可用其他方法测量整块钨板的密度。

4.3 外形尺寸测量方法

4.3.1 抗射线用高精度钨板的尺寸采用相应精度的量具测量。厚度测量在距离板材边部不小于5 mm处进行。

4.3.2 抗射线用高精度钨板的平面度采用厚薄规进行比对测量。其方法为:将板材自然状态置于双零级的平台上,用选取的厚薄规在板材的四周与平台的缝隙处进行测量,然后将板材翻转后继续测量,如果两面均不能塞入选取的厚薄规,平面度则视为合格。

4.4 外观质量检验方法

抗射线用高精度钨板的外观质量用目视和相应精度的测量工具进行检验。

4.5 表面状况检验方法

抗射线用高精度钨板的表面粗糙度采用粗糙度检测仪进行检测。

5 检验规则

5.1 检验和验收

5.1.1 抗射线用高精度钨板应由供方进行检验,并保证产品质量符合本标准的要求,并填写质量证明书。

5.1.2 需方可对收到的产品按本标准的规定进行复验。复验结果与本标准或订货单(或合同)的规定不符时,应以书面形式向供方提出,由供需双方协商解决。属于尺寸偏差及外观质量的异议,应在收到产品之日起一个月提出,属于其他性能的异议,应在收到产品之日起三个月内提出。如需仲裁,仲裁分析应由供需双方共同认可的检测机构进行。

5.2 组批

抗射线用高精度钨板应成批提交验收。每批由同一粉末批号(或炉号)、同一规格、同一制造方法和同一状态的钨板组成。

5.3 检验项目

抗射线用高精度钨板应进行化学成分、密度、外形尺寸、外观质量和表面状况的检验。

5.4 取样

抗射线用高精度钨板取样应符合表7的规定。

表7 抗射线用高精度钨板取样规定

检验项目	取样规定	要求的章节号	试验方法的章节号
化学成分	每批任取一张板材、在其任意位置取样1份[a],取样重量不小于50 g	3.2	4.1
密度	每批任取一张板材、在其任意位置取样1个	3.3	4.2
外形尺寸	板材厚度、宽度、长度逐张检验	3.4.1	4.3.1
	板材平面度逐张检验	3.4.2	4.3.2

表 7（续）

检验项目	取样规定	要求的章节号	试验方法的章节号
外观质量	板材外观质量逐张检验	3.5.2	4.4
表面状况	表面粗糙度逐张检验，每张板材任意选取 2 点进行检验	3.6	4.5
[a] 允许供方以坯料的化学成分分析结果报出。			

5.5 检验结果的判定

5.5.1 化学成分不合格时，应从该批产品(含原检验不合格产品)中另取双倍数量的试样进行重复试验。重复试验结果全部合格，则判该批产品合格。若重复试验结果仍有不合格项目，则判该批产品不合格。

5.5.2 密度检验不合格时，应从该批产品(含原检验不合格产品)中另取双倍数量的试样进行重复试验。若重复试验结果仍有不合格项目，则判该批产品不合格。

5.5.3 产品外形尺寸不合格时，判该张板材不合格。

5.5.4 外观质量检验结果不合格时，判该张板材不合格。

5.5.5 表面粗糙度检验不合格时，判该张板材不合格。

6 标志、包装、运输、贮存及质量证明书

6.1 标志

6.1.1 检验合格的产品应附有标签或标牌，其上注明：

a) 供方质量监督部门印记；

b) 产品牌号、规格和状态；

c) 产品批号。

6.1.2 产品的包装箱上应注明“防潮”、“轻放”等字样或标志。

6.2 包装、运输和贮存

6.2.1 板材每张之间用软纸隔开，并用牛皮纸等包裹，然后用箱包装。箱内应衬防潮纸，并用软物填实、塞紧，防止窜动。

6.2.2 运输和保管时，要防止碰撞、受潮和侵蚀。

6.3 质量证明书

每批产品应附有质量证明书。其上注明：

a) 供方名称、地址；

b) 产品名称；

c) 产品牌号、规格和状态；

d) 产品批号；

e) 净重和件数；

f) 各项分析检验结果及质量监督部门印记；

g) 本标准编号；

h) 检验日期(或包装日期)。

7 合同(或订货单)内容

本标准所列材料的合同(或订货单)应包括下列内容:

a) 产品名称;

b) 牌号、规格和状态;

c) 外观质量和表面状况;

d) 精度等级;

e) 产品净重或张数;

f) 包装要求;

g) 本标准编号;

h) 其他。

ICS 77.150.30
H 62

中华人民共和国国家标准

GB/T 26024—2010

空调与制冷系统阀件用铜及铜合金无缝管

Seamless copper and copper alloys tube for valves on air-conditioning and refrigeration system

2011-01-10 发布　　2011-10-01 实施

中华人民共和国国家质量监督检验检疫总局
中国国家标准化管理委员会　发布

前　言

本标准修改采用EN 12735—2001《空调与制冷用铜及铜合金无缝圆形管》、参照EN 12449—1999《一般用途用铜及铜合金无缝圆形管》,部分主要技术指标高于EN 12735—2001和EN 12449—1999的标准要求。

本标准与EN 12735—2001主要差异如下:

——管材的规格采用内径×外径或内径×壁厚来加以确定,在EN 12735—2001中管材的规格采用外径×壁厚来加以确定;

——对管材的内径偏差做出了规定,在EN 12735—2001中管材的内径偏差没有明确规定;

——增加了铜合金牌号H65,在EN 12735—2001中没有该牌号;

——管材的力学性能,软态TP2抗拉强度为≥205 N/mm^2,在EN 12735—2001中软态抗拉强度为≥220 MPa。

本标准由中国有色金属工业协会提出。

本标准由全国有色金属标准化技术委员会归口。

本标准由高新张铜股份有限公司负责起草。

本标准由浙江星鹏铜材集团有限公司参加起草。

本标准主要起草人:杨存利、文继有、董江华、梁子浩、郑晓飞。

空调与制冷系统阀件用铜及铜合金无缝管

1 范围

本标准规定了空调与制冷系统阀件用铜及铜合金无缝管材(以下简称“管材”)的要求、试验方法、检验规则及包装、标志、运输、贮存、质量证明书和合同(或订货单)内容。

本标准适用于空调与制冷系统阀件(如四通换向阀、截止阀、电磁阀、单向阀等)用铜及铜合金无缝管。

2 规范性引用文件

下列文件对于本文件的应用是必不可少的。凡是注日期的引用文件,仅注日期的版本适用于本文件。凡是不注日期的引用文件,其最新版本(包括所有的修改单)适用于本文件。

GB/T 228—2002 金属材料 室温拉伸试验方法

GB/T 242 金属管 扩口试验方法

GB/T 2828.1 计数抽样检验程序 第1部分:按接受质量限(AQL)检索的逐批检验抽样计划

GB/T 5121(所有部分) 铜及铜合金化学分析方法

GB/T 5231 加工铜及铜合金化学成分和产品形状

GB/T 5248 铜及铜合金无缝管涡流探伤方法

GB/T 8888 重有色金属加工产品的包装、标志、运输和贮存

GB/T 10567.1 铜及铜合金加工材残余应力检验方法 硝酸亚汞试验法

GB/T 10567.2 铜及铜合金加工材残余应力检验方法 氨薰试验法

YS/T 347 铜及铜合金 平均晶粒度测定方法

3 要求

3.1 产品分类

3.1.1 牌号、状态、规格

管材的牌号、状态、规格应符合表1的规定。

表1 管材的牌号、状态和规格

牌号	状态	种类	规格/mm		
			内径	外径(或壁厚)	长度
TP2	硬(Y) 半硬(Y_2) 软(M)	直管	2.0～95.0	4.0～100.0(0.5～2.0)	100～6 000
		盘管	2.0～21.0	4.0～22.0(0.3～1.5)	—
H65	硬(Y) 半硬(Y_2)	直管	14.0～42.0	20.0～45.0(1.5～3.0)	100～6 000

3.1.2 标记示例

产品标记按产品名称、牌号、状态、规格和标准编号的顺序表示。标记示例如下：

示例1：用TP2制造的、硬态的、内径为12.0 mm、外径为14.0 mm的直管标记为：

直管 TP2 Y ϕ12.0(ID)×ϕ14.0 GB/T 26024—2010

示例2：用TP2制造的、软状态的、内径为7.92 mm、壁厚为0.8 mm的盘管标记为：

盘管 TP2 M ϕ7.92(ID)×0.8 GB/T 26024—2010

注：ID表示内径。

3.2 化学成分

管材的化学成分应符合GB/T 5231的规定，同时铅(Pb)≤0.03%，镉(Cd)≤0.01%。

3.3 尺寸及其允许偏差

3.3.1 管材的内径、平均外径、壁厚的尺寸及其允许偏差应符合表2的规定。

表2 管材的内径、平均外径、壁厚的尺寸及其允许偏差

单位为毫米

牌号	内径		平均外径		壁厚							
	尺寸范围	允许偏差(±)	尺寸范围	允许偏差(±)	0.3～0.5	>0.5～0.8	>0.8～1.0	>1.0～1.2	>1.2～1.5	>1.5～2.0	>2.0～2.5	>2.5～3.0
					允许偏差(±)							
TP2	2.0～12.0	0.02	4.0～15.0	0.04	0.03	0.05	0.06	0.08	0.08	0.09	—	—
	>12.0～22.0	0.03	>15.0～25.0	0.05	0.03	0.05	0.06	0.08	0.10	0.12	—	—
	>22.0～45.0	0.05	>25.0～50.0	0.06	0.05	0.05	0.08	0.10	0.12	0.12	—	—
	>45.0～70.0	0.06	>50.0～75.0	0.07	0.06	0.06	0.08	0.10	0.13	0.13	—	—
	>70.0～95.0	0.08	>75.0～100.0	0.08	—	0.08	0.10	0.10	0.15	0.15	—	—
H65	14.0～26.0	0.04	20.0～29.0	0.04	—	—	—	—	0.10	0.12	0.13	0.18
	>26.0～42.0	0.05	>29.0～45.0	0.10	—	—	—	—	0.10	0.12	0.13	0.18

注1：当要求平均外径、壁厚偏差全为(+)或全为(−)时，其允许偏差为表中对应数值的2倍。

注2：平均外径和壁厚任选其一。

3.3.2 直管的不定尺长度为100 mm～6 000 mm，管材的定尺或倍尺长度应在不定尺范围内，倍尺长度应加入锯切分段时的锯切量，每一锯切量为5 mm，直管定尺长度允许偏差应符合表3的规定。

表3 直管定尺长度允许偏差

单位为毫米

长度	允许偏差
100～400	$^{+1}_{0}$
>400～2 000	$^{+2}_{0}$
>2 000～6 000	$^{+3}_{0}$

3.3.3 管材端部应锯切平整，允许有轻微的毛刺，切口在不使管材长度超出允许偏差的条件下，直管切斜度应符合表4的规定。

表 4　直管的切斜度

单位为毫米

外径	切斜度，不大于
≤16	0.40
>16	外径的 2.5%

3.3.4　硬和半硬态直管的圆度应符合表 5 的规定。

表 5　直管的圆度

壁厚/外径	圆度/mm，不大于
0.01～0.03	外径的 1.5%
>0.03～0.05	外径的 1.0%
>0.05～0.10	外径的 0.8%（最小值 0.04）
>0.10	外径的 0.7%（最小值 0.04）

3.3.5　未经退火的管材的直度允许偏差应每米不大于 3 mm，全长直度允许偏差不应超过每米直度允许偏差与总长度的乘积。

3.4　管材的室温力学性能

管材的室温力学性能应符合表 6 的规定。

表 6　管材的室温力学性能

牌　　号	状　　态	抗拉强度 R_m/(N/mm²)	断后伸长率 A/%
TP2	硬(Y)	≥290	—
	半硬(Y2)	245～325	≥20
	软(M)	≥205	≥40
H65	硬(Y)	≥410	—
	半硬(Y2)	370～410	≥25

3.5　工艺性能

软、半硬的管材应进行扩口试验，采用冲锥 60°，扩口率为 30%，试样不应产生目视可见的裂纹和裂口以及严重的桔皮状现象。

3.6　残余应力检验

黄铜管应进行消除残余应力处理。消除残余应力后的管材应进行残余应力试验。试验后，管材不应有目视可见的裂纹。

3.7　晶粒度

需方有要求并在合同中注明时，经退火后的管材可进行晶粒度检验。管材的平均晶粒度应符合表 7 的规定。

表7 管材的晶粒度

牌号	状态	晶粒度/mm
TP2	半硬(Y2)	≤0.040
	软(M)	0.025～0.060

3.8 涡流探伤检验

管材应逐根进行涡流探伤检测，其人工标准缺陷(钻孔直径)应符合 GB/T 5248 的规定，经检测后，直管不应该有缺陷。盘管的缺陷数由供需双方商定，缺陷深色标记长度不小于 300 mm。

3.9 表面质量

管材的内外表面应光滑、清洁，不应有影响使用的缺陷。黄铜管材的内表面粗糙度应不大于 *Ra*0.4。

4 试验方法

4.1 化学成分的仲裁分析方法

管材的化学成分仲裁分析方法按 GB/T 5121 的规定进行。

4.2 尺寸测量方法

管材用相应精度的测量工具测量尺寸。

4.3 力学性能检验方法

管材的室温拉伸试验方法按 GB/T 228 的规定进行，其拉伸试样按 GB/T 228—2002 中 S7 试样的规定进行。

4.4 工艺性能检验方法

管材的扩口试验方法按 GB/T 242 的规定进行。

4.5 残余应力检验方法

管材的残余应力试验推荐采用氨薰试验方法。

4.5.1 管材的硝酸亚汞试验方法按 GB/T 10567.1 的规定进行。

4.5.2 管材的氨薰试验方法按 GB/T 10567.2 的规定进行。

4.6 管材的平均晶粒度

管材的平均晶粒度检验按 YS/T 347 的规定进行。

4.7 涡流探伤检验方法

管材涡流探伤试验方法按 GB/T 5248 的规定进行。

4.8 表面质量检验

4.8.1 管材用目视检验表面质量。

4.8.2 表面粗糙度检验可采用标准块对比，也可采用表面粗糙度仪检测。

5 检验规则

5.1 检查和验收

5.1.1 管材应由供方技术监督部门进行检验，保证产品质量符合本标准及合同(或订货单)的规定，并填写质量证明书。

5.1.2 需方应对收到的产品按本标准及合同(或订货单)的规定进行复检。复检结果与本标准及订货合同的规定不符时，应以书面形式向供方提出，由供需双方协商解决。属于表面质量及尺寸偏差的异议，应在收到产品之日起一个月内提出，属于其他质量的异议，应在收到产品之日起三个月内向供方提出。如需仲裁，仲裁取样应由供需双方共同进行。

5.2 组批

管材应成批提交验收。每批应由同一牌号、状态、规格组成，每批重量不大于 2 000 kg。

5.3 检验项目

5.3.1 每批管材应进行化学成分、外形尺寸偏差、力学性能、工艺性能、残余应力、涡流探伤、表面质量的检验。

5.3.2 如有要求，还应进行晶粒度、表面粗糙度的检验。

5.4 取样

管材取样应符合表 8 的规定。

表 8 取样规定

检验项目	取样规定	要求的章条号	试验的章条号
化学成分	1 个试样/炉次(供方)，1 个试样/批(需方)	3.2	4.1
尺寸偏差[a]	按照 GB/T 2828.1 规定取样，一般检验水平Ⅱ或供需双方协商	3.3	4.2
力学性能	任取 2 根或盘/批，1 个试样/根或盘	3.4	4.3
工艺性能	任取 2 根或盘/批，1 个试样/根或盘	3.5	4.4
残余应力	任取 2 根/批，1 个试样/根	3.6	4.5
晶粒度	任取 2 根或盘/批，1 个试样/根或盘	3.7	4.6
涡流探伤	逐根	3.8	4.7
表面质量	逐根	3.9	4.8.1
表面粗糙度	任取 2 根/批	3.9	4.8.2

[a] 接收质量限 AQL=2.5。

5.5 检验结果的判定

5.5.1 管材的化学成分不合格时，判该批(或熔次)管材不合格。

5.5.2 管材的尺寸偏差不合格时，按根判定不合格。每批中不合格件数超过接受质量限时判整批不合格，或由供方逐根检验，合格者交货。

5.5.3 力学性能、工艺性能、晶粒度、残余应力、表面粗糙度检验不合格时，从该批产品(包括原检验不合格的那件产品)中再取双倍数量的试样进行重复试验，重复试验结果全部合格，则判整批管材合格。若重复试验结果如仍有不合格，则判整批不合格，或由供方逐根检验，合格者交货。

5.5.4 表面质量和涡流探伤不合格时，判该根不合格。

6 标志、包装、运输、贮存和质量证明书

6.1 标志

6.1.1 在检验合格的管材标签上应标注如下标志：

a) 合金牌号；
b) 规格；
c) 状态；
d) 批号；
e) 缺陷数(盘管)；
f) 净重；
g) 供方技术监督部门印记；
h) 执行标准；
i) 生产日期；
j) 其他。

6.1.2 管材的包装标志应符合 GB/T 8888 的规定。

6.2 包装

6.2.1 管材的包装应符合 GB/T 8888 的规定。

6.2.2 包装方式有特殊要求时由供需双方协商确定。

6.3 运输、贮存及质量证明书

管材的运输、贮存及质量证明书应符合 GB/T 8888 的规定。

7 合同(或订货单)内容

本标准所列产品的合同(或订货单)内应包括下列内容：

a) 产品名称；
b) 合金牌号；
c) 产品状态；
d) 供货形状；
e) 尺寸及允许偏差；
f) 晶粒度要求；
g) 表面粗糙度要求；
h) 重量；
i) 交货方式；
j) 本标准编号；
k) 其他。

ICS 77.150.30
H 62

中华人民共和国国家标准

GB/T 26025—2010

连续铸钢结晶器用铜模板

Specifications for copper mould plates of continuous casting

2011-01-10 发布　　2011-10-01 实施

中华人民共和国国家质量监督检验检疫总局
中国国家标准化管理委员会　发布

前　言

本标准的附录A和附录B均为规范性附录。

本标准由中国有色金属工业协会提出。

本标准由全国有色金属标准化技术委员会归口。

本标准由西峡龙成特种材料有限公司、北京中冶设备研究设计总院有限公司负责起草。

本标准主要起草人:朱书成、王希彬、曹国超、吕艳伍、姚书典。

连续铸钢结晶器用铜模板

1 范围

本标准规定了连续铸钢结晶器用铜模板及其电镀层的要求、试验方法、检验规则及标志、包装、运输、贮存和合同(或订货单)内容。

本标准适用于连续铸钢结晶器用的铜铬锆合金与铜银合金板材及其附有镍铁、镍钴、钴镍、镍等电镀层的铜合金模板材。

2 规范性引用文件

下列文件对于本文件的应用是必不可少的。凡是注日期的引用文件,仅注日期的版本适用于本文件。凡是不注日期的引用文件,其最新版本(包括所有的修改单)适用于本文件。

GB/T 223.20 钢铁及合金化学分析方法 电位滴定法测定钴量

GB/T 223.73 钢铁及合金 铁含量的测定 三氯化钛-重铬酸钾滴定法

GB/T 223.82 钢铁 氢含量的测定 惰气脉冲熔融热导法

GB/T 228—2002 金属材料 室温拉伸试验方法(ISO 6892:1998,EQV)

GB/T 231.1 金属材料 布氏硬度试验 第1部分:试验方法(ISO 6506-1:1999,EQV)

GB/T 351 金属材料电阻系数测量方法(IEC 468:1974,EQV)

GB/T 1804—2000 一般公差 未注公差的线性和角度尺寸的公差(ISO 2768-1:1989,EQV)

GB/T 3651 金属高温导热系数测量方法

GB/T 4338 金属材料 高温拉伸试验方法(ISO 783:1999,MOD)

GB/T 4339 金属材料 热膨胀特征参数的测定(ASTM E 228:2006,MOD)

GB/T 4340.1 金属材料 维氏硬度试验 第1部分:试验方法(EQV ISO 6507-1:1997)

GB/T 4956 磁性基体上非磁性覆盖层 覆盖层厚度测量 磁性法(ISO 2178:1982,IDT)

GB/T 5121(所有部分) 铜及铜合金化学分析方法

GB/T 5270 金属基体上的金属覆盖层 电沉积和化学沉积层 附着强度试验方法评述(ISO 2819:1980,IDT)

GB/T 8888 重有色金属加工产品的包装、标志、运输和贮存

GB/T 10610 产品几何技术规范(GPS) 表面结构 轮廓法 评定表面结构的规则和方法(ISO 4288:1996,IDT)

GB/T 12332 金属覆盖层 工程用镍电镀层(ISO 4526:2004,IDT)

GB/T 12611 金属零(部)件镀覆前质量控制技术要求

GB/T 21933.1 镍铁 镍含量的测定 丁二酮肟重量法(ISO 6352:1985,IDT)

GB/T 22315 金属材料 弹性模量和泊松比试验方法(ASTM E 111-04,NEQ,ASTM E 1875-00)

JB/T 10061 A型脉冲反射式超声探伤仪通用技术条件

3 要求

3.1 产品分类

3.1.1 铜模板分类

3.1.1.1 连续铸钢结晶器用铜模板按连续铸钢坯断面形状可分为:板坯结晶器用铜模板、矩形坯结晶

器用铜模板、异形坯结晶器用铜模板、薄板坯结晶器用铜模板，见图 1 所示。

3.1.1.2　连续铸钢结晶器用铜模板按结构形式(图 2)可分为：内弧侧宽边铜模板、外弧侧宽边铜模板、左侧窄边铜模板、右侧窄边铜模板。内弧侧宽边铜模板和外弧侧宽边铜模板可采用相同结构，称为宽边铜模板；左侧窄边铜模板和右侧窄边铜模板也可采用相同结构，称为窄边铜模板。

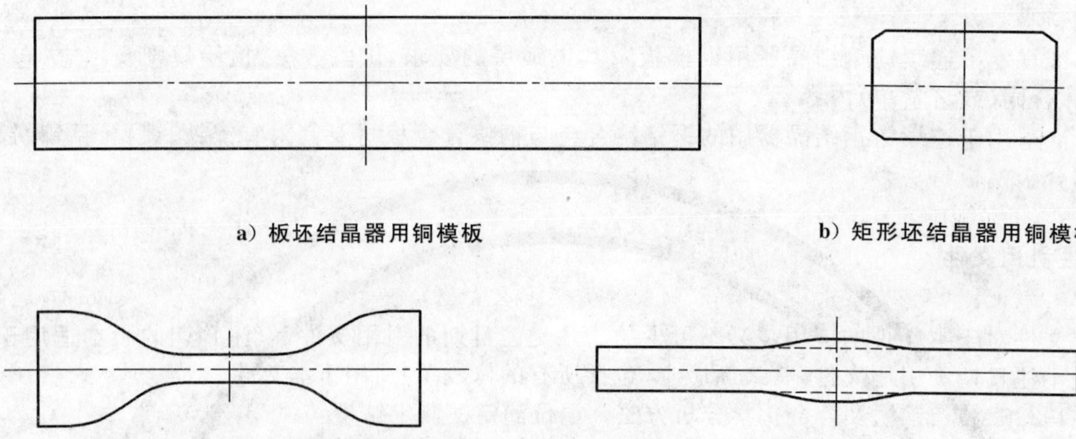

a) 板坯结晶器用铜模板　b) 矩形坯结晶器用铜模板

c) 异形坯结晶器用铜模板　d) 薄板坯结晶器用铜模板

图 1　连续铸钢坯断面形状

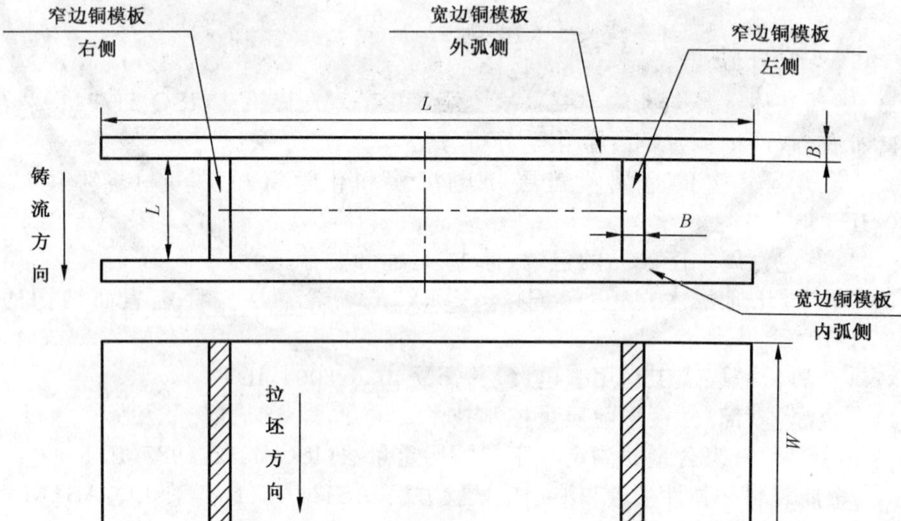

图 2　连续铸钢结晶器用铜模板结构

3.1.2　铜模板的基体材料牌号、电镀层、规格

连续铸钢结晶器用铜模板的基体材料牌号、电镀层、规格应符合表 1 的规定。

表1 铜模板的基体材料牌号、电镀层、规格

产品名称		基体材料牌号	电镀层	长度 L/mm	宽度 W/mm	厚度 B/mm
薄板坯用铜模板	宽边铜模板	TAg0.1-0.01	无电镀层或 Ni	1 000～2 500	900～1 200	40～130
	窄边铜模板	QCr0.6-0.12 TAg0.1-0.01	NiFe、NiCo	50～130	900～1 200	60～80
板坯用铜模板	宽边铜模板	QCr0.6-0.12	NiFe、NiCo、CoNi	400～3 800	700～1 200	25～80
	窄边铜模板			100～400	700～1 200	25～80
矩形坯用铜模板	宽边铜模板			250～500	650～1 000	30～60
	窄边铜模板			200～500	650～1 000	30～60
异形坯用铜模板	宽边铜模板			400～1 500	700～1 000	30～200
	窄边铜模板			150～500	700～1 000	30～60

注1：经供需双方协商，薄板坯用宽边铜模板也可采用 QCr0.6-0.12 做基体材料。

注2：经供需双方协商，窄边铜模板电镀层可采用其他种类电镀层。

3.2 热处理

3.2.1 QCr0.6-0.12 坯料锻后应进行固熔处理，轧制后应进行时效处理；TAg0.1-0.01 坯料轧制后应进行消除应力处理。

3.2.2 铜模板在冷却水缝(冷却水孔)加工后应进行消除应力处理。

3.3 焊接

在制造和包装过程中，铜模板不得进行焊接。

3.4 化学成分

产品基体材料的化学成分应符合表2规定。

表2 基体材料的化学成分

牌号	化学成分(质量分数)/%							
	Cu	Cr	Zr	Ag	P	O	H	其他杂质总和
QCr0.6-0.12	余量	0.5～0.7	0.07～0.16	—	—	≤0.002	≤0.001	≤0.2
TAg0.1-0.01	余量	—	—	0.08～0.12	0.004～0.015	—	—	≤0.05

注：其他杂质总和指表中所列元素和 Cu 元素以外的杂质总量。

3.5 力学性能

产品基体材料的室温力学性能和高温力学性能应符合表3的规定。

表 3 基体材料的室温力学性能和高温力学性能

牌 号	温度 ℃	抗拉强度 R_m N/mm²	屈服强度 $R_{P0.2}$ N/mm²	断后伸长率 A %	硬度 HBW
QCr0.6-0.12	20	380～410	300～330	≥17	≥120
	200	340～370	290～320	≥16	—
	350	320～350	280～310	≥15	—
	500	290～320	270～300	≥14	—
TAg0.1-0.01	20	250～280	245～265	≥15	≥85
	200	210～240	195～235	≥14	—
	350	190～220	180～215	≥11	—
	500	160～190	160～190	≥10	—
注：板坯结晶器铜模板基体材料为 QCr0.6-0.12，其力学性能可根据连续铸钢机拉速的高低，由供需双方在表中范围内做适当调整。					

3.6 物理性能

产品基体材料的物理性能应符合表 4 的规定。

表 4 基体材料的物理性能

牌号	导电率 %IACS	导热率 W/(m·K)	软化温度 ℃	弹性模量 10^3 N/mm²(20 ℃)	热膨胀系数 1/℃(20～300 ℃)
QCr0.6-0.12	≥80	≥320	≥450	≥128	$<18\times10^{-6}$
TAg0.1-0.01	≥95	≥377	≥370	≥125	$<17.7\times10^{-6}$

3.7 无损探伤

基体材料的超声波探伤应符合附录 A 的规定。

3.8 电镀层

3.8.1 电镀层应符合表 5 的规定，电镀层截面形状见图 3。

表 5 电镀层

种 类	Ni	Ni-Fe	Ni-Co	Co-Ni
化学成分 (质量分数)/%	Ni≥99.5	Ni 85～95 Fe 5～15	Ni 75～85 Co 15～25	Co 75～90 Ni 10～25
电镀层厚度/mm	≥0.2～5	≥0.2～2	≥0.2～5	≥0.2～5

3.8.2 铜模板电镀前表面质量应符合 GB/T 12611 的规定。

3.8.3 铜模板电镀层按 GB/T 12332 的要求进行。

3.8.4 电镀层性能应符合表6要求。

表 6 电镀层性能

项 目	电镀层材料			
	Ni	Ni-Fe	Ni-Co	Co-Ni
硬度/HV	≥170	≥360	≥220	≥220
热膨胀系数/(1/℃)	$14\times10^{-6}\sim16.7\times10^{-6}$	$14\times10^{-6}\sim16.4\times10^{-6}$	$14.6\times10^{-6}\sim16.7\times10^{-6}$	$14\times10^{-6}\sim16\times10^{-6}$
导热率/[W/(m·K)]	76~84	63~88	75~84	80~84

3.8.5 电镀层结合强度试验后电镀层不应与基体有任何形式的分离，电镀层的各层之间也不应有任何形式的分离。

3.8.6 电镀层无损探伤应符合附录B的规定。

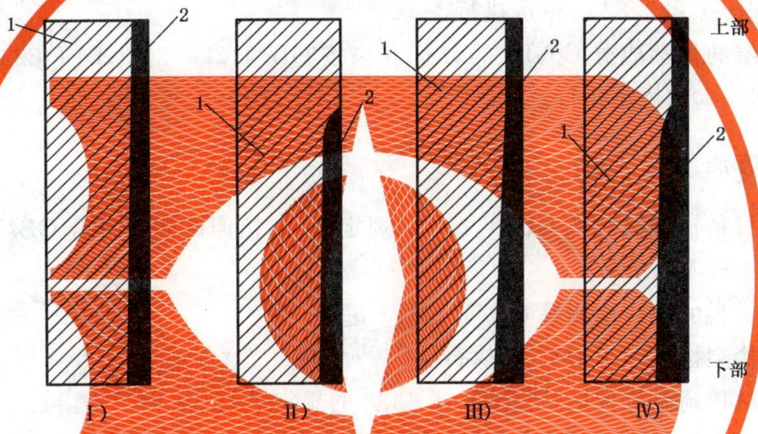

1——铜板基体；
2——电镀层。

图 3 电镀层截面形状示意图

3.9 尺寸及公差

3.9.1 几何尺寸及形位公差应符合图样要求。

3.9.1.1 图样应对宽边铜模板工作面、窄边铜模板工作面和窄边铜模板两侧面提出相应的平面度和曲面的吻合度要求。

3.9.1.2 图样应对宽边铜模板、窄边铜模板的外形尺寸(尤其是窄边铜模板宽度)，冷却水缝深度、宽度、直径和安装螺孔中心距、垂直度提出相应的公差要求。

3.9.1.3 图样应对铜模板冷却水缝底面与浇钢工作面的最小距离提出相应要求。

3.9.1.4 以上几何尺寸及形位公差具体数据由供需双方协商确定。

3.9.2 图样未标注尺寸公差，不低于GB/T 1804—2000规定的m级。

3.10 表面质量

3.10.1 表面粗糙度

3.10.1.1 宽边铜模板、窄边铜模板的工作面(包括曲面和平面)，其加工表面粗糙度 $Ra\leqslant0.8\ \mu m$。

3.10.1.2 铜模板水缝面及两侧加工表面粗糙度 $Ra \leqslant 3.2\ \mu m$。

3.10.2 **铜模板表面质量**

3.10.2.1 铜模板基体材料压力加工后不应有分层。
3.10.2.2 铜模板基体材料表面不应有裂纹、起皮、气孔、起刺、疏松、压折和夹杂。

3.10.3 **电镀层表面质量**

电镀层色泽均匀,目视检查不应有麻点、裂纹、气泡、脱皮、针孔、结晶粗大等缺陷。

4 试验方法

4.1 化学成分分析方法

4.1.1 铜模板基体材料的化学成分 Cu、P、O、Cr、Ag 和 Zr 的分析方法按 GB/T 5121 的规定执行,氢含量的分析方法按 GB/T 223.82 的规定执行。
4.1.2 铜模板电镀层的化学成分 Co、Fe 的分析方法按 GB/T 223.20、GB/T 223.73 的规定执行,Ni 的含量按 GB/T 21933.1 的规定执行。

4.2 力学性能检验方法

4.2.1 铜模板基体材料拉伸试验按 GB/T 228 的规定进行;拉伸试样应符合 GB/T 228—2002 附录 B 表 B.1 中 R04 试样号的规定。
4.2.2 铜模板基体材料的硬度检测按 GB/T 231.1 进行。
4.2.3 电镀层硬度检测按 GB/T 4340.1 执行。
4.2.4 铜模板基体材料高温拉伸试验按 GB/T 4338 的规定进行。

4.3 物理性能

4.3.1 **导电率**

导电率按 GB/T 351 的规定进行检测。

4.3.2 **软化温度**

试样在加热炉中以 50 ℃的间隔温度分别升温,2 h 保温处理,出炉空冷,检测合金硬度,合金硬度达到 85%室温硬度时的热处理温度即为软化温度。

4.3.3 **其他物理性能**

导热率和热膨胀系数分别按 GB/T 3651、GB/T 4339 的规定进行检测。弹性模量按 GB/T 22315 的规定进行检测。

4.4 无损检测

无损检测按附录 A 和附录 B 的规定进行检测。

4.5 电镀层厚度测量

a) 工程量具测量法:选定参考点,电镀前后在该处测量工件的尺寸,可得到厚度的直接读数;

b) 磁性法：按 GB/T 4956 的规定测量电镀层厚度。

4.6 电镀层结合强度

电镀层结合强度采用 GB/T 5270 规定的锉刀、划线或划格方法进行定性检验。

4.7 尺寸测量

4.7.1 铜模板的外形尺寸应用相应精度的测量工具进行测量。

4.7.2 铜模板为空间曲面时，加工尺寸应使用三坐标测量设备检验。

4.8 表面质量检验

4.8.1 铜模板表面粗糙度测定按 GB/T 10610 的规定进行。

4.8.2 铜模板及其电镀层的表面质量应用目视进行检验。

5 检验规则

5.1 检查和验收

5.1.1 产品应由供方技术监督部门进行检验，保证产品质量符合本标准及合同(或订货单)的规定，填写质量证明书。

5.1.2 需方应对收到的产品按本标准及合同(或订货单)的规定进行复验，复验结果与本标准及合同(或订货单)不符时，应以书面形式向供方提出，由供需双方协商解决。属于表面质量及尺寸偏差的异议，应在收到产品之日起一个月内提出；其他质量异议，应在收到产品三个月内提出。如需仲裁，仲裁取样应由供需双方共同进行。

5.2 组批

每批铜模板应由同一牌号、同一电镀层的产品所组成。

5.3 检验项目

5.3.1 出厂检验

每批产品应进行化学成分、力学性能、物理性能、无损探伤、尺寸及公差、电镀层厚度及表面质量的检验。

5.3.2 型式检验

产品的型式检验项目：化学成分、力学性能、物理性能、无损探伤、尺寸及公差、电镀层厚度及表面质量、基体材料高温力学性能。

有下列任一情况时，应按本标准的规定进行型式检验：

a) 每 100 批次；

b) 新产品试制鉴定时；

c) 正式生产后，如结构、材料、工艺有较大改变，可能影响产品性能时；

d) 一年内未进行型式检验时。

5.4 取样

产品取样应符合表 7 规定。

表 7　铜模板取样

检验项目		取样规定	要求的章条号	试验方法的章条号
铜模板基体材料	化学成分	取 3 个试样/铜锭。铜锭上部和下部余量切除后，取铜锭上、中、下三个部位	3.4	4.1
	拉伸试验	在探伤有效部位任取 1 个试样/批	3.5	4.2
	硬度试验	在探伤有效部位任取 1 个试样/批	3.5	4.2
	热膨胀系数	在探伤有效部位任取 1 个试样/批	3.5	4.3
	导热率	在探伤有效部位任取 1 个试样/批	3.6	4.3
	导电率	在探伤有效部位任取 1 个试样/批	3.6	4.3
	软化温度	在探伤有效部位任取 1 个试样/批	3.6	4.3
	弹性模量	在探伤有效部位任取 1 个试样/批	3.6	4.3
	无损探伤	逐件检查	3.7	4.4
	尺寸及公差	逐件检查	3.9	4.7
	表面质量	逐件检查	3.10	4.8
电镀层	化学成分	同一电镀槽内另挂同一基体材料的电镀层试件上任取一个试样	3.8	4.1
	硬度	逐件检查	3.8	4.2
	导热率	同一电镀槽内另挂同一基体材料的电镀层试件上任取一个试样	3.8	4.3
	热膨胀系数	同一电镀槽内另挂同一基体材料的电镀层试件上任取一个试样	3.8	4.3
	结合强度	同一电镀槽内另挂同一基体材料的电镀层试件上任取一个试样	3.8	4.6
	厚度	逐件检查	3.7	4.5
	无损探伤	逐件检查	3.7	4.4
	表面质量	逐件检查	3.9	4.8

5.5　检验结果判定

5.5.1　化学成分检验不合格时，按锭判为不合格。

5.5.2　尺寸及公差、表面质量、电镀层厚度不合格时，铜模板无损探伤不符合附录 A 中的规定，电镀层不符合附录 B 中的规定，按件判为不合格。

5.5.3　力学性能、物理性能试验即使有一个试样的试验结果不合格，也应从该批中再取双倍试样进行该不合格项目的重复检验，如重复试验结果全部合格，则该批判为合格；如重复检验结果仍有一个试样不合格，则判该批为不合格。

6　包装、标志、运输、贮存和质量证明书

6.1　标志

每个包装箱上都应有明显牢固的标志，内容包括：

a) 生产厂名称、商标；

b) 产品名称和牌号；

c) 产品外形尺寸(长×宽×高,mm)；

d) 合同号；

e) 产品重量；

f) 数量(或件数)；

g) 生产日期。

6.2 包装、运输、贮存

包装、运输、贮存、质量证明书应符合 GB/T 8888 规定。

7 合同(或订货单)内容

本标准所列材料的合同(或订货单)内应包括下列内容：

a) 铜模板基体材料的牌号；

b) 电镀层；

c) 净重和件数；

d) 需方要求参加现场检验的项目；

e) 本标准编号；

f) 其他需要协商或增加标准以外要求的内容。

附　录　A
（规范性附录）
连续铸钢结晶器用铜模板基体材料超声波探伤规定

A.1　范围

本附录规定了连续铸钢结晶器用铜模板基体材料的超声波探伤方法，缺陷评估及产品验收的条件。

本附录适用于连续铸钢结晶器用 QCr0.6-0.12 和 TAg0.1-0.01 铜模板基体材料的超声波探伤。

A.2　术语、代号

下列术语、代号及定义适用于本附录。

A.2.1

单个缺陷(single discontinuity)

按 6 dB 法测定缺陷指示尺寸，当探头中心移动距离在 20 mm 以内时，称为单个缺陷。

A.2.2

连续缺陷(continous discontinuity)

按 6 dB 法测定缺陷指示长度，当探头中心移动 20 mm 以上，均测出缺陷波时，或相邻缺陷间距小于所用探头晶片直径时称为连续缺陷。

A.2.3

密集缺陷(intensive discontinuity)

在铜模板工件中，当 50 mm×50 mm×50 mm 体积内有 3 个及 3 个以上缺陷时，称为密集缺陷。

A.2.4

F

缺陷波或缺陷波高，以仪器满屏高为 100%。

A.2.5

B

底波或底波高。

A.3　要求

A.3.1　仪器与探头

A.3.1.1　采用 A 型脉冲反射式超声波探伤仪，其技术性能应符合 JB/T 10061 的要求。

A.3.1.2　采用标称频率为 2 MHz，ϕ10 mm～ϕ24 mm 的直探头。

A.3.2　耦合剂

耦合剂为 20～40 号机油。

A.3.3　探伤位置

探伤位置在铜模板两主表面上进行 100% 的探伤。

A.3.4　探伤面粗糙度

探伤面粗糙度 $Ra \leqslant 12.5\ \mu m$。

A.3.5　探头扫查速度

探头扫查速度不大于 150 mm/s。

A.3.6 探头扫迹重叠宽度

探头扫迹重叠宽度不大于探头直径10%。

A.3.7 探伤灵敏度

探伤灵敏度可按下述三种方法之一来校定：

a) 将带有150 mm声程 ϕ2.8平底孔的钢质标准试块的平底孔第一次回波调至50%屏高。此时，仪器的探伤灵敏度即校定完毕；

b) 利用具有两个相互平行表面的通用锻钢试块，例如ⅡW，V1，CSK-IA，CSK-ⅢA等标准试块的底波来校定。将试块的第1次大平底波高调至50%屏高，再根据所用探头的DGS曲线图表和所用试块的厚度，查出试块大平底声压与150 mm声程处 ϕ2.8 mm平底孔的回波声压dB数值 N，然后将仪器增益 N(dB)，灵敏度即校定完毕；

c) 利用具有两个相互平行表面且其间距大于所用探头近场长度3倍的锻钢块作校定用试样，要求该试样内无 ϕ2当量以上缺陷。将试样的第一次完好底波调至50%屏高，再增益 G(dB)即可。增益 G 按式(A.1)计算：

$$G = 20\lg\frac{300\times 2.95\times 150}{24.63\times D} \qquad \text{(A.1)}$$

式中：

G——增益，单位为分贝(dB)；

D——试样厚度，单位为毫米(mm)。

A.3.8 仪器的水平校定可在所探铜模板上按1∶1的比例进行。

A.4 缺陷的评定和记录

A.4.1 全面探伤后，根据检查出的单个缺陷波高连续指示长度及密集缺陷波高和数量进行缺陷评定。当正反两面检查结果不同时，以缺陷严重的一面为对象进行评定。

A.4.2 QCr0.6-0.12铜模板的缺陷图示和标记

无论单个缺陷、连续缺陷或密集缺陷，均按其在规定的探伤灵敏度下的回波高度，根据表A.1，在铜模板探伤面上进行图示标记。

表A.1 缺陷波高及其图示标记

缺陷图示标记	缺陷回波高度 F/%
○	$60<F\leqslant 100$
△	$100<F\leqslant B$
×	$F>B$

A.4.3 QCr0.6-0.12铜模板按连续缺陷指示长度的判据见表A.2。

表A.2 按指示长度对连续缺陷的判据

连续缺陷的标记	连续缺陷的最大允许指示长度/mm
○	<100
△	<50

A.4.4 QCr0.6-0.12 铜模板按缺陷个数的判据如下：

对连续缺陷，当探头中心移动距离每超过 20 mm（或一个探头直径）即增加一个缺陷个数；对密集缺陷，按情况最差的部位计缺陷个数。铜模板长度 L 乘以 200 mm 的区域称为检测单位。根据检测单位上数得的"○"和"△"的个数来进行缺陷判定。

对于宽边面铜模板，当每个检测单位内"○"和"△"记号的个数在 30 个以内时，可判为合格；对于窄边铜模板，当"○"和"△"记号的总数在 N 个以内时为合格，N 按式（A.2）计算：

$$N = \frac{W}{200} \times 30 \qquad \cdots\cdots\cdots\cdots\cdots\cdots\cdots\cdots (A.2)$$

式中：

W——窄边铜模板宽度，单位为毫米（mm）。

无论单个缺陷、连续缺陷，还是密集缺陷，"×"是不允许存在的缺陷。

A.4.5 QCr0.6-0.12 铜模板按缺陷面积率的判据

缺陷指示面积占单面探伤面面积的比值称为缺陷面积率 Q。对单个缺陷，每一个"○"或"△"记号的面积按一个探头晶片单位面积计。例如对 ϕ20 mm 的探头，其单位面积为 314 mm^2。对于连续缺陷，当探头中心移动距离每超过 20 mm（或一个探头直径）即增加一个单位面积。按面积率 Q 的判据见表 A.3。

表 A.3 按缺陷面积率的判据

缺陷标记	合格的判据/%
○	Q≤10
△	Q≤5

A.4.6 TAg0.1-0.01 材质铜模板按检出的缺陷波高在铜模板探伤面上进行图示标记和进行点数评值。缺陷波高度、标记及评值点数见表 A.4。

表 A.4 缺陷波高、标记及评值点

缺陷波高度 F/%	标记	评值点数
25<F≤50	○	1
50<F≤100	□	2
100<F≤B	△	4
F>B	×	16

A.4.7 按缺陷评值点数的判据见表 A.5。

表 A.5 按缺陷评值点数的判据

铜模板等级	条 件	评值点数	判 定
A	无×，无△缺陷	<11	合格
B	无×，连续缺陷<11 点	11～<21	合格
C	无×，连续缺陷<16 点	21～<31	供需双方协议
D	有×缺陷	≥31	不合格

A.4.8 关于连续缺陷和密集缺陷的判据

TAg0.1-0.01 铜模板的连续缺陷按每超过 20 mm 指示长度，即增加一处评值点进行评值点数合计，再乘以 1.5 的权重系数作为累计评值点数。TAg0.1-0.01 铜模板的密集缺陷按缺陷总数进行评值点数合计，再乘以 1.2 的权重系数作为累计评值点数。根据连续缺陷和密集缺陷的累计评值点数，按表 A.5 进行判定。

A.5 底波反射次数的测定及判据

A.5.1 按图 A.1 和图 A.2 所示测定点，在规定探伤灵敏度下，使用规定频率的探头来测试底波反射次数。

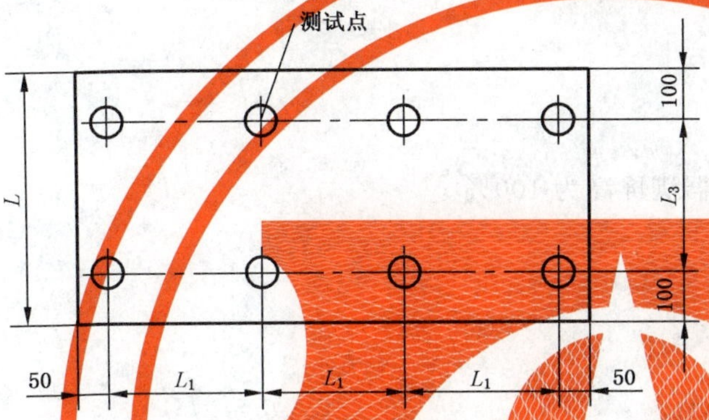

图 A.1 宽边铜模板

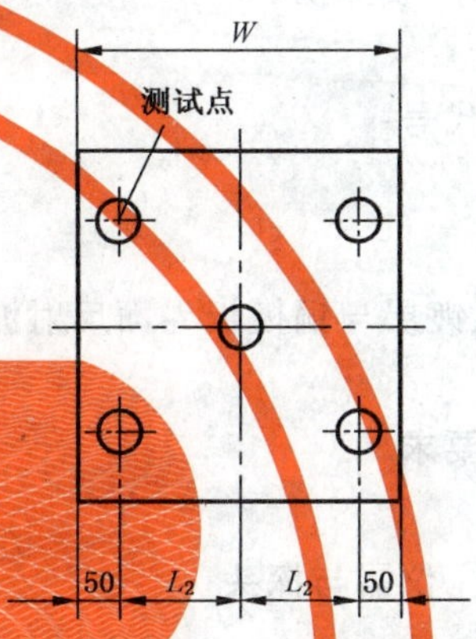

图 A.2 窄边铜模板

A.5.2 多次底波超过 100% 的回波次数用整数表示；其后一次底波未满 100% 时，可用小数表示（例如第 5 次底波 B 超过满屏高，第 6 次 $B=70\%$，可记做 5 次或 5.7 次）。

A.5.3 对于 QCr0.6-0.12 铜模板，各测定点的底波次数在探伤灵敏度下均满 1 次及 1 次以上时即可判为合格。对于 TAg0.1-0.01 铜模板，各测定点的底波次数在探伤灵敏度下均满 2 次及 2 次以上时即为合格。

A.5.4 当 TAg0.1-0.01 铜模板的半数以上测定点的底波次数为 2 次及 2 次以上，其余测定点的底波次数未满 2 次时，则须由供需双方协议确定。当半数以上测定点的底波次数未满 2 次时，则判为不合格。

附 录 B
（规范性附录）
连续铸钢结晶器用铜模板电镀层超声波探伤规定

B.1 范围

本附录规定了连续铸钢结晶器用铜模板电镀层的超声波探伤方法、缺陷评估及产品验收的条件。

本附录适用于连续铸钢结晶器用铜模板的 Ni、Ni-Fe、Ni-Co、Co-Ni 电镀层与基体材料结合完好程度的超声波探伤。

B.2 代号

S

电镀层与铜模板界面反射波高，以仪器满屏高为 100%。

B.3 要求

B.3.1 仪器与探头

B.3.1.1 采用 A 型脉冲反射式超声波探伤仪，其技术性能应符合 JB/T 10061 的要求。

B.3.1.2 采用标称频率为 4 MHz～5 MHz，焦点 2 mm～5 mm，ϕ8 mm～ϕ24 mm 的双晶 T/R 直探头。

B.3.2 耦合剂

耦合剂为 20～40 号机油。

B.3.3 探伤时机与探伤面

探伤时机在铜模板电镀层面精加工后进行探伤。探伤面为铜模板电镀层表面，对铜模板与电镀层的结合面进行 100%的探伤。

B.3.4 探伤面粗糙度

探伤面粗糙度 $Ra \leqslant 0.8\ \mu m$。

B.3.5 探头扫查速度

探头扫查速度不大于 100 mm/s。

B.3.6 探伤灵敏度

采用图 B.1 所示结晶器铜模板专用对比试块，将 ϕ2.8 mm 平底孔一次反射波调至 100%作为探伤起始灵敏度。每次探伤前，均应用专用对比试块对系统灵敏度进行复核。

B.3.7 探头扫迹重叠宽度

探头扫迹重叠宽度不小于探头直径的 10%。

B.4 判定

根据电镀层与铜模板附着界面的反射波高 S 大小，来评定电镀层与铜模板基体材料结合的完好程度。按电镀层厚度确定的判据如表 B.1 所列。凡发现界面反射波高 S 有超出表 B.1 所列数值的，即判为不合格。

表 B.1 判据

电镀层厚度/mm	S/%
≤2.0	S≤20
>2.0～<3.0	S≤30
≥3.0	S≤40

B.5 对比试块

结晶器铜模板电镀层超声波探伤专用对比试块如图 B.1 所示。

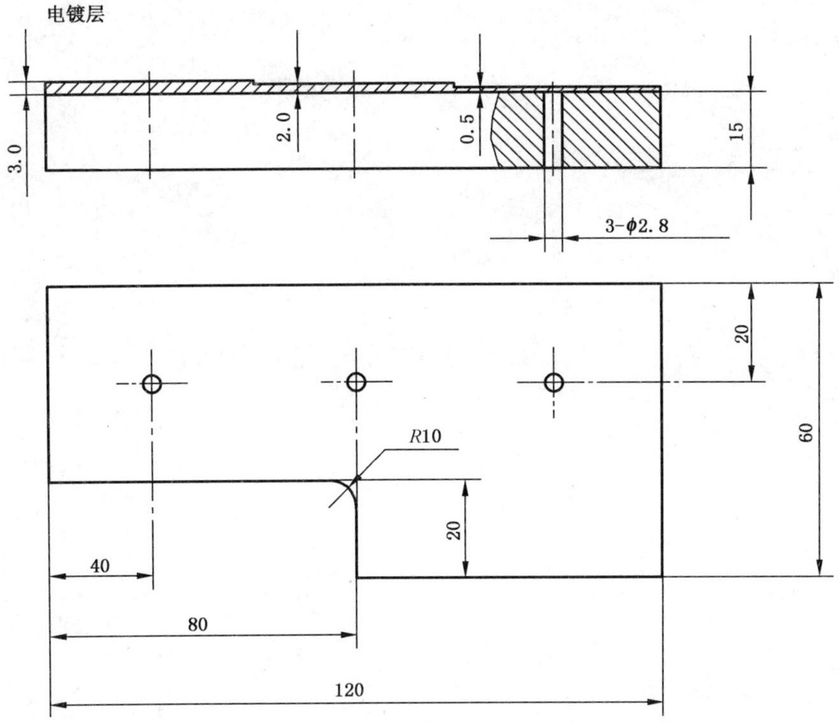

图 B.1 电镀层超声波探伤专用对比试块

ICS 71.080.60
G 17

中华人民共和国国家标准

GB/T 26026—2010

硫醇甲基锡

Methyltin mercaptide

2011-01-10 发布

2011-10-01 实施

中华人民共和国国家质量监督检验检疫总局
中国国家标准化管理委员会
发布

前 言

附录 A、附录 B、附录 C 均为规范性附录。

本标准由中国有色金属工业协会提出。

本标准由全国有色金属标准化技术委员会归口。

本标准由云南锡业集团(控股)有限责任公司负责起草。

本标准主要起草人:白健、曹靖、李天敏、郭应辉、丁锡波、徐万立。

硫醇甲基锡

1 范围

本标准规定了硫醇甲基锡的要求、试验方法、检验规则、标志、包装、贮存、运输、质量证明书及合同(或订货单)等内容。

本标准适用于以锡和巯基乙酸异辛酯为原料生产的硫醇甲基锡。

2 规范性引用文件

下列文件对于本文件的应用是必不可少的。凡是注日期的引用文件,仅注日期的版本适用于本文件。凡是不注日期的引用文件,其最新版本(包括所有的修改单)适用于本文件。

GB/T 601 化学试剂 标准滴定溶液的制备

GB/T 603 化学试剂 试验方法中所用制剂及制品的制备(neq ISO 6353-1:1982)

GB/T 3143 液体化学产品颜色测定法(Hazen 单位——铂-钴色号)

GB/T 4472 化工产品密度、相对密度测定通则

GB/T 6488 液体化工产品 折光率的测定(20 ℃)

GB/T 6678 化工产品采样总则

GB/T 6680 液体化工产品采样通则

GB/T 6682 分析实验室用水规格和试验方法

GB/T 8170 数值修约规则与极限数值的表示和判断

GB/T 10247 粘度测量方法

GB/T 10574.1 锡铅焊料化学分析方法 锡量的测定

3 术语、定义、符号

下列术语、定义、符号适用于本标准。

3.1

分子式 molecular formula

本产品的分子式为$(CH_3)_nSn(SCH_2COOC_8H_{17})_{4-n}$。

3.2

批 batch

质量指标相同的产品总和。

3.3

上部样品 upper sample

在液面下相当于一定体积(总体积的 1/6)的深处采得的一种部位样品。如图 1 所示。

3.4

中部样品 middle sample

在液面下相当于总体积一半的深处采得的一种部位样品。如图 1 所示。

3.5

下部样品　lower sample

在液面下相当于一定体积(总体积的 5/6)的深处采得的一种部位样品。如图 1 所示。

3.6

平均样品　average sample

把采得的一组部位样品按一定比例混合成的样品。

3.7

混合样品　composite sample

把容器中物料混匀后随机采得的样品。

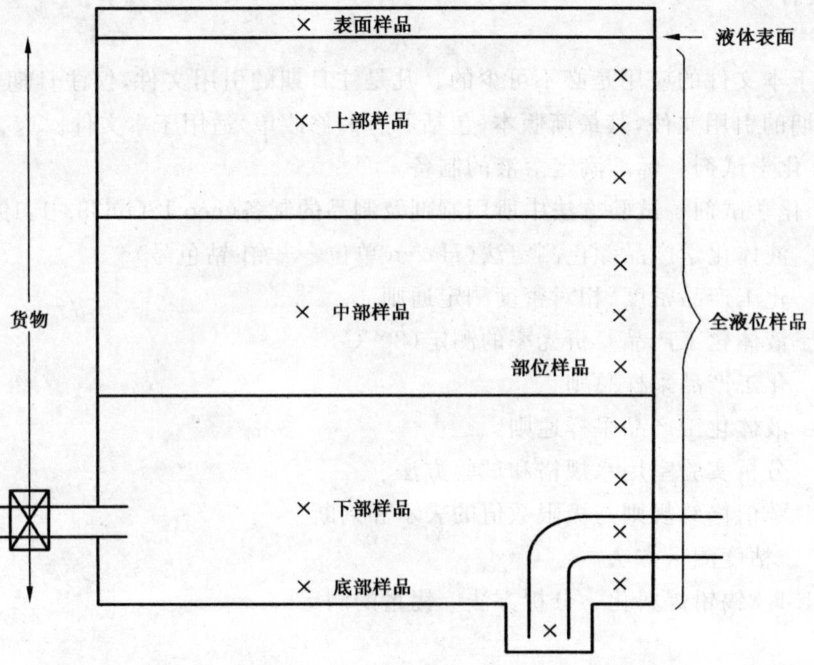

图 1　按 GB/T 6680 规定样品类型分布图

4　要求

4.1　产品牌号

按产品性能及用途分为:178、181、183、217 四个牌号。

4.2　产品性状

产品为液体。

4.3　产品质量

产品质量指标应符合表 1 的规定。

表 1 硫醇甲基锡质量指标

指标名称 \ 牌号	178	181	183	217
锡含量/%	15.50～17.00	18.70～19.70	14.00～15.50	16.80～17.80
硫含量/%	10.70～11.70	11.50～12.50	9.00～10.50	10.30～11.30
密度/(g/cm^3)20 ℃	1.120～1.150	1.160～1.190	1.100～1.160	1.100～1.160
黏度/(mPa·s)20 ℃	≤110	≤100	≤110	≤100
透光率(440 nm)/%	≥80.0	≥95.0	≥60.0	≥80.0
色度(Pt-Co)	≤100	≤30	≤150	≤100
折光率/% 20 ℃	1.502～1.510	1.507～1.514	1.502～1.510	1.502～1.510
酸值/(mg KOH/g)	≤4.0	≤4.0	≤4.0	≤4.0
注：需方若对产品质量指标有特殊要求时，由供需双方商定。				

4.4 产品颜色

产品的颜色应符合表 2 的规定。

表 2 硫醇甲基锡产品颜色

牌 号	178	181	183	217
颜色	黄色透明液体	无色透明液体	黄色透明液体	微黄色透明液体

4.5 外观

产品颜色正常，无明显的外来杂物。

5 试验方法

5.1 分析中所用标准滴定溶液、制剂及制品，按 GB/T 601、GB/T 603 规定制备，实验室用水符合 GB/T 6682 中规定的三级水。

5.2 锡含量的测定

称取 0.25 g 试样(精确至 0.000 1 g)，置于 300 mL 锥形瓶中，加入 10 mL 浓硫酸加热炭化 40 分钟，取下冷却至室温，加入 10 mL 过氧化氢加热至溶液变至无色透明，取下冷却至室温，加入 100 mL 盐酸(1+1)，1 g 还原铁粉，然后按 GB/T 10574.1 进行测定。

5.3 硫含量的测定

硫含量的测定按附录 A 的规定进行。

5.4 密度的测定

采用 GB/T 4472 的方法进行测定。

5.5 黏度的测定

采用 GB/T 10247 中“2 毛细管法”的方法进行测定。

5.6 透光率的测定

透光率的测定按附录B的规定进行。

5.7 色度的测定

采用GB/T 3143的方法进行测定。

5.8 折光率的测定

采用GB/T 6488的方法进行测定。

5.9 酸值的测定

酸值的测定按附录C的规定进行。

5.10 产品的颜色及外观用目视检测。

6 检验规则

6.1 检验和验收

6.1.1 产品由供方质量技术监督部门进行检验，保证产品符合本标准或合同(或订货单)规定，并填写产品质量证明书。

6.1.2 需方对收到产品按本标准的规定进行检验，如检验结果与本标准或合同(或订货单)内容不符合，应在收到产品之日起30日内提出，由供需双方协商解决。如需仲裁，由供需双方共同在需方采集仲裁样品。

6.2 组批

产品应成批提交检验，每批应由同一牌号组成。每批质量不大于20 000 kg。

6.3 检验项目

按4.3、4.4、4.5的规定，对每批产品进行逐批检验，颜色、外观进行逐件检验，并确认产品的各项检验项目指标值。

6.4 取样和制样

6.4.1 产品的取样和制样应符合表3的规定。

表3 硫醇甲基锡的取样和制样

检验项目	取样和制样方法	要求的章条号	试验方法的章条号
产品质量指标	6.4.2	4.3	5.2～5.9
颜色及外观	逐件	4.4、4.5	5.10

6.4.2 产品质量指标的仲裁取样和制样

6.4.2.1 取样数。仲裁取样的样品数和样品量按GB/T 6678的规定执行。具体见表4。

表4 产品的取样数

供货批数量/桶	抽取数量/桶
1～10	全数抽取
11～49	11
50～64	12
65～81	13

6.4.2.2 取样方法

取样采用玻璃、金属或塑料制成的采样管，在产品混匀呈静态下，截取上部、中部、下部（见图 1 所示）液面样，每段的样品量为 220 mL～250 mL，样品总量不小于 660 mL。

6.4.2.3 试样的制备

将所取样品混匀分为三份，每份约 200 mL，供需双方各一份，仲裁单位一份。每份样品必须立即装入干燥、密封容器中，贴上标签。标签需注明生产单位、产品名称、产品牌号、产品批号、检测项目、取样日期等，同时在样品容器的封口处粘贴封条，封条须供需双方签章。

6.5 检验结果的判定

6.5.1 检验结果数值的修约和判定，按 GB/T 8170 执行。

6.5.2 产品质量指标的检验结果若有一项不符合本标准 4.3 或合同（或订货单）规定时，应从该批产品中再取双倍于 6.4.2.1 规定的试样量进行重复试验，若重复试验结果全部合格，则判定该批产品合格，若重复试验结果仍不符合本标准 4.3 规定，则判该批不合格。

6.5.3 颜色和外观质量不符合本标准规定时，则按桶判为不合格。

7 标志、包装、贮存、运输

7.1 标志

每桶产品应注明：

a) 生产企业名称、商标；

b) 产品名称；

c) 执行标准、牌号；

d) 产品批号、质量；

e) 生产日期、生产企业地址及用户须知等。

7.2 包装、贮存、运输

7.2.1 包装。

内衬聚四氟铁桶或聚乙烯吹塑桶包装，250 kg/桶，也可以按用户的要求进行包装。

7.2.2 贮存和运输。

将产品贮存于阴凉干燥处，用后立即密封。本产品在运输途中应防雨淋、日晒，小心轻放。

7.3 质量证明书

每批产品应附有质量证明书，其上注明：

a) 生产企业名称、地址、电话、传真；

b) 商标、产品名称；

c) 执行标准、牌号、批号；

d) 质量指标检验结果和质量技术监督部门印记；

e) 生产日期。

8 合同（或订货单）内容

本标准所列产品的合同（或订货单）内应包括下列内容：

a） 产品名称；

b） 执行标准、牌号；

c） 件数和包装要求；

d） 其他。

附　录　A
（规范性附录）
硫醇甲基锡中硫含量的测定　碘滴定法

A.1　范围

本部分规定了硫醇甲基锡中硫含量的测定方法。

本部分适用于硫醇甲基锡中硫含量的测定。测定范围：5.00%～15.00%。

A.2　方法提要

试样溶于无水乙醇，用碘标准溶液滴定至黄色为终点。

A.3　试剂

A.3.1　无水乙醇。

A.3.2　碘标准溶液[$c(1/2I_2)=0.05\ mol/L$]。

A.3.2.1　配制：称 32.8 g 碘及 87.5 g 碘化钾，溶于 100 mL 水中，稀释至 5 000 mL，摇匀，保存于棕色瓶中。

A.3.2.2　标定：称 1.5 g 基准三氧化二砷（准确至 0.000 1 g），加 40 mL 氢氧化钠溶液[$c(NaOH)=1\ mol/L$]溶解，加 2 滴酚酞指示剂（10 g/L），用硫酸溶液[$c(1/2H_2SO_4)=1.0\ mol/L$]中和，加 3 g 碳酸氢钠溶液溶解，移入 200 mL 容量瓶中，用水稀释至刻度，摇均。移取 10 mL 三氧化二砷溶液（此溶液每毫升含 0.007 5 g 三氧化二砷），加入 20 mL 饱和碳酸氢钠溶液，3 mL 淀粉（10 g/L），用配制好的碘标准溶液滴定至溶液呈蓝色，同时做空白实验。

按式（A.1）计算碘标准溶液实际浓度：

$$c=\frac{m}{(V_1-V_0)\times 0.049\ 46} \qquad \text{(A.1)}$$

式中：

c ——碘标准溶液的实际浓度，单位为摩尔每升（mol/L）；

V_1 ——标定时，滴定三氧化二砷所消耗的碘标准溶液的体积，单位为毫升（mL）；

V_0 ——标定时，滴定空白试液所消耗的碘标准溶液的体积，单位为毫升（mL）；

0.049 46——三氧化二砷的摩尔质量，单位为克每摩尔（g/mol）；

m ——三氧化二砷的质量，单位为克（g）。

A.4　分析步骤

A.4.1　试料

称取 0.2 g 试样，精确至 0.000 1 g。

A.4.2　测定次数

独立地进行两次测定，取其平均值。

A.4.3　空白试验

随同试料做空白试验。

A.4.4 将试料(4.1)置于150 mL的锥形瓶中,加入40 mL无水乙醇,充分摇匀,用碘标准溶液滴定至黄色为终点。

A.5 分析结果的计算

硫含量以硫的质量分数 $w(S)$ 计,数值以%表示,按公式(A.2)计算。

$$w(S)=\frac{c\cdot(V_1-V_2)\times 0.032}{m}\times 100 \qquad \cdots\cdots(A.2)$$

式中:

c ——碘标准溶液的实际浓度,单位为摩尔每升(mol/L);

V_1 ——测定时,滴定试料溶液所消耗碘标准溶液的体积,单位为毫升(mL);

V_2 ——测定时,滴定空白溶液所消耗碘标准溶液的体积,单位为毫升(mL);

0.032 ——硫的摩尔质量,单位为克每摩尔(g/mol);

m ——试料的质量,单位为克(g)。

A.6 允许误差

实验之间的分析结果差值应不大于表A.1所允许的范围。

表 A.1 误差范围

%

硫含量	5~15
允许误差	0.2

附 录 B
（规范性附录）
硫醇甲基锡中透光率的测定 分光光度法

B.1 范围

本部分规定了硫醇甲基锡中透光率的测定方法。

本部分适用于硫醇甲基锡中透光率的测定。测定范围：0.00%～100.0%。

B.2 方法提要

以蒸馏水为标准溶液，设定它的透光率（T）为100%，被测试样的透光率相对于标准溶液而得到。

B.3 仪器

B.3.1 可见分光光度计。

B.3.2 比色皿（2 cm）。

B.4 分析步骤

B.4.1 调节波长旋钮使波长移到所需处。

B.4.2 在其中一个比色皿放入蒸馏水，其余放入待测试样。将比色皿放入样品池内的比色架中，盖上样品池盖。

B.4.3 将蒸馏水推入光路，显示（T）状态。

B.4.4 按“100%”键，至显示打开样品池，按“0%”键，显示“T0.0”。

B.4.5 盖上样品池盖，按“100%”键，至显示“T100.0”。

B.4.6 将待测试样推入光路，显示试样的（T）值。

B.5 允许误差

实验之间的分析结果差值应不大于表B.1所允许的范围。

表B.1 误差范围 %

透光率	0.00%～100.0%
允许误差	0.8%

附 录 C
（规范性附录）
硫醇甲基锡中酸值的测定 氢氧化钠滴定法

C.1 范围

本部分规定了硫醇甲基锡中酸值的测定方法。

本部分适用于硫醇甲基锡中酸值的测定。测定范围 0.1 mg/g～100.00 mg/g。

C.2 方法提要

试样溶解于有机溶剂，加苯酚红指示剂，用氢氧化钠标准溶液滴至浅红色为终点。

C.3 试剂

C.3.1 异丙醇。

C.3.2 氢氧化钠标准溶液(0.1 mol/L)：配制和标定按 GB/T 601 进行。

C.3.3 苯酚红：称取 0.1 g 苯酚红指示剂于 14.2 mL 0.02 mol/L 氢氧化钠溶液中，用水稀释至 250 mL。

C.4 分析步骤

C.4.1 试料

称取 1.5 g～2.0 g 试样(准确到 0.000 1 g)。

C.4.2 测定次数

独立地进行二次测定，取其平均值。

C.4.3 空白试验

随同试料做空白试验。

C.4.4 测定

称取 1.5 g～2.0 g 试样于 300 mL 锥形瓶中，加入 100 mL 异丙醇溶液，待样品溶解后，加入 2 滴苯酚红，用 0.1 mol/L 氢氧化钠标准溶液滴定至浅红色，保持 15 s 不退色即为终点。

C.5 分析结果的计算

硫醇甲基锡的酸值(A)以中和 1 g 硫醇甲基锡的氢氧化钠的质量(mg)表示，按式(C.1)计算硫醇甲基锡酸值的含量。

$$A=\frac{B\cdot(V_1-V_2)\times 56.11}{m} \qquad \cdots\cdots\cdots(\text{C.1})$$

式中：

V_1 ——滴定样品耗氢氧化钠标准溶液的体积，单位为毫升（mL）；

V_2 ——滴定空白耗氢氧化钠标准溶液的体积，单位为毫升（mL）；

B ——氢氧化钠标准溶液的实际浓度，单位为摩尔每升（mol/L）；

m ——试料的质量，单位为克（g）；

56.11——KOH 的摩尔质量，单位为克每摩尔（g/mol）。

C.6 允许差

实验室间分析结果的差值应不大于 0.1 mg KOH/g。

ICS 77.150.10
H 61

中华人民共和国国家标准

GB/T 26027—2010

铝及铝合金大规格拉制无缝管

Aluminium and aluminium alloys drawn seamless tubes for large circumscribed circle diameter of cross section

2011-01-10 发布 2011-10-01 实施

中华人民共和国国家质量监督检验检疫总局
中国国家标准化管理委员会 发布

前言

本标准由中国有色金属工业协会提出。

本标准由全国有色金属标准化技术委员会(SAC/TC 243)归口。

本标准主要起草单位:中国铝业股份有限公司西北铝加工分公司。

本标准参加起草单位:西南铝业(集团)责任有限公司、东北轻合金有限责任公司、山东南山铝业股份有限公司、龙口市丛林铝材有限公司、辽宁忠旺集团有限公司。

本标准主要起草人:赵海滨、阎维刚、王继成、李瑞山、刘科研、谢辉。

铝及铝合金大规格拉制无缝管

1 范围

本标准规定了铝及铝合金大规格无缝拉制管材(以下简称管材)的要求、试验方法、检验规则和标志、包装、运输、贮存及质量证明书与合同(或订货单)内容。

本标准适用于外径为 120 mm～220 mm 的圆形截面(如图 1)管材(以下简称圆管),及边长为 70 mm×50 mm～120 mm×120 mm 的正方形截面(如图 2)管材(以下简称方管)或矩形截面(如图 3)管材(以下简称矩形管)。

本标准仅适用于采用挤压开坯法生产的管材,不适用于有缝管材及导电行业用管材。

2 规范性引用文件

下列文件对于本文件的应用是必不可少的。凡是注日期的引用文件,仅注日期的版本适用于本文件。凡是不注日期的引用文件,其最新版本(包括所有的修改单)适用于本文件。

GB/T 228—2002 金属材料 室温拉伸试验方法

GB/T 3190 变形铝及铝合金化学成分

GB/T 3199 铝及铝合金加工产品 包装、标志、运输、贮存

GB/T 3246.1 变形铝及铝合金制品显微组织检验方法

GB/T 7999 铝及铝合金光电直读发射光谱分析方法

GB/T 16865 变形铝、镁及其合金加工制品拉伸试验用试样

GB/T 17432 变形铝及铝合金化学成分分析取样方法

GB/T 20975(所有部分) 铝及铝合金化学分析方法

3 要求

3.1 产品分类

3.1.1 产品的牌号、状态、规格

产品的牌号、供货状态应符合表 1 的规定,圆管的规格应符合表 2 的规定。矩形管的规格应符合表 3 的规定。方管的规格应符合表 4 的规定。需方需要其他牌号、状态、规格时,由供需双方协商决定,并在合同(或订货单)中注明。

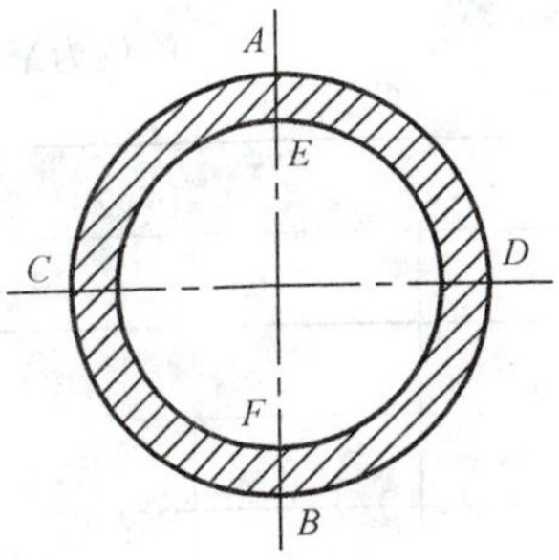

图 1

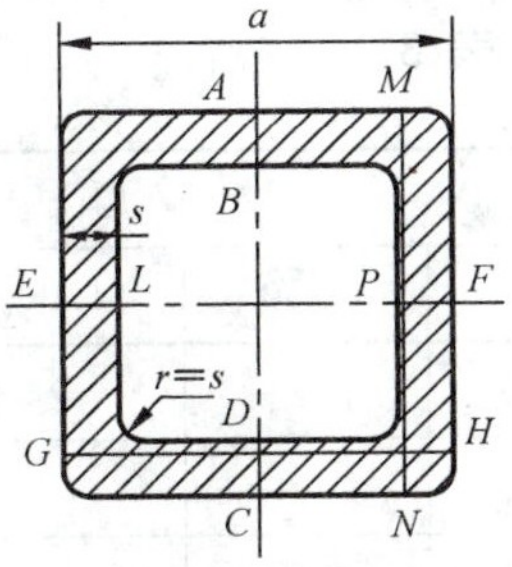

图 2

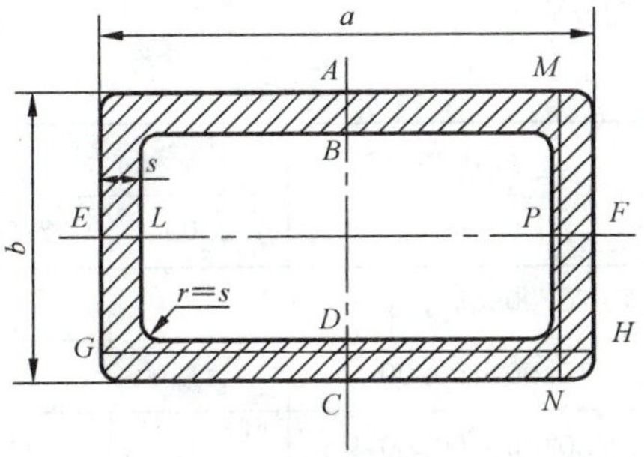

图 3

表 1

牌　　号	供货状态
1050A、1200、2014、2024、3003、5052、5083、6061、6063、6082	0
5083	H12
1050A、1200、3003、5052、5083	H14
5052	H18
2014、2024	T3511
2014	T4511、T6511
6061、6063、6082	T4、T6

表 2

单位为毫米

外径	壁　　厚								
	3.00	3.50	4.00	5.00	6.00	7.00	8.00	9.00	10.00
125.00	○	○	○	○	○	—	—	—	—
130.00	○	○	○	○	○	—	—	—	—
135.00	○	○	○	○	○	—	—	—	—
140.00	○	○	○	○	○	○	—	—	—
145.00	—	○	○	○	○	○	—	—	—
150.00	—	○	○	○	○	○	—	—	—
160.00	—	—	○	○	○	○	○	—	—
170.00	—	—	—	○	○	○	○	—	—
180.00	—	—	—	○	○	○	○	—	—
190.00	—	—	—	○	○	○	○	—	—
200.00	—	—	—	○	○	○	○	○	○
210.00	—	—	—	○	○	○	○	○	○
220.00	—	—	—	○	○	○	○	○	○

注：○表示可供货规格。

表 3

单位为毫米

公称边长 $a \times b$	壁　　厚							
	2.00	2.50	3.00	3.50	4.00	5.00	6.00	7.00
70.00×50.00	○	○	○	○	○	○	—	—
75.00×50.00	○	○	○	○	○	○	—	—
80.00×60.00	—	○	○	○	○	○	—	—
85.00×60.00	—	○	○	○	○	○	—	—

表 3（续） 单位为毫米

公称边长 $a\times b$	壁厚							
	2.00	2.50	3.00	3.50	4.00	5.00	6.00	7.00
90.00×70.00	—	○	○	○	○	○	○	—
95.00×70.00	—	○	○	○	○	○	○	—
100.00×80.00	—	—	○	○	○	○	○	○
105.00×80.00	—	—	○	○	○	○	○	○
110.00×90.00	—	—	—	○	○	○	○	○
115.00×90.00	—	—	—	○	○	○	○	○
120.00×100.00	—	—	—	○	○	○	○	○
注：○表示可供货规格。								

表 4 单位为毫米

边长	壁厚							
	2.00	2.50	3.00	3.50	4.00	5.00	6.00	7.00
70.00	○	○	○	○	○	○	—	—
75.00	○	○	○	○	○	○	—	—
80.00	—	○	○	○	○	○	—	—
85.00	—	○	○	○	○	○	—	—
90.00	—	—	○	○	○	○	○	—
95.00	—	—	○	○	○	○	○	—
100.00	—	—	—	○	○	○	○	○
110.00	—	—	—	○	○	○	○	○
120.00	—	—	—	○	○	○	○	○
注：○表示可供货规格。								

3.1.2 标记示例

产品标记按产品名称、牌号、供货状态、规格及标准编号的顺序表示。标记示例如下：

示例 1：

用 2024 合金制造的、供货状态为 T4、直径为 150.00 mm、壁厚为 4.00 mm、定尺长度为 3 000 mm 的管材，标记为：

管 2024-T4 ϕ150×4.0×3 000 GB/T 26027—2010

示例 2：

用 6061 合金制造的、供货状态为 0、边长为 90.00 mm，壁厚为 4.00 mm 的方管，标记为：

方管 6061-0 90×90×4.0 GB/T 26027—2010

3.2 化学成分

管材的化学成分应符合 GB/T 3190 的规定。

3.3 尺寸偏差

3.3.1 圆管的外径偏差应符合表5的规定。

表5

单位为毫米

公称外径	普通级(±)					高精级(±)			
	任一外径[a]与公称外径的允许偏差				平均外径[b]与公称外径的允许偏差	任一外径[a]与公称外径的允许偏差			平均外径[b]与公称外径的允许偏差
	退火管	5083[c]	淬火	其他	所有管	退火管	淬火管	其他	所有管
>120.00～150.00	2.28	0.63	0.77	0.38	0.38	1.50	0.50	0.25	0.25
>150.00～180.00	3.44	0.95	1.14	0.57	0.57	2.25	0.76	0.38	0.38
>180.00～220.00	4.58	1.25	1.53	0.77	0.77	3.00	1.00	0.50	0.50

[a] 任一外径是指在管材断面上任一点测得的外径。

[b] 平均外径是指在管材断面上测量任意两个互为直角的外径所得的平均值。

[c] 5083合金管材为退火管时，偏差按退火管执行。

3.3.2 方管、矩形管的宽度或高度偏差应符合表6的规定。

表6

单位为毫米

公称宽度或高度	普通级(±)		高精级(±)		超高精级(±)	
	边缘处宽或高与公称宽或高的允许偏差	非边缘处宽或高与公称宽或高的允许偏差	边缘处宽或高与公称宽或高的允许偏差	非边缘处宽或高与公称宽或高的允许偏差	边缘处宽或高与公称宽或高的允许偏差	非边缘处宽或高与公称宽或高的允许偏差
>70.00～80.00	0.70	1.40	0.50	1.00	0.20	0.40
>80.00～90.00	0.80	1.60	0.60	1.20	0.20	0.40
>90.00～100.00	0.80	1.60	0.65	1.30	0.20	0.40
>100.00～110.00	0.85	1.70	0.70	1.40	0.20	0.40
>110.00～120.00	0.95	1.90	0.70	1.40	0.20	0.40

3.3.3 圆管、方管、矩形管的壁厚偏差应符合表7的规定。

表7

级别	公称壁厚/mm	平均壁厚与公称壁厚的允许偏差(±) mm	任一壁厚与公称壁厚的允许偏差(±)/mm	
			不淬火管	淬火管
普通级	2.00～3.00	0.23	0.30	不超过公称壁厚的15%
	>3.00～4.00	0.30	0.40	
	>4.00～5.00	0.40	0.50	
	>5.00～8.00	0.50	0.60	
	>8.00～10.00	0.70	0.80	

表 7（续）

级别	公称壁厚/mm	平均壁厚与公称壁厚的允许偏差(±) mm	任一壁厚与公称壁厚的允许偏差(±)/mm	
			不淬火管	淬火管
高精级	2.00～3.00	0.13	0.15	不超过公称壁厚的10%
	>3.00～4.00	0.15	0.20	
	>4.00～5.00	0.15	0.20	
	>5.00～8.00	0.20	0.30	
	>8.00～10.00	0.38	0.50	

3.3.4 管材的弯曲度应符合表 8 的规定。

表 8

单位为毫米

公称外径及宽度	普通级[a]		高精级[a]	
	每米长上	全长(L 米)上	每米长上	全长(L 米)上
≤150.00	≤2	≤2×L	≤1	≤1×L
>150.00～220.00	≤2.5	≤2.5×L	≤1.5	≤1.5×L

[a] 不适用于退火管，对退火管的弯曲度有要求时应在合同中注明。

3.3.5 方管、矩形管的扭拧度应符合表 9 的规定。

表 9

公称宽度/mm	普通级[a]		高精级[a]	
	每米长度上	全长(L 米)上	每米长度上	全长(L 米)上
>70.00～120.00	≤1.5°	≤1.5°×L	≤1°	≤1°×L，最大 5°

[a] 不适用于退火管，对退火管的扭拧度有要求时应在合同中注明。

3.3.6 方管、矩形管的平面间隙如表 10 所示。

表 10

单位为毫米

管材的宽度和高度	平面间隙	
	普通级	高精级
>70.00～100.00	0.80	0.20
>100.00～110.00	0.90	0.25
>110.00～120.00	1.00	0.25

3.3.7 管材的供货长度为 1 000 mm～5 500 mm。定尺长度的允许偏差为+15 mm，倍尺供货的管材每段还应留有 5 mm 的锯切余量。

3.3.8 管材两端应切齐，不得有毛刺。其切斜度不超过 3°。

3.4 力学性能

管材的室温纵向拉伸力学性能应符合表11的规定。

表 11

牌号	供货状态	试样状态	壁厚或厚度 mm	室温纵向拉伸力学性能			
				抗拉强度 R_m/(N/mm²)	规定非比例延伸强度 $R_{p0.2}$/(N/mm²)	断后伸长率/%	
						A	$A_{50\ mm}$
1050A	0	0	≤10.00	60～95	—	≥25	≥22
	H14	H14	≤10.00	100～135	≥70	≥6	≥5
1 200	0	0	≤10.00	70～105	—	≥20	≥16
	H14	H14	≤10.00	110～145	≥80	≥5	≥4
2014	0	0	≤10.00	≤240	≤125	≥12	≥10
	T3511	T3511	≤10.00	≥380	≥290	≥6	≥4
	T4511	T4511	≤10.00	≥380	≥240	≥10	≥8
	T6511	T6511	≤10.00	≥450	≥380	≥6	≥4
2024	0	0	≤10.00	≤240	≤140	≥12	≥10
	T3511	T3511	≤10.00	≥420	≥290	≥8	≥6
3003	0	0	≤10.00	95～130	≥35	≥25	≥20
	H14	H14	≤10.00	130～165	≥110	≥6	≥4
5052	0	0	≤10.00	170～230	≥65	≥20	≥17
	H14	H14	≤5.00	230～270	≥180	≥5	≥4
	H18	H18	≤5.00	≥270	≥220	≥2	≥2
5083	0	0	≤10.00	270～350	≥110	≥16	≥14
	H12	H12	≤10.00	≥280	≥200	≥6	≥4
	H14	H14	≤5.00	≥300	≥235	≥4	≥3
6061	0	0	≤10.00	≤150	≤110	≥16	≥14
	T4	T4	≤10.00	≥205	≥110	≥16	≥14
	T6	T6	≤10.00	≥290	≥240	≥10	≥8
6063	0	0	≤10.00	≤155	—	≥20	≥15
	T4	T4	≤5.00	≥150	≥75	≥12	≥10
			>5.00	≥150	≥75	≥15	≥13
	T6	T6	≤10.00	≥220	≥190	≥10	≥8
6082	0	0	≤10.00	≤160	≤110	≥15	≥13
	T4	T4	≤10.00	≥205	≥110	≥14	≥12
	T6	T6	≤5.00	≥310	≥255	≥8	≥7
			>5.00	≥310	≥240	≥10	≥9

3.5 显微组织

管材的显微组织不允许有过烧。

3.6 表面质量

3.6.1 管材为冷加工表面。管材的内、外表面应光滑、清洁。不允许有裂纹、气泡、起皮、分层、折叠、外来夹杂物、腐蚀斑点。

3.6.2 管材表面允许有斑疤、凹坑、压伤、擦伤和石墨油印等个别小缺陷，其缺陷深度不得超过壁厚允许负偏差值，并不应使管材的壁厚偏差超出允许范围。圆管凹痕不应超出管材外径允许负偏差值，其他管材凹痕不应超出凹痕所在平面的高度允许负偏差值。

3.6.3 管材内表面允许有轻微的纵向皱纹。

3.6.4 管材表面允许有氧化色、不粗糙的黑白斑点，以及不影响壁厚的矫直环线、螺旋线。

4 试验方法

4.1 化学成分

化学成分按 GB/T 20975 或 GB/T 7999 的规定进行，仲裁分析方法按 GB/T 20975 的规定进行。

4.2 尺寸

管材外径用精度不低于 0.02 mm 的量具进行测量，且整根管材上测量点不少于 3 处。管材壁厚用精度不低于 0.01 mm 的量具进行测量。其他尺寸可用能保证精度的直尺、卡尺、米尺、卷尺、塞尺等量具进行测量。

4.3 力学性能

管材的室温拉伸试验按 GB/T 228—2002 进行，断后伸长率仲裁测定方法应符合 GB/T 228—2002 的 11.1 条规定。

4.4 显微组织

显微组织检验方法按 GB/T 3246.1 进行。

4.5 表面质量

应以目视检验表面质量。有必要时，可借用尺寸测量工具界定缺陷大小，通过修磨测定缺陷深度。

5 检验规则

5.1 检查和验收

5.1.1 管材应由供方技术监督部门进行检验，保证管材质量符合本标准及合同(或订货单)的规定，并填写质量证明书。

5.1.2 需方应对收到的管材按本标准的规定进行复验。复验结果与本标准及合同(或订货单)的规定不符时，应以书面形式向供方提出，由供需双方协商解决。属于表面质量及尺寸偏差的异议，应在收到产品之日起一个月内提出，属于其他性能的异议，应在收到产品之日起三个月内提出。如需仲裁，供需双方应在需方共同进行仲裁取样。

5.2 组批

管材应成批提交验收，每批应由同一牌号(炉号)、状态和规格组成。

5.3 计重

产品应检斤计重。

5.4 检验项目

每批产品均应进行化学成分、尺寸偏差、力学性能和表面质量的检验，淬火管材还应进行显微组织检验。

5.5 取样

产品取样应符合表12的规定。

表12

检验项目	取样规定	要求的章条号	试验方法的章条号
化学成分	按GB/T 17432的规定进行，试样应符合GB/T 16865的规定	3.2	4.1
尺寸偏差	逐根检验	3.3	4.2
力学性能[a]	每批(热处理炉)取2根，每根管材任意端取一个试样	3.4	4.3
显微组织[a]	淬火管每批(热处理炉)取2根，每根管材在热处理炉高温区取一个试样	3.5	4.4
表面质量	逐根检验	3.6	4.5

[a] 生产厂可按热处理炉次取样，仲裁时按批取样。

5.6 检验结果的判定

5.6.1 化学成分不合格时，能区分熔次的判该熔次不合格，其他熔次依次检验，合格者交货。不能区分熔次的判该批管材不合格。

5.6.2 尺寸偏差或表面质量不合格时，判该根管材不合格。

5.6.3 室温纵向拉伸力学性能不合格时，从该批(炉)中(含原检验不合格者)另取双倍数量的试样进行重复试验，重复试验合格时判该批(炉)管材合格。若重复试验结果仍有不合格者，判该批(炉)管材不合格。但允许供方逐根检验，或进行重新热处理后再重新检验一次，合格者交货。

5.6.4 显微组织不合格时，能区分热处理炉次的判该炉次不合格，其他炉次依次检验，合格者交货。不能区分炉次的判该批管材不合格。

6 标志、包装、运输、贮存及质量证明书

6.1 标志

6.1.1 在检验合格的管材任意端打印如下标记(或贴标签)：

a) 供方技术监督部门的检印；

b) 生产厂名称、商标；

c) 牌号；

d) 供货状态；

e) 批号。

6.1.2 管材的包装箱标志应符合 GB/T 3199 的规定。

6.2 包装、运输、贮存

管材不涂油装箱，如果要求涂油时应在合同中注明，其他要求应符合 GB/T 3199 的规定。

6.3 质量证明书

每批管材应附有产品质量证明书，注明：

a) 供方名称、地址、电话、传真；

b) 产品名称；

c) 牌号；

d) 规格；

e) 供货状态；

f) 批号；

g) 净重和件数；

h) 各项分析检验结果和技术监督部门印记；

i) 本标准编号；

j) 出厂日期(或包装日期)。

7 订货单(或合同)内容

订购本部分所列材料的订货单(或合同)内应包括下列内容：

a) 产品名称；

b) 管材牌号和状态；

c) 规格；

d) 产品尺寸允许偏差精度等级；

e) 净重或件数；

f) 其他特殊要求；

g) 本标准编号。

ICS 77.150.99
H 68

中华人民共和国国家标准

GB/T 26028—2010

铝 蒸 发 料

Evaporated aluminum material

2011-01-10 发布 2011-10-01 实施

中华人民共和国国家质量监督检验检疫总局
中国国家标准化管理委员会 发布

前　言

本标准由全国有色金属标准化技术委员（SAC/TC 243）归口。

本标准由有研亿金新材料股份有限公司负责起草。

本标准主要起草人：尚再艳、王永辉、王鹏、杨永刚、熊晓东、江轩。

铝 蒸 发 料

1 范围

本标准规定了铝蒸发料的要求、试验方法、检验规则和标志、包装、运输、贮存及质量证明书与订货单(或合同)内容。

本标准适用于半导体行业用的各类铝蒸发料。其他用途的铝蒸发料也可参照使用。

2 规范性引用文件

下列文件对于本文件的应用是必不可少的。凡是注日期的引用文件,仅所注日期的版本适用于本文件。凡是不注日期的引用文件,其最新版本(包括所有的修改单)适用于本文件。

GB/T 2828.1 计数抽样检验程序 第1部分:按接收质量限(AQL)检索的逐批检验抽样计划

GB/T 15077 贵金属及其合金材料几何尺寸测量方法

3 要求

3.1 产品分类

铝蒸发料的类型按铝的纯度分为IC-Al99.999和IC-Al99.9995两种。

铝蒸发料形状主要分为片状和柱状两种,如图1所示。

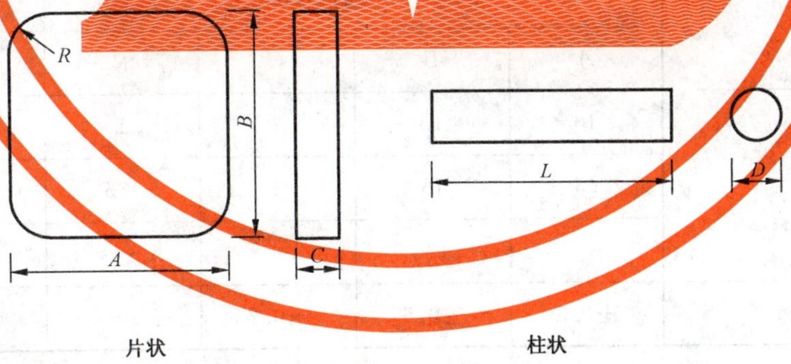

图1 铝蒸发料示意图

3.2 成分要求

铝蒸发料的化学成分要求见表1。

表 1　铝蒸发料的化学成分

%

牌号	IC-Al99.999	IC-Al99.9995
Al 含量不小于	99.999	99.9995
必检杂质元素	As、Ag、Au、B、Be、Ca、Ce、Cr、Cs、Cu、Fe、K、Li、Mg、Mn、Na、Ni、P、Sb、Si、Sn、Th、Ti、U、V、Zr、Zn	
杂质总含量不大于	0.001 其中：K+Na+Li：≤0.000 1	0.000 5 其中：K+Na+Li：≤0.000 1
注 1：铝的含量为 100%减去表中杂质元素实测总和的余量。 注 2：顾客对某种特定杂质元素含量有要求的，由供需双方协商确认。		

铝蒸发料的非金属元素含量(%)要求如下：

C：≤0.002 0、Cl：≤0.000 4、N：≤0.001 0、O：≤0.003 0、H：≤0.000 1、S：≤0.001 0

3.3　供货状态

铝蒸发料以加工态供货。

3.4　几何尺寸

铝蒸发料的规格及允许偏差如表 2 所示。

表 2　铝蒸发料规格

项　　目	片状				柱状	
	A	*B*	*C*	*R*	*D*	*L*
尺寸/mm	10	10	2	1	3	6
	15	15	2	1.5	6	6
	—	—	—	—	7	20
允许偏差/mm	±0.5	±0.5	±0.2	—	±1	±1
注：经双方协商，可提供其他规格及允许偏差的铝蒸发料。						

3.5　外观质量

铝蒸发料表面应光亮平整、洁净，边、角完整，无飞边、无毛刺、无夹杂、无裂纹等缺陷；应清洁、无油污和锈蚀；应无颗粒附加物和其他沾污。

4　试验方法

4.1　铝蒸发料的金属杂质、Cl 含量采用辉光放电质谱(GDMS)检测。非金属杂质元素 C、N、O、H、S

的分析方法由供需双方协商决定。

4.2　铝蒸发料几何尺寸的测量按 GB/T 15077 规定进行。客户特别要求，可按技术协议或按需方图纸、来样检查验收。

4.3　外观质量用目视检查，如发现异常现象，用 10 倍放大镜鉴别。

5　检验规则

5.1　检查和验收

5.1.1　铝蒸发料由供方检验部门进行检验，保证产品质量符合本标准（或订货合同）的规定，并填写质量证明书。

5.1.2　需方应对收到的产品按本标准的规定进行检验，如检验结果与本标准（或订货合同）的规定不符时，应在收到产品之日起 3 个月内向供方提出，由供需双方协商解决。如需仲裁，仲裁取样由供需双方共同进行。

5.2　组批

铝蒸发料应成批提交检验。每批应由同一炉次、牌号和规格的产品组成。

5.3　检验项目、取样位置和取样数量

取样位置和取样数量按表 3 的规定进行。

表 3　检验项目、取样位置及数量

检验项目	取样位置	取样数量	要求的章条号	检验方法的章条号
化学成分	熔炼留样	每炉 1 个	3.2	4.1
尺　寸	成品随机取样	按 GB 2828.1 标准取 S-1，AQL=1.5 抽取样品	3.4	4.2
表面质量	成品随机取样	按 GB 2828.1 标准取 S-1，AQL=1.5 抽取样品	3.5	4.3
包装质量	—	逐件	6.2.1	4.4

5.4　检验结果判定

5.4.1　化学成分不合格时，重新取双倍样进行重复试验，若检验合格，判该炉铸锭成分合格，若仍有不合格，则判该炉铸锭不合格。

5.4.2　尺寸不合格时，判该批产品不合格。

5.4.3　外观质量不合格时，判该批产品不合格。

6 标志、包装、运输、贮运

6.1 标志

在已检验合格的每瓶或每袋产品上应附标签，注明：

a） 产品名称；

b） 纯度；

c） 规格；

d） 净重；

e） 批号；

f） 生产日期；

g） 供方名称；

h） 生产厂家地址电话。

6.2 包装、运输和贮存

6.2.1 铝蒸发料内包装可采用塑料瓶包装和真空封装两种，塑料瓶包装的瓶口铝封膜要封口完整，无开裂，无贯通。真空袋封口要平整无贯通，真空袋体无漏洞，无真空泄漏。

6.2.2 外包装采用纸箱或木箱包装。经供需双方协商还可采用其他方式包装。

6.2.3 产品运输过程中应防止碰伤、擦伤，不得损坏和沾污产品，并保证运输过程中产品及包装完整。

6.2.4 产品应保存于清洁、干燥的环境中。

6.3 质量证明书

每批产品应附有质量证明书，注明：

a） 客户名称；

b） 供方名称；

c） 产品名称；

d） 纯度；

e） 规格；

f） 数量；

g） 净重；

h） 批号；

i） 检测报告和技术监督部门印记；

j） 生产日期；

k） 执行标准号。

7 订货单(或合同)内容

订购本标准所列产品的订货单(或合同)内应包括下列内容：

a） 产品名称；

b） 纯度；

c） 规格；

d） 数量；

e） 执行标准号；

f） 其他。

ICS 77.150.40
H 71

中华人民共和国国家标准

GB/T 26029—2010

镍、钴、锰三元素复合氧化物

Nickel cobalt manganese composite oxide

2011-01-10 发布　　2011-10-01 实施

中华人民共和国国家质量监督检验检疫总局
中国国家标准化管理委员会　发布

前　言

本标准由中国有色金属工业协会提出。

本标准由全国有色金属标准化技术委员会归口。

本标准由金川集团有限公司起草。

本标准主要起草人：闫忠强、雷军鹏、朱用、易宗慧。

镍、钴、锰三元素复合氧化物

1 范围

本标准规定了镍、钴、锰三元素复合氧化物的要求、试验方法、检验规则、包装、标志、运输、贮存和质量证明书及合同(或订货单)内容等。

本标准适用于镍、钴、锰三元素复合氧化物，其化学式为$(Ni_xCo_yMn_{1-x-y})_3O_4$(其中 $x+y<1$，$x>0$ 且 $y>0$)。

2 规范性引用文件

下列文件中的条款通过本标准的引用而成为本标准的条款。凡是注日期的引用文件，其随后所有的修改单(不包括勘误的内容)或修订版均不适用于本标准，然而，鼓励根据本标准达成协议的各方研究是否可使用这些文件的最新版本。凡是不注日期的引用文件，其最新版本适用于本标准。

GB/T 1479 金属粉末松装密度的测定 第1部分:漏斗法

GB/T 5162 金属粉末 振实密度的测定

GB/T 19077.1 粒度分析 激光衍射法 第1部分:通则

GB/T 19587 气体吸附 BET 法测定固态物质比表面积

JY/T 010 分析型扫描电子显微镜方法通则

3 要求

3.1 牌号

产品按主成分镍、钴、锰三元素的比例分为 O955、O811、O523、O424、O325、O111 六个牌号，牌号数字表示镍、钴、锰三种元素物质的量的比，第一位代表镍，第二位代表钴，第三位代表锰。

3.2 牌号表示方法示例

例如:O424 牌号，表示镍、钴、锰三种元素物质的量的比例为 4∶2∶4，其化学式为$(Ni_{0.4}Co_{0.2}Mn_{0.4})_3O_4$。特别说明，O955 牌号，表示镍、钴、锰三种元素物质的量的比例为 9∶0.5∶0.5，化学式为$(Ni_{0.9}Co_{0.05}Mn_{0.05})_3O_4$。

3.3 化学成分

不同牌号的镍、钴、锰三元素复合氧化物的化学成分应符合表1的规定。

表1 各牌号镍、钴、锰三元素复合氧化物的化学成分

牌号	主元素含量/%			杂质含量，不大于/%											
	Ni	Co	Mn	Cu	Fe	Na	Zn	Ca	Mg	Si	Pb	Al	SO_4^{2-}	Cl^-	H_2O
O955	65.2～67.2	3.4～4.1	3.1～3.8	0.005	0.01	0.015	0.01	0.015	0.015	0.03	0.005	0.015	0.5	0.02	0.2
O811	58.0～60.0	7.0～7.8	6.5～7.3												
O523	36.2～37.9	14.3～15.5	20.2～21.4												
O424	29.2～30.7	14.4～15.6	27.3～28.7												
O325	21.8～23.2	14.4～15.7	34.3～35.8												
O111	24.1～25.5	24.3～25.7	22.5～23.9												

3.4 物理性能

3.4.1 镍、钴、锰三元素复合氧化物的松装密度:0.4 g/cm^3～1.2 g/cm^3。

3.4.2 镍、钴、锰三元素复合氧化物的振实密度:≥1.5 g/cm^3。

3.4.3 镍、钴、锰三元素复合氧化物的激光粒度(D_{50}):5 μm～18 μm。

3.4.4 镍、钴、锰三元素复合氧化物的比表面积:≤10 m^2/g。

3.4.5 镍、钴、锰三元素复合氧化物的微观形貌:球形或类球形。

3.5 外观质量

3.5.1 产品应保持干燥洁净,无肉眼可见夹杂物。

3.5.2 同一批产品色泽应保持一致。

3.6 其他要求

需方如对镍、钴、锰三元素复合氧化物有特殊要求,可由供需双方协商。

3.7 安全防护

镍、钴、锰三元素复合氧化物属粉末产品,刺激呼吸道粘膜,进行接触镍、钴、锰三元素复合氧化物作业时,应注意防护。

4 试验方法

4.1 钴、镍、锰及其他杂质元素含量的测定方法由供需双方协商。

4.2 松装密度测定按 GB/T 1479 的规定进行。

4.3 振实密度测定按 GB/T 5162 的规定进行。

4.4 激光粒度(D_{50})测定按 GB/T 19077.1 的规定进行。

4.5 比表面积测定按 GB/T 19587 的规定进行。

4.6 产品颗粒微观形貌观测按 JY/T 010 的规定进行。

4.7 产品的外观质量由目视检查。

5 检验规则

5.1 检查与验收

5.1.1 供方质量监督部门负责对产品进行检验,保证产品符合本标准或合同(或订货单)规定,并填写质量证明书。

5.1.2 需方可对收到的产品进行检验,如检验结果与本标准或合同(或订货单)规定不符,可在收到产品之日起 15 日内向供方提出,由供需双方协商解决;如需仲裁,仲裁取样在需方,由供需双方共同进行。

5.2 组批

产品应成批提交检验,每批应由同一生产周期产出同一牌号的镍、钴、锰三元素复合氧化物组成,单批重量不大于 10 t。

5.3 检验项目

每批产品应进行化学成分、物理性能和外观质量的检测。

5.4 取样与制样

5.4.1 化学成分和物理性能的检验取样,按表 2 规定随机抽取。外观质量的检验逐袋进行。

表 2 镍、钴、锰三元素复合氧化物取样数量

同批镍、钴、锰三元素复合氧化物包装数量	同批镍、钴、锰三元素复合氧化物应取样的容器数量	同批镍、钴、锰三元素复合氧化物包装容器数量	同批镍、钴、锰三元素复合氧化物应取样的容器数量
1～5	全部	61～99	9
6～11	5	100～149	10
12～20	6	150～199	11
21～35	7	200～299	12
36～60	8	300～399	13
注:每批三元素复合氧化物产品包装容器数量超过 399 个以后,每增加 100 个或不到 100 个包装容器时,取样容器数量应增加一个。			

5.4.2 抽检试样应用内径为 ϕ15 mm±2 mm 的不锈钢或钛质探针在包装容器内插取五点，按梅花形布点，每点均插到底，每件取样量应不少于 100 g。

5.4.3 将试样仔细混匀，过 100 目筛后，缩分至不小于 400 g，均分为 4 份，装入洁净磨口瓶或密封的锡箔袋中，分别供仲裁分析用、备用及供需双方保存。

5.5 检验结果判定

5.5.1 产品化学成分和物理性能指标不符合本标准规定时，应从该批产品中另取双倍试样进行重新试验。重复试验结果全部合格，则判该批产品合格；如重复试验仍不合格，则判该批产品不合格。

5.5.2 产品外观质量不符合本标准规定时，判该件产品不合格。

6 包装、标志、运输、储存和质量证明书

6.1 包装

6.1.1 产品采用内衬双层塑料袋的铁桶包装，并封口，每桶(袋)净重 25 kg。

6.1.2 如用户有特殊要求时，供需双方可另行协商解决。

6.2 标志

产品外包装应印有商标以及“防潮”、“向上”标志，同时注明：

a) 供方名称及地址；

b) 产品名称；

c) 批号；

d) 净重。

6.3 运输和贮存

产品应堆放于通风干燥处，运输及贮存时应防止包装破裂及受潮结块。

6.4 质量证明书

每批产品应附有质量证明书，注明：

a) 供方名称、地址、联系电话；

b) 产品名称；

c) 牌号；

d) 批号、批重、件数；

e) 分析检测结果及检验部门印记；

f) 本标准编号；

g) 出厂日期。

7 合同(或订货单)

订购本标准所列材料的合同(或订货单)内应包括下列内容：

a) 产品名称；

b) 牌号；

c) 化学成分及物理性能的特殊要求；

d) 数量；

e) 本标准编号；

f) 其他。

ICS 77.150.40
H 62

中华人民共和国国家标准

GB/T 26030—2010

镍及镍合金锻件

Nickel and nickel alloys forgings

(ISO 9725:1992(E),MOD)

2011-01-10 发布 2011-10-01 实施

中华人民共和国国家质量监督检验检疫总局
中国国家标准化管理委员会 发布

前　言

本标准修改采用ISO 9725:1992(E)《镍及镍合金锻件》,并参考ASTM B564—2006《镍及镍合金锻件》、ASTM B865—2004《时效强化镍铜铝合金棒、杆、线、锻件和锻坯》和ASTM B637—2006《高温用时效强化镍合金棒、锻件、锻坯》编制,在主要内容上与ISO 9725:1992(E)相同,但部分技术内容较为详细和具体,编写结构不完全对应。本标准与ISO 9725:1992(E)的一致性程度为修改。

本标准章条编号与ISO 9725:1992(E)章条编号对照见本标准附录B,具体技术性差异见本标准附录C,这些差异用垂直单线(|)标识在它们所涉及的条款的页边空白处。

本标准由全国有色金属标准化技术委员会(SAC/TC 243)归口。

本标准负责起草单位:中铝沈阳有色金属加工有限公司。

本标准主要起草人:刘刚、王晶、韩淑敏、张桂敏、王宝成、王红锐。

镍及镍合金锻件

1 范围

本标准规定了镍及镍合金锻件的要求、试验方法、检验规则及标志、包装、运输、贮存和质量证明书及合同(或订货单)内容等。

本标准适用于航空、电子仪表及其他工业部门用的镍及镍合金锻件。

2 规范性引用文件

下列文件对于本文件的应用是必不可少的。凡是注日期的引用文件,仅注日期的版本适用于本文件。凡是不注日期的引用文件,其最新版本(包括所有的修改单)适用于本文件。

GB/T 228—2002 金属材料 室温拉伸试验方法

GB/T 2039 金属拉伸蠕变及持久试验方法

GB/T 4338 金属高温拉伸试验方法

GB/T 5235—2007 加工镍及镍合金 化学成分和产品形状

GB/T 8647 (所有部分)镍化学分析方法

GB/T 8888 重有色金属加工产品包装、标志、运输和贮存

YS/T 325 镍铜合金化学分析方法

YB/T 5148 金属平均晶粒度测定方法

3 要求

3.1 产品分类

3.1.1 牌号、状态和规格

锻件的牌号、状态和规格应符合表1的规定。

表1 牌号、状态和规格

ISO 数字牌号	合金牌号	状态	外形尺寸 mm
NW2200	Ni99.0	热加工(R)	所有
		退火(M)	所有
NW2201	Ni99.0-LC	热加工(R)	所有
		退火(M)	所有
NW3021	NiCo20Cr15Mo5Al4Ti	固溶、稳定化和时效(CS)	所有
NW7263	NiCo20Cr20Mo5Ti2Al	固溶和时效(CS)	所有

表 1（续）

ISO 数字牌号	合金牌号	状态	外形尺寸 mm
NW7001	NiCr20Co13Mo4Ti3Al	固溶和时效(CS)	所有
NW7090	NiCr20Co18Ti3	固溶和时效(CS)	所有
NW7750	NiCr15Fe7Ti2Al	固溶和时效(CS)	≤65
			>65～100
NW6600	NiCr15Fe8	热加工(R)	所有
		退火(M)	所有
NW6602	NiCr15Fe8-LC	退火(M)	所有
NW7718	NiCr19Fe19Nb5Mo3	固溶和时效(CS)	≤100
NW6002	NiCr21Fe18Mo9	退火(M)	所有
NW6601	NiCr23Fe15Al	退火(M)	所有
NW6455	NiCr16Mo16Ti	固溶(C)	所有
NW6625	NiCr22Mo9Nb	退火(M)	≤100
			>100～250
		固溶(C)	所有
NW6621	NiCr20Ti	退火(M)	所有
NW7080	NiCr20Ti2Al	固溶和时效(CS)	所有
NW4400	NiCu30	热加工和消除应力(R)	>100～300
			>300
		退火(M)	所有
NW4402	NiCu30-LC	退火(M)	所有
NW5500	NiCu30Al3Ti	热加工和时效(RS)	≤100
			>100
		固溶和时效(CS)	≤25
			>25～100
			>100～300
NW8825	NiFe30CrMo3	退火(M)	所有
NW9911	NiFe36Cr12Mo6Ti3	固溶、稳定化和时效(CS)	所有

表 1（续）

ISO 数字牌号	合金牌号	状态	外形尺寸 mm
NW0276	NiMo16Cr15Fe6W4	退火(M)	所有
NW0665	NiMo28	固溶(C)	>7～90
NW0001	NiMo30Fe5	固溶(C)	>7～40
			>40～90
NW8800	FeNi32Cr21AlTi	热加工(R)	所有
		退火(M)	所有
NW8810	FeNi32Cr21AlTi-LC	退火(M)	所有
NW8811	FeNi32Cr21AlTi-HT	退火(M)	所有
NW8801	FeNi32Cr21Ti	退火(M)	所有
NW8020	FeNi35Cr20Cu4Mo2	退火(M)	所有
—	NW4-0.07	热加工(R)、退火(M)	所有
—	N6、NSi0.19、NMg0.1、NCu28-2.5-1.5、NCu40-2-1、DN、NW4-0.15、NW4-0.1、NW4-0.07	热加工(R)、退火(M)	所有
—	NY1、NY2、NY3	热加工(R)、退火(M)	所有
注：经供需双方协商，可供应其他牌号、状态、规格的产品。			

3.1.2 标记示例

产品标记按产品名称、牌号、状态、规格和标准编号的顺序表示，标记示例如下：

示例：用 NW4-0.1 合金制造的、供应状态为热加工、厚度为 70 mm、宽度为 500 mm、长度为 800 mm 锻件标记为：

锻件 NW4-0.1R　70×500 ×800　GB/T 26030—2010

3.2 化学成分

锻件的化学成分应符合表 2 的规定，表 2 中未列出的其他牌号，应符合 GB/T 5235 的规定。

表 2 镍及镍合金锻件化学成分

牌号		质量分数[a]/%															
ISO 数字牌号	元素符号牌号	Ni	Fe	Al	B	C	Co[b]	Cr	Cu	Mn	Mo	P	S	Si	Ti	W	其他元素
NW2200	Ni99.0 (ASTM N02200)	99.0	0.4	—	—	0.15	—	—	0.2	0.3	—	—	0.010	0.3	—	—	—
NW2201	Ni99.0-LC (ASTM N02201)	99.0	0.4	—	—	0.02	—	—	0.2	0.3	—	—	0.010	0.3	—	—	—
NW3021	NiCo20Cr15Mo5Al4Ti	余量	0.1	4.5～4.9	0.003～0.010	0.12～0.17	18.0～22.0	14.0～15.7	0.2	1.0	4.5～5.5	—	0.015	1.0	0.9～1.5	—	Ag:0.000 5 Bi:0.000 1 Pb:0.001 5
NW7263	NiCo20Cr20Mo5Ti2Al	余量	0.7	0.3～0.6	0.005	0.04～0.08	19.0～21.0	19.0～21.0	0.2	0.6	5.6～6.1	—	0.007	0.4	1.9～2.4	—	Ag:0.000 5 Bi:0.000 1 Pb:0.002 0 Ti+Al:2.4～2.8
NW7001	NiCr20Co13Mo4Ti3Al	余量	2.0	1.2～1.6	0.003～0.010	0.02～0.10	12.0～15.0	18.0～21.0	0.10	1.0	3.5～5.0	0.015	0.015	0.1	2.8～3.3	—	Ag:0.000 5 Bi:0.000 1 Pb:0.001 0 Zr:0.02～0.08
NW7090	NiCr20Co18Ti3	余量	1.5	1.0～2.0	0.020	0.13	15.0～21.0	18.0～21.0	0.2	1.0	—	—	0.015	1.0	2.0～3.0	—	Zr:0.15
NW7750	NiCr15Fe7Ti2Al	70.0	5.0～9.0	0.4～1.0	—	0.08	—	14.0～17.0	0.5	1.0	—	—	0.015	0.5	2.2～2.8	—	Nb+Ta: 0.7～1.2
NE6600	NiCr15Fe8 (ASTM N06600)	72.0	6.0～10.0	—	—	0.15	—	14.0～17.0	0.5	1.0	—	—	0.015	0.5	—	—	—
NW6602	NiCr15Fe8-LC	72.0	6.0～10.0	—	—	0.02	—	14.0～17.0	0.5	1.0	—	—	0.015	0.5	—	—	—

表 2（续）

牌号		质量分数[a]/%														
ISO 数字牌号	元素符号牌号	Ni	Fe	Al	B	C	Co[b]	Cr	Cu	Mn	Mo	P	S	Si	Ti	W	其他元素
NW7718	NiCr19Fe19Nb5Mo3	50.0～55.0	余量	0.2～0.8	0.006	0.08	—	17.0～21.0	0.3	0.4	2.8～3.3	0.015	0.015	0.4	0.6～1.2	—	Nb+Ta：4.7～5.5
NW6002	NiCr21Fe18Mo9	余量	17.0～20.0	—	0.010	0.05～0.15	0.5～2.5	20.5～23.0	—	1.0	8.0～10.0	0.040	0.030	1.0	—	0.2～1.0	—
NW6601	NiCr23Fe15Al	58.0～63.0	余量	1.0～1.7	—	0.10	—	21.0～25.0	1.0	1.0	—	—	0.015	0.5	—	—	—
NW6455	NiCr16Mo16Ti	余量	3.0	—	—	0.015	2.0	14.0～18.0	—	1.0	14.0～17.0	0.040	0.030	0.08	0.7	—	—
NW6625	NiCr22Mo9Nb（ASTM N06625）	58.0	5.0	0.40	—	0.10	1.0	20.0～23.0	—	0.50	8.0～10.0	0.015	0.015	0.50	0.40	—	Nb+Ta：3.15～4.15
NW6621	NiCr20Ti	余量	5.0	—	—	0.08～0.15	5.0	18.0～21.0	0.5	1.0	—	—	0.020	1.0	0.20 0.60	—	Pb：0.0050
NW7080	NiCr20Ti2Al	余量	1.5	1.0～1.8	0.008	0.04～0.10	2.0	18.0～21.0	0.2	1.0	—	—	0.015	1.0	1.8 2.7	—	Ag：0.000 5 Bi：0.000 1 Pb：0.002 0
NW4400	NiCu30（ASTM N04400）	63.0	2.5	—	—	0.30	—	—	28.0～34.0	2.0	—	—	0.025	0.5	—	—	—
NW4402	NiCu30-LC	63.0	2.5	—	—	0.04	—	—	28.0～34.0	2.0	—	—	0.025	0.5	—	—	—
NW5500	NiCu30Al3Ti	余量	2.0	2.2～3.2	—	0.25	—	—	27.0～34.0	1.5	—	0.020	0.015	0.5	0.35 0.85	—	—
NW8825	NiFe30CrMo3（ASTM N08825）	38.0～46.0	余量	0.2	—	0.05	—	19.5～23.5	1.5～3.0	1.0	2.5～3.5	—	0.015	0.5	0.6 1.2	—	—

表 2（续）

牌号		质量分数[a]/%															
ISO 数字牌号	元素符号牌号	Ni	Fe	Al	B	C	Co[b]	Cr	Cu	Mn	Mo	P	S	Si	Ti	W	其他元素
NW9911	NiFe36Cr12Mo6Ti3	40.0～45.0	余量	0.35	0.010～0.020	0.02～0.06	—	11.0～14.0	0.2	0.5	5.0～6.5	0.020	0.020	0.4	2.8 3.1	—	—
NW0276	NiMo16Cr15Fe6W4（ASTM N010276）	余量	4.0～7.0	—	—	0.010	2.5	14.5～16.5	—	1.0	15.0～17.0	0.040	0.030	0.08	—	3.0 4.5	—
NW0665	NiMo28（ASTM N10665）	余量	2.0	—	—	0.02	1.0	1.0	—	1.0	26.0～30.0	0.040	0.030	0.1	—	—	—
NW0001	NiMo30Fe5	余量	4.0～6.0	—	—	0.05	2.5	1.0	—	1.0	26.0～30.1	0.040	0.030	1.0	—	—	V:0.2～0.4
NW8800	FeNi32Cr21AlTi（ASTM N08800）	30.0～35.0	余量	0.15～0.60	—	0.10	—	19.0～23.0	0.7	1.5	—	—	0.015	1.0	0.15 0.60	—	—
NW8810	FeNi32Cr21AlTi-LC（ASTM N08810）	30.0～35.0	余量	0.15～0.60	—	0.15～0.10	—	19.0～23.0	0.7	1.5	—	—	0.015	1.0	0.15 0.60	—	—
NW8811	FeNi32Cr21AlTi-HT（ASTM N08811）	30.0～35.0	余量	0.25～0.60	—	0.06～0.10	—	19.0～23.0	0.5	1.5	—	—	0.015	1.0	0.25 0.60	—	Al＋Ti：0.85～1.2
NW8801	FeNi32Cr21Ti	30.0～34.0	余量	—	—	0.10	—	19.0～22.0	0.5	1.5	—	—	0.015	1.0	0.7 1.5	—	—
NW8020	FeNi35Cr20Cu4Mo2	32.0～38.0	余量	—	—	0.07	—	19.0～21.0	3.0～4.0	2.0	2.0～3.0	0.040	0.030	1.0	—	—	Nb＋Ta：8×C～1.0

[a] 除镍单个值为最小含量外，凡为范围值者为主成分元素，所有其他元素含量的单个值均为杂质元素，其值为最大含量。

[b] 没有规定钴含量时，允许钴含量最大值 1.5%，并计为镍含量。

3.3 外形尺寸及其允许偏差

3.3.1 锻件的外形尺寸及其允许偏差应符合表3的规定。

表3 锻件的外形尺寸及其允许偏差

单位为毫米

外形尺寸	允许偏差
≤30	$^{+2}_{0}$
>30～50	$^{+5}_{0}$
>50～100	$^{+8}_{0}$
>100～300	$^{+15}_{0}$
>300	$^{+20}_{0}$

3.3.2 锻件具体的外形尺寸及其允许偏差要求应在订货单或图纸上规定。

3.4 室温力学性能

锻件的室温力学性能应符合表4的规定。可热处理强化合金的热处理制度应按表7进行。

3.5 高温力学性能

锻件的高温力学性能应符合表5的规定。可热处理强化合金的热处理制度应按表7进行。

3.6 蠕变和应力断裂性能

需方要求时,可热处理强化合金锻件的蠕变和应力断裂性能应符合表6的要求。

3.7 晶粒度

需方要求时,FeNi32Cr21AlTi-LC 牌号和 FeNi32Cr21AlTi-HT 牌号的平均晶粒度应≥0.06 mm。

3.8 表面质量

3.8.1 锻件表面应清洁,不允许有影响使用的缺陷。

3.8.2 供轧制板、带材用的锻块,表面及侧面应平直,立墩平正。

3.8.3 经表面车光的锻件,车光后应符合下列要求:

锻件车光后表面应清洁、光滑、无裂纹、分层、夹杂及影响加工质量的粗车纹存在。局部缺陷应修成缓坡,修理后深宽比不大于1∶10。

表4 锻件的室温力学性能

ISO数字牌号	合金牌号	状 态	外形尺寸/mm	抗拉强度 R_m/(N/mm²) 不小于	规定非比例延伸强度 $R_{p0.2}$/(N/mm²),不小于	伸长率 A/% 不小于
NW2200	Ni99.0	热加工(R)	所有	410	105	35
		退火(M)	所有	380	105	35

表 4（续）

ISO 数字牌号	合金牌号	状 态	外形尺寸/mm	抗拉强度 R_m/(N/mm²) 不小于	规定非比例延伸强度 $R_{p0.2}$/(N/mm²)，不小于	伸长率 A/% 不小于
NW2201	Ni99.0-LC	热加工(R)	所有	340	65	35
		退火(M)	所有	340	65	35
NW3021	NiCo20Cr15Mo5Al4Ti[a]	固溶、稳定化和时效(CS)	所有	—	—	—
NW7001	NiCr20Co13Mo4Ti3Al[a]	固溶和时效(CS)	所有	1 100	755	15
NW7090	NiCr20Co18Ti3[a]	固溶和时效(CS)	所有	—	—	—
NW7750	NiCr15Fe7Ti2Al[a]	固溶和时效(CS)	≤65	1 170	790	18
			>65～100	1 170	790	15
NW6600	NiCr15Fe8	热加工(R)	所有	590	240	27
		退火(M)	所有	550	240	30
NW6602	NiCr15Fe8-LC	退火(M)	所有	550	180	30
NW7718	NiCr19Fe19Nb5Mo3[a]	固溶和时效(CS)	≤100	1 280	1 030	12
NW6002	NiCr21Fe18Mo9	退火(M)	所有	660	240	30
NW6601	NiCr23Fe15Al	退火(M)	所有	550	205	30
NW6455	NiCr16Mo16Ti	固溶(C)	所有	690	275	35
NW6625	NiCr22Mo9Nb	退火(M)	≤100	830	415	30
			>100～250	760	345	25
		固溶(C)	所有	690	275	30
NW6621	NiCr20Ti	退火(M)	所有	640	230	30
NW7080	NiCr20Ti2Al[a]	固溶和时效(CS)	所有	—	—	—
NW4400	NiCu30	热加工和消除应力(R)	>100～300	550	275	27
			>300	520	275	27
		退火(M)	所有	480	170	35
NW4402	NiCu30-LC	退火(M)	所有	430	160	35
NW5500	NiCu30Al3Ti[a]	热加工和时效(RS)	≤100	970	690	15
			>100	830	550	15
		固溶和时效(CS)	≤25	900	620	20
			>25～100	900	585	20
			>100～300	830	500	15
NW8825	NiFe30CrMo3	退火(M)	所有	590	240	30
NW0276	NiMo16Cr15Fe6W4	退火(M)	所有	690	280	35
NW0665	NiMo28	固溶(C)	>7～90	760	350	35

表 4（续）

ISO 数字牌号	合金牌号	状　态	外形尺寸/mm	抗拉强度 R_m/(N/mm²) 不小于	规定非比例延伸强度 $R_{p0.2}$/(N/mm²)，不小于	伸长率 A/% 不小于
NW0001	NiMo30Fe5	固溶(C)	>7～40	790	315	30
			>40～90	690	315	27
NW8800	FeNi32Cr21AlTi	热加工(R)	所有	550	240	25
		退火(M)	所有	520	205	30
NW8810	FeNi32Cr21AlTi-LC	退火(M)	所有	450	170	30
NW8811	FeNi32Cr21AlTi-HT	退火(M)	所有	450	170	30
NW8801	FeNi32Cr21Ti	退火(M)	所有	450	170	30
NW8020	FeNi35Cr20Cu4Mo2	退火(M)	所有	550	240	27
—	NW4-0.07	热加工(R)、退火(M)	所有	用户要求时，报实测		
—	N6、NSi0.19、NMg0.1、NCu28-2.5-1.5、NCu40-2-1、DN、NW4-0.1、NW4-0.15、NW4-0.07	热加工(R)、退火(M)	所有	用户要求时，报实测		
—	NY1、NY2、NY3	热加工(R)、退火(M)	所有	用户要求时，报实测		

[a] 如果可热处理强化合金锻件以固溶状态交货时，供方应以实验证实，试样按表 7 时效处理后，能够满足完全热处理的性能要求。

表 5　锻件的高温力学性能

ISO 数字牌号	合金牌号	状　态	外形尺寸/mm	抗拉强度 R_m/N/mm²，不小于	规定非比例延伸强度 $R_{p0.2}$(N/mm²)，不小于	伸长率 A/% 不小于	拉伸试验温度/℃
NW7263	NiCo20Cr20Mo5Ti2Al	固溶和时效(CS)	所有	540	400	12	780
NW9911	NiFe36Cr12Mo6Ti3	固溶、稳定化和时效(CS)	所有	960	690	8	575

注：如上述两产品以固溶状态交货时，供方应以实验证实，试样按表 7 时效处理后，能够满足完全热处理的性能要求。

表 6　蠕变和应力断裂试验要求

ISO 数字牌号	合金牌号	外形尺寸/mm	温度/℃	最小应力/(N/mm²)	最少断裂时间/h	断裂时延伸率/%	持久时间/h	塑性变形总量/%
NW3021	NiCo20Cr15Mo5Al4Ti	所有	815	≥380[a]	30	—	—	—
NW7263	NiCo20Cr20Mo5Ti2Al	所有	780	≥120	—	—	≥50	≤0.10

表 6（续）

ISO 数字牌号	合金牌号	外形尺寸/mm	温度/℃	最小应力/(N/mm²)	最少断裂时间/h	断裂时延伸率/%	持久时间/h	塑性变形总量/%
NW7001	NiCr20Co13Mo4Ti3Al	所有	730	≥550[a]	23	≤5	—	—
NW7090	NiCr20Co18Ti3	所有	870	≥140[a]	30	—	—	—
NW7718	NiCr19Fe19Nb5Mo3	≤100	650	≥690[a]	23	≤5	—	—
NW7080	NiCr20Ti2Al	所有	750	≥340[a]	30	—	—	—
NW9911	NiFe36Cr12Mo6Ti3	所有	575	≥590	—	—	≥100	≤0.10

[a] 初始应力可采用较高的应力，但在试验过程中不能改变，必须满足规定断裂时间和延伸率的要求。另一种方法是，在规定应力达到最少断裂时间后，可增加应力。

表 7 可热处理强化合金的热处理制度

合金牌号	固溶[a]	时效
NiCo20Cr15Mo5Al4Ti	(1 150±10)℃，4 h，空冷	1 050 ℃，16 h，空冷～+850 ℃，16 h，空冷。
NiCo20Cr20Mo5Ti2Al	1 150 ℃，空冷或快冷	800 ℃，8 h，空冷。
NiCr20Co13Mo4Ti3Al	995 ℃～1 040 ℃，4 h，油或水冷	845 ℃，4 h，空冷～+760 ℃，16 h，空冷或炉冷。
NiCr20Co18Ti3	1 050 ℃～1 100 ℃，8 h，空冷或快冷	700 ℃，16 h，空冷。
NiCr15Fe7Ti2Al	980 ℃～1 100 ℃，空冷或快冷	730 ℃，8 h，以 55 ℃/h 冷却速率冷却至 620 ℃，在 620 ℃保温 8 h，空冷。另一种方法是，以任意冷却速率冷却至 620 ℃，在 620 ℃保温，保温时间为整个沉淀处理时间 18 h。
NiCr19Fe19Nb5Mo3	940 ℃～1 060 ℃，16 h，空冷或快冷	720 ℃，8 h，以 55 ℃/h 冷却速率冷却至 620 ℃，在 620 ℃保温 8 h，空冷。另一种方法是，以任意冷却速率冷却至 620 ℃，在 620 ℃保温，保温时间整个沉淀处理时间 18 h。
NiCr20Ti2Al	1 050 ℃～1 100 ℃，8 h，空冷或快冷	700 ℃，16 h，空冷。
NiCu30Al3Ti	最低 980 ℃，水冷	590 ℃～610 ℃，8 h～16 h，在 8 ℃/h 和 15 ℃/h 冷却速率之间，炉冷至 480 ℃，空冷。另一种方法是，炉冷至 535 ℃，在 535 ℃保温 6 h，炉冷至 480 ℃，保温 8 h，空冷。
NiFe36Cr12Mo6Ti3	1 090 ℃，空冷	770 ℃，2 h～4 h，+700 ℃～720 ℃，24 h，空冷。

[a] 温度偏差应为±15 ℃。

4 试验方法

4.1 化学成分的仲裁分析方法

纯镍锻件的化学成分仲裁分析方法按 GB/T 8647，镍铜合金锻件的化学成分仲裁分析方法按

YS/T 325 规定的方法进行，GB/T 8647、YS/T 325 分析方法测定范围之外的元素，其分析方法由供需双方协商。

4.2 外形尺寸及其允许偏差测量方法

锻件的外形尺寸及其允许偏差应用相应精度的测量工具进行测量。

4.3 室温力学性能试验方法

锻件的室温力学性能试验按 GB/T 228 进行，试样按 GB/T 228—2002 附录 B 表 B1 中的 R4 进行。

4.4 高温力学性能试验方法

锻件的高温力学性能试验按 GB/T 4338 进行。

4.5 蠕变试验和应力断裂试验方法

锻件的蠕变试验和应力断裂试验按 GB/T 2039 进行。

4.6 晶粒度检验方法

锻件的晶粒度测定按 YB/T 5148 进行。

4.7 表面质量检验方法

锻件的表面质量用目视进行检验。

5 检验规则

5.1 检查和验收

5.1.1 锻件应由供方进行检验，保证产品质量符合本标准及合同(或订货单)的规定，并填写质量证明书。

5.1.2 需方对收到的产品应按本标准及合同(或订货单)的规定进行检验。检验结果与本标准及合同(或订货单)的规定不符时，应以书面形式向供方提出，由供需双方协商解决。属于表面质量及尺寸偏差的异议，应在收到产品之日起一个月内提出，属于其他性能的异议，应在收到产品之日起三个月内提出。如需仲裁，仲裁取样应由供需双方共同进行。

5.2 组批

锻件应成批提交验收，每批应由同一生产周期、同一牌号、同一热处理制度、同一规格的锻件组成，批重不大于 5 000 kg。

5.3 检验项目

5.3.1 每批锻件应进行化学成分、力学性能(室温力学性能或高温力学性能)、外形尺寸偏差、表面质量的检验。

5.3.2 需方要求时，每批锻件还应进行蠕变和应力断裂性能、晶粒度的检验。

5.4 取样

5.4.1 锻件取样应符合表 8 的规定。

表 8 取样

检验项目	取样规定	要求的章条号	试验方法的章条号
化学成分	供方每炉(需方每批)取一个试样	3.2	4.1
外形尺寸及其偏差	逐件	3.3	4.2
室温力学性能	每批任取二件,每件取一个试样	3.4	4.3
高温力学性能	每批任取二件,每件取一个试样	3.5	4.4
蠕变和应力断裂性能	每批任取二件,每件取一个试样	3.6	4.5
晶粒度	每批任取二件,每件取一个试样	3.8	4.6
表面质量	逐件	3.9	4.7

5.4.2 锻件的力学性能、晶粒度、蠕变和应力断裂试验试样可以取自分离试验样品,也可取自整体试验样品,或由锻件自身机加工试验样品。

——分离试验样品:由制造锻件的同一熔炼炉料制备并采用相同锻造工艺制取样品。

——整体试验样品:锻件一端或两端延伸的部分提供;整体试验样品在完成热处理后才能从锻件上分离。

——锻件自身机加工试验样品:由锻件在机加工时分离的试验样品。

5.5 检验结果的判定

5.5.1 化学成分不合格时,判该批产品不合格。

5.5.2 外形尺寸偏差、表面质量不合格时,判该件产品不合格。

5.5.3 当室温力学性能、高温力学性能、蠕变和应力断裂性能、晶粒度试验结果中有试样不合格时,应从该批产品(包括原受检不合格那件)中另取双倍数量的试样进行重复试验,重复试验结果全部合格,则判定整批产品合格。若重复试验结果仍有试样不合格,则判该批产品不合格或逐件检验,合格者交货。

6 标志、包装、运输、贮存和质量证明书

产品的标志、包装、运输、贮存和质量证明书应符合 GB/T 8888 的规定。

7 合同(或订货单)内容

订购本标准所列材料的合同(或订货单)应包括下列内容:

a) 产品名称;

b) 牌号;

c) 状态;

d) 外形尺寸;

e) 重量或件数;

f) 蠕变和应力断裂性能(有要求时);

g) 晶粒度(有要求时);

h) 本标准编号;

i) 其他。

附 录 A
（资料性附录）
本标准所采用的ISO合金牌号与ASTM合金牌号对应表

表 A.1 本标准所采用的ISO合金牌号与ASTM合金牌号对应表

ISO合金牌号		本标准牌号		ASTM合金牌号
数字牌号	元素符号牌号	数字牌号	元素符号牌号	UNS
NW2200	Ni99.0	NW2200	Ni99.0	N02200
NW2201	Ni99.0-LC	NW2201	Ni99.0-LC	N02201
NW3021	NiCo20Cr15Mo5Al4Ti	NW3021	NiCo20Cr15Mo5Al4Ti	—
NW7263	NiCo20Cr20Mo5Ti2Al	NW7263	NiCo20Cr20Mo5Ti2Al	—
NW7001	NiCr20Co13Mo4Ti3Al	NW7001	NiCr20Co13Mo4Ti3Al	—
NW7090	NiCr20Co18Ti3	NW7090	NiCr20Co18Ti3	—
NW7750	NiCr15Fe7Ti2Al	NW7750	NiCr15Fe7Ti2Al	—
NE6600	NiCr15Fe8	NE6600	NiCr15Fe8	N06600
NW6602	NiCr15Fe8-LC	NW6602	NiCr15Fe8-LC	—
NW7718	NiCr19Fe19Nb5Mo3	NW7718	NiCr19Fe19Nb5Mo3	—
NW6002	NiCr21Fe18Mo9	NW6002	NiCr21Fe18Mo9	—
NW6601	NiCr23Fe15Al	NW6601	NiCr23Fe15Al	—
NW6455	NiCr16Mo16Ti	NW6455	NiCr16Mo16Ti	—
NW6625	NiCr22Mo9Nb	NW6625	NiCr22Mo9Nb	N06625
NW6621	NiCr20Ti	NW6621	NiCr20Ti	—
NW7080	NiCr20Ti2Al	NW7080	NiCr20Ti2Al	—
NW4400	NiCu30	NW4400	NiCu30	N04400
NW4402	NiCu30-LC	NW4402	NiCu30-LC	—
NW5500	NiCu30Al3Ti	NW5500	NiCu30Al3Ti	—
NW8825	NiFe30CrMo3	NW8825	NiFe30CrMo3	N08825
NW9911	NiFe36Cr12Mo6Ti3	NW9911	NiFe36Cr12Mo6Ti3	—
NW0276	NiMo16Cr15Fe6W4	NW0276	NiMo16Cr15Fe6W4	N10276
NW0665	NiMo28	NW0665	NiMo28	N10665
NW0001	NiMo30Fe5	NW0001	NiMo30Fe5	—
NW8800	FeNi32Cr21AlTi	NW8800	FeNi32Cr21AlTi	N08800
NW8810	FeNi32Cr21AlTi-LC	NW8810	FeNi32Cr21AlTi-LC	N08810
NW8811	FeNi32Cr21AlTi-HT	NW8811	FeNi32Cr21AlTi-HT	N08811
NW8801	FeNi32Cr21Ti	NW8801	FeNi32Cr21Ti	—
NW8020	FeNi35Cr20Cu4Mo2	NW8020	FeNi35Cr20Cu4Mo2	—

附 录 B
（资料性附录）
本标准章条号与 ISO 9725:1992(E)章条编号对照

表 B.1 本标准章条编号与 ISO 9725:1992(E)章条编号对照

本标准章条编号	对应的国际标准章条编号
1	1
2	2
3	—
3.1	4、6.1、6.2
3.2	6.1.1
3.3	6.1.7
3.4	6.1.2
3.5	6.1.2
3.6	6.1.5
3.7	6.1.3
3.8	6.1.4
3.9	6.1.8
4	9
4.1	9.1
4.2	—
4.3	9.2
4.4	9.3.1
4.5	9.3.2
4.6	9.4、9.5
4.7	—
5	7、8
5.1	—
5.2	3.1、3.2
5.3	—
5.4	7、8
5.5	9.6
5.5.1	—
5.5.2	—
5.5.3	9.6
6	10
7	5

附 录 C

(资料性附录)

本标准与 ISO 9725:1992(E)技术性差异及其原因

表 C.1 本标准与 ISO 9725:1992(E)技术性差异及其原因

本标准的章条编号	技术性差异	原 因
2	删除了 ISO 9725:1992 标准中所引用的《镍及镍合金 术语和定义》、《金属牌号统一编号》、《镍及镍合金牌号的表示方法》 本标准所涉及的其他引用标准,均引用了我国标准。	镍及镍合金 术语和定义属于常识性知识,不再引用,其他引用标准都已等效转化为国标,在技术内容上较 ISO 标准更加详细和具体,适合我国国情。
3.1.1	表 1 中直接采用 ISO 9725:1992 中元素符号牌号、数字牌号,并在标准结尾的附表中补充了与 ISO 相对应的美国标准 UNS 的符号。	加快与国际接轨,适合我国国情。
3.3	在 ISO 9725:1992 中 6.1.7 的基础上,新增了锻件的外形尺寸公差。	锻件是生产中最常用的工件种类,标准规定后,避免每次订货都在合同中注明。
3.9	对锻件表面质量的要求更详细地进行了规定。	使标准更具体、详细。
4	将 ISO 9725:1992 中 9.1 9.2 9.4 9.5 所列的有关化学分析方法、性能检测方法、晶粒度检测方法、修约等方法均执行相应的国家标准检测方法。 删除 ISO 9725:1992 中 9.3。	我国的化学分析方法及性能检测方法均等效采用了 ISO,已具备此权威性与科学性。 未引用相应牌号,不需要此项内容。
4.2 4.7	增加了锻件尺寸测量方法和表面质量检验方法规定。	技术指标更加全面。
5	增加了检查和验收、组批、检验项目、检验结果判定等内容。	使检验和验收的各过程更加规范完善。
5.2	将 ISO 9725:1992 的 3.1 和 3.2 部分安排在此部分。	适应我国标准版式。
5.4.3	将 ASTM B637-03 中的锻件上取样部位内容加入。	使规定更加具体、详细。
6	增加包装、运输、贮存。	使标准更完美。
7	(删除了 ISO 9725:1992 中 11 购方或第三方检验及 11 符合标准说明) 增加可选择性要求。	合同(订单)规定内容为必须填写内容,对于可选择的内容,用户需要时可在合同中“其他项中”注明。 性能要求项目较多,可根据用户要求,供方给予提供,满足不同的客户群。

ICS 77.160
H 71

中华人民共和国国家标准

GB/T 26031—2010

镍　　酸　　锂

Lithium nickel oxide

2011-01-10 发布　　　　2011-10-01 实施

中华人民共和国国家质量监督检验检疫总局
中国国家标准化管理委员会　发布

前　言

本标准由全国有色金属标准化技术委员会(SAC/TC 243)归口。

本标准起草单位:中信国安盟固利电源技术有限公司。

本标准主要起草人:其鲁、张溪、江卫军、李卫、张春玲。

镍 酸 锂

1 范围

本标准规定了镍酸锂的术语和定义、要求、试验方法、检验规则、标志、包装、运输、贮存、质量证明书及合同(或订货单)内容。

本标准适用于锂离子电池用正极活性物质镍酸锂。

2 规范性引用文件

下列文件对于本文件的应用是必不可少的。凡是注日期的引用文件，仅所注日期的版本适用于本文件。凡是不注日期的引用文件，其最新版本(包括所有的修改单)适用于本文件。

GB/T 1717 颜料水悬浮液 pH 值的测定

GB/T 5162 金属粉末-振实密度的测定

GB/T 5314 粉末冶金用粉末的取样方法

GB/T 6283 化工产品中水分含量的测定 卡尔·费休法(通用方法)

GB/T 13390 金属粉末比表面积的测定 氮吸附法

GB/T 19077.1 粒度分析 激光衍射法

GB/T 23365 钴酸锂电化学性能测试方法 比容量及首次充放电效率测试方法

GB/T 23366 钴酸锂电化学性能测试方法 平台容量比率及循环寿命测试方法

JCPDS[1)] (16-427) 镍酸锂 X 射线粉末衍射标准图谱

3 术语和定义

GB/T 20252—2006 中的术语和定义适用于本文件。

4 要求

4.1 化学成分

4.1.1 产品的化学成分应符合表 1 的规定。

4.1.2 产品的化学组成中 Li 与 Ni、Co 两种元素合量的摩尔比应在 0.98～1.10 之间。

表 1 质量分数/%

化学成分	主含量			杂质元素，不大于					
	Ni	Co	Li	K	Fe	Na	Ca	Cu	Cr
含量	45.0～55.0	5.0～15.0	7.1±0.2	0.03	0.03	0.03	0.03	0.03	0.01

1) Joint Committee on Powder Diffraction Standards(粉末衍射标准联合委员会)。

4.2 外观质量

产品外观质量应为黑色粉末，颜色均一，无结块。

4.3 水分含量

产品中的水分含量应不高于0.05%(质量分数)。

4.4 晶体结构

产品的晶体结构应符合JCPDS标准(16-427)。

4.5 物理性能

4.5.1 振实密度

产品的振实密度应不小于2.0 g/cm^3。

4.5.2 粒度分布

产品的粒度分布要求呈正态分布，特征值要求范围如下：
D_{10}应大于1.0 μm；D_{50}应为5.0 μm～10.0 μm；D_{90}应小于30.0 μm。

4.5.3 比表面积

产品的比表面积应为0.30 m^2/g～0.70 m^2/g。

4.6 pH值

产品的pH值应为10.0～12.5。

4.7 电化学性能

4.7.1 首次放电比容量

产品在规定条件下的首次放电比容量应不小于170 mA·h/g。

4.7.2 首次充放电效率

产品在规定条件下的首次充放电效率应不小于87%。

4.7.3 平台容量比率

产品在规定条件下10次充放电循环后平台容量比率应不低于80%，100次充放电循环后平台容量比率应不低于70%。

4.7.4 循环寿命

产品在规定条件下放电容量达到第一次循环放电容量的80%时，循环次数应不低于300次。

5 试验方法

5.1 化学成分

5.1.1 产品化学成分的测定按供需双方认可的方法进行。
5.1.2 产品的化学组成中Li与Ni、Co两种元素合量的摩尔比按5.1.1测定的结果计算。

5.2 外观质量

产品外观质量用目视检查。

5.3 水分含量

产品的水分测定按 GB/T 6283 的规定进行。

5.4 晶体结构

产品的晶体结构用 X 射线衍射仪检测。

5.5 物理性能

5.5.1 振实密度

产品振实密度的测定按 GB/T 5162 的规定进行。

5.5.2 粒度分布

产品粒度分布的测定按 GB/T 19077.1 的规定进行。

5.5.3 比表面积

产品比表面积的测定按 GB/T 13390 的规定进行。

5.6 pH 值

产品 pH 值的测定按 GB/T 1717 的规定进行。

5.7 电化学性能

5.7.1 首次放电比容量

产品首次放电比容量的测定按 GB/T 23365 的规定进行。

5.7.2 首次充放电效率

产品首次充放电效率的测定按 GB/T 23365 的规定进行。

5.7.3 平台容量比率

产品平台容量比率的测定按 GB/T 23366 的规定进行。电压平台为 3.4 V。

5.7.4 循环寿命

产品循环寿命的测定按 GB/T 23366 的规定进行。

6 检验规则

6.1 检查和验收

6.1.1 产品应由供方进行检验,保证产品质量符合本标准及合同(或订货单)的规定,并填写质量证明书。

6.1.2 需方应对收到的产品按本标准进行检验,如检验结果与本标准及合同(或订货单)的规定不符时,应在收到产品之日起一个月内向供方提出,由供需双方协商解决。如需仲裁,仲裁取样由供需双方共同进行。

6.2 组批

产品应成批提交验收，每批重量不超过 5 000 kg。

6.3 检验项目

6.3.1 检验分类

本标准规定的产品检验分为：

a) 逐批检验；

b) 周期检验。

6.3.2 周期检验

周期检验的项目在正常生产情况下，每 1 个月应进行 1 次。当原材料或生产工艺发生重大变化时或长期停产后恢复生产时应进行周期检验。

6.3.3 逐批检验

产品应逐批检验。

6.3.4 周期检验和逐批检验的项目及取样数量见表 2。

表 2

检验项目	取样位置	取样数量	要求的章条号	试验方法的章条号	检验类别
化学成分	在包装桶内 1/2 处取样	每批 1 份	4.1.1	5.1.1	逐批检验
Li 与 Ni、Co 的摩尔比			4.1.2	5.1.2	逐批检验
外观		逐桶	4.2	5.2	逐批检验
水分含量		每批 1 份	4.3	5.3	逐批检验
晶体结构		每批 1 份	4.4	5.4	逐批检验
振实密度		每批 3 份	4.5.1	5.5.1	逐批检验
粒度分布		每批 5 份	4.5.2	5.5.2	逐批检验
比表面积		每批 3 份	4.5.3	5.5.3	逐批检验
pH 值		每批 5 份	4.6	5.6	逐批检验
首次放电比容量		每批 1 份	4.7.1	5.7.1	周期检验
首次充放电效率			4.7.2	5.7.2	周期检验
平台容量比率			4.7.3	5.7.3	周期检验
循环寿命			4.7.4	5.7.4	周期检验

6.4 取样方法

产品的取样方法按 GB/T 5314 的规定进行。每批取样总量不得少于 5 kg。

6.5 检验结果判定

6.5.1 产品的化学成分、Li 与(Ni+Co)摩尔比、晶体结构、振实密度、粒度分布、比表面积和 pH 值及水分含量等的检验中有一项不合格时，判该批不合格。

6.5.2 产品的外观检验不合格时，判该桶产品质量不合格。

6.5.3 按 GB/T 23365 规定的方法制成 6 支试验电池，任取其中 3 支电池做首次放电比容量和首次充放电效率的检验，若有2支性能都达不到本标准要求，判该批不合格；但允许另取三支电池做重复试验，若有2支性能都达到本标准要求，判该批合格。

6.5.4 按GB/T 23366规定的方法制成6支试验电池，任取其中3支电池做平台容量比率和循环寿命的检验，若有2支性能都达不到本标准要求，判该批不合格；但允许另取三支电池做重复试验，若有2支性能都达到本标准要求，判该批合格。

7 标志、包装、运输、贮存及质量证明书

7.1 标志

铝塑包装袋表面不作标志，外包装桶上应放有合格证，其上标明：

a) 批号；

b) 承制方商标及名称；

c) 净重；

d) 本标准编号；

e) 检验日期；

f) 检验人员姓名或代号；

g) 防潮标志。

7.2 包装

经检验合格的产品用铝塑袋包装，热塑密封后装入外包装桶中，每桶净重约25 kg。

7.3 运输和贮存

7.3.1 产品在运输过程中应避免损坏包装。

7.3.2 产品在贮存过程中应避免受潮。产品自生产之日起，保质期为半年。

7.4 质量证明书

每批产品应附有质量证明书，其上注明：

a) 供方名称、地址、电话、传真；

b) 产品名称；

c) 批号；

d) 净重和件数；

e) 分析检测结果和供方质检部门检印；

f) 本标准编号；

g) 出厂日期。

8 合同(或订货单)内容

本标准所列材料的合同(或订货单)应包括以下内容：

a) 产品名称；

b) 数量；

c) 其他特殊要求。

ICS 77.150.99
H 68

中华人民共和国国家标准

GB/T 26032—2010

镍 蒸 发 料

Evaporated nickel material

2011-01-10 发布　　2011-10-01 实施

中华人民共和国国家质量监督检验检疫总局
中国国家标准化管理委员会　发布

前　言

本标准由全国有色金属标准化技术委员会(SAC/TC 243)归口。

本标准由有研亿金新材料股份有限公司负责起草。

本标准主要起草人:尚再艳、雷继峰、朱晓光、杨永刚、班立志、熊晓东、江轩。

镍蒸发料

1 范围

本标准规定了镍蒸发料的要求、试验方法、检验规则、标志、包装、运输、贮运及质量证明书与订货单(或合同)内容。

本标准适用于半导体行业用的各类镍蒸发料。其他用途的镍蒸发料也可参照使用。

2 规范性引用文件

下列文件对于本文件的应用是必不可少的。凡是注日期的引用文件,仅所注日期的版本适用于本文件。凡是不注日期的引用文件,其最新版本(包括所有的修改单)适用于本文件。

GB/T 2828.1 计数抽样检验程序 第1部分:按接收质量限(AQL)检索的逐批检验抽样计划

GB/T 8647.8 镍化学分析方法 硫量的测定 高频感应炉燃烧红外吸收法

GB/T 8647.9 镍化学分析方法 碳量的测定 高频感应炉燃烧红外吸收法

GB/T 15077 贵金属及其合金材料几何尺寸测量方法

GB/T 26016—2010 高纯镍

3 要求

3.1 产品分类

镍蒸发料的类型按镍的纯度分为IC-Ni99.99和IC-Ni99.995两种。

镍蒸发料形状主要分为片状和柱状两种,如图1所示。

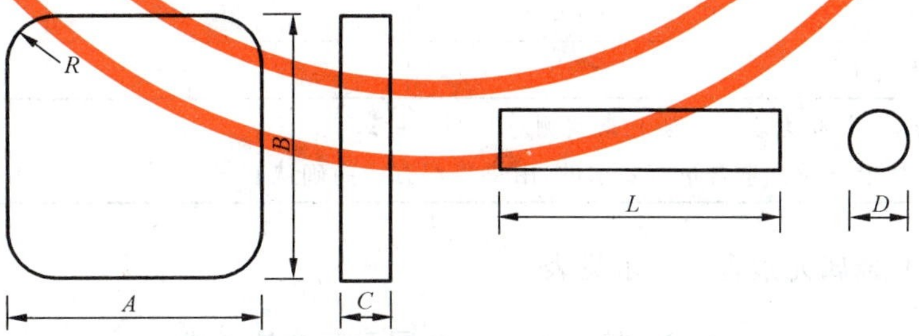

a) 片状　　b) 柱状

图1 镍蒸发料示意图

3.2 化学成分要求

3.2.1 镍蒸发料的化学成分要求见表1。

表 1 镍蒸发料化学成分要求

牌号		IC-Ni99.99	IC-Ni99.995
Ni 含量不小于/%		99.99	99.995
杂质含量/($\times 10^{-6}$),不大于	K	0.05	0.05
	Na	0.5	0.5
	Li	0.01	0.01
	Be	0.01	0.01
	Mg	10	1
	Ca	0.05	0.05
	Mn	10	0.1
	Fe	20	20
	Co	20	20
	Cu	20	20
	Zn	0.1	0.1
	Cd	0.05	0.05
	Al	10	5
	Sn	3	0.1
	Sb	3	0.1
	Pb	3	1
	Bi	3	0.05
	B	20	0.1
	As	5	5
	Si	50	10
	P	1	0.1
	Ti	20	20
	V	20	20
	Cr	20	20
杂质总量/($\times 10^{-6}$),不大于		100	50
注 1:镍的含量为 100%减去表中杂质元素实测总和的余量; **注 2**:顾客对某种特定杂质元素含量有要求的,由供需双方协商确认。			

3.2.2 镍蒸发料的非金属元素含量要求见表 2。

表 2 镍蒸发料非金属元素含量要求

牌号		IC-Ni99.99	IC-Ni99.995
非金属元素含量/($\times 10^{-6}$),不大于	C	100	50
	H	10	10
	N	20	10
	O	100	50
	S	10	10

3.3 供货状态

镍蒸发料以加工态供货。

3.4 几何尺寸

镍蒸发料的规格及允许偏差如表3所示。

表3 镍蒸发料规格

	片状				柱状	
	A	*B*	*C*	*R*	*D*	*L*
尺寸/mm	10	10	2	1	3	6
	15	15	2	1.5	6	6
	—	—	—	—	7	20
允许偏差/mm	±0.5	±0.5	±0.2	—	±0.2	±0.5
注：经双方协商，可提供其他规格及允许偏差的镍蒸发料。						

3.5 外观质量

镍蒸发料表面应光亮平整、洁净，边、角完整，无飞边、无毛刺、无夹杂、无裂纹等缺陷；应清洁、无油污和锈蚀；应无颗粒附加物和其他沾污。

4 试验方法

4.1 镍蒸发料的杂质含量参考GB/T 26016—2010附录A采用辉光放电质谱(GDMS)进行检测；非金属杂质元素S的含量参考GB/T 8647.8进行检测；非金属杂质元素C的含量分别参考GB/T 8647.9进行检测；非金属杂质元素N、O、H的分析方法由供需双方协商决定。

4.2 镍蒸发料几何尺寸的测量按GB/T 15077规定进行。客户特别要求，可按技术协议或按需方图纸、来样检查。

4.3 外观质量用目视检查，如发现异常现象，用10倍放大镜鉴别。

5 检验规则

5.1 检查和验收

5.1.1 镍蒸发料由供方检验部门进行检验，保证产品质量符合本标准(或订货合同)的规定，并填写质量证明书。

5.1.2 需方应对收到的产品按本标准的规定进行检验，如检验结果与本标准(或订货合同)的规定不符时，应在收到产品之日起3个月内向供方提出，由供需双方协商解决。如需仲裁，仲裁取样由供需双方共同进行。

5.2 组批

镍蒸发料应成批提交检验。每批应由同一投料批、规格和牌号的产品组成。

5.3 检验项目、取样位置和取样数量

检验项目、取样位置及数量应符合表4的规定。

表4 检验项目、取样位置及数量

检验项目	取样位置	取样数量	要求的章条号	检验方法的章条号
化学成分	铸锭缩孔下	按铸锭数量的20%进行抽检，但不少于1个铸锭；每铸锭取1个样	3.2	4.1
尺　寸	成品随机取样	按GB 2828.1标准取S-1，AQL=1.5抽取样品	3.4	4.2
表面质量	成品随机取样	按GB 2828.1标准取S-1，AQL=1.5抽取样品	3.5	4.3
包装质量	—	逐件	6.2.1	4.4

5.4 检验结果判定

5.4.1 化学成分不合格时，判该锭不合格。重新取双倍数量的铸锭取样进行重复试验，若仍有不合格，则判该批不合格。

5.4.2 几何尺寸不合格时，判该批产品不合格。

5.4.3 外观质量不合格时，判该批产品不合格。

6 标志、包装、运输、贮存

6.1 标志

在已检验合格的每瓶或每袋产品上应附标签，注明：

a) 产品名称；
b) 纯度；
c) 规格；
d) 净重；
e) 批号；
f) 生产日期；
g) 供方名称；
h) 生产厂家地址电话。

6.2 包装、运输和贮存

6.2.1 镍蒸发料内包装可采用塑料瓶包装和真空封装两种，塑料瓶包装的瓶口铝封膜要封口完整，无开裂，无贯通。真空袋封口要平整无贯通，真空袋体无漏洞，无真空泄漏。

6.2.2 外包装采用纸箱或木箱包装。经供需双方协商还可采用其他方式包装。

6.2.3 产品运输过程中应防止碰伤、擦伤，不得损坏和沾污产品，并保证运输过程中产品及包装完整。

6.2.4 产品应保存于清洁的环境中。

6.3 质量证明书

每批产品应附有质量证明书，注明：

a) 客户名称；

b) 供方名称；

c) 产品名称；

d) 纯度；

e) 规格；

f) 数量；

g) 净重；

h) 批号；

i) 检测报告和技术监督部门印记；

j) 生产日期；

k) 执行标准号。

7 订货单(或合同)内容

订购本标准所列产品的订货单(或合同)内应包括下列内容：

a) 产品名称；

b) 纯度；

c) 规格；

d) 数量；

e) 执行标准号；

f) 其他。

ICS 77.160
H 71

中华人民共和国国家标准

GB/T 26033—2010

偏钨酸铵

Ammonium metatungstate

2011-01-10 发布　　2011-10-01 实施

中华人民共和国国家质量监督检验检疫总局
中国国家标准化管理委员会　发布

前　言

本标准由全国有色金属标准化技术委员会(SAC/TC 243)归口。

本标准起草单位:郴州钻石钨制品有限公司、株洲硬质合金集团有限公司。

本标准主要起草人:姜文伟、彭泽辉、梁卫东、王蓉颜、刘铁梅、李春海。

偏 钨 酸 铵

1 范围

本标准规定了偏钨酸铵的要求、试验方法、检验规则、标志、包装、运输、贮存、质量证明书及合同(或订货单)内容等。

本标准适用于石油化工行业以及钨深加工行业所用的偏钨酸铵。

2 规范性引用文件

下列文件对于本文件的应用是必不可少的。凡是注日期的引用文件，仅所注日期的版本适用于本文件。凡是不注日期的引用文件，其最新版本(包括所有的修改单)适用于本文件。

GB/T 4324(所有部分) 钨化学分析方法

GB/T 5314 粉末冶金用粉末的取样方法

GB/T 23368.1 偏钨酸铵化学分析方法 第1部分：水不溶物量的测定 称量法

3 要求

3.1 产品分类

产品按生产工艺不同，分为 AMT-P 和 AMT-J 两个牌号。其中 AMT-P 为喷雾法生产工艺产品，AMT-J 为结晶法生产工艺产品。

3.2 化学成分

偏钨酸铵的化学成分应符合表1的规定。

表 1

质量分数/%

牌号		AMT-P	AMT-J
WO_3 含量		≥90.0	≥81.5
杂质含量(以 WO_3 计)，不大于	Al	0.001 0	
	As	0.001 0	
	Bi	0.000 1	
	Ca	0.001 5	
	Co	0.001 0	
	Cr	0.001 0	
	Cu	0.000 5	
	Fe	0.002 0	
	K	0.001 0	

表 1（续）

质量分数/%

牌　　号		AMT-P	AMT-J
杂质含量（以 WO_3 计），不大于	Mn	0.001 0	
	Mg	0.000 5	
	Mo	0.003 0	
	Na	0.001 5	
	Ni	0.000 5	
	P	0.000 8	
	Pb	0.000 1	
	S	0.001 5	
	Sb	0.000 8	
	Si	0.001 5	
	Sn	0.000 5	
	Ti	0.001 0	
	V	0.001 0	

3.3 水不溶物

室温下，用三氧化钨含量为 650 g/L 溶液测定的水不溶物不大于 0.05%。

3.4 pH 值

室温下，用三氧化钨含量为 650 g/L 溶液测定的 pH 值不大于 4.5。

3.5 外观质量

产品外观为白色粉末或浅黄色结晶，目视无可见夹杂物及结块。

4 试验方法

4.1 化学成分分析按 GB/T 4324 的规定进行。
4.2 产品的水不溶物测定按 GB/T 23368.1 的规定进行。
4.3 产品的 pH 值用 pH 计测定。
4.4 产品的外观质量用目视检查。

5 检验规则

5.1 检查和验收

5.1.1 产品应由供方进行检验，保证产品符合本标准（或合同）规定，并填写产品质量证明书。
5.1.2 需方对收到的产品按本标准的规定进行检验，如检验结果与本标准（或合同）规定不符合时，应在收到产品之日起 15 天内向供方提出，由供需双方协商解决。如需仲裁，仲裁取样在需方由供需双方共同进行。

5.2 组批

产品应成批提交验收。每批产品由同一牌号、同一生产周期的产品组成，每批产品重量由供需双方协商确定。

5.3 检验项目

每批产品的检验项目及取样见表2。

表2

检验项目	取样规定	要求的章节号	检验方法章节号
化学成分	按GB/T 5314的要求取样	3.2	4.1
水不溶物		3.3	4.2
pH值		3.4	4.3
外观质量	逐桶	3.5	4.4

5.4 检验结果判定

5.4.1 产品的化学成分、水不溶物、pH值的检验结果如有一项不合格时，则在该批产品中加倍取样对该不符合项进行重复试验。若重复试验结果有一个不合格，则判该批产品为不合格。

5.4.2 产品的外观质量检验不合格则判该桶不合格。

6 标志、包装、运输、贮存及质量证明书

6.1 标志

产品外包装上应注明：供方名称、产品名称和牌号、批号、净重，并附有“防潮”、“向上”等字样或标志。

6.2 包装

产品采用铁桶包装，内衬聚乙烯塑料袋密封，如对包装有特殊要求，由供需双方协商确定，每件重量由供需双方协商确定。

6.3 运输、贮存

产品运输时，应防止潮湿，不得剧烈碰撞。产品应存放于干燥、通风和无酸碱气氛之处。在收到产品之日起，喷雾料存放期不超过六个月，结晶料存放期不超过一个月。

6.4 质量证明书

每批产品应附有产品质量证明书，其上注明：

a) 供方名称、地址、邮编；

b) 产品名称、牌号；

c) 批号；

d) 重量(净重、毛重)；

e) 本标准编号；

f) 分析检验结果和质量监督部门印记；

g) 检验员号；

h) 检验日期。

7 合同(或订货单)内容

合同(或订货单)应包括下列内容：

a) 产品名称；

b) 产品牌号；

c) 产品重量；

d) 本标准编号；

e) 其他。

ICS 77.150.30
H 62

中华人民共和国国家标准

GB/T 26034—2010

片状铜粉

Flake copper powders

2011-01-10 发布　　2011-10-01 实施

中华人民共和国国家质量监督检验检疫总局
中国国家标准化管理委员会　发布

前　言

本标准按照 GB/T 1.1—2009 给出的规则起草。

本标准由中国有色金属工业协会提出。

本标准由全国有色金属标准化技术委员会(SAC/TC 243)归口。

本标准负责起草单位:上虞市丰申金属制品有限公司、中国有色金属工业标准计量质量研究所。

本标准主要起草人:赵永善、杨明、姜国峰、杨丽娟、任同兴、赵志华。

片 状 铜 粉

1 范围

本标准规定了片状铜粉的要求、试验方法、检验规则及标志、包装、运输、贮存、质量证明书及合同(或订货单)内容。

本标准适用于电子工业用的片状铜粉。

2 规范性引用文件

下列文件对于本文件的应用是必不可少的。凡是注日期的引用文件,仅注日期的版本适用于本文件。凡是不注日期的引用文件,其最新版本(包括所有的修改单)适用于本文件。

GB/T 5060 金属粉末松装密度的测定 第二部分:斯科特容量计法

GB/T 5121(所有部分) 铜及铜合金化学分析方法

GB/T 5246—2007 电解铜粉

GB/T 5314 粉末冶金用粉末的取样方法

GB/T 19077.1 粒度分析 激光衍射法

3 要求

3.1 产品分类

根据片状铜粉的粒度分布不同,分为五个牌号:PC-1、PC-2、PC-3、PC-4、PC-5。

3.2 化学成分

各牌号产品化学成分应符合表1的规定。

表1 产品的化学成分 %

Cu含量,不小于	杂质含量,不大于									
	Fe	S	Ni	As	Bi	Sb	Pb	O	Zn	Sn	杂质总量
99.7	0.01	0.004	0.003	0.004	0.002	0.005	0.02	0.2	—	—	0.3

注1:本标准中铜含量为直接测得。

注2:本标准中的杂质总量是指表中所列杂质元素实测值的总和。

3.3 物理规格

产品的粒度分布、松装密度以及粒径上限应符合表2的规定。

表 2　产品的粒度分布及粒径上限

牌　　号	粒度分布/μm			松装密度/(g/cm^3)	粒径上限
	D10	D50	D90		
PC-1	≥3	5～15	≤25	0.5～0.8	应通过 200 目筛(<75 μm)
PC-2	≥6	≥15～25	≤45	0.6～1.1	
PC-3	≥8	≥25～35	≤55	0.6～1.1	
PC-4	≥15	≥35～45	≤70	0.7～1.2	应通过 100 目筛(<150 μm)
PC-5	≥20	≥45～55	≤90	0.7～1.2	

3.4　外观质量

外观为色泽均匀、无肉眼可见杂物的铜红色鳞片状金属粉末。

3.5　其他

若需方对产品有特殊要求，由供需双方另行商定。

4　试验方法

4.1　产品化学成分的测定按 GB/T 5121 的规定进行，氧含量的测定按 GB/T 5246 中附录 A 的规定进行。

4.2　粒度分布按 GB/T 19077.1 的规定进行。粒径上限用标准筛检验。

4.3　松装密度测定按 GB/T 5060 的规定进行。

4.4　外观质量的检验

形状可用光学显微镜在透射光(或反射光)下放大 200～1 000 倍观察，或采用电子扫描显微镜观察，其余用肉眼观察。

5　检验规则

5.1　检查与验收

5.1.1　产品应由供方质量监督部门进行检验，保证产品符合本标准及合同(或订货单)的规定，并填写产品质量证明书。

5.1.2　需方应对收到的产品按本标准的规定进行检验，如检验结果与本标准及合同(或订货单)的规定不符合时，应在收到产品之日起 30 d 内向供方提出，由供需双方协商解决。如需仲裁，可委托供需双方认可的第三方对有争议的项目进行测定，仲裁取样在需方由供需双方共同进行。

5.2　组批

产品应成批提交验收，每批由同一生产周期生产的同一牌号的铜粉组成，每批重量由供需双方协商确定。

5.3　检验项目及取样规定见表 3

片状铜粉的检验项目及取样规定应符合表 3 的规定。

表 3 取样位置和取样数量

检验项目		取样数量	要求的章条号	试验方法的章条号
化学成分		每批按 GB/T 5314 进行检验	3.2	4.1
物理规格	粒度分布		3.3	4.2
	松装密度			4.2
	粒径上限			4.3
外观质量		逐批检验	3.4	4.4

5.4 检验结果的判定

5.4.1 产品化学成分检验结果与本标准或合同(或订货单)不符时，判该批产品不合格。

5.4.2 产品粒度分布、松装密度、粒径上限检验结果与本标准或合同(或订货单)不符时，应在该批产品中对该不符合项加倍取样重复试验，如加倍取样复验结果都符合本标准规定时，则该批产品判为合格；若加倍取样复验结果仍有一个不符合本标准规定时，则该批产品判为不合格。

5.4.3 产品的外观质量不合格，判该批产品不合格。

6 标志、包装、运输、贮存和质量证明书

6.1 标志

每批产品外包装上应用标签或不易褪色的颜料注明：

a) 供方名称及商标；

b) 供方地址；

c) 产品名称和牌号；

d) 检测日期。

6.2 包装

产品最小包装为 1 kg 真空密封包装，外用桶包装，如需要有其他包装形式，由供需双方协商确定。

6.3 运输

产品在运输过程中，应注意外包装，防止尖锐的器械刺通真空包装袋，有防止雨水和阳光暴晒的措施。

6.4 贮存

产品应贮存在没有腐蚀性化学物品、通风干燥、防火的地方，并且避免阳光直射。

6.5 质量证明书

每批应附有质量证明书，其上注明：

a) 生产厂家、地址；

b) 产品名称、牌号；

c) 批号；

d) 净重；

e） 各项分析检验结果和质量检验部门印记；

f） 检验日期；

g） 出厂日期；

h） 保质期；

i） 本标准编号。

7 合同(或订货单)内容

本标准所列材料的合同(或订货单)内应包括下列内容：

a） 产品名称；

b） 牌号；

c） 化学成分及物理规格的特殊要求；

d） 数量；

e） 本标准编号；

f） 其他。